Adobe Illustrator CS5 中文版经典教程

Adobe 公司编写的学习用书

〔美〕Adobe 公司 著　　刘芳 张海燕 译

人民邮电出版社
北京

图书在版编目（CIP）数据

Adobe Illustrator CS5中文版经典教程 / 美国Adobe公司著 ; 刘芳, 张海燕译. -- 北京 : 人民邮电出版社, 2011.1 (2018.7 重印)
ISBN 978-7-115-24183-2

Ⅰ. ①A… Ⅱ. ①美… ②刘… ③张… Ⅲ. ①图形软件, Illustrator CS5—教材 Ⅳ. ①TP391.41

中国版本图书馆CIP数据核字(2010)第208940号

版权声明

Adobe Illustrator CS5 中文版经典教程

◆ 著　　[美] Adobe 公司
译　　刘 芳 张海燕
责任编辑　李 际

◆ 人民邮电出版社出版发行　　北京市丰台区成寿寺路 11 号
邮编 100164　　电子邮件 315@ptpress.com.cn
网址 http://www.ptpress.com.cn
北京鑫正大印刷有限公司印刷

◆ 开本：800×1000 1/16
印张：21
字数：582 千字　　2011 年 1 月第 1 版
印数：59 801－60 600 册　　2018 年 7 月北京第 22 次印刷

著作权合同登记号 图字：01-2010-3634 号

ISBN 978-7-115-24183-2

定价：45.00 元（附光盘）

读者服务热线：(010) 81055410　印装质量热线：(010) 81055316
反盗版热线：(010) 81055315
广告经营许可证：京东工商广登字 20170147 号

内容提要

本书由 Adobe 公司编写，是 Adobe Illustrator CS5 软件的正规学习用书。

全书包括15课，涵盖了工作区简介、选择和对齐、创建形状、变换对象、使用铅笔工具绘画、上色、文字处理、图层、透视绘画、混合、画笔、效果、外观属性和图形样式、符号、图像置入等内容。

本书语言通俗易懂并配以大量的图示，特别适合 Illustrator 新手阅读；有一定使用经验的用户从中也可学到大量高级功能和 Illustrator CS5 新增的功能。本书也适合各类相关培训班学员及广大自学人员参考。

前　言

Adobe Illustrator CS5 是设计印刷图形、多媒体和在线图形的行业标准程序，无论您是为印刷出版物制作图稿的设计师、技术插图制作人员、制作多媒体图形的美工，还是网页或在线内容制作人员，Adobe Illustrator 都向您提供了制作专业级作品所需的工具。

关于经典教程

本书是在 Adobe 产品专家支持下编写的 Adobe 图形和出版软件官方培训系列丛书之一。

读者可按自己的节奏阅读其中的课程。如果读者是 Adobe Illustrator 新手，将从中学到使用该程序所需的基本知识；如果读者有一定的 Illustrator 使用经验，将发现本书介绍了很多高级功能，其中包括针对使用最新版本的提示和技巧。

书中每课都提供了完成特定项目的具体步骤，同时给读者提供了探索和试验的空间。读者可按顺序从头到尾地阅读本书，也可根据兴趣和需要选读其中的课程。每课的末尾都有复习题，对该课介绍的内容做了总结。

必须具备的知识

要使用本书，读者应能熟练使用计算机和操作系统，包括如何使用鼠标、标准菜单和命令以及打开、保存和关闭文件。如果需要复习这方面的内容，请参阅 Windows 或 Mac OS 印刷文档或联机文档。

> Ai **注意：**当操作方式随平台而异时，书中首先列出 Windows 命令，再列出 Mac OS 命令，并在命令后面指出对应的平台。例如，“按住 Alt（Windows）或 Option（Mac OS）并单击图稿的外面”。有时候可能进一步简化，即首先列出 Windows 命令，再列出 Mac OS 命令，但不指出对应的平台，而在命令之间加上斜杠。例如，“按住 Alt/Option”或“按住 Ctrl/Command 并单击”。

安装 Adobe Illustrator

使用本书前，应确保系统设置正确并安装了所需的软件和硬件。

您必须专门购买 Adobe Illustrator CS5 软件。有关安装该软件的详细说明，请参阅安装 DVD 中的 Adobe Illustrator Read Me 文件。

本书使用的字体

本书的课程文件使用的字体都是 Adobe Illustrator CS5 自带的。有些字体已自动安装，而其他字体可在安装 DVD 中找到。这些字体被安装到如下位置：

- Mac OS X——[启动盘]/Library/Fonts/；
- Windows——[启动盘]\Windows\Fonts。

有关字体及如何安装的更详细信息，请参阅安装 DVD 中的 Adobe Illustrator CS5 Read Me 文件。

复制课程文件

本书配套光盘包含课程中需要用到的所有文件。每个课程都有一个单独的文件夹，阅读这些课程时，读者必须将相应的文件夹复制到硬盘中。为节省硬盘空间，可以只复制当前阅读的课程的文件夹。

要复制课程文件

1. 将配套光盘插入光驱；
2. 执行如下操作之一：

- 将文件夹 Lessons 复制到硬盘中；
- 只将当前课程的文件夹复制到硬盘中。

恢复默认首选项

首选项文件控制着 Adobe Illustrator 启动时的面板和命令设置。用户退出 Adobe Illustrator 时，面板的位置和某些命令设置将被记录到多个首选项文件中。如果要将恢复工具和面板的默认设置，可删除当前的 Adobe Illustrator CS5 首选项文件。用户启动 Adobe Illustrator 时，如果 Adobe Illustrator 找不到首选项文件，将重新创建它们。

在每课开头，读者都必须恢复 Illustrator 的默认首选项，这将确保工具和面板的行为与书中描述的相同。阅读完本书后，读者可恢复存储的首选项设置。

保存当前的 Illustrator 首选项

1. 退出 Adobe Illustrator CS5。

2. 找到 AIPrefs（Windows）或 Adobe Illustrator Prefs（Mac OS），它们的位置如下：

- 在 Windows XP 中，文件 AIPrefs 位于文件夹“[启动盘]\Documents and Setting\[用户名]\Application Data\Adobe\Adobe Illustrator CS5 Settings\zh_CN”中；
- 在 Windows Vista 或 Window 7 中，文件 AIPrefs 位于文件夹“[启动盘]\Users\[用户名]\AppData\Roaming\Adobe\Adobe Illustrator CS5 Settings\zh_CN”中；
- 在 Mac OS 中，文件 Adobe Illustrator Prefs 位于文件夹“[启动盘]/Users/[用户名]/Library/Preferences/Adobe Illustrator CS5 Settings/ zh_CN”中。

> Ai **注意：**如果无法找到首选项文件，可使用操作系统的“搜索”命令搜索 AIPrefs（Windows）或 Adobe Illustrator Prefs（Mac OS）。

> Ai **注意：**在 Windows XP 中，文件夹 Application Data 默认被隐藏；在 Windows Vista 和 Windows 7 中，文件夹 AppData 亦如此。要让这些文件夹可见，可双击控制面板中的“文件夹选项”打开“文件夹选项”对话框,再单击“查看”标签。在“高级设置”窗格中找到“隐藏文件和文件夹”，并选中单选按钮“显示所有文件或文件夹”。

如果找不到这些文件，则要么是您还从未启动过 Adobe Illustrator CS5，要么是您移动了首选项文件。首次退出程序时将创建首选项文件，而以后每次退出程序时都将更新它。

3. 复制该文件并将其存储到硬盘的另一个文件夹中。
4. 启动 Adobe Illustrator CS5。

> Ai **注意：**为在每课开头快速找到并删除 Adobe Illustrator 首选项文件，可为文件夹 Illustrator CS5 Settings 创建一个快捷方式（Windows）或别名（Mac OS）。

删除当前的 Illustrator 首选项

1. 退出 Adobe Illustrator CS5。
2. 找到 AIPrefs（Windows）或 Adobe Illustrator Prefs（Mac OS），它们的位置如下：

- 在 Windows XP 中，文件 AIPrefs 位于文件夹“[启动盘]\Documents and Setting\[用户名]\Application Data\Adobe\Adobe Illustrator CS5 Settings\zh_CN”中；
- 在 Windows Vista 或 Windows 7 中，文件 AIPrefs 位于文件夹“[启动盘]\Users\[用户名]\AppData\Roaming\Adobe\Adobe Illustrator CS5 Settings\zh_CN”中；
- 在 Mac OS 中，文件 Adobe Illustrator Prefs 位于文件夹“[启动盘]/Users/[用户名]/Library/Preferences/Adobe Illustrator CS5 Settings/ zh_CN”中。

Ai **注意**：在 Windows XP 中，文件夹 Application Data 默认被隐藏；在 Windows Vista 和 Windows 7 中，文件夹 AppData 亦如此。为使这些文件夹可见，可在控制面板中双击"文件夹选项"，再单击"查看"标签，然后在"高级设置"部分找到"隐藏文件和文件夹"并选中单选按钮"显示所有文件和文件夹"。

3. 删除首选项文件。
4. 启动 Adobe Illustrator CS5。

阅读完本书后恢复保存的首选项

1. 退出 Adobe Illustrator CS5。
2. 删除当前的首选项文件，并将保存的首选项文件移到文件夹 Adobe Illustrator CS5 Settings 中。

Ai **注意**：可移动原始首选项文件，而不将其重命名。

Adobe Illustrator CS5 新增功能

Illustrator CS5 新增了一些颇具创意的功能，可帮助用户更高效地制作用于打印、网站和数字视频出版的图稿。这里介绍其中一些功能的工作原理和用法。

透视绘画

透视网格让用户能够在精确的一点、两点和三点线性透视中绘制形状和场景，如图 1 所示。新增的透视网格工具让您能够启用网格，直接在真正的透视平面上绘画；新增的透视选区工具让您能够在透视下动态地移动、缩放、复制和变换对象，还可轻松地在透视网格平面之间移动和复制对象。

图1

漂亮的描边

Illustrator CS5 新增了大量让用户能够更灵活地设计描边的功能。在每个 Illustrator 新版本中，核心绘图工具的改进都吸引了用户的眼球；Illustrator CS5 在这方面做了 5 项重大改进，将受到新老用户的重视。用户可准确地控制描边宽度、虚线、箭头以及画笔沿路径伸展的方式。在转角处理方面也做了改进，确保急转弯和尖点处的描边形状是可预测的。图 2 说明了这些改进。

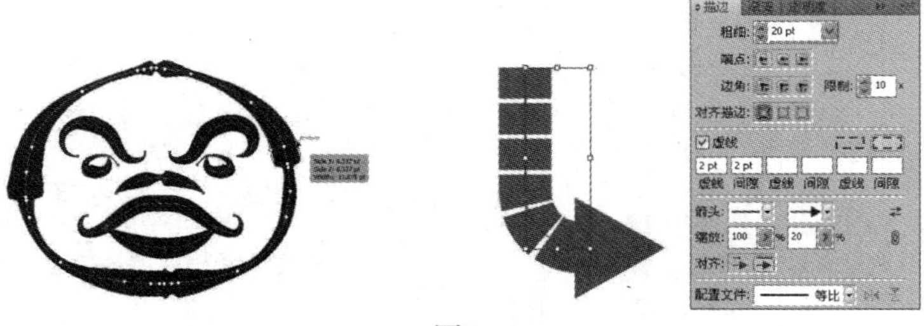

图2

毛刷画笔

图3

使用毛刷画笔可模拟真实画笔描边（如图 3 所示），它还提供突破性的绘画控制功能：用户可设置毛刷的特征，如大小、长度、粗细和硬度；可设置画笔形状和毛刷密度，还可设置上色不透明度，通过透明度变化模拟真实混合效果。选择合适的毛刷特征后，可将其保存供以后使用。

多画板方面的改进

用户在单个文档中最多可包含 100 个大小不同的画板，并以所需的方式组织和查看，如图 4 所示。Illustrator CS5 新增了“画板”面板，通过它可命名画板和调整画板排列顺序，还可使用面板控件或键盘快捷键迅速添加、删除和复制画板。

图4

形状生成器工具

图5

形状生成器工具让您能够在画板上直观地合并、编辑和填充形状。通过在重叠的形状和路径上拖曳鼠标，可创建新对象和添加颜色，而无需使用多个工具和面板，如图 5 所示。还可迅速合并、凸出、裁剪等。

绘图方面的改进

对常见绘图工具的改进提高了 Illustrator CS5 的使用效率。内部绘图模式让您能够迅速建立蒙版（如图 6 所示），只需敲一下键盘就可连接路径，这只是提高日常任务完成速度的两项改进。

图6

使用 Adobe Flash Catalyst CS5 进行往返编辑

Adobe Creative Suite 5 Design Premium、Web Premium、Production Premium 和 Master Collection 都包含 Adobe Flash Catalyst CS5，它让用户能够使用 Illustrator CS5 进行互动设计。用户可使用 Illustrator 进行开发和界面设计，创建屏幕布局和元素（如徽标和按钮图形），然后在 Flash Catalyst 中打开图稿并添加动作和互动组件，而无需编写任何代码。图 7 说明了这一点。

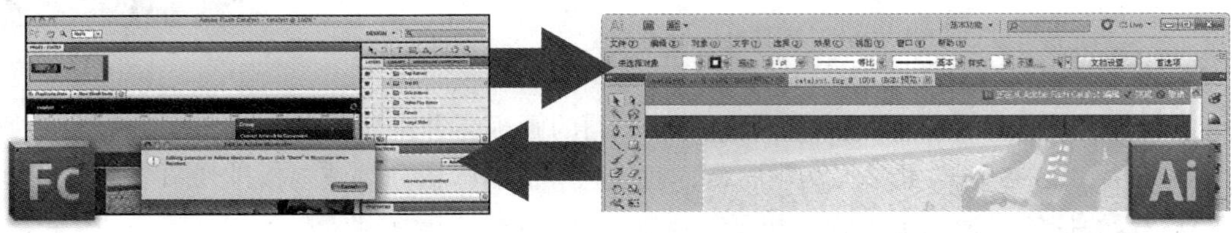

图7

独立于分辨率的效果

诸如投影、模糊和纹理等栅格效果的效果在不同介质中保持不变。您曾经遭遇过这样的情况吗？即图稿的平滑、高品质外观在打印时神秘地消失了。现在，可为不同的输出类型（从打印到 Web 再到视频）创建图稿，而不管如何修改分辨率设置，都将保持理想的栅格效果外观。您可以快速、高效地处理低分辨率的图稿，并在输出（如进行高品质打印）前提高其分辨率。

用于 Web 和移动设备的清晰图形

用户可在像素网格上精确地创建矢量对象，以提供对齐像素的图稿。为 Adobe Flash Catalyst、Adobe Flash Professional 和 Adobe Dreamweaver 设计图稿时，确保栅格图像清晰非常重要，尤其是分辨率为 72 ppi 的标准 Web 图形。像素对齐方式对于视频分辨率栅格化控制也非常有用。在 Illustrator CS5 中，新的 Web 图形工具包括文字增强功能，可为 Illustrator 文本框架指定 4 种消除锯齿方式之一，如图 8 所示。

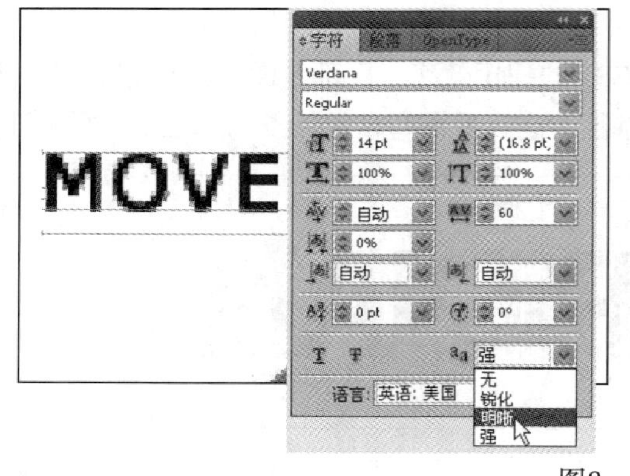

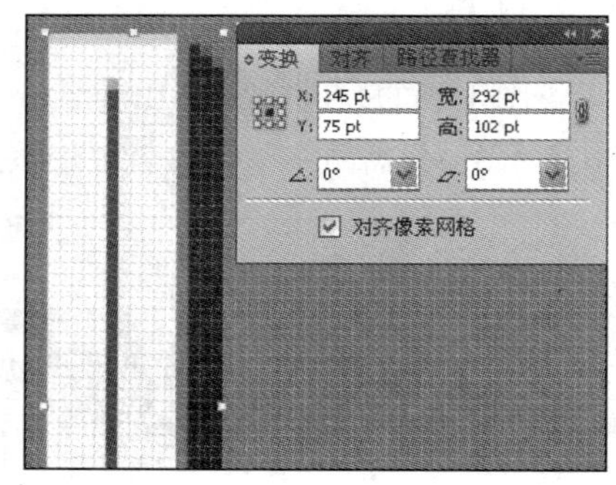

图8

集成的 Adobe CS Review

Illustrator CS5 集成了 Adobe CS Review，这是新增的多种 CS Live 在线服务之一。Adobe CS Review 让您能够创建审阅，并通过网络与客户和同事共享审阅，而不管他们与您在同一幢办公大楼还是位于地球的另一边。在 Illustrator CS5 中，可将审阅发布到 Web 上。审阅者通过浏览器就可访问审阅，并在浏览器窗口中利用易于使用的注释工具做出评论（如图 9 所示），而不需要安装其他任何软件。

图9

虽然这里没有列出 Illustrator CS5 新增的全部功能，但足以证明 Adobe 为满足用户的出版需求提供最佳工具的决心。希望读者在使用 Illustrator CS5 时像我们一样愉快！

目　录

第0课 Adobe Illustrator CS5简介

本课以交互方式演示 Adobe Illustrator CS5，您将通过使用一些激动人心的新功能对该应用程序有大概的了解。

学习本课内容需要大约 1 小时，请将文件夹 Lesson00 复制到硬盘中。

本课以交互方式演示Adobe Illustrator CS5，在本课中，您将使用一些新增的、激动人心的功能，如形状生成器工具和透视绘画，还将学习一些Adobe Illustrator CS5基本知识。

0.1 简 介

在本课程中，读者将处理一个文件。本书使用的图稿文件都可在配套光盘中找到，开始阅读本课前，务必将配套光盘中的文件夹 Lessons 复制到硬盘中。下面首先恢复 Adobe Illustrator CS5 的默认首选项，再打开本课完成后的图稿文件，看看将在本课中做的工作。

1. 为确保工具和面板像本课描述的那样，请删除或重命名 Adobe Illustrator CS5 首选项文件，详情请参阅“前言”。
2. 启动 Adobe Illustrator CS5。

> Ai **注意：**如果还没有从配套光盘的文件夹 Lesson00 中将本课的资源文件复制到硬盘，现在就这样做，详情请参阅“前言”。

3. 选择菜单“文件”>“打开”，打开硬盘中文件夹 Lessons\Lesson00 中的文件 L00end_1.ai 和 L00end_2.ai，如图 0.1 所示。这是最终的图稿，可让它打开以供参考，也可选择菜单“文件”>“关闭”将其关闭。在本课中，读者将从一个空白文档开始创建最终图稿。

图0.1

0.2 使用多个画板

Illustrator 文档最多可包含 100 个画板（页面）。下面新建一个包含多个画板的文档，并编辑这些画板。有关创建和编辑画板的更详细信息，请参阅第 4 课。

1. 选择菜单“文件”>“新建”。
2. 在“新建文档”对话框中，将文件命名为 teabook，并保留“新建文档配置文件”设置为“打印”。将“画板数量”改为“2”，将“列数”改为“2”，将“单位”改为“英寸”，将“宽度”和“高度”分别设置为 6.85 英寸和 9.75 英寸，再单击“确定”按钮，如图 0.2 所示。将出现一个新的空白文档。

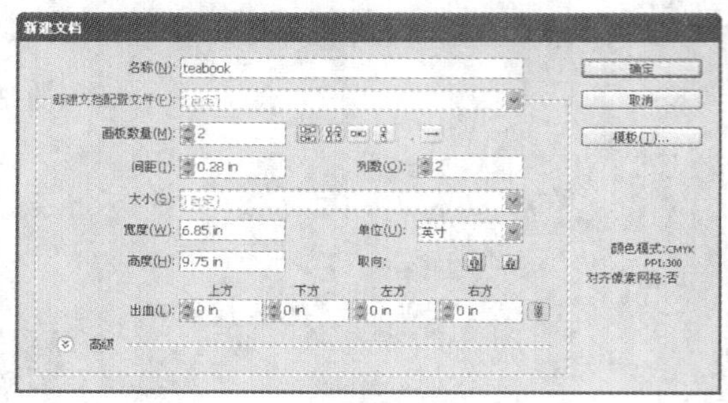

图0.2

> Ai **提示：**Illustrator 的新建文档配置文件是根据不同类型的项目量身定做的，如“移动设备”、“打印”、“Web”和“视频和胶片”。

3. 选择菜单“文件”>“存储为”。在“存储为”对话框中，保留文件名 teabook.ai，并切换到文件夹 Lesson00。保留“保存类型”为 Adobe Illustrator (*.AI)（Windows）或“格式”为 Adobe Illustrator (ai)（Mac OS），并单击“保存”按钮。在“Illustrator 选项”对话框中，接受选项的默认设置并单击“确定”按钮。

4. 选择菜单“视图”>“显示标尺”在画板上显示标尺。

5. 选择工具箱中的画板工具（ ）。单击左边的画板（01- 画板 1），在文档窗口上方的控制面板中，单击右边缘中央的参考点（ ），再在文本框“宽”中输入“3.5 in”，如图 0.3 所示。

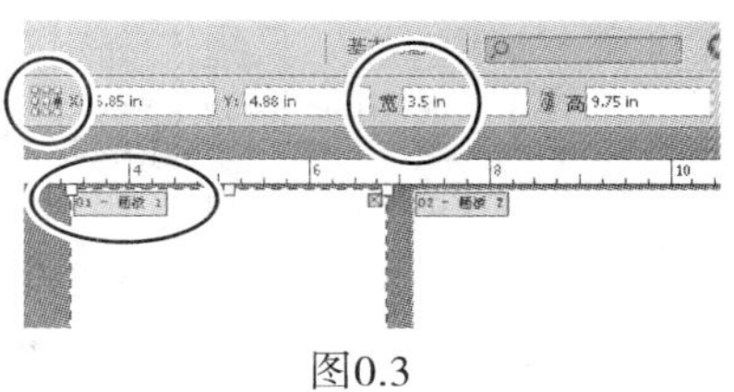

图0.3

注意到在菜单栏下方的控制面板中，有用于编辑画板大小、朝向等的选项。

> **注意：**如果控制面板中没有文本框“宽”和“高”，请单击控制面板中的“画板选项”按钮（ ），并在出现的对话框中输入值。

6. 切换到选择工具（ ），退出画板编辑模式，单击右边的画板将其设置为活动画板，再选择菜单“视图”>“画板适合窗口大小”。

0.3 创建形状

形状是 Illustrator 的基石，在本书中您将创建很多形状。下面创建并复制多个形状，有关创建和编辑形状的更详细信息，请参阅第 3 课。

1. 选择矩形工具（ ）并将鼠标指向画板左上角，鼠标旁边将出现字样“交叉”，这表明绘制的矩形将与画板左上角对齐。单击并拖曳到画板右下角，如图 0.4 所示。

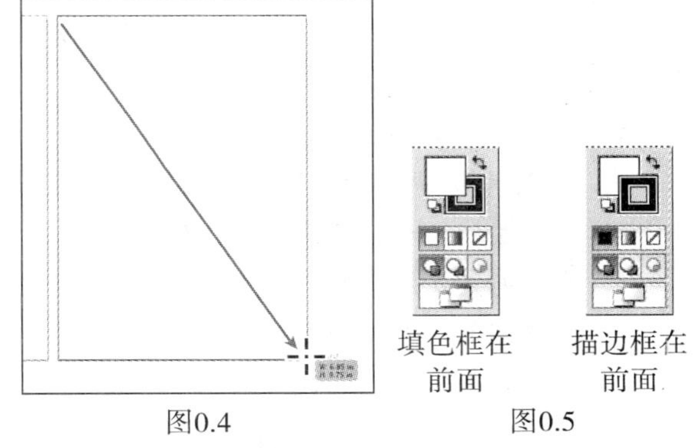

填色框在前面　描边框在前面

图0.4　图0.5

在选择了矩形时，注意到工具箱底部有用于设置填色和描边的控件，如图 0.5 所示。描边实际上就是边框，而填色指的是形状内部的颜色。当填色框位于前面时，将使用选择的颜色来填充选定对象内部。

2. 单击白色填色框，即使它已经在前面也如此。

3. 在仍选择了矩形的情况下，在工作区右边的“颜色”面板中将颜色值改为 C=0、M=2、Y=7、K=0，如图 0.6 所示。输入最后一个值后按回车键以修改颜色，矩形将用淡黄色填充。

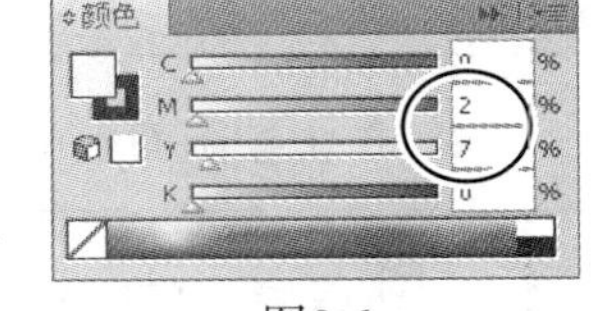

图0.6

> **注意：**如果没有显示“颜色”面板，单击工作区右边的颜色面板图标（ ）展开该面板。

4. 选择工具箱中的选择工具（ ），再依次选择菜单“编辑”>“复制”和“编辑”>“贴在前面”。

5. 使用选择工具拖曳选定矩形的定界框上边缘中央的手柄。当您拖曳时，将出现测量标签，其中显示了宽度和高度。当高度大约为 2.2 英寸时松开鼠标，如图 0.7 所示。测量标签是智能参考线的功能之一，后面将更详细地介绍它。
6. 单击工作区右边的色板面板图标（）展开“色板”面板。确保工具箱底部的填色框位于前面，再单击“色板”面板中的“黑色”色板（如图 0.8 所示），将使用黑色填充该矩形。
7. 选择菜单“选择”>“现用画板上的全部对象”，再选择菜单“对象”>“锁定”>“所选对象”。
8. 选择菜单“文件”>“存储”，但不要关闭该文件。

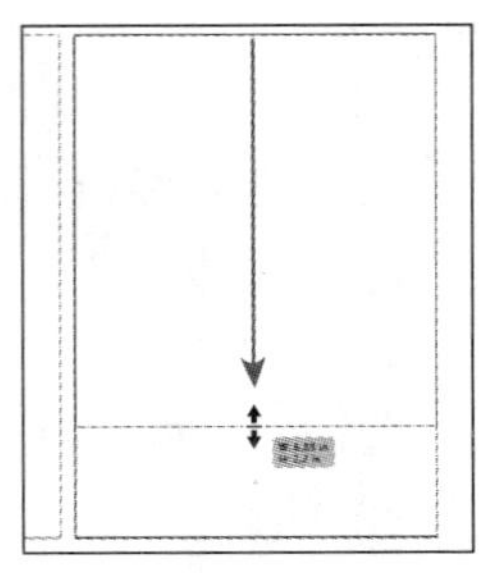

图0.7

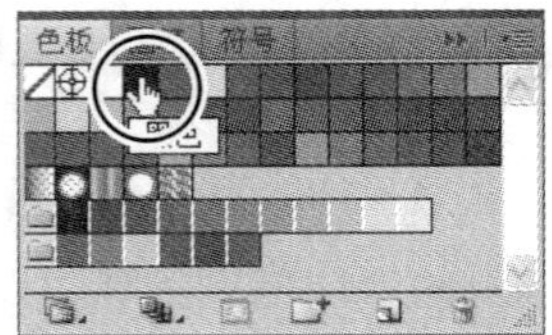

图0.8

0.4 使用形状生成器工具

形状生成器工具是一种交互式工具，用于通过合并和擦除简单形状来创建复杂形状。下面使用形状生成器工具利用简单形状生成茶壶。有关如何使用形状生成器工具的更详细信息，请参阅第 3 课。

1. 选择工具箱中的缩放工具（），单击画板底部的黑色矩形两次以放大它。
2. 在工具箱中的矩形工具（）上按住鼠标并选择圆角矩形工具（），再单击黑色矩形中央。
3. 在“圆角矩形”对话框中，将“宽度”改为“1.7 in”，“高度”改为“1.5 in”，“圆角半径”改为“0.8 in”，再单击“确定”按钮，如图 0.9 所示。

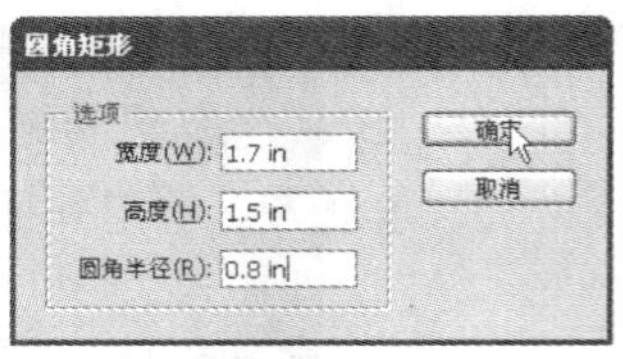

图0.9

> Ai **提示：**即使“圆角矩形”对话框使用的单位不是英寸，也可在值后面输入 in 为单位创建矩形。

4. 单击控制面板中的填色框（）并单击“白色”色板。

> Ai **注意：**您绘制的圆角矩形的位置可能与图 0.10 所示的不同，这没有关系。

5. 在仍选择了圆角矩形工具的情况下，在圆角矩形左边拖曳创建一个类似的形状，其宽度大约为 0.7 英寸，高度大约为 0.3 英寸。可根据测量标签获悉形状的大小。
6. 双击工具箱中的旋转工具（），在“旋转”对话框中，将角度改为“–45”并单击“确定”按钮。

7. 选择工具箱中的选择工具（），将新形状拖曳到如图 0.10 所示的位置，让其充当茶壶嘴。

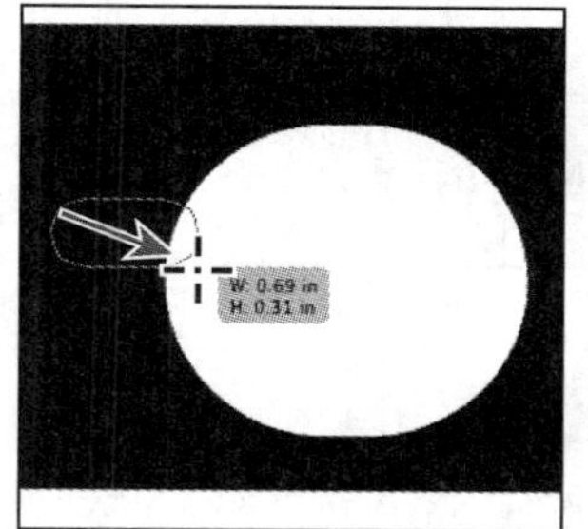

创建一个圆角矩形

旋转该圆角矩形

调整圆角矩形的位置

图0.10

8. 在工具箱中，选择圆角矩形所属工具组中的矩形工具（），通过拖曳创建一个矩形，它覆盖了大圆角矩形底部的大约 1/4，如图 0.11 所示。
9. 选择工具箱中的选择工具，按住 Shift 键并单击其他两个白色形状，以选择全部 3 个白色形状。
10. 选择工具箱中的形状生成器工具（），将鼠标指向小圆角矩形并拖曳到大的白色圆角矩形，将这两个形状合并成一个。
11. 按住 Alt（Windows）或 Option（Mac OS），使用形状生成器工具拖曳到下面两个形状将它们删除，注意到鼠标图标中包含减号，如图 0.12 所示。

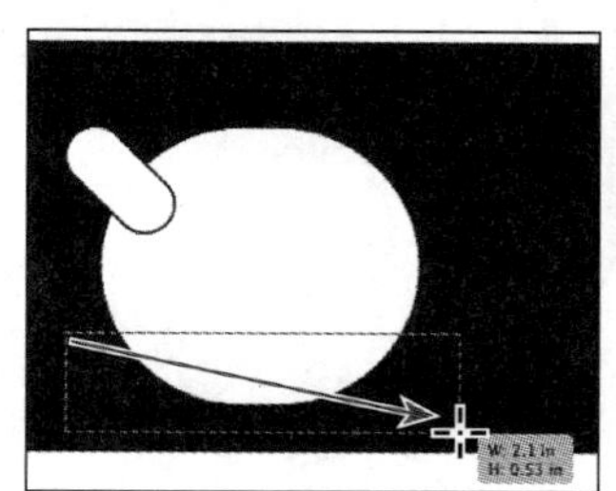

图0.11

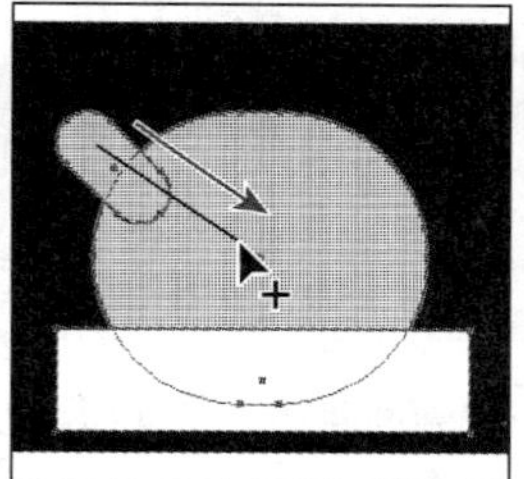
图0.12

0.5 使用绘图模式

绘图模式让您能够在形状内部、形状后面或正常模式下绘画。在正常模式下绘图时，形状将彼此堆叠在一起。下面在茶壶内部绘制一个矩形。有关绘图模式的更详细信息，请参阅第 3 课。

1. 选择工具箱中的选择工具（），再通过单击选择茶壶。
2. 单击工具箱底部的“内部绘图”按钮（），注意到茶壶形状的角上有虚线，这表明可在该形状内部绘画。

> **注意**：如果工具箱是以单栏方式显示的，可单击工具箱底部的绘图模式按钮（）并从出现的下拉列表中选择所需的绘图模式。

3. 选择工具箱中的矩形工具（ ），将鼠标指向白色茶壶形状内部，通过拖曳绘制一个宽约 0.7 英寸、高约 0.35 英寸的矩形，不用特别精确。

> Ai | **提示：**如果对绘制的形状不满意，可选择菜单“编辑”>“还原”再重试。

4. 在控制面板中将填色改为中灰色。
5. 切换到选择工具并将矩形拖曳到壶嘴上。
6. 选择工具箱中的旋转工具（ ），将鼠标指向矩形的右上角，按住 Shift 键并沿逆时针方向拖曳，等旋转角度为 45° 后依次松开鼠标和 Shift 键，如图 0.13 所示。

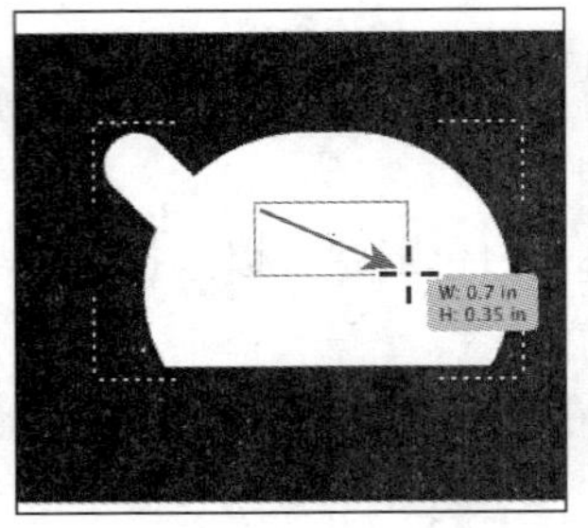

创建一个矩形

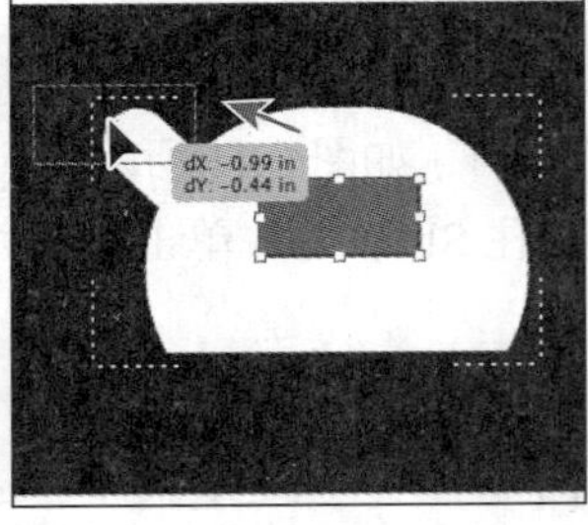

将矩形拖曳到正确的位置

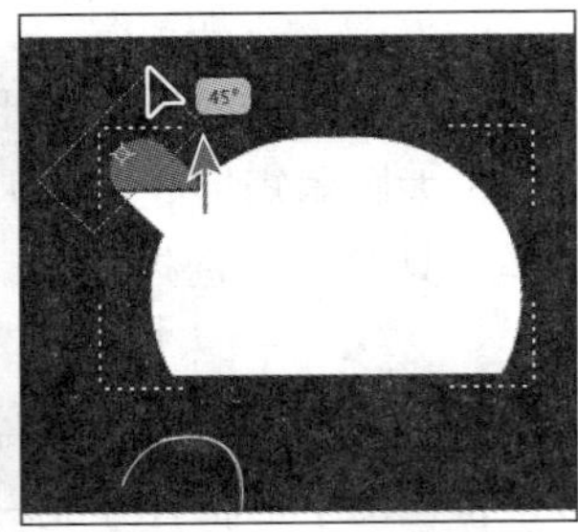

旋转矩形

图0.13

7. 单击工具箱底部的“正常绘图”按钮（ ）。
8. 选择菜单“选择”>“取消选择”，再选择菜单“文件”>“存储”。

0.6 使用描边

宽度工具让您能够创建宽度不一致的描边，并将其存储为宽度配置文件以便应用于其他描边。下面给茶壶绘制手柄。

1. 选择工具箱中的选择工具（ ），再选择菜单“选择”>“现用画板上的全部对象”。将茶壶拖曳到黑色矩形的右下角附近，如图 0.14 所示。
2. 在工具箱中，选择矩形工具组中的椭圆工具（ ），将鼠标指向壶嘴的右上方，再通过拖曳创建一个宽约 12.5 英寸、高约 1.4 英寸的椭圆，如图 0.15 所示。

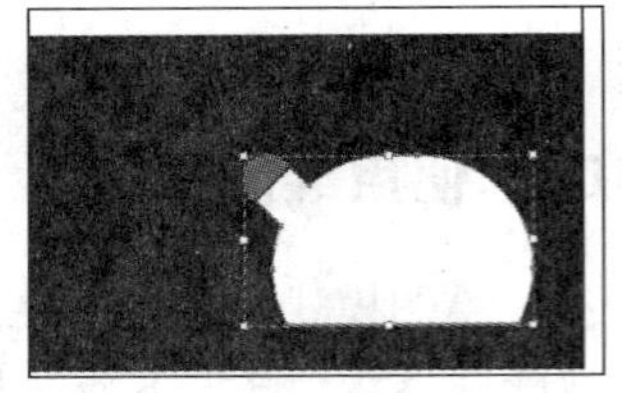

图0.14

> Ai | **提示：**绘制椭圆后，可使用工具箱中的选择工具调整其位置。

3. 单击控制面板中的填色框并选择“无”（ ），再单击控制面板中的描边框并选择一种淡灰色（C=0、M=0、Y=0、K=50）。

4. 在控制面板中，从描边框右边的“描边粗细”下拉列表中选择2pt。
5. 选择菜单“对象”>“排列”>“后移一层”将椭圆放到茶壶后面。
6. 选择工具箱中的缩放工具（🔍），并单击椭圆两次以放大它。
7. 在仍选择了椭圆的情况下，选择工具箱中的宽度工具（ ）。将鼠标指向椭圆的灰色描边（中央左边）并向内拖曳，如图0.16所示。

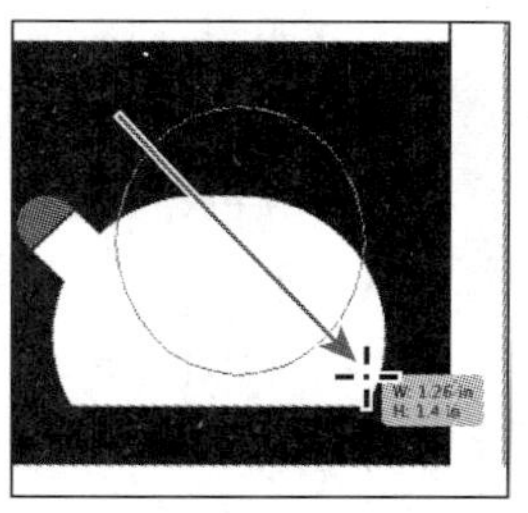

图0.15

> **Ai** | **提示：** 有关宽度工具的更详细信息，请参阅第3课。

8. 将鼠标指向刚才拖曳的左边，再单击并向内拖曳。拖曳距离无需与图0.16所示的完全一致。
9. 选择菜单“选择”>“取消选择”，再选择菜单“文件”>“存储”。

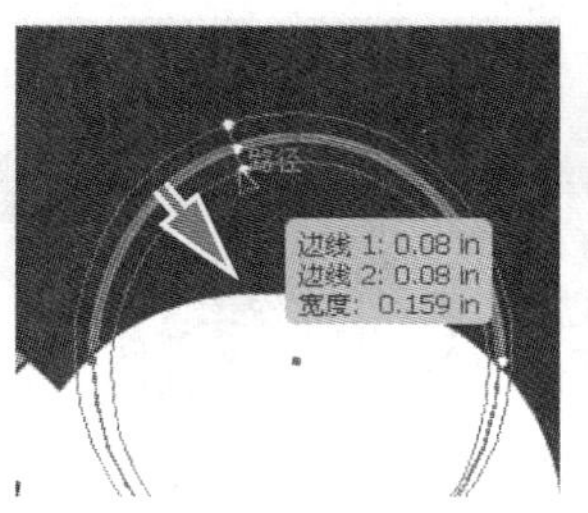

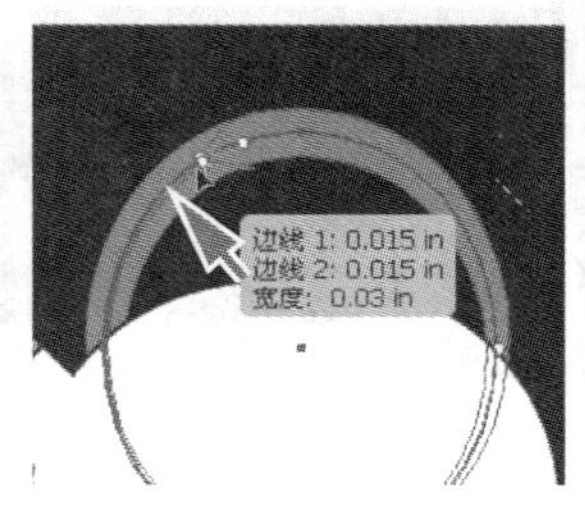

图0.16

0.7 使用颜色组及重新着色图稿

颜色组是一个组织工具，让您能够在“色板”面板中将相关的色板编组。另外，颜色组还可用作颜色协调的容器，颜色协调是使用“编辑颜色”/“重新着色图稿”对话框或“颜色参考”面板创建的。下面为这里的图书封面创建更多颜色。

> **Ai** | **提示：** 有关颜色组及重新着色图稿的更详细信息，请参阅第6课。

1. 选择菜单“视图”>“画板适合窗口大小”。
2. 选择工具箱中的圆角矩形工具（ ），并在画板中央单击。在“圆角矩形”对话框中，将“宽度”改为“4.5 in”，“高度”改为“1.1 in”，“圆角半径”改为“0.2 in”，再单击“确定”按钮，如图0.17所示。
3. 单击工具箱中的填色框，再单击工作区右边的色板面板图标（ ）展开“色板”面板。
4. 在“色板”面板中，将鼠标指向棕色色板，再单击提示为“C=30 M=50 Y=75 K=10”的色板，使用这种棕色填充矩形，

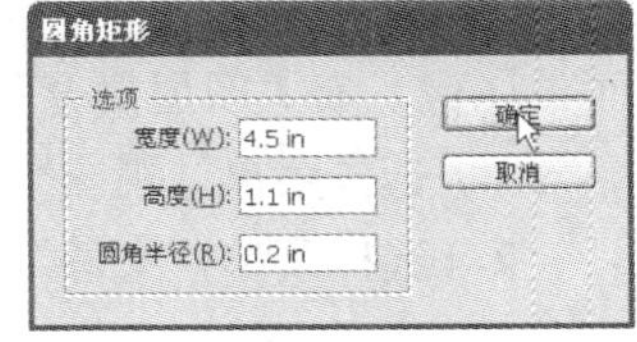

图0.17

如图 0.18 所示。

5. 切换到选择工具并单击工作区右边的颜色参考面板图标（ ）。单击“将基色设置为当前颜色”图标（ ），并从下拉列表“协调规则”中选择“暗色”，如图 0.19 所示。
6. 单击“将颜色保存到色板面板”按钮（ ），将“颜色参考”面板顶部的 4 种颜色作为颜色组保存到“色板”面板中。
7. 使用选择工具拖曳出一个环绕画板右下角的茶壶和手柄的选框，以选择这两个对象。
8. 单击“色板”面板图标（ ）展开“色板”面板，注意到新颜色出现在该面板底部（您可能需要向下滚动）。在“色板”面板中，单击这 4 种棕色左边的文件夹图标，再单击“编辑或应用颜色组”按钮（ ），如图 0.20 所示。

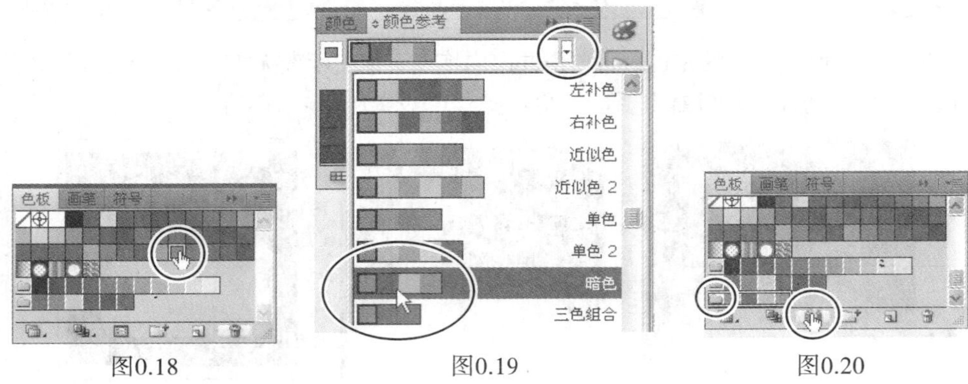

图0.18　　图0.19　　图0.20

9. 在“重新着色图稿”对话框中，单击颜色组存储区中的“颜色组 1”，再单击“确定”按钮，如图 0.21 所示。选择菜单“选择”>“取消选择”。

“重新着色图稿”对话框可以将图稿的颜色转换为您选择的颜色组中的颜色，如图 0.21 所示。

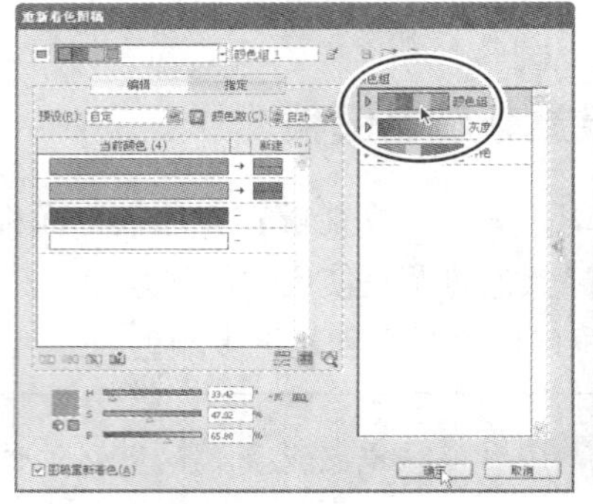

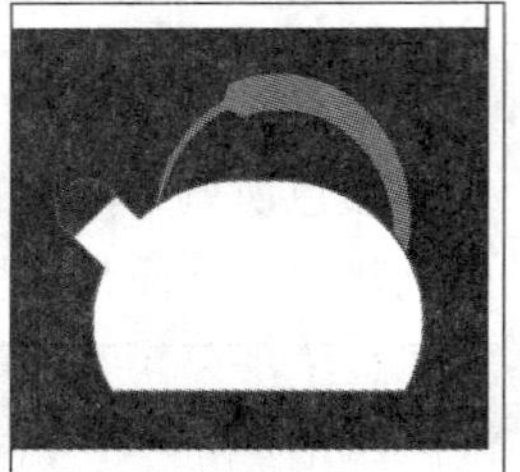

图0.21

0.8 在 Illustrator CS5 中置入 Photoshop 图像

在 Illustrator 中，可置入 Adobe Photoshop 文件，且可指定要置入的图层复合。下面置入一幅手绘图像。有关图层复合和置入 Photoshop 图像的更详细信息，请参阅第 15 课。

1. 选择菜单“视图”>“画板适合窗口大小”确保画板在文档窗口居中。
2. 选择菜单“文件”>“置入”。在“置入”对话框中，切换到文件夹 Lessons\Lesson00，并选择文件 floral.psd。确保选择了对话框左下角的复选框“链接”，再单击“置入”按钮。

> **注意：**通过在“置入”对话框中选择复选框“链接”，将在 Illustrator 文件中链接到 Photoshop 图像。如果以后在 Photoshop 中编辑了该图像，Illustrator 中的置入图像将相应地更新。

Illustrator 能够识别出文件包含图层复合，并打开“Photoshop 导入选项”对话框。这里置入的文件包含两个图层复合。

3. 在“Photoshop 导入选项”对话框中，选择复选框“显示预览”。确保从“图层复合”下拉列表中选择了“no background”，再单击“确定”按钮，如图 0.22 所示。花朵图案图像将置入到画板中。

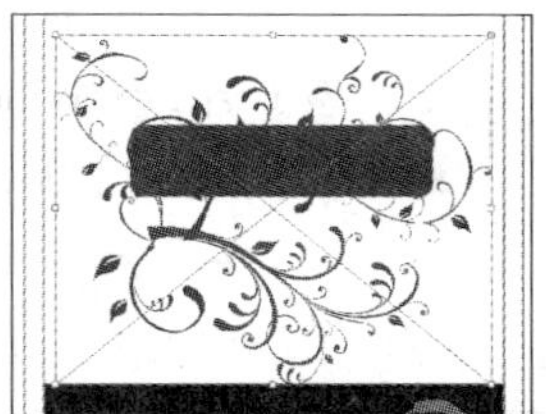

图0.22

> **注意：**您绘制的圆角矩形的位置可能与示意图所示的位置不同，这没有关系。

4. 选择菜单“文件”>“存储”。

0.9 使用实时描摹

可使用实时描摹将照片（光栅图像）转换为矢量图稿，下面通过描摹前面置入的 Photoshop 文件创建一个黑白线条图。有关实时描摹的更详细信息，请参阅第 3 课。

1. 在仍选择了置入的图像的情况下，单击控制面板中的“实时描摹”按钮，该图像将被转换为矢量路径，但现在还不能编辑，如图 0.23 所示。+

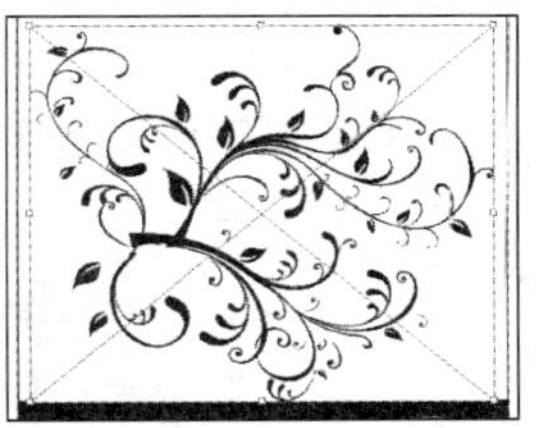

图0.23

> **提示：**该图像是链接的，如果您在 Photoshop 中编辑它，在 Illustrator 中通过实时描摹得到的图像将相应地更新。

2. 在控制面板中，从下拉列表“预设”中选择“单色徽标”，如图 0.24 所示。这将修改描摹设置，让白色区域变成透明的。
3. 选择菜单“文件”>“存储”。

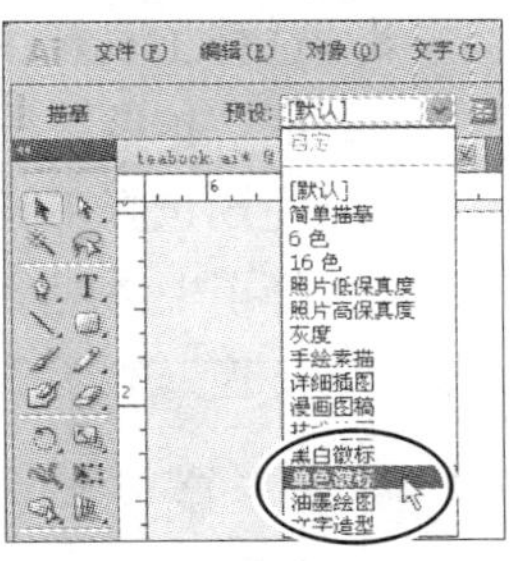

图0.24

0.10 使用实时上色

实时上色工具让您能够像在纸上那样给对象上色，有关实时上色的更详细信息，请参阅第 6 课。

1. 在仍选择了描摹得到的图像的情况下，单击控制面板中的“实时上色”按钮。
2. 在工具箱中，选择形状生成器工具组（）中的实时上色工具（）。单击控制面板中的填色框，并从您前面创建的颜色组中选择第一个色板，如图 0.25 所示。

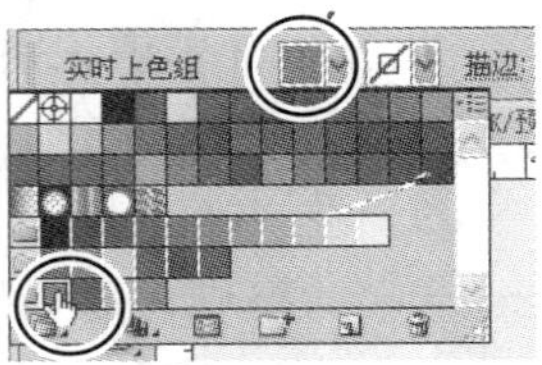

图0.25

3. 按 Ctrl + =（Windows）或 Command + =（Mac OS）两次以放大视图。
4. 在仍选择了实时上色工具（）的情况下，将鼠标指向树枝之一。注意到使用红色突出显示了图形的大部分，而鼠标上方显示了三个彩色方形（）。单击鼠标使用棕色进行填充。

> **注意：**如果树枝之间的区域也被上色了，选择菜单“编辑”>“还原实时上色工具”再重试。

在鼠标图标中，油漆桶上方的方块显示了“色板”面板中三个相邻的色板，其中中间的方块为当前选择的色板。

> **注意：**虽然这个形状是使用众多路径创建的，但实时上色工具能够识别形状，并在您将鼠标指向它们时使用红色突出显示它们。

5. 按右箭头键一次，从实时上色图标上方的三个色板中选择较暗的棕色（），再使用实时上色工具单击给叶子之一填色。

给余下的叶子和树枝上色，并在上色期间按箭头键切换颜色，结果如图 0.26 所示。

图0.26

6. 选择工具箱中的选择工具（），在仍选择了描摹得到的图稿的情况下，单击控制面板中的“扩展”按钮将它转换为可编辑的矢量图形。选择菜单“对象”>“排列”>“后移一层”。
7. 使用选择工具单击圆角矩形，单击控制面板中的字样“变换”打开“变换”面板。确保选择了中央的参考点（），将 X 和 Y 值分别改为 3.425 in 和 4.1 in，按回车键移动圆角矩形。

> **注意：**根据屏幕分辨率，控制面板中可能显示了变换选项。在这种情况下，可直接在控制面板中设置这些选项。也可选择菜单“窗口”>“变换”来打开“变换”面板。

> **Ai** **注意：**在“变换”面板中，如果显示的单位不是英寸，将需要在值后面输入“in”。

8. 按住 Shift 键，并使用选择工具单击花朵图案。松开 Shift 键，再单击圆角矩形将其设置为关键对象。

9. 单击控制面板中的“垂直居中对齐”按钮（），如图 0.27 所示。注意到花朵图案移动到与圆角矩形垂直居中对齐了。

图0.27

> **Ai** **注意：**如果控制面板中没有对齐选项，请单击字样“对齐”打开“对齐”面板。

10. 选择菜单“选择” > “取消选择”。

11. 使用选择工具单击花朵图案以选择它。在控制面板中，从“对齐”下拉列表（）中选择“对齐画板”（），这确保选定对象将与画板对齐。单击“水平左对齐”按钮（），让花朵图案与画板左边缘对齐。

12. 选择菜单“选择” > “取消选择”，结果如图 0.28 所示。

图0.28

0.11 使用斑点画笔工具

可使用斑点画笔工具给填充形状上色，并将其与其他颜色相同的形状相连和合并。下面使用斑点画笔工具来编辑花朵图案。

> **Ai** **注意：**有关如何使用斑点画笔工具的更详细信息，请参阅第 11 课。

1. 选择菜单“视图” > “画板适合窗口大小”，再使用选择工具（）双击花朵图案。这将进入隔离模式，让您能够编辑花朵图案中的形状。

2. 选择工具箱中的缩放工具（），拖曳出一个环绕花朵图案上半部分的选框以放大它。

3. 使用选择工具单击大树枝（而不是叶子）以选择它，这将选择大部分花朵图案。

4. 双击工具箱中的斑点画笔工具（）。在“斑点画笔工具选项”对话框中，选择复选框“保持选定”，将“平滑度”改为 80，将“大小”改为 5 pt，再单击“确定”按钮。

5. 将鼠标指向一根树枝的末端（如图 0.29 所示），并向左上方拖曳创建一根小树枝。松开鼠标后，形状将发生变化，而新绘制的形状将成为树枝的一部分。

6. 通过拖曳鼠标让新绘制的树枝末端变成大圆角，如图 0.29 所示。可将斑点画笔工具

图0.29

视为蜡粉笔，精确性并不重要。

7. 选择菜单“选择”>“取消选择”，再按 Esc 键退出隔离模式。

8. 选择菜单“视图”>“画板适合窗口大小”，再选择菜单“文件”>“存储”。

0.12 使用文字

下面在这个图书封面中添加一些文本。

> **Ai** | **提示**：有关如何使用文字的更详细信息，请参阅第 7 课。

1. 选择菜单“窗口”>“工作区”>“基本功能”重置面板。

2. 选择文字工具（T）并在画板中任何没有对象的地方单击，后面将调整文本的位置。

3. 输入 FeliciTea。在仍选择了文字工具的情况下，选择菜单“选择”>“全部”选择您输入的所有文本，也可使用键盘快捷键 Ctrl + A（Windows）或 Command + A（Mac OS）。再选择菜单“文字”>“更改大小写”>“大写”。

4. 在控制面板中，通过拖曳选择“字体”下拉列表（它位于字样“字符”右边）中的字体名，再输入 tra，可从“字体”列表中筛选出 Trajan Pro。在“字体大小”文本框中输入 45 pt 并按回车键，如图 0.30 所示。

图0.30

> **Ai** | **提示**：如果控制面板中没有字符选项，请单击字样“字符”打开“字符”面板。

5. 使用文字工具选择文本 Tea，并在控制面板中将字体大小改为 64 pt。

6. 选择菜单“选择”>“全部”，再选择工具箱中的吸管工具（）。单击淡黄色背景形状，这将从中采集颜色并将其应用于文本，如图 0.31 所示。

图0.31

7. 在仍选择了文本的情况下，在控制面板中将描边颜色改为“无 ”。

8. 使用选择工具（）将文本拖曳到画板中央的圆角矩形上面，如图 0.32 所示。

图0.32

9. 选择菜单“对象”>“隐藏”>“所选对象”将文本暂时隐藏。

10. 选择菜单“文件”>“存储”。

0.13 使用“外观”面板和效果

“外观”面板让用户能够控制对象的属性，如描边、填色和效果。

> **Ai** | **提示：有关使用“外观”面板的更详细信息，请参阅第 13 课。**

1. 使用选择工具（![]）单击棕色圆角矩形以选择它。
2. 单击工作区右边的外观面板图标（![]）。注意到在“外观”面板顶部指出了当前选择的对象为“路径”。
3. 单击“外观”面板中的描边颜色框，并从您创建的颜色组中选择淡棕色色板（C=21、M=55、Y=85、K=5），将描边粗细改为 10pt。单击带下划线的字样“描边”，在打开的“描边”面板中单击“使描边外侧对齐”按钮（![]）。
4. 单击“外观”面板底部的“添加新描边”按钮（![]），“外观”面板中将出现一条新描边。单击描边颜色框，并在您创建的颜色组中选择第一个棕色色板（C=40、M=65、Y=90、K=35）。单击“外观”面板中的描边框，关闭色板面板，再将描边粗细改为 4 pt。
5. 选择菜单“效果”>“路径”>“位移路径”。在“位移路径”对话框中，将“位移”改为 11pt 并单击“确定”按钮，如图 0.33 所示。

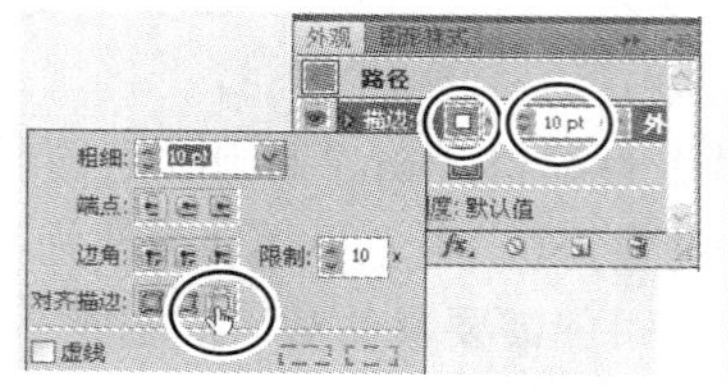

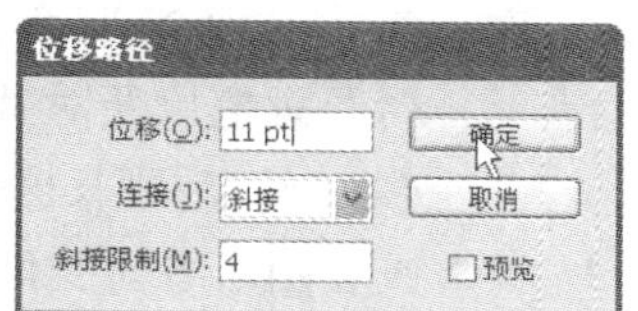

图0.33

6. 单击“外观”面板顶部的字样“路径”以便将接下来的效果应用于整个路径。
7. 单击“外观”面板底部的“添加新效果”按钮（*fx*）并选择“风格化”>“投影”。在“投影”对话框中，将“不透明度”改为 40，将“X 位移”和“Y 位移”都改为 0.06 in，将“模糊”改为 0.04 in，再单击“确定”按钮，如图 0.34 所示。

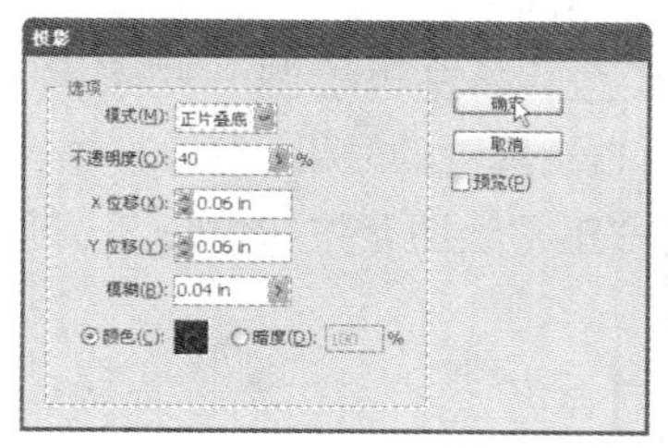

图0.34

8. 在“外观”面板中向下滚动，单击效果“投影”左边的眼睛图标（![]）以隐藏并停用该效果，如图 0.35 所示。再次单击这个地方以显示它。

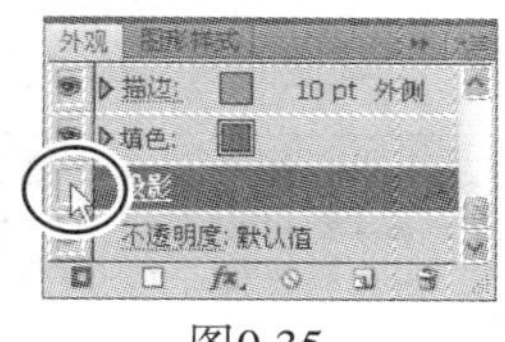

图0.35

9. 选择菜单“对象”>“显示全部”以显示文本。
10. 选择菜单“选择”>“取消选择”，再选择菜单“文件”>“存储”。

0.14 使用画笔

画笔让您能够风格化路径的外观。可将画笔描边应用于现有路径，也可使用画笔工具在绘制路径的同时应用画笔描边。有关如何使用画笔的更详细信息，请参阅第 11 课。

1. 选择菜单“对象”>“全部解锁”。使用选择工具（）单击画板底部的黑色矩形以选择它，再按住空格键并向上拖曳画板。
2. 单击工具箱底部的“内部绘图”按钮（），再选择菜单“选择”>“取消选择”。
3. 单击工作区右边的画笔面板图标（）展开“画笔”面板，在该面板中向下滚动并单击画笔“榛树”。将鼠标指向列表中的画笔时，出现的工具提示中包含画笔的名称。
4. 在控制面板中，将填色改为“无”，并将描边颜色改为“白色”。
5. 选择工具箱中的画笔工具（），将鼠标指向壶嘴的末端，再向左上方拖曳并穿过黑色矩形的边缘，以绘制一些蒸汽。绘制两条线条以营造蒸汽的效果，如图 0.36 所示。

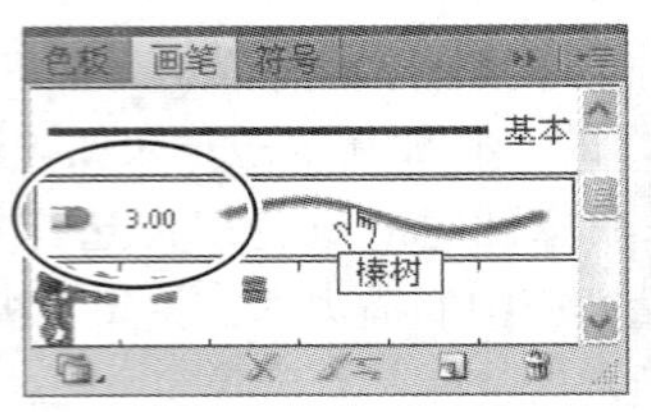

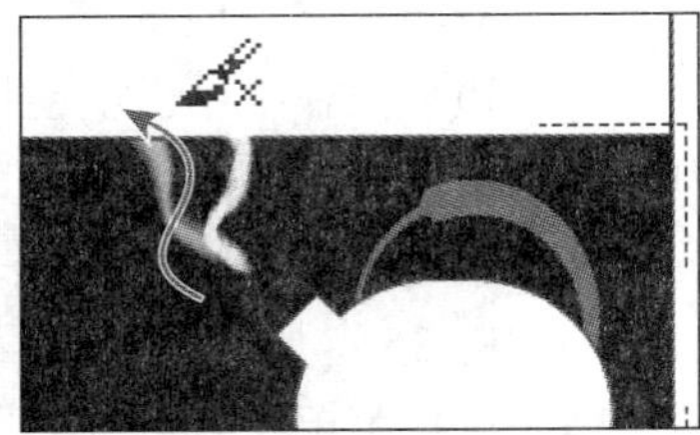

图0.36

6. 双击“画笔”面板中的“榛树”画笔以便对其进行编辑。在“毛刷画笔选项”对话框中，将形状改为“团扇”，大小改为 4，毛刷长度改为 280，上色不透明度改为 15，硬度改为 20。选择复选框“预览”以查看图形有何变化，可能需要移动对话框才能看到。单击“确定”按钮。
7. 在“画笔更改警告”对话框中，单击“应用于描边”将更改应用于您在画板中绘制的描边。
8. 使用画笔工具在黑色矩形左边绘制一些蒸汽（如图 0.37 所示），以营造矩形内布满蒸汽的效果。
9. 单击工具箱底部的“正常绘图”按钮（），再选择菜单“文件”>“存储”。

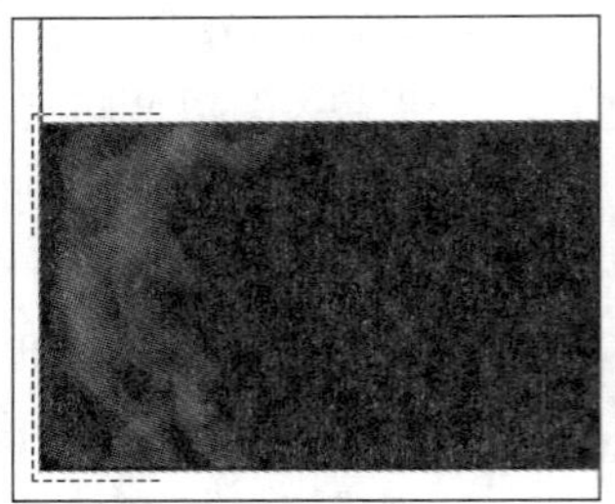

图0.37

0.15 创建和编辑渐变

渐变是使用多种颜色的颜色混合。下面将渐变应用于背景中的一个形状。

> Ai | **提示**：有关如何使用渐变的更详细信息，请参阅第 10 课。

1. 使用选择工具（）单击背景中的淡黄色矩形以选择它，再选择菜单“编辑”>“复制”。
2. 选择菜单“视图”>“全部画板适合窗口大小”，再单击左边的画板使其成为活动画板。选择菜单“视图”>“画板适合窗口大小”，再选择菜单“复制”>“就地粘贴”。向左拖曳定界框右边缘中央的手柄，直到它与左边画板的右边缘对齐。
3. 在仍选择了矩形的情况下，选择菜单“编辑”>“复制”，再选择菜单“编辑”>“贴在前面”。向下拖曳上边缘中央的手柄以调整复制的矩形的大小。当出现绿色对齐参考线，指出与右边画板的黑色矩形对齐后松开鼠标，如图 0.38 所示。

4. 单击工作区右边的渐变面板图标（ ）。
5. 在“渐变”面板中，单击“渐变”列表按钮（ ）并选择“渐黑”，将一种从黑色到透明的渐变应用于这个矩形。
6. 选择工具箱中的渐变工具（ ），注意到矩形上出现了渐变条。按住 Shift 键，并在渐变条上方从矩形右边拖曳到左边，如图 0.39 所示。使用渐变工具拖曳可修改渐变的方向。

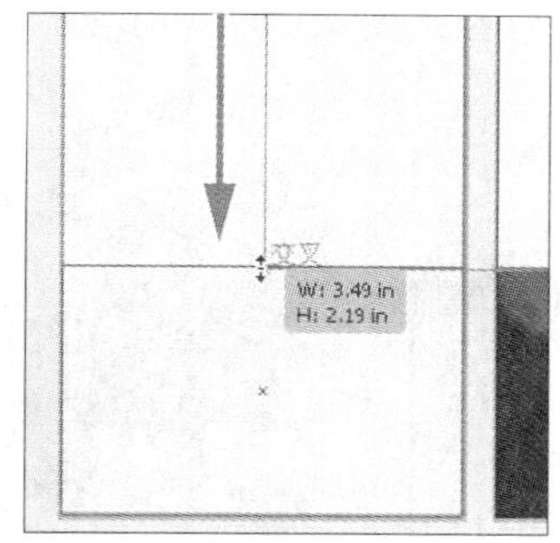

图0.38

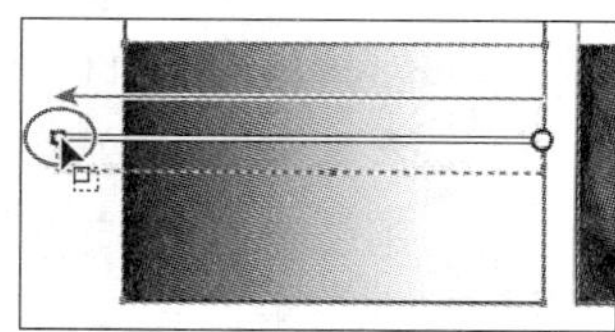

图0.39

7. 将鼠标指向矩形上的渐变条，渐变条下方将出现色标，它们与“渐变”面板中的色标及其相似。双击渐变条右端的黑色色标（ ），在出现的面板中单击色板按钮（ ），再单击您创建的颜色组中的第一个棕色色板，将颜色改为棕色，如图 0.40 所示。再按 Esc 键关闭面板。

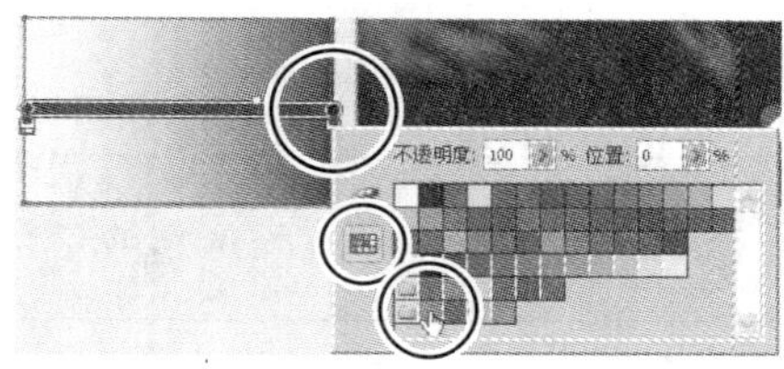

图0.40

8. 将鼠标指向渐变条右端以显示棕色色标，再将该色标稍微向左拖曳以修改渐变的外观，如图 0.41 所示。
9. 选择菜单“选择”>“取消选择”，再选择菜单“文件”>“存储”。

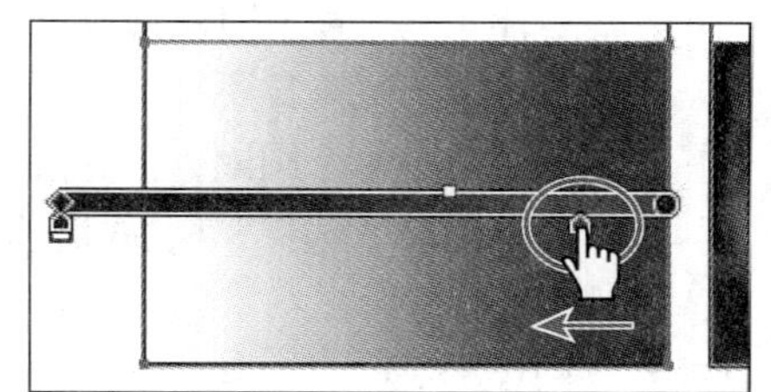

图0.41

0.16 使用符号

符号是存储在“符号”面板中的可重复使用的图稿对象，下面使用图稿创建一个符号。有关符号的更详细信息，请参阅第 14 课。

1. 单击工作区右边的“画板”面板图标（ ），再双击该面板中的“画板 2”让第二个画板适合文档窗口大小。
2. 选择菜单“文件”>“打开”，打开硬盘中文件夹 Lessons\Lesson00 中的文件 symbol.ai。选择菜单“选择”>“现用画板上的全部对象”，再依次选择菜单“编辑”>“复制”和“文件”>“关闭”。返回到文件 teabook.ai，并选择菜单“编辑”>“粘贴”。

3. 单击工作区右边的符号面板图标（♣）。
4. 在仍选择了画板中的圆圈的情况下，单击“符号”面板底部的“新建符号”按钮（）。在“符号选项”对话框中，将该符号命名为 circle，将类型设置为“图形”，再单击“确定”按钮，如图 0.42 所示。

圆圈将出现在“符号”面板中，该符号只存储在当前文档的“符号”面板中。

5. 将符号 circle 从符号面板中拖放到画板中，这将创建该符号的一个实例。再拖曳几个符号在棕色圆角矩形和文本周围创建粗略的图案，如图 0.43 所示。

图0.42

图0.43

> Ai **注意：**您的符号实例的位置可能与图 0.43 所示的不同，这没有关系。该图仅供参考。

6. 按住 Shift + Alt（Windows）或 Shift + Option（Mac OS），并使用选择工具（）向内拖曳一个圆圈的定界框手柄，将该圆圈缩小并保持其宽高比不变，如图 0.44 所示。
7. 尝试缩小每个圆圈，但它们相对于原始圆圈的大小各不相同。
8. 选择菜单“选择”>“取消选择”，再选择菜单“文件”>“存储”。

图0.44

0.17 使用透视

下面在透视下渲染这个图书封面。Illustrator 中的透视功能让您能够轻松地在透视下绘制或渲染图稿，有关这项功能的更详细信息，请参阅第 9 课。

1. 选择菜单“文件”>“新建”。在“新建文档”对话框中，将文件命名为 teabook_persp，并从“新建文档配置文件”下拉列表中选择“打印”。将单位该为英寸，宽度改为 15 英寸，再单击“确定”按钮。
2. 选择菜单“文件”>“存储为”。在“存储为”对话框中，保留文件名 teabook_persp.ai，并切换到文件夹 Lesson00。保留“保存类型”为 Adobe Illustrator (*.AI)（Windows）或“格式”为 Adobe Illustrator (ai)（Mac OS），并单击“保存”按钮。在“Illustrator 选项”对话框中，接受选项的默认设置并单击“确定”按钮。
3. 选择工具箱中的透视网格工具（），注意到出现的透视网格。

4. 在选择了透视网格工具的情况下，选择菜单“视图”>“透视网格”>“锁定站点”，这让您能够同时编辑所有透视网格平面。

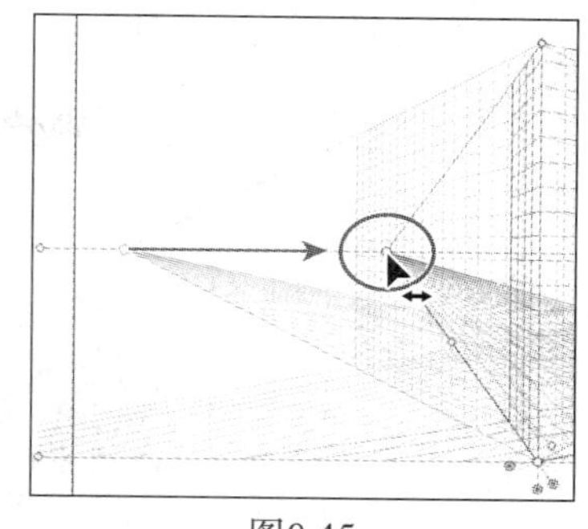

图0.45

5. 向右拖曳左侧消失点到如图 0.45 所示的位置，这将修改透视网格。
6. 单击文档窗口顶端的标签 teabook.ai。
7. 选择工具箱中的选择工具（ ），单击第二个画板（较大的画板）使其处于活动状态，再选择菜单“选择”>“现用画板上的全部对象”。
8. 选择菜单“编辑”>“复制”。
9. 单击标签 teabook_persp.ai 返回到透视文档。
10. 选择菜单“编辑”>“粘贴”，再选择菜单“对象”>“编组。
11. 在文档窗口显示的是 teabook_persp.ai 的情况下，选择工具箱中与透视网格工具（ ）位于同一组的透视选区工具（ ）。
12. 单击画板左上角的平面切换构件中的右侧网格平面，如图 0.46 所示。这让您能够在透视下将选定的对象编组放到右侧网格平面中。

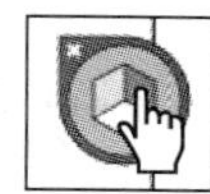

图0.46

13. 使用透视选区工具拖曳该编组，使其左边缘与左、右网格平面交汇的地方大致对齐，如图 0.47 所示。

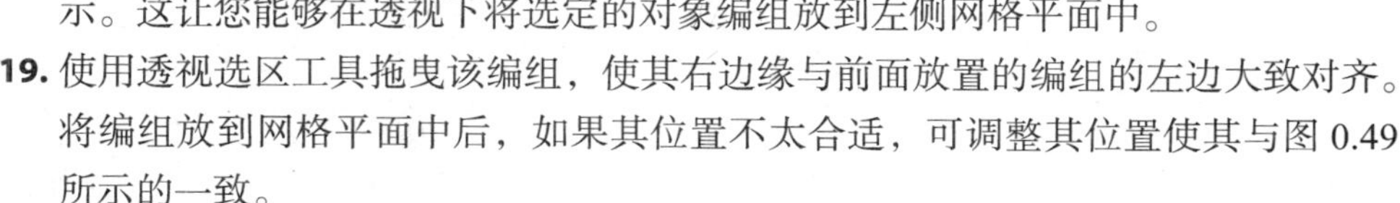

Ai 注意：使用透视选区工具拖曳现有的矢量图稿将使其进入透视模式。

14. 单击文档窗口顶端的标签 teabook.ai。
15. 选择工具箱中的选择工具（ ），单击第一个画板（较小的画板）使其处于活动状态，再选择菜单“选择”>“现用画板上的全部对象”。
16. 选择菜单“编辑”>“复制”，单击标签 teabook_persp.ai 返回到透视文档。选择菜单“编辑”>“粘贴”，再选择菜单“对象”>“编组。
17. 选择工具箱中的透视选区工具（ ）。

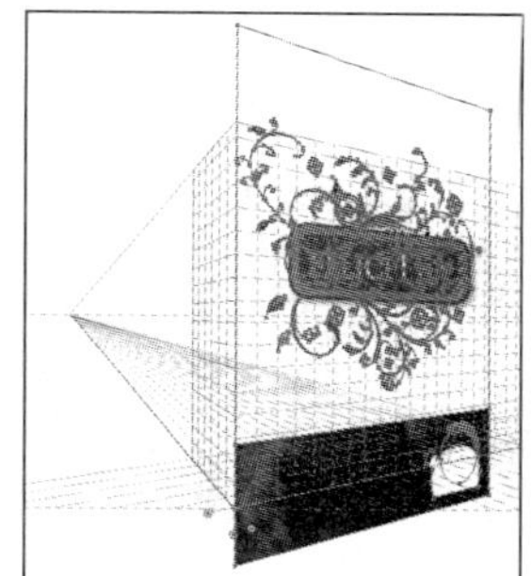

图0.47

18. 单击画板左上角的平面切换构件中的左侧网格平面，如图 0.48 所示。这让您能够在透视下将选定的对象编组放到左侧网格平面中。

图0.48

19. 使用透视选区工具拖曳该编组，使其右边缘与前面放置的编组的左边大致对齐。将编组放到网格平面中后，如果其位置不太合适，可调整其位置使其与图 0.49 所示的一致。
20. 使用透视工具向右拖曳书脊图稿的定界框左边缘中央的手柄，使书脊更薄。

21. 选择菜单“选择”>“取消选择”，再选择菜单“视图”>“透视网格”>“隐藏网格”，结果如图 0.49 所示。

将书脊放在左侧透视平面中

调整书脊的大小

结果

图0.49

22. 选择菜单“文件”>“存储”，再对于每个打开的文件分别选择菜单“文件”>“关闭”。

第1课 了解工作区

在本课中，读者将学习如何执行如下操作：

- 使用欢迎屏幕；
- 打开 Adobe Illustrator CS5 文件；
- 选择工具箱中的工具；
- 使用面板；
- 使用视图选项缩放图稿；
- 在多个画板和文档之间导航；
- 理解标尺；
- 处理文档组；
- 使用 Illustrator 帮助。

学习本课内容需要大约 45 分钟。如果有必要，将文件夹 Lesson00 从硬盘中删除，然后将文件夹 Lesson01 复制到硬盘中。

为充分利用 Adobe Illustrator CS5 丰富的绘图、上色和编辑功能，学习如何在工作区中导航至关重要。工作区由应用程序栏、菜单栏、工具箱、控制面板、文档窗口和一组默认面板组成。

1.1 概 述

在本课中，读者将处理多个图稿文件，但在此之前，需要恢复 Adobe Illustrator CS5 默认首选项，并打开完成后的图稿文件以查看其中的插图。

1. 为确保工具和面板像本课描述的那样，请删除或重命名 Adobe Illustrator CS5 首选项文件，详情请参阅“前言”。

> Ai **注意：**如果还没有从配套光盘的文件夹 Lesson01 中将本课的资源文件复制到硬盘，现在就这样做，详情请参阅“前言”。

2. 双击 Adobe Illustrator CS5 图标启动 Adobe Illustrator。
3. 选择菜单“帮助”>“欢迎屏幕”打开欢迎屏幕，其中包含很多超链接选项，如图 1.1 所示。

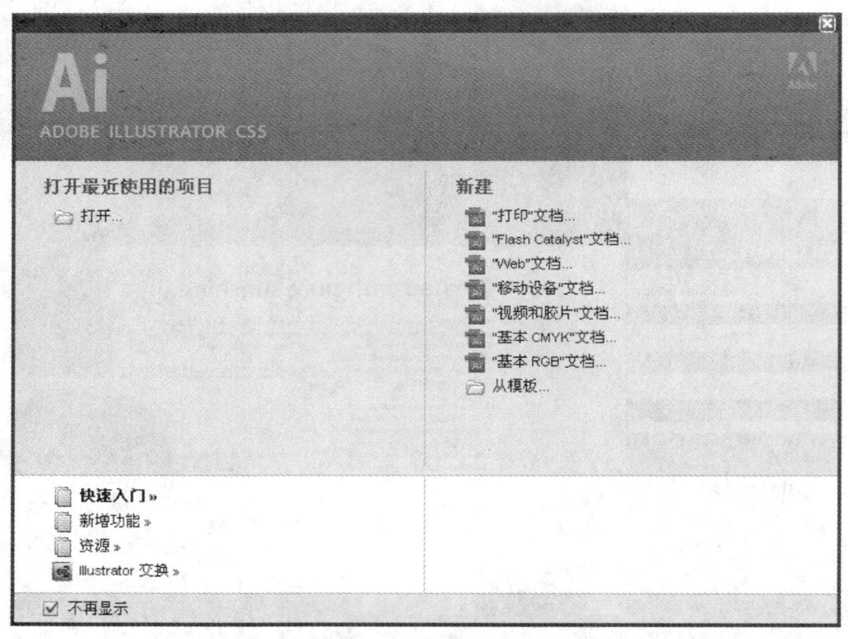

图1.1

> Ai **提示：**默认情况下，启动时不打开欢迎屏幕。要在启动 Illustrator 后打开欢迎屏幕，请取消选择欢迎屏幕左下角的复选框“不再显示”。

通过欢迎屏幕可了解 Illustrator 新增的功能以及访问诸如视频、模板等资源。欢迎屏幕还让您能够从空白或模板创建文档以及打开现有文档。在“打开最近使用的项目”下，包括“打开”链接及最近打开的文件列表，首次启动 Illustrator 时，该文件列表为空。在本课中，读者将打开一个现有文档。

4. 单击欢迎屏幕左边的“打开”或选择菜单“文件”>“打开”，切换到硬盘中的文件夹 Lesssons\Lesson01，并打开文件 L1start_1.ai。
5. 选择菜单“窗口”>“画板适合窗口大小”。

> **注意**：由于颜色设置随计算机而异，打开练习文件时可能出现对话框“缺少配置文件”。出现这种对话框时，单击“确定”按钮即可。

6. 选择菜单“窗口”>“工作区”>“基本功能”确保使用默认工作区，如图 1.2 所示。

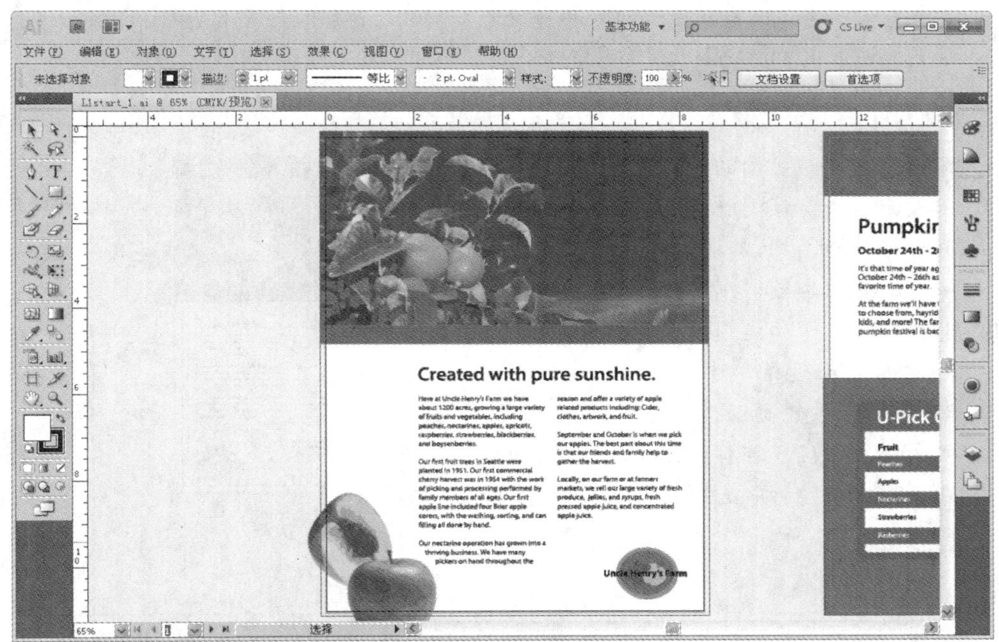

该图稿包含一个小册子的正面和背面

图1.2

打开该文件后，Illustrator 便完全启动了，窗口中包含应用程序栏、菜单栏、工具箱、控制面板和面板组。注意到面板停放在窗口右边，这是一些面板的默认停放位置。Adobe Illustrator CS5 还将众多常用的面板选项放在菜单栏下方的控制面板中，这减少了用户工作时需要打开的面板数，从而增大了工作区。

下面使用文件 Llstart_1.ai 练习如何导航和缩放，并研究 Illustrator 文档和工作区。

7. 选择菜单“文件”>“存储为”。在“存储为”对话框中，将该文件命名为 brochure.ai，并选择文件夹 Lesson01。保留“保存类型”为 Adobe Illustrator（*.AI）（Windows）或“格式”为 Adobe Illustrator（ai）（Mac OS），并单击“保存”按钮。如果出现有关专色和透明度的警告消息框，单击“继续”按钮。在“Illustrator 选项”对话框中，保留默认设置并单击“确定”按钮。

画板概述

画板表示可以包含可打印图稿的区域。可以将画板作为裁剪区域以满足打印或置入的需要。可以使用多个画板来创建各种内容，如多页PDF、大小或元素不同的打印页面、网站的独立元素、视频故事板、组成Adobe Flash或After Effects动画的各个项目。

注意：根据画板大小不同，每个文档最多可以有 100 个画板。可在创建文档时指定画板数，并在处理文档的过程中随时添加和删除画板。可创建大小不同的画板，使用画板工具调整画板大小，并将画板放在屏幕的任何位置，甚至让它们彼此重叠。图 1.3 说明了图稿的组成部分。

A. 可打印区以最里面的虚线为界，表示可以用所选的打印机进行打印的页面部分。很多打印机不能打印到纸张的边缘，不要将其与非打印区混淆了。

B. 非打印区位于两组虚线之间，表示不可打印的页面边缘。本示例显示了一个8.5×11 英寸的页面对于标准激光打印机的非打印区。可打印区和非打印区的划分是由在“打印选项”对话框中选择的打印机确定的。

A. 可打印区
B. 非打印区
C. 页边
D. 画板
E. 出血区
F. 画布

图1.3

注意：如果要将 Illustrator 文档置入排版程序（如 InDesign）中，则无需考虑可打印区和非打印区，因为置入到其他程序时，边界以外的区域也将显示出来。

C. 页边由最外面的虚线组成。

D. 画板的边界由实线组成，表示能够包含可打印图稿的整个区域。默认情况下，画板尺寸与页面尺寸相同，但可以放大或缩小它。美国画板的默认尺寸为 8.5×11 英寸，但最大可设置为 227×227 英寸。

E. 出血区域。出血是图稿位于打印定界框外的部分或位于裁剪和裁切标记外的部分。可在图稿中包含出血以作为容差范围，以确保裁切页面后油墨沿所有方向扩展到页面边缘或确保图像可安排到文档的准线中。

F. 画布是画板外面的区域，它可以扩展到 227 英寸的正方形窗口边缘。放在画布中的对象在屏幕上可见，但不会打印出来。

——摘自Illustrator帮助

1.2 理解工作区

创建操作文档和文件时，可使用各种元素，如面板和窗口。这些元素的排列方式称为工作区。刚启动 Illustrator 时，用户看到的是默认工作区，但可根据要执行的任务对其进行定制。例如，可创建两个分别用于编辑和查看的工作区并存储它们，并在工作时在它们之间切换。

工作区如图 1.4 所示。

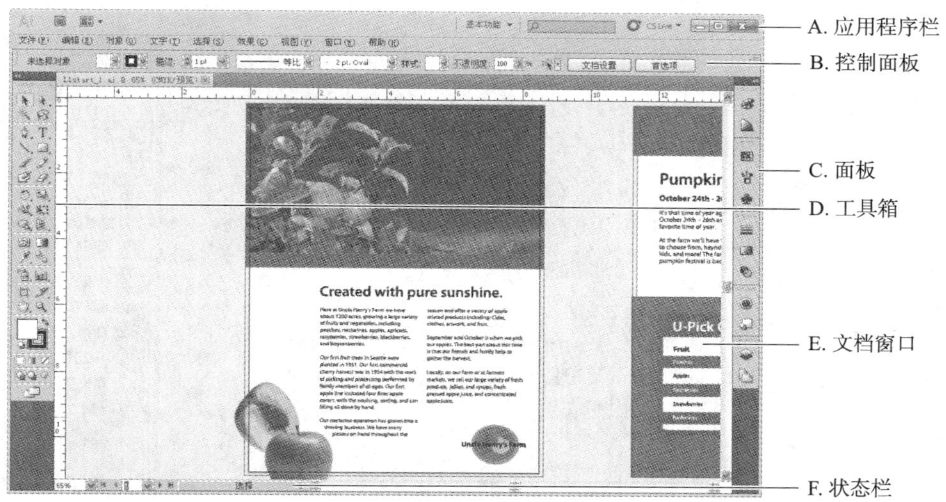

图1.4

> **注意**：本章的屏幕截图是在 Windows 操作系统中抓取的，您看到的可能稍有不同，尤其在使用的是 Mac OS 时。

对默认工作区的组成部分描述如下。

A. 应用程序栏位于工作区顶部，包含用于切换工作区的下拉列表、菜单（仅适用于 Windows，且取决于屏幕分辨率）和其他应用程序控件。

> **注意**：在 Mac OS 中，菜单栏位于应用程序栏上方，如图 1.5 所示。

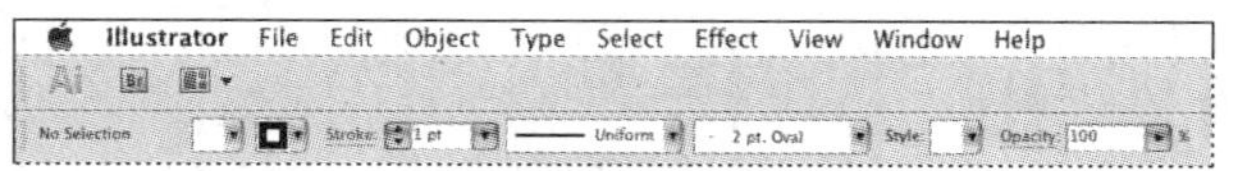

图1.5

B. 控制面板显示当前选定工具的选项。

C. 面板让您能够监控和修改图稿。有些面板默认处于显示状态，但可从“窗口”中选择任何面板以显示它。很多面板都有面板菜单，其中包含针对该面板的菜单项。可将面板编组、堆叠、停放或让其自由浮动。

D. 工具箱包含用于创建和编辑图像、图稿、页面元素等的工具。相关的工具放在一组中。

E. 文档窗口显示当前处理的文件。

F. 状态栏位于文档窗口的左下角，包含各种信息和导航控件。

1.2.1 使用工具箱

Adobe Illustrator CS5 工具箱包含选择工具、绘图与上色工具、编辑工具、视图工具、填色与描边框以及绘图模式，如图 1.6 所示。在本书的课程中，读者将学习每个工具的功能。

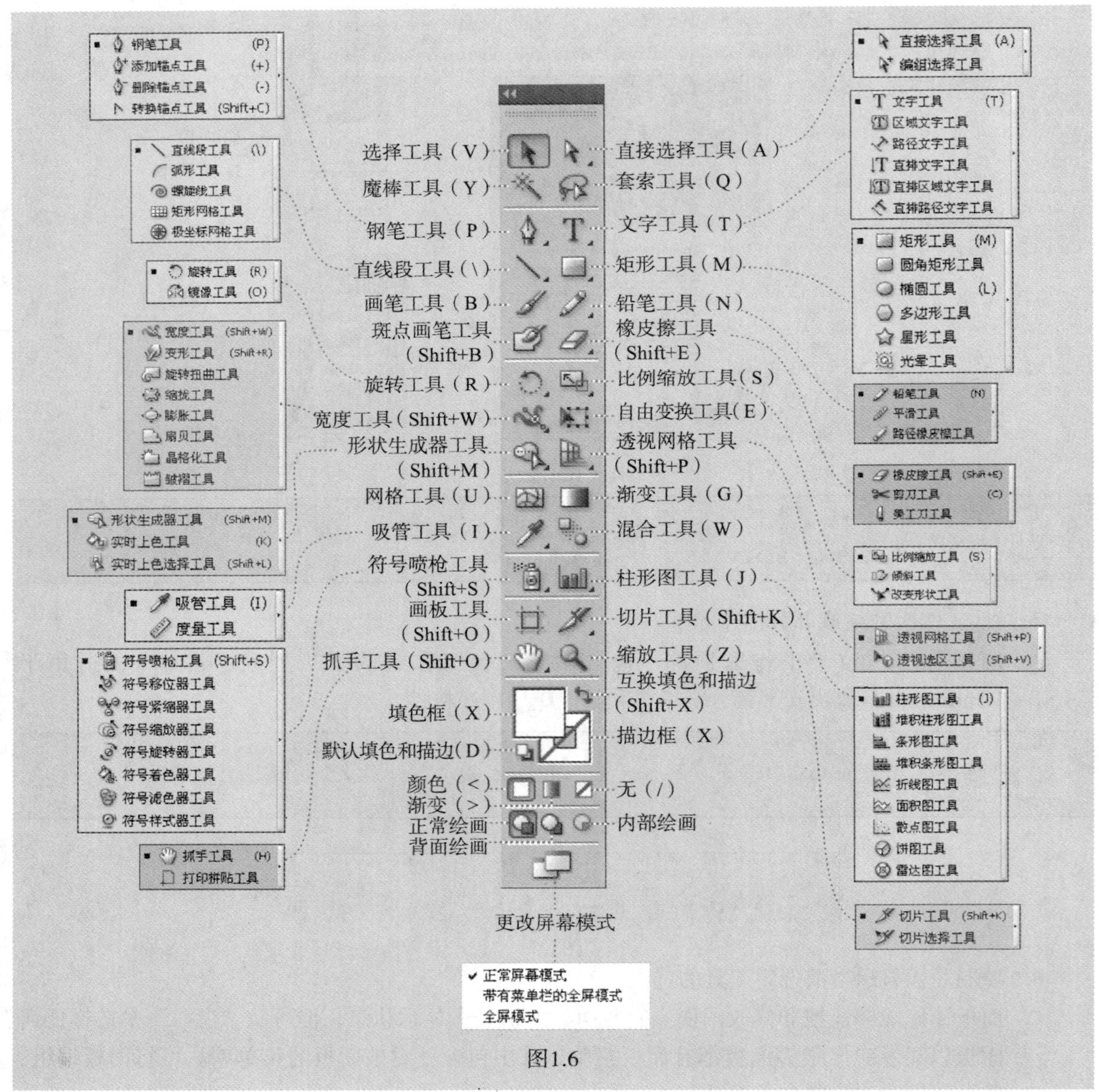

图1.6

> **注意**：这里的工具箱以双栏方式显示，根据屏幕分辨率和使用的工作区，工具箱也可能以单栏方式显示。

1. 将鼠标指向工具箱中的选择工具（ ），注意到将显示其名称和快捷键，如图 1.7 所示。

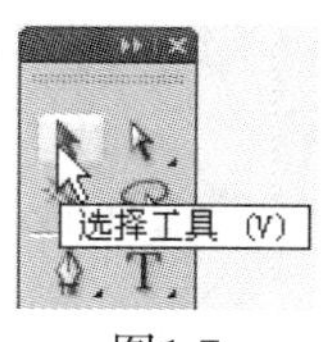

图1.7

> **提示**：要显示 / 隐藏工具提示，可选择菜单“编辑” > “首选项” > “常规”（Windows）或“Illustrator” > “首选项” > “常规”（Mac OS），然后选中 / 取消选中复选框“显示工具提示”。

> **提示**：由于默认的键盘快捷键仅在当前不处于文本插入模式时才管用，因此用户也可添加在文本编辑模式下也管用的快捷键。为此，可选择菜单“编辑” > “键盘快捷键”，有关这方面的更详细信息，请参阅 Illustartor 帮助。

2. 将鼠标指向直接选择工具（ ）并按下鼠标按钮，将出现其他选择工具，如图 1.8 所示。将鼠标向右下方拖曳，当其指向其他选择工具时松开鼠标按钮以选择该工具。

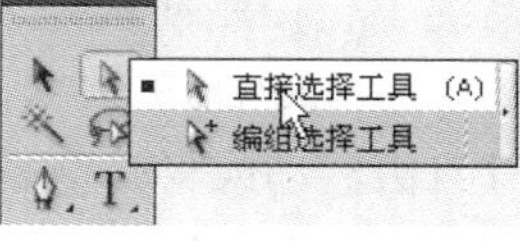

图1.8

在工具箱中，右下角有黑色小三角形的工具都隐藏了其他工具，可通过按住鼠标并拖曳来选择隐藏的工具。

> **注意**：在 Mac OS 中，当工具箱处于自动浮动状态时，其左上角有一个点（用于关闭工具箱），而右上角有双箭头。

下面介绍如何让工具箱处于浮动状态以及调整其大小。

3. 用下列方式之一选择隐藏的工具。

- 在隐藏了其他工具的工具上按住鼠标，然后将鼠标拖曳到要选择的工具并松开鼠标。
- 按住 Alt 键（Windows）或 Option 键（Mas OS），并单击工具箱中的工具，每次单击都将选择下一个被隐藏的工具。
- 单击并拖曳到隐藏工具 右边的箭头上，然后松开鼠标，这将把一组工具拖离工具箱，让用户能够随时直接选择它们。

4. 要让工具箱以单栏显示，可单击工具箱顶部的双箭头，这样可节省屏幕空间，如图 1.9 所示。要恢复到双栏显示，可再次单击双箭头。

5. 要将工具箱移到工作区，可单击并拖曳工具箱顶部的深灰色标题栏或其下方的两条虚线。工具箱将漂浮在工作区中，如图 1.10 所示。

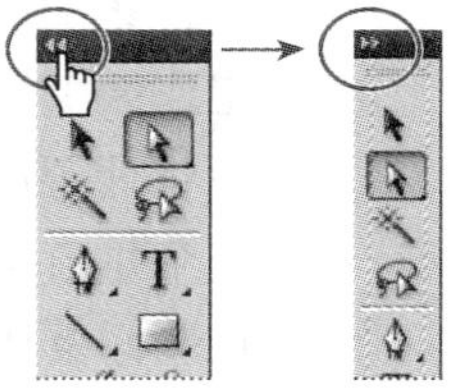

图1.9

6. 工具箱漂浮在工作区中后，单击标题栏的双箭头将切换到单栏显示；再次单击该双箭头将恢复到双栏显示，如图1.11所示。

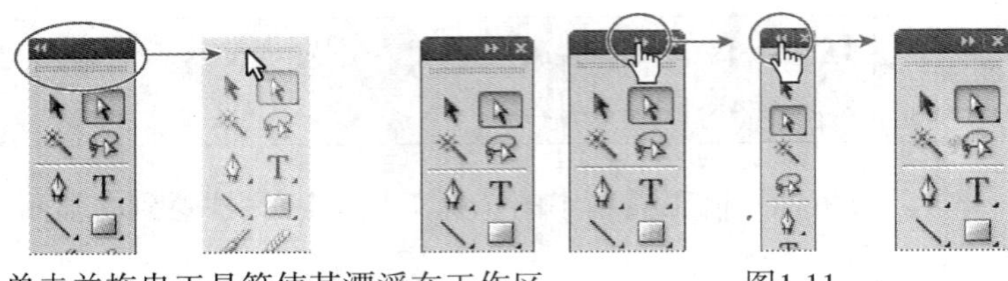
单击并拖曳工具箱使其漂浮在工作区

图1.10

图1.11

7. 要重新停靠工具箱，可单击标题栏或两条虚线并将工具箱拖曳到应用程序窗口（Windows）或屏幕（Mac OS）的左边，当鼠标到达边缘时，窗口左边将出现一个带蓝色边框的半透明区域（停放区）。如果此时松开鼠标，工具箱将整齐停放在工作区左边，如图1.12所示。

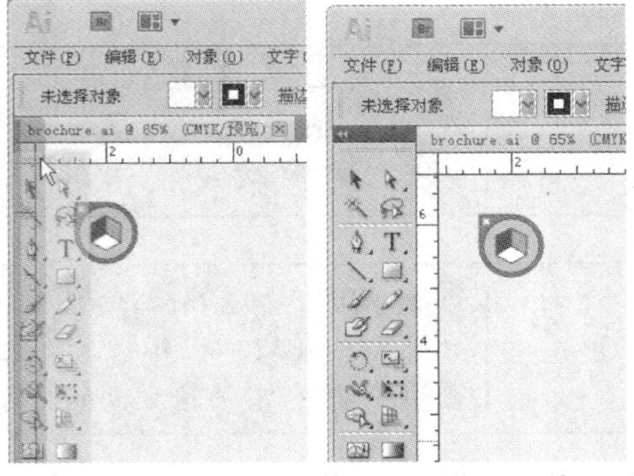
通过拖曳将工具箱停放在工作区边缘

图1.12

1.2.2 控制面板

控制面板是上下文敏感的，即让用户能够快速访问与当前选定对象相关联的选项、命令和其他面板。默认情况下，控制面板停放在应用程序窗口（Windows）或屏幕（Mac OS）顶部，但也可将其停放在应用程序窗口（Windows）或屏幕（Mac OS）底部、让其自由浮动或将其隐藏。对于控制面板中为蓝色且带下划线的文字，可通过单击它打开相关的面板。例如，单击带下划线的文字“描边”将打开“描边”面板。

1. 来看看位于菜单栏下方的控制面板。选择工具箱中的选择工具（![]），并单击页面中央附近的红色条。有关该对象的信息将出现在控制面板中，这包括路径、描边、样式和不透明度，如图1.13所示。

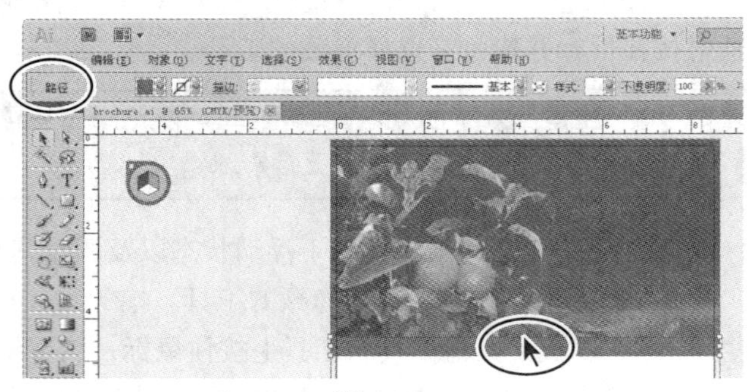
图1.13

2. 使用任何工具在控制面板左端的淡灰色条上按住鼠标，并将其拖曳到工作区中，如图1.14所示。控制面板将处于浮动状态，且其左端将有一个垂直灰色条，可通过拖曳它将控制面板移到工作区顶部或底部。

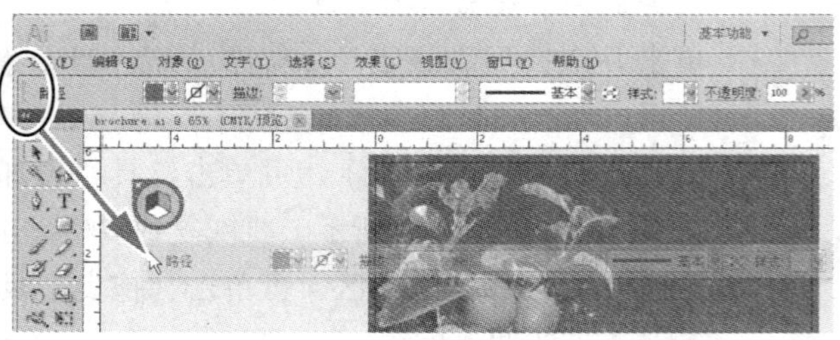
图1.14

3. 在控制面板左端（深灰色垂直条）上按住鼠标，并将其拖曳到工作区（Windows）或屏幕（Mac OS）底部。鼠标到达底部后，将出现一条蓝线，表明如果此时松开鼠标，控制面板将停放在这里，如图 1.15 所示。

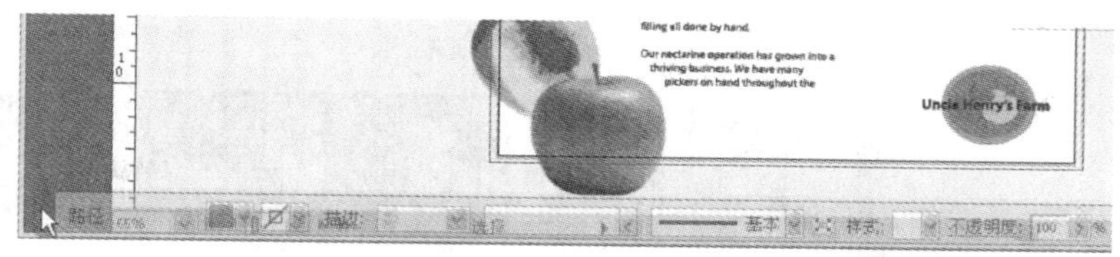

图1.15

4. 如果控制面板停放在底部，将其拖放到文档窗口顶部。当鼠标到达顶部（文档标签 brochure.ai 上方）时，将出现一条蓝线，指出这是停放区。如果此时松开鼠标，控制面板将停放在这里。

> **提示：**另一种停放控制面板的方法是，从控制面板菜单（）中选择“停放到顶部”或“停放到底部”。

5. 选择菜单“选择”>“取消选择”以取消选择该路径。

> **提示：**要将控制面板放回到工作区顶部，也可选择菜单“窗口”>“工作区”>“基本功能”，这将重置工作区。

1.2.3 使用面板

面板位于“窗口”菜单中，让用户能够快速访问众多的 Illustrator 工具，这使得修改图稿更容易。默认情况下，有些面板停放在工作区右边并显示为图标。

下面尝试隐藏、关闭和打开面板。

1. 在应用程序栏中，从“工作区切换”下拉列表（搜索文本框的左边）中选择“基本功能”将面板重新放置到默认位置，如图 1.16 所示。

> **提示：**也可选择菜单“窗口”>“工作区”>“基本功能”来重置面板。

2. 单击工作区右边的色板面板图标（）将该面板展开，也可选择菜单“窗口”>“色板”。注意到色板面板与其他两个面板（“画笔”面板和“符号”面板）一起出现，这是因为它们属于同一个面板组。单击“符号”面板的标签以显示该面板，如图 1.17 所示。
3. 单击“颜色”面板图标（），这将打开一个新的面板组，并关闭色板面板所属的面板组。
4. 单击“颜色”面板图标（）以折叠整个面板组。

> **提示：**要将面板折叠为图标，可单击其标签或图标，也可单击面板标题栏中的双箭头。

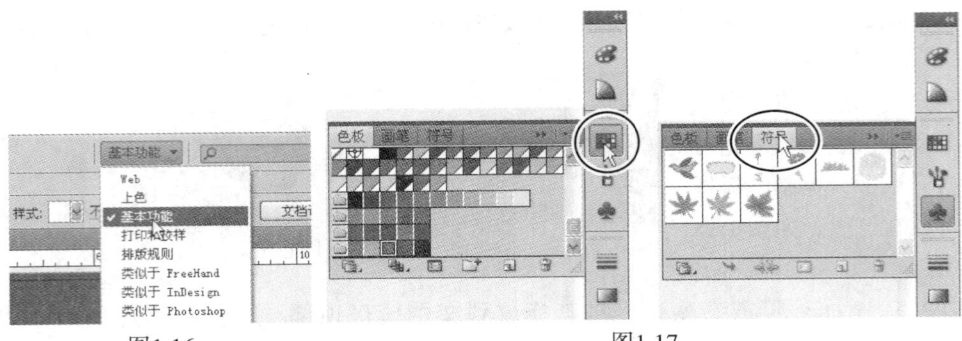

图1.16　　图1.17

> **提示：**要显示隐藏面板，可在菜单“窗口”中选择相应的面板名。如果面板名左边有勾号，则表明该面板已打开，并在其所属的面板组中显示在最前面。如果在“窗口”菜单中选择左边有勾号的面板名，将折叠该面板及其所属的面板组。

5. 单击面板停放区顶端的双箭头将展开停放区；展开后，再次单击双箭头将折叠停放区，如图 1.18 所示。使用这种方法可同时显示多个面板组。

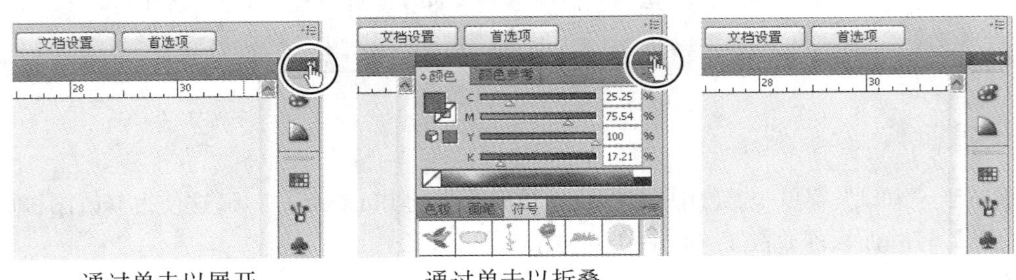

通过单击以展开　　通过单击以折叠

图1.18

6. 要增大停放区中所有面板的宽度，可单击并向左拖曳停放的面板左边缘，直到出现文字；要缩小宽度，可单击并向右拖曳停放的面板左边缘，直到文字消失，如图 1.19 所示。

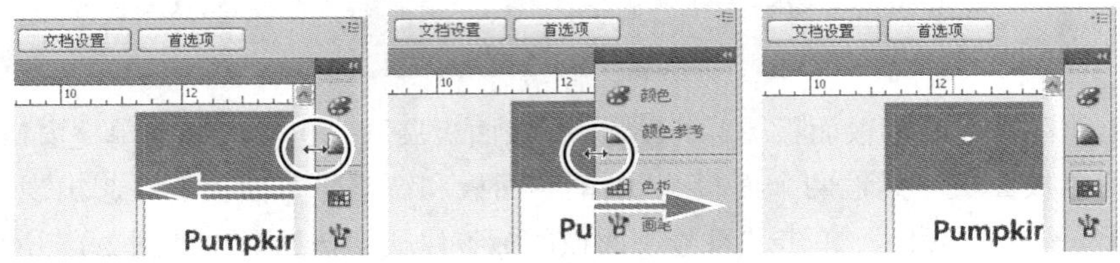

图1.19

下面重新组织一个面板组。

7. 选择菜单“窗口”>“工作区”>“基本功能”重置工作区。
8. 通过拖曳“色板”面板的图标（ ）将该面板拖曳到停放区外面，使其成为自由浮动的面板。注意到成为自由浮动的后，该面板仍折叠为图标。单击“色板”面板的标题栏中的

双箭头，将该面板展开，以便能够看到其内容，如图 1.20 所示

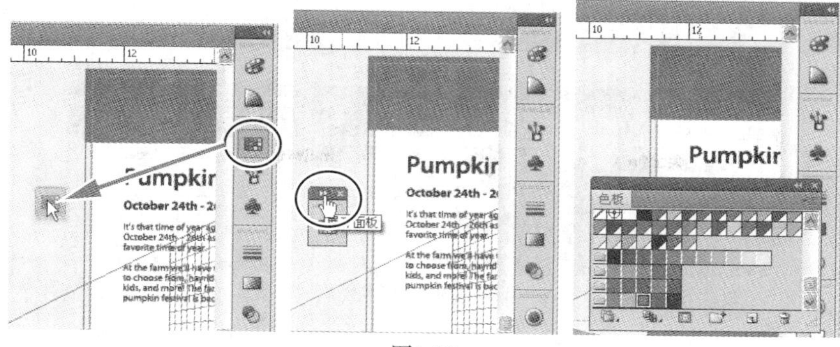

图1.20

也可以将面板从一个面板组移到另一个面板组，这让您能够创建包含最常用面板的自定义面板组。

> **Ai** | **提示**：按 Tab 键可隐藏所有打开的面板和工具箱，再次按 Tab 键可重新显示它们。要显示 / 隐藏除工具箱和控制面板外的其他所有面板，可按 Shift + Tab 键。

> **Ai** | **提示**：要关闭面板，可将面板拖出停放区，再单击其右上角的 ×（Windows）或左上角的点（Mac OS）。也可在停放区中的面板标签上单击鼠标右键（Windows）或按住 Ctrl 键并单击（Mac OS），再从上下文菜单中选择“关闭”。

9. 通过面板标签、标签右边的标题栏或面板顶部的深灰色条将“色板”面板拖曳到“画笔”面板和“符号”面板的图标上，看到“画笔”面板组周围出现蓝线后松开鼠标，如图 1.21 所示。

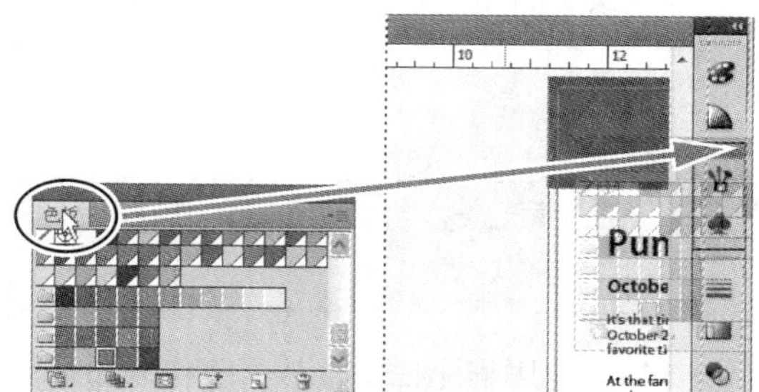

图1.21

下面将通过组织面板给工作区腾出更多空间。

10. 在应用程序栏中，从工作区切换下拉列表中选择“基本功能”以重置面板。

11. 单击停放区顶部的双箭头以展开面板，再单击“颜色”面板的标签以选择它。双击该面板的标签缩小它，再次双击最小化该面板，如图 1.22 所示。这种方法在面板自由浮动时也管用。

> **Ai** | **注意**：对于很多面板，双击面板标签两次将最大化。

提示：再次双击可最大化该面板。

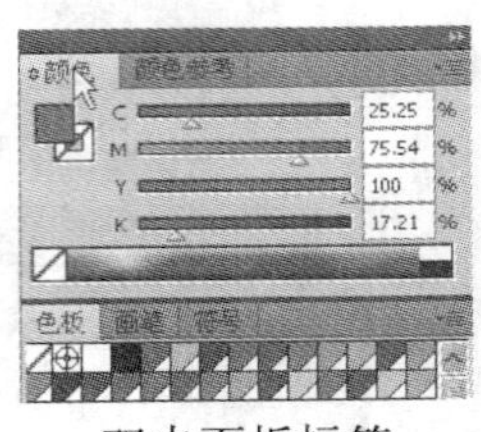
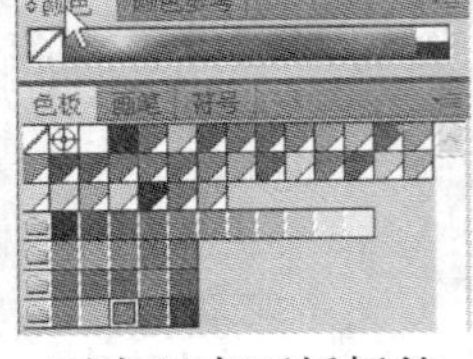
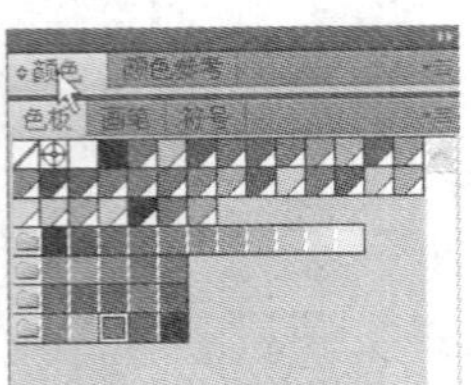

双击面板标签　　再次双击面板标签

图1.22

Ai **提示：**要折叠或展开面板，可单击面板名左边的小箭头图标，而不双击面板标签。

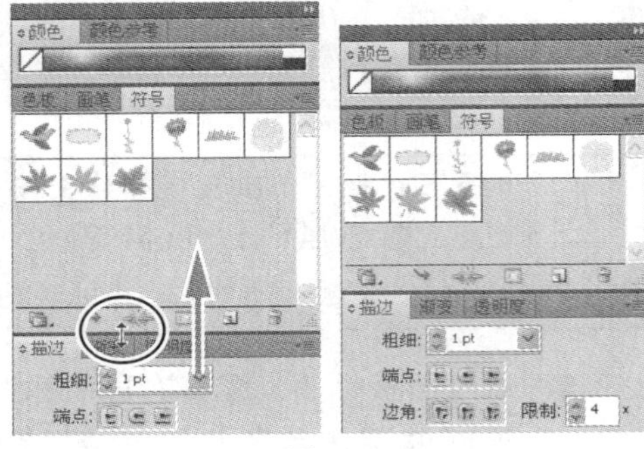

图1.23

12. 单击外观面板的标签以展开该面板；根据屏幕分辨率，该面板可能已展开。

下面调整面板组的大小，以便能够看到更多重要的面板。

13. 单击“符号”面板的标签，向上拖曳“符号”面板组和“描边”面板组之间的分隔条，以调整“符号”面板组的大小，如图 1.23 所示。

Ai **注意：**您可能无法拖曳该分隔条很远，这取决于屏幕大小、屏幕分辨率和展开的面板数。

14. 在应用程序栏中，从“工作区切换”下拉列表中选择“基本功能”。

下面排列面板组。面板组可以是停放的，也可以是浮动的，还可在它们处于折叠或展开状态时对其进行排列。

15. 选择菜单“窗口”>“对齐”打开“对齐”面板组。通过拖曳标题栏将对齐面板组拖放到工作区右边的停放面板上。将鼠标放在“符号”面板图标（♣）下方，等到出现一条蓝线后松开鼠标，从而将该面板组加入到停放区，如图 1.24 所示。

Ai **注意：**如果将面板组拖放到停放区中现有的面板组上面，这两个面板组将合并。在这种情况下，可重置工作区并重新打开面板组。

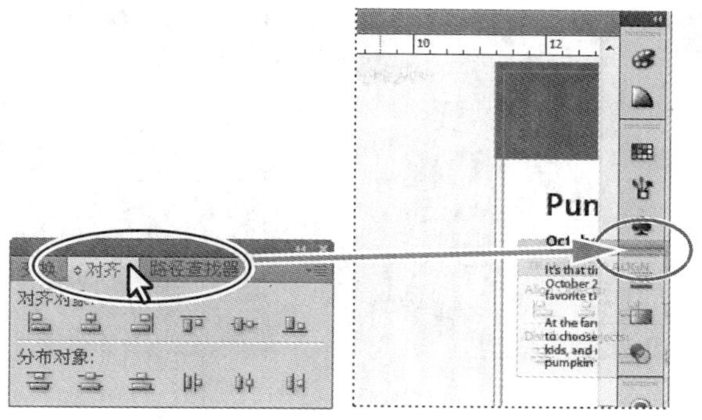
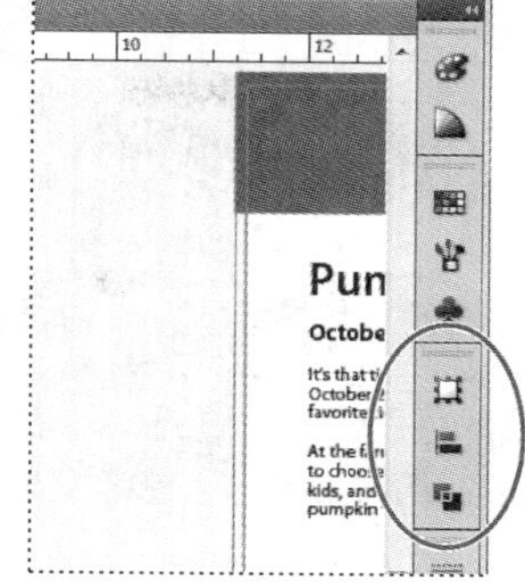

图1.24

下面在停放区中将面板从一个面板组拖放到另一个面板组中。

16. 向上拖曳“变换”面板图标（ ）到“颜色”面板图标（ ）下方，等出现一条蓝线且“颜色”面板组周围有蓝色轮廓后松开鼠标，如图 1.25 所示。

根据需要将面板编组有助于提高工作效率。

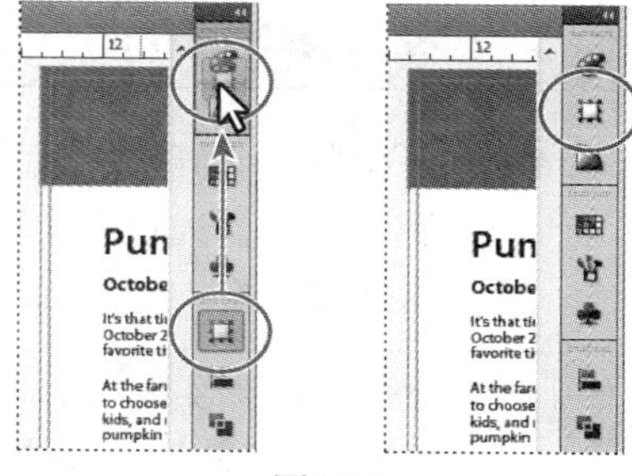

图1.25

> **提示：**要调整停放区中面板组的排列顺序，还可拖曳面板组顶部的两条灰色线条。

1.2.4 重置和存储工作区

正如本课常做的，可将面板和工具箱重置为默认位置。还可通过创建工作区来存储面板的位置，并在之后轻松地访问该工作区。下面创建一个工作区，以存储一组常用面板的位置。

1. 在应用程序栏中，从工作区切换下拉列表中选择“基本功能”。

2. 选择菜单“窗口”>“路径查找器”。单击“路径查找器”面板的标签，并将该面板拖曳到工作区右边。当鼠标到达停放面板的左边缘时，将出现一条蓝线，松开鼠标以停放该面板。单击余下的面板组（它现在只包含“对齐”面板和“变换”面板）右上角的 ×（Windows）或左上角的点（Mac OS）将其关闭，如图 1.26 所示。

> **提示：**将面板停放在工作区右边是一种不错的节省空间的方式。对于处于停放状态的面板，也可将其折叠或调整大小，以节省更多空间。

3. 选择菜单“窗口”>“工作区”>“存储工作区”，在打开的“存储工作区”对话框中，输入名称 Navigation 并单击“确定”按钮。现在，Illustrator 将存储工作区 Navigation，直到您将其删除。

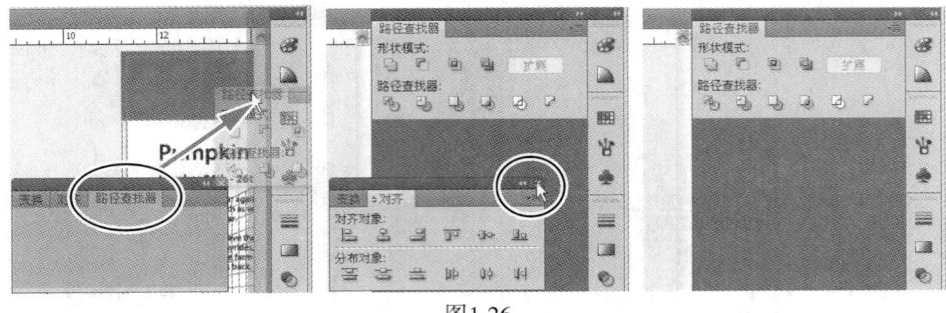

图1.26

> **注意**：要删除存储的工作区，可选择菜单“窗口”>“工作区”>“管理工作区”。然后选择要删除的工作区，并单击“删除工作区”按钮。

4. 选择菜单“窗口”>“工作区”>“基本功能”恢复到默认面板布局，注意到面板将恢复到其默认位置。通过在菜单“窗口”>“工作区”中选择要使用的工作区名称，在这两个工作区之间切换。进入下一个练习前，请切换到“基本功能”工作区。

> **提示**：要修改存储的工作区，可根据需要调整面板，然后选择菜单“窗口”>“工作区”>“存储工作区”。在“存储工作区”对话框中，输入相同的工作区名称，再单击“确定”按钮。将出现一个对话框，询问是否要覆盖现有工作区，单击“是”按钮。

1.2.5 使用面板菜单

大多数面板的右上角都有面板菜单按钮（▾☰），单击该按钮将打开一个菜单，其中包含针对当前面板的其他命令和选项，如图1.27所示。还可使用该菜单来修改面板的显示选项。

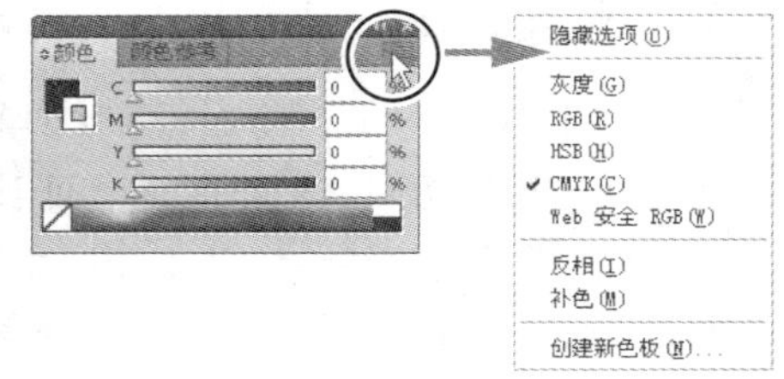

图1.27

下面使用面板菜单修改“符号”面板的显示方式。

1. 单击工作区右边的“符号”面板图标（♣），也可选择菜单“窗口”>“符号”来显示该面板。
2. 单击“符号”面板右上角的面板菜单按钮（▾☰）。
3. 从面板菜单中选择“小列表视图”，这将显示符号名及其缩览图。由于面板菜单中的命令只影响当前面板，因此只有符号面板受影响。
4. 单击“符号”面板菜单按钮并选择“缩览图视图”以返回到原始视图。单击“符号”面板的图标（♣）将该面板组隐藏。

除面板菜单外，还有上下文菜单，它包含与当前工具、选定对象或面板相关的命令。

要显示上下文菜单，可将鼠标指向文档窗口或面板，再单击鼠标右键（Windows）或按住 Ctrl

键并单击（Mac OS），在没有选择任何对象的情况下，将打开如图 1.28 所示的上下文菜单。

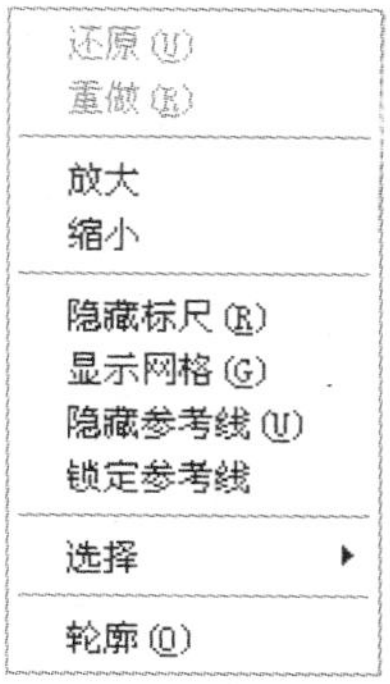

还原 (U)
重做 (R)
放大
缩小
隐藏标尺 (R)
显示网格 (G)
隐藏参考线 (U)
锁定参考线
选择 ▸
轮廓 (O)

一个上下文菜单
图1.28

1.3 修改图稿的视图

处理文件时，可能需要修改缩放比例并在画板之间导航。可使用的缩放比例为 3.13%~6400%，它显示在标题栏（或文档标签）中的文件名后面，还显示在文档窗口的左下角。使用任何一种视图工具和命令都只影响图稿的显示比例，而不会影响图稿的实际尺寸。

1.3.1 使用“视图”菜单中的命令

要使用“视图”菜单缩放图稿，可执行下述操作之一。

- 选择菜单“视图”>“放大”以放大图稿 brochure.ai。

> **提示**：该命令的键盘快捷键为 Ctrl + =（Windows）或 Command + =（Mac OS）。

- 选择菜单“视图”>“缩小”以缩小图稿 brochure.ai。

> **提示**：该命令的键盘快捷键为 Ctrl + -（Windows）或 Command + -（Mac OS）。

每次选择缩放命令时，都将把图稿的大小重新调整为下一个预置缩放比例。预置缩放比例位于文档窗口左下角的一个下拉列表中，该下拉列表右边有一个向下的箭头。

还可使用“视图”菜单让当前画板适合屏幕、所有画板适合屏幕或实际大小。

1. 选择菜单“视图”>“画板适合窗口大小”，将缩小文档以便在窗口中显示当前画板。

> **提示**：另一种让当前画板适合窗口大小的方式是，双击工具箱中的抓手工具。

> **注意**：由于画布（画板外面的区域）最大可为 227×227 英寸，因此可能会找不到插图。通过选择菜单“视图”>“画板适合窗口大小”或使用快捷键 Ctrl + 0（Windows）或 Command + 0（Mac OS），可让图稿在可视区域中居中显示。

2. 要以实际尺寸显示图稿，可选择菜单“视图”>“实际大小”命令，图稿将以 100% 的比列显示。图稿的实际尺寸决定了以 100% 的比列显示时，用户可在屏幕上看到图稿的多少内容。

Ai | **提示**：另一种以 100% 的比例显示图稿的方式是，双击工具箱中的缩放工具。

3. 选择菜单“视图”>“全部适合窗口大小”，您将在窗口中看到文档的所有画板。
4. 进入下一节前，选择菜单“视图”>“画板适合窗口大小”。

1.3.2 使用缩放工具

除“视图”菜单中的命令外，还可使用缩放工具（🔍）来缩放图稿。使用“视图”菜单选择预定义的缩放比例或使图稿适合文档窗口。

1. 单击工具箱中的缩放工具（🔍）以选择它，然后将鼠标移到文档窗口中。注意到缩放工具中央有一个加号（+）。
2. 将缩放工具指向画板中央的“Created with……”并单击，图稿将放大一级，如图 1.29 所示。
3. 在文本“Created with……”上再单击两次，视图将进一步放大，且单击的位置位于窗口中央。

图1.29

下面缩小图稿的视图。

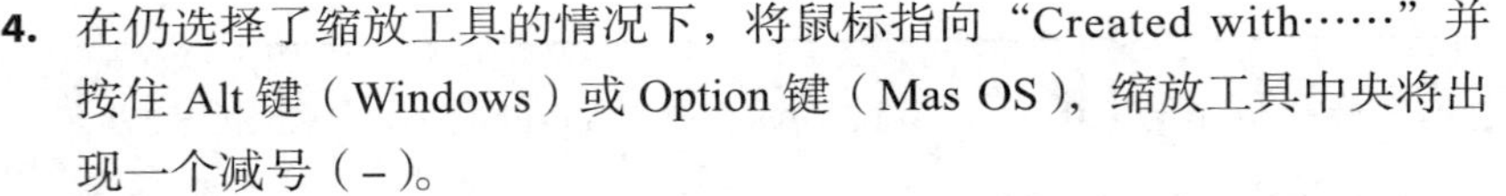

4. 在仍选择了缩放工具的情况下，将鼠标指向“Created with……”并按住 Alt 键（Windows）或 Option 键（Mas OS），缩放工具中央将出现一个减号（–）。
5. 在按住了 Alt 键（Windows）或 Option 键（Mas OS）的情况下，在图稿上单击两次，图稿将缩小。

为更好地控制缩放，可拖曳一个环绕图稿特定区域的选框，这将把选定区域放大到充满文档窗口。

Ai | **注意**：最终的缩放比例取决于使用缩放工具绘制的选框有多大。选框越小，缩放比例越大。

6. 执行下面的操作前，选择菜单“视图”>“画板适合窗口大小”。
7. 在仍选择了缩放工具的情况下，按住鼠标并拖曳出一个环绕画板右下角的徽标“Uncle Henry's Farm”的选框，再松开鼠标。被选框环绕的区域将放大到填满文档

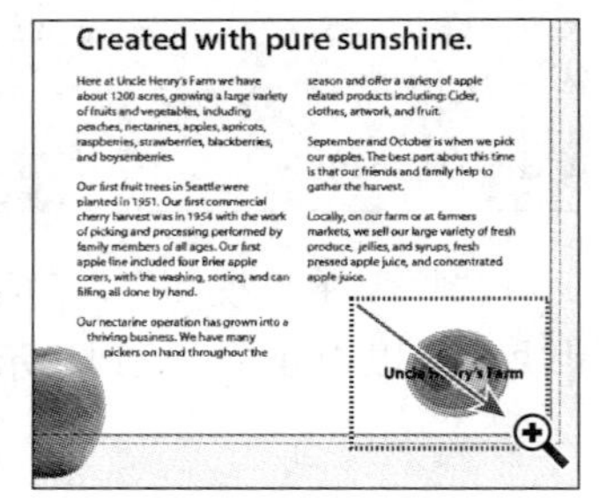

图1.30

窗口，如图 1.30 所示。

8. 双击工具箱中的抓手工具（ ），让画板适合窗口大小。

由于在编辑过程中经常使用缩放工具来缩放图稿，因此 Illustrator 允许用户随时通过键盘暂时切换到该工具，而不用先取消选择当前使用的工具。

9. 通过键盘切换到缩放工具前，选择工具箱中的任何工具，再将鼠标移到文档窗口。

10. 现在按住 Ctrl + 空格键（Windows）或 Command + 空格键（Mas OS），这将暂时切换到缩放工具。单击或拖曳以放大图稿的任何区域，然后松开这些按键。

> Ai | **注意**：在有些 Mac OS 版本中，缩放工具的键盘快捷键将打开 Spotlight 或 Finder。如果要在 Illustrator 中使用该快捷键，需要在 Mac OS 的系统首选项中禁用或修改这些快捷键。

11. 要使用键盘缩小图稿，可按 Ctrl + Alt + 空格键（Windows）或 Command + Option + 空格键（Mas OS），再单击要缩小的区域，然后松开这些按键。

12. 双击工具箱中的抓手工具，让当前画板适合窗口大小。

1.3.3 在文档中滚动

使用抓手工具可滚动到文档的不同区域。使用该工具可随意移动文档，就像在桌子上移动纸张一样。

1. 选择工具箱中的抓手工具（ ）。

2. 在文档窗口中单击并向下拖曳，拖曳时图稿将随手一起移动。

和缩放工具（ ）一样，可通过键盘暂时切换到抓手工具，而不取消选择当前使用的工具。

3. 单击工具箱中除文字工具（T）外的其他任何工具，并将鼠标移到文档窗口中。

4. 按住空格键暂时切换到抓手工具，然后通过单击并拖曳鼠标来移动图稿。

还可将抓手工具作为一种使画板适合窗口大小的快捷方式。

5. 双击抓手工具使活动画板适合窗口大小。

> Ai | **注意**：如果当前选择了文字工具，且光标位于文本中，则按空格键将无法暂时切换到抓手工具。

1.3.4 查看图稿

文件打开时将自动以预览模式显示，这种视图显示了图稿的打印结果。处理较大或复杂的插图时，用户可能只想查看图稿中对象的轮廓（线框），这样无需在用户每次修改后重绘屏幕。另外，采用轮廓模式也有助于选择对象，读者将在第 2 课看到这一点。

1. 选择菜单“视图”>“Logo Zoom”（该命令位于“视图”菜单底部）以放大图像的预置区域，这种自定义视图存储在文档中。

> Ai 注意：处理大型或复杂的文档时，为节省时间，可在文档中创建自定义视图，以便快速切换到特定区域和缩放比例。为此，可建立要存储的视图，然后选择菜单“视图”>“新建视图”并给视图命名，该视图将随文档一起存储。

2. 选择菜单“视图”>“轮廓”，这将只显示对象的轮廓。可使用这种视图查找在预览模式下可能看不到的对象。
3. 选择菜单“视图”>“预览”以查看图稿的所有属性。

如果喜欢使用快捷键，可按 Ctrl + Y（Windows）或 Command + Y（Mas OS）在预览和轮廓模式之间切换。

4. 选择菜单“视图”>“叠印预览”以查看设置成叠印的线条或形状。

对于印刷工作人员来说，当印刷品设置成叠印时，如果需要查看油墨是如何相互影响的，这种视图将很有帮助。切换到这种模式后，可能看不出徽标有多大的变化。

> Ai 注意：在不同的视图模式之间切换时，图稿看起来可能没什么变化。在这种情况下，可使用菜单“视图”>“放大”和“视图”>“缩小”进行缩放，这样可能更容易看出差别。

5. 选择菜单“视图”>“像素预览”，以了解图稿被栅格化并通过 Web 浏览器在屏幕上查看时是什么样的，图 1.31 说明了各种视图下的结果。选择菜单“视图”>“像素预览”以禁用像素预览。

预览视图

轮廓视图

叠印预览

像素预览

图1.31

6. 选择菜单“视图”>“画板适合窗口大小”以便能够看到整个活动画板。

1.4 在多个画板之间导航

Illustrator 支持在单个文件中包含多个画板，这让用户能够创建多页文档，在一个文档中包含多项内容，如小册子、明信片和名片。通过创建多个画板，可轻松地在不同部分之间共享内容、创建多页 PDF 以及打印多个页面。

可在使用菜单“文件”>“新建”创建 Illustrator 文档时添加多个画板，也可在文档创建后使用工具箱中的画板工具来添加或删除画板。

下面介绍如何在包含多个画板的文档中导航。

1. 选择工具箱中的选择工具（▶）。

2. 选择菜单“视图”>“全部适合窗口大小”，注意到该文档中有两个画板。

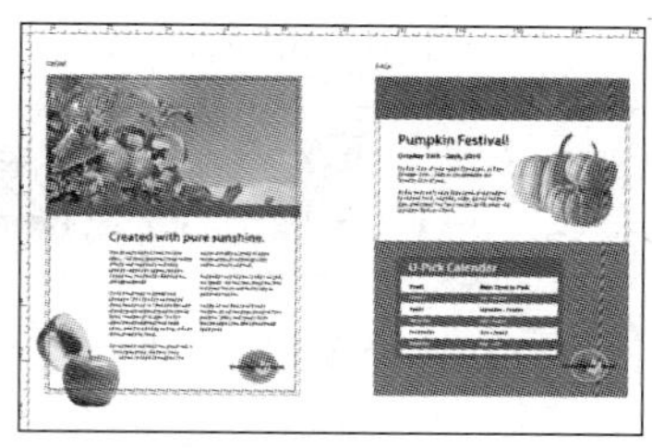

图1.32

可以任何顺序和朝向排列文档中的画板，可调整画板的大小，画板之间还可重叠。假设要创建一个包含4页的小册子，可为每页创建不同的画板，它们的朝向和大小都相同。可将它们水平或垂直排列，也可根据需要以任何方式排列它们。

文档 brochure.ai 有两个画板，它们分别是一个彩色小册子的正面和背面。

3. 不断按 Ctrl + -（Windows）或 Command + -（Mac OS），直到能够看到画布左上角的徽标，它位于画板的外面。

4. 选择菜单“视图”>“画板适合窗口大小”，这让当前画板适合窗口。通过文档窗口左下角的“画板导航”下拉列表，可知道当前哪个画板处于活动状态。

5. 从“画板导航”下拉列表中选择2（如图1.33所示），将在文档窗口中显示小册子的背面。

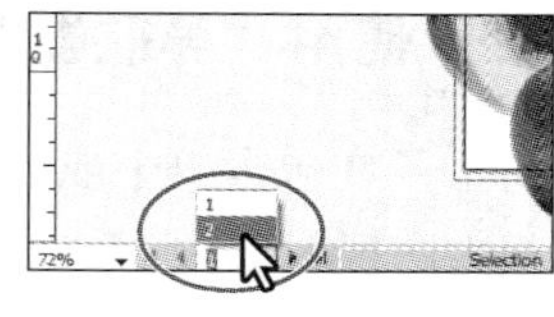

图1.33

> **注意：**有关如何设置画板编号以及如何添加和编辑画板的内容，请参阅第3课和第4课。

6. 选择菜单“视图”>“缩小”，注意到这将缩小当前选定的画板。

注意到“画板导航”下拉列表左边和右边都有箭头，可使用它们导航到第一个画板（ ）、前一个画板（ ）、下一个画板（ ）和最后一个画板（ ）。

7. 单击导航按钮“上一项”按钮（如图1.34所示），在文档窗口中显示前一个画板（编号为1的画板）。

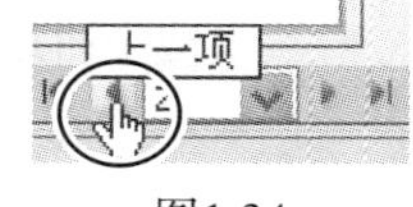

图1.34

> **注意：**由于这个文档只有两个画板，因此也可在第7步单击“首项”按钮（ ）。

8. 选择菜单“视图”>“画板适合窗口大小”，确保第一个画板适合文档窗口的大小。

在多个画板之间导航的另一种方法是使用“画板”面板。下面打开“画板”面板，并使用它在文档中导航。

9. 在应用程序栏中，从工作区切换下拉列表中选择“基本功能”以重置到“基本功能”工作区。

10. 选择菜单“窗口”>“画板”以展开工作区右边的“画板”面板。

“画板”面板列出了文档中的所有画板。该面板让您能够在画板之间导航、重命名画板、添加画板、删除画板、编辑画板设置等。

下面使用该面板在文档中导航。

11. 在“画板”面板中，双击画板名 Artboard 2，这将切换到该画板并使其大小适合文档窗口，如图 1.35 所示。

> **注意：**在“画板”面板中，双击画板名左边的编号并不能在画板之间导航，该编号只用于指出画板的排列顺序。双击画板名右边的页面图标可编辑画板选项。

12. 选择菜单“视图”>“放大”以放大第二个画板。

13. 在“画板”面板中，双击画板名 Artboard 1 在文档窗口中显示第一个画板。

双击画板名时，该画板的大小将适合文档窗口。

14. 单击停放区的“画板”面板图标（）将该面板折叠起来。

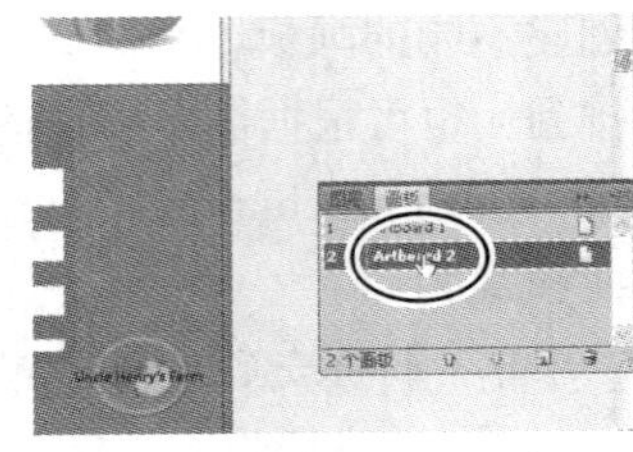

图1.35

1.5 使用“导航器”面板

要在包含单个或多个画板的文档中导航，另一种方法是使用“导航器”面板。如果当前处于很大的视图下，且希望在窗口中看到文档中所有的画板并编辑任何一个画板，导航器面板将很有用。

1. 选择菜单“窗口”>“导航器”打开“导航器”面板，它浮动在工作区中。

2. 在“导航器”面板中，向左拖曳滑块到大约 50% 处以降低缩放比例。您拖曳滑块时，“导航器”面板中的红色框（被称为代理预览区域）将增大，它指出了当前显示在文档窗口中的区域，如图 1.36 所示。

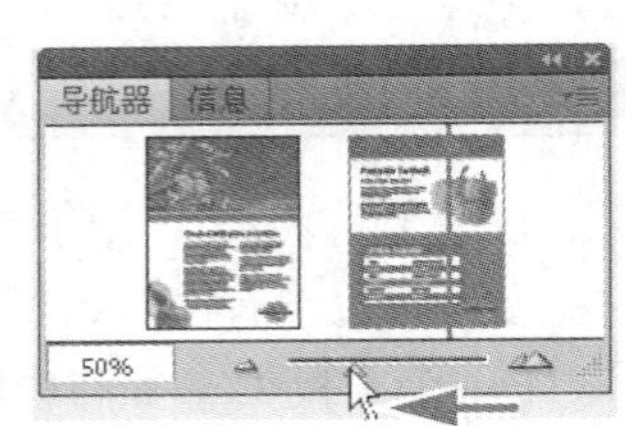

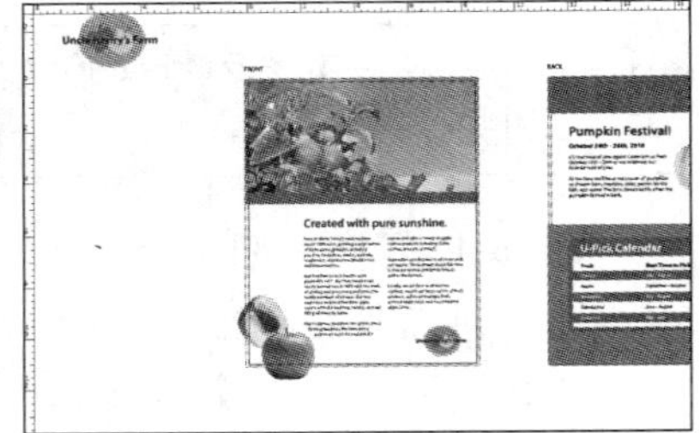

图1.36

> **注意：**拖曳“导航器”面板中的滑块时，百分比通常跳跃式变化。要更精确地进行缩放，可能需要在“导航器”面板左下角的文本框中输入值。

3. 单击“导航器”面板右下角的山脉图标（）多次放大小册子，直到“导航器”面板中显示的比例大约为 150%。

4. 将鼠标指向导航器的代理预览区域（红色框）内，鼠标将变成手形（）。

5. 拖曳“导航器”面板中的代理预览区域以滚动到图稿的其他区域。将代理预览区域拖曳到小册子封面右下角的徽标，如图 1.37 所示。

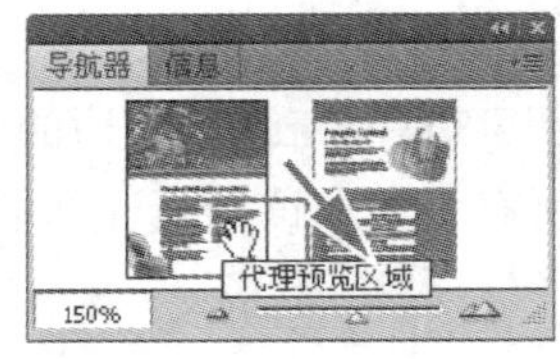

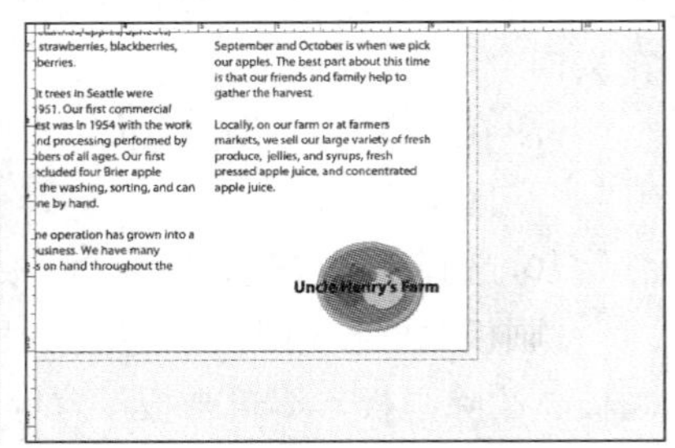

图1.37

6. 在“导航器”面板中，在代理预览区域外部单击。这将移动红色框，从而在文档窗口中显示图稿的其他区域。
7. 在鼠标仍指向“导航器”面板的情况下，按住 Ctrl 键（Windows）或 Command 键（Mac OS），当鼠标变成放大镜后，拖曳出一个环绕图稿特定区域的选框。绘制的选框越小，图稿在文档窗口中放大的比例将越大。

> Ai **提示：**通过从导航器面板菜单中选择“面板选项”，可以多种方式定制“导航器”面板，如修改视图框的颜色。

8. 选择菜单“视图”>“画板适合窗口大小”。
9. 取消选中导航器面板菜单中的“仅查看面板内容”，这将显示画布中的所有图稿，包括徽标，如图 1.38 所示。

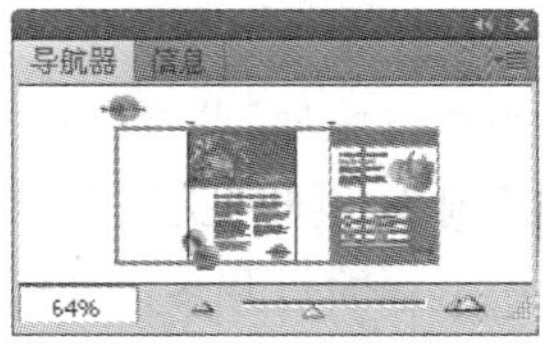

图1.38

> Ai **注意：**您可能需要调整“导航器”面板中的滑块才能在代理预览区域中看到该徽标。

> Ai **注意：**在您的“导航器”面板中，缩放比例和代理预览区域可能不同，这没有关系。

10. 关闭“导航器”面板，方法是单击右上角的 ×（Windows）或左上角的点（Mac OS）。

1.5.1 理解标尺

标尺可帮助您准确地放置和测量文档中的对象，每个文档默认都将显示标尺。在每个文档窗口的上边缘和左边缘，都有水平和垂直标尺。在每个标尺上，刻度零表示标尺的原点。

下面来探索标尺：显示和隐藏标尺，并注意标尺原点所处的位置。

1. 选择菜单“视图”>“标尺”>“隐藏标尺”将标尺隐藏起来。
2. 选择菜单“视图”>“标尺”>“显示标尺”以重新显示标尺。

注意到水平标尺的原点与第一个画板的左边缘对齐，而垂直标尺（它位于文档窗口的左边）的原点与第一个画板的上边缘对齐，如图 1.39 所示。

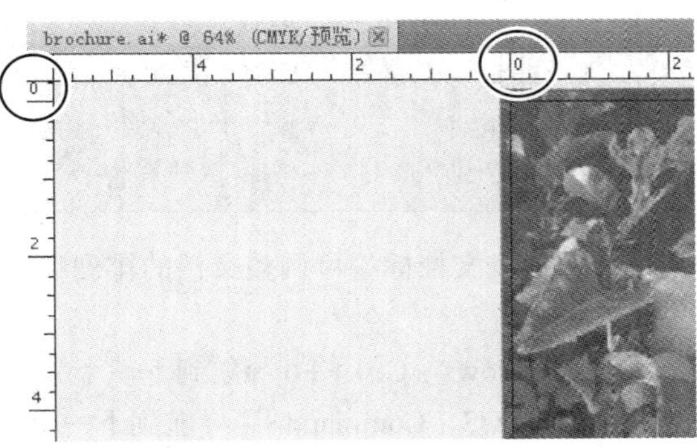

图1.39

3. 从“画板导航”下拉列表中选择 2 以切换到第二个画板。

注意到标尺的原点与该面板的左上角对齐，如图 1.40 所示。每个画板都有自己的标尺系统，其中水平和垂直标尺的原点都与该画板的左上角对齐。第 4 课将介绍如何修改标尺的原点和其他选项。

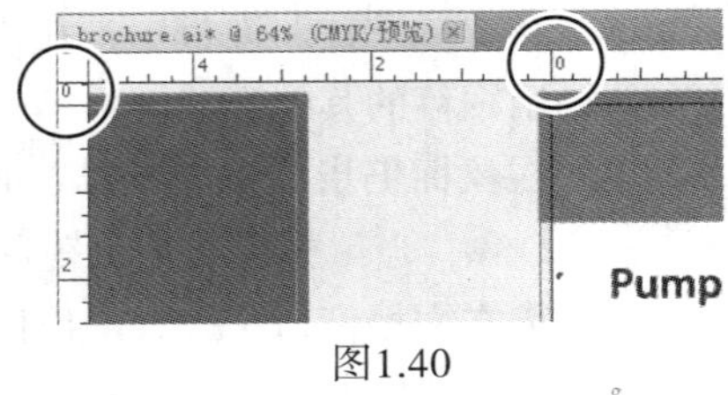

图1.40

4. 从“画板导航”下拉列表中选择 1 以切换到第一个画板。

1.5.2 排列多个文档

用户打开了多个 Illustrator 文件时，文档窗口将变成选项卡式的。可以其他方式排列打开的文档，如并排排列，这可方便您比较不同的文档以及将对象从一个文档拖放到另一个文档。还可使用下拉列表“排列文档”以各种方式显示打开的文档。

下面打开多个文档。

1. 选择菜单“文件” > “打开”，切换到硬盘中的文件夹 Lessons\Lesson01，通过按住 Shift 键并单击选择文件 L1start_2.ai 和 L1start_3.ai，再单击“打开”按钮同时打开这两个文件。

现在打开了 3 个 Illustrator 文件：brochure.ai、L1start_2.ai 和 L1start_3.ai。每个文件在文档窗口顶部都有一个标签，这些文档被视为一个文档组。可创建多个文档组，以便将打开的文档松散地关联起来。

2. 单击文档 brochure.ai 的标签以显示 brochure.ai 的文档窗口。

3. 单击文档 brochure.ai 的标签并向右拖曳，使其位于其他两个文档的标签之间，如图 1.41 所示。

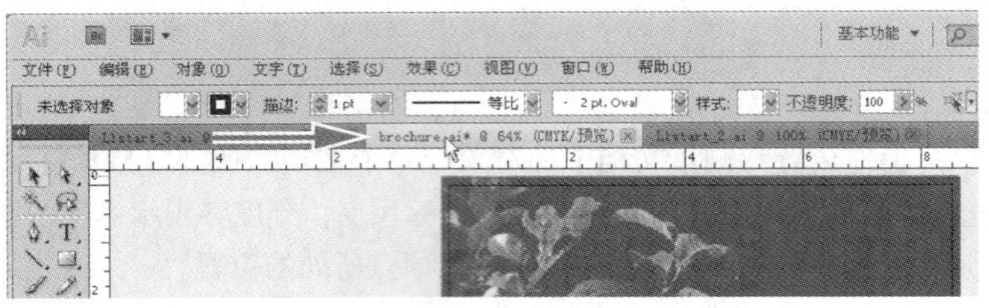

图1.41

> **注意：**您的标签排列顺序可能稍有不同，这没有关系。另外，务必水平向右拖曳，否则将解除文档窗口的停放并新建一个文档组。如果出现这种情况，请选择菜单“窗口” > “排列” > “合并所有窗口”。

通过拖曳文档标签可调整文档的排列顺序。在需要导航到前一个文档或下一个文档时，下述快捷键很有用。

- Windows：Ctrl + F6 导航到下一个文档，Ctrl + Shift + F6 导航到前一个文档。
- Mac OS：Command + ` 导航到下一个文档，Command + Shift + ` 导航到前一个文档。

4. 拖曳各个文档标签，按如下从左到右的顺序排列文档：brochure.ai、L1start_2.ai 和

L1start_3.ai。

当前打开的 3 个文档是市场营销材料的不同版本。要同时看到它们，可将文档窗口层叠或平铺。层叠让用户能够堆叠不同的文档组，这将在下一节更详细地讨论。平铺以各种排列方式同时显示多个文档窗口。

下面平铺打开的文档，以便能够同时看到它们。

5. 如果用户使用的是 Mac OS，请选择菜单“窗口” > “应用程序框架”（Windows 用户可跳过这一步）。

Mac OS 用户可使用应用程序框架将所有工作区元素组合成单个集成窗口，就像 Windows 中那样。如果用户移动应用程序框架或调整其大小，各个元素将做出反应以免彼此重叠。

6. 选择菜单“窗口” > “排列” > “平铺”。

7. 在每个文档窗口中单击以激活相应的文档。对于每个文档，选择菜单“视图” > “画板适合窗口大小”，并确保在文档窗口中显示的是第一个画板。结果如图 1.42 所示。

平铺窗口

图1.42

> Ai 注意：您的文档窗口的平铺顺序可能与此不同，这没有关系。

平铺窗口后，可拖曳文档窗口之间的分隔条，以显示特定文档中更多或更少的内容。还可在文档之间拖放对象，将其从一个文档复制到另一个文档中。

8. 在 L1start_3.ai 的文档窗口中单击。使用选择工具单击南瓜后面的车轮图像，并将其拖曳到 L1start_2.ai 的文档窗口中，然后松开鼠标，如图 1.43 所示。这将把该图形从 L1start_3.

ai 复制到 L1start_2.ai 中。

> **注意：**拖放内容后，注意到在 L1start_2.ai 的文档标签中，文件名右边有个星号。这表明该文件有未保存的修改。

> **注意：**在平铺的文档之间拖放内容时，鼠标旁边将出现一个加号（仅适用于 Windows），如图 1.43 所示。

图1.43

要改变平铺窗口的排列方式，可拖曳文档标签，但使用"排列文档"下拉列表要容易得多，这可快速地以各种方式排列打开的文档。

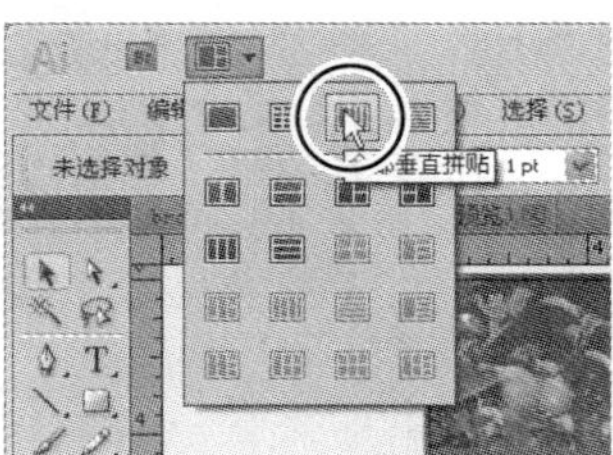

图1.44

9. 单击应用程序栏中的"排列文档"按钮（ ▾ ）打开排列文档下拉列表，并选择"全部垂直拼贴"（如图 1.44 所示），以垂直方式平铺文档。

> **注意：**在 Mac OS 中，菜单栏位于应用程序栏上方；在 Windows 中，菜单栏可能与应用程序栏合二为一，这取决于屏幕分辨率。

10. 单击"排列窗口"列表中的"垂直双联"按钮（ ）。

注意到有两个文档以选项卡方式出现在同一个平铺区域。

11. 单击 L1start_2.ai 的标签，然后单击该标签右边的 × 关闭文档 L1start_2.ai。如果出现对话框询问是否要保存文档，单击“否”。

12. 单击应用程序栏中的“排列文档”按钮（![icon] ▾），再单击该下拉列表中的“全部合并”按钮（![icon]），这将让两个文档以选项卡方式出现在一组中。让文档 brochure.ai 和 L1start_3.ai 打开。

> Ai | **提示：**也可选择菜单“窗口”>“排列”>“合并所有窗口”，让两个文档以选项卡方式出现在一组中。

1.5.3 文档组

默认情况下，在 Illustrator 中打开的文档以选项卡方式放在一个文档组中。可创建多个文档组，以方便导航以及临时将文件关联起来。处理需要创建和编辑多块内容的大型项目时，这将很有帮助。通过将文档编组，可让文档组处于浮动状态，并与应用程序窗口（Windows）或屏幕（Mac OS）分离。

下面将创建并处理两个文档组。

1. 单击 L1start_3.ai 的文档标签以选择该文档。
2. 选择菜单“窗口”>“排列”>“全部在窗口中浮动”，这将为打开的每个文档创建一个独立的文档组。默认情况下，文档组彼此层叠，如图 1.45 所示。

文档窗口浮动在独立的文档组中

图1.45

3. 单击 brochure.ai 的标题栏，注意到现在 L1start_3.ai 不可见，它隐藏在 brochure.ai 的后面。

> Ai | **注意：**如果无法单击 brochure.ai 的标签，可选择菜单“窗口”>“brochure.ai”。

4. 选择菜单“文件”>“打开”，选择硬盘中文件夹 Lessons\Lesson01 中的文件 L1start_2.ai，并单击“打开”按钮。注意到新打开的文档以文档标签的方式加入到 brochure.ai 所属的文档组中。

> Ai | **注意：**打开或新建文档时，文档将加入到当前选定的文档组中。

5. 选择菜单“窗口”>“排列”>“层叠”以显示两个文档组。

6. 单击 L1start_3.ai 所属文档组的右上角的最小化按钮（Windows）或左上角的最小化按钮（Mac OS）。在 Windows 中，注意到默认情况下文档组将最小化到应用程序窗口的左下角，而在 Mac OS 中，将最小化到操作系统 Dock 中。
7. 单击恢复按钮或文档标签以显示最小化的文档组（Windows），或单击 Dock 中的文档缩览图以显示最小化的文档组。
8. 单击右上角（Windows）或左上角（Mac OS）的关闭按钮将 L1start_3.ai 所属的文档组关闭。
9. 单击 L1start_2.ai 的文档标签并向下拖曳，直到该文档看起来处于自动浮动状态后松开鼠标，如图 1.46 所示。这是另一种创建浮动文档组的方式。

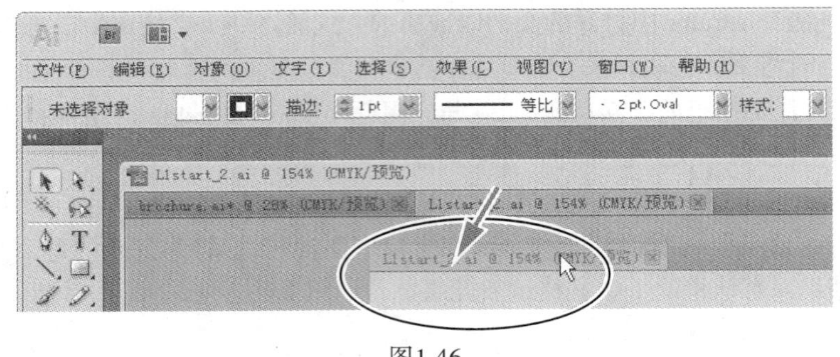

图1.46

10. 关闭文件 L1start_2.ai，但让文件 brochure.ai 打开。
11. 在 Windows 中（Mac OS 用户可跳过这一步并执行下一步），选择菜单“窗口”>“排列”>“合并所有窗口”。
12. 在 Mac OS 中，选择菜单“窗口”>“应用程序框架”以禁用应用程序框架，然后单击文档窗口左上角的绿色按钮让文档窗口适合屏幕。
13. 选择菜单“视图”>“画板适合窗口大小”，让 brochure.ai 的第一个画板适合文档窗口的大小。

1.6 查找有关如何使用 Illustrator 的资源

要获取有关使用面板、工具以及其他应用程序功能的完整和最新的信息，可访问 Adobe 网站。选择菜单“帮助”>“Illustrator 帮助”将链接到 Adobe 社区帮助网站，在这里用户可搜索 Illustrator 帮助、支持文档以及其他用户关心的网站。另外，还可缩小搜索结果的范围，以便只显示 Adobe 帮助和支持文档。

在帮助中搜索主题

可使用应用程序栏中的搜索框来搜索帮助主题和其他在线内容。如果连接到了 Internet，便能访问 Community Help 网站的所有内容。如果在没有连接到 Internet 的情况下进行搜索，将只能在随 Illustrator 安装的帮助文档中搜索。

1. 在应用程序栏的搜索框中输入“画板”并按回车键，如图 1.47 所示。

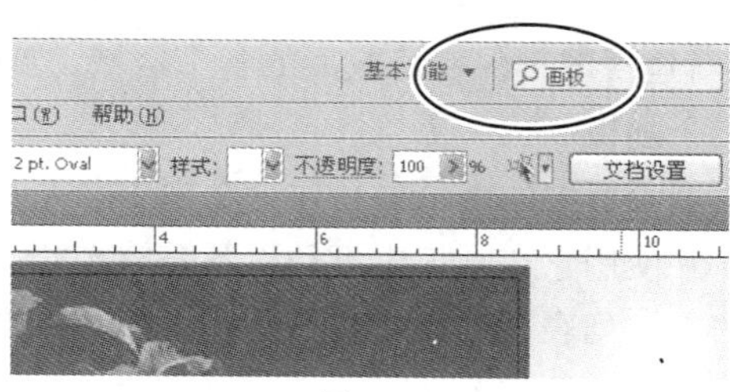

图1.47

如果您连接到了 Internet，将打开 Adobe Community Help 窗口。在这里可探索各种帮助主题。

2. 关闭该窗口并返回到 Illustrator。
3. 选择菜单“文件”>“关闭”将打开的文件关闭。

1.7 检查更新

Adobe 定期地提供软件更新。只要有 Internet 连接，用户便可通过 Adobe Updater 轻松地获得这些更新。

1. 在 Illustrator 中，选择菜单“帮助”>“更新”。Adobe Updater 将自动检查可用的 Adobe 软件更新。
2. 在 Adobe Application Manager 对话框中，选择要安装的更新，然后单击“下载并安装更新”以安装它们。

注意：要设置更新首选项，在 Adobe Application Manager 中单击“首选项”，选择是否让 Adobe Application Manager 自动通知以及检查哪些应用程序的更新，并单击“完成”按钮让新设置生效。

3. 检查完更新后，关闭该窗口并返回到 Illustrator。

1.8 练 习

下面在 Adobe Illustrator CS5 中打开一个示例文件，以练习使用本课学到的导航和组织功能。

1. 打开文件夹 Lesson01 中的文件 L1start_2.ai。

Ai 注意：如果出现“缺少配置文件”对话框，单击“确定”按钮即可。

2. 对该图稿执行如下操作。

- 对该图稿进行缩放。注意到缩小到一定程度时，文字将看不清，看起来像实心灰色条。将文字放大到一定程度后才能看清它们。
- 选择菜单“视图”>“新建视图”保存缩放后的各个区域，如明信片的正面（第一个画板）和明信片的背面（第二个画板）。
- 在轮廓视图下放大第二个画板中的南瓜并新建一个视图。
- 扩大“导航器”面板，并使用它在画板中滚动以及缩放文档。
- 使用文档窗口左下角的下拉列表“画板导航”和按钮在画板之间导航。
- 使用“画板”面板在画板之间导航。
- 创建一个自定义工作区，它只显示工具箱、“控制”面板和“图层”面板，再使用菜单“窗口”>“工作区”>“存储工作区”将其存储。

3. 选择菜单“文件”>“关闭”，但不保存所做的修改。

复习

复习题

1. 指出两种修改文档缩放比例的方式。
2. 在 Illustrator 中如何选择工具？
3. 指出 3 种在画板之间导航的方法。
4. 如何保存面板的位置和可视状态？
5. 指出排列文档窗口有何帮助？

复习题答案

1. 可通过“视图”菜单缩放文档或使其适合屏幕；也可使用工具箱中的缩放工具在文档中单击或拖曳以缩放视图。另外，可使用键盘快捷键来缩放图稿，还可使用“导航器”面板在图稿中滚动或修改其缩放比例。
2. 要选择工具，可在工具箱中单击该工具或按其键盘快捷键。例如，可按 V 键来选择“选择工具”。选择的工具将一直处于活动状态，直到用户选择其他工具。
3. 要在画板之间导航，可从文档窗口左下角的“画板导航”下拉列表中选择画板号，可使用文档窗口左下角画板导航箭头切换到第一个画板、前一个画板、下一个画板和最后一个画板，可在“画板”面板中双击画板名以切换到相应的画板，还可拖曳“导航器”面板中的代理预览区域。
4. 创建一个自定义工作区，然后选择菜单“窗口”>“工作区”>“存储工作区”将其存储起来，以便能够更轻松地找到所需的控件。
5. 通过排列文档窗口，可平铺或层叠文档组。如果需要处理多个文档，并需要比较它们或在它们之间共享内容，这将很有用。

第2课 选择和对齐

在本课中，读者将学习如下内容：

- 区分各种选择工具以及使用各种选择方法；
- 认识智能参考线；
- 使用选择工具复制对象；
- 锁定和隐藏对象；
- 存储选定对象供以后使用；
- 编组和解除编组；
- 在隔离模式下工作；
- 使用工具和命令让形状和点彼此对齐以及与画板对齐；
- 排列内容；
- 选择后面的内容。

学习本课需要大约 1 小时。如果必要，将前一课的文件夹从硬盘中删除，并将文件夹 Lesson02 复制到硬盘中。

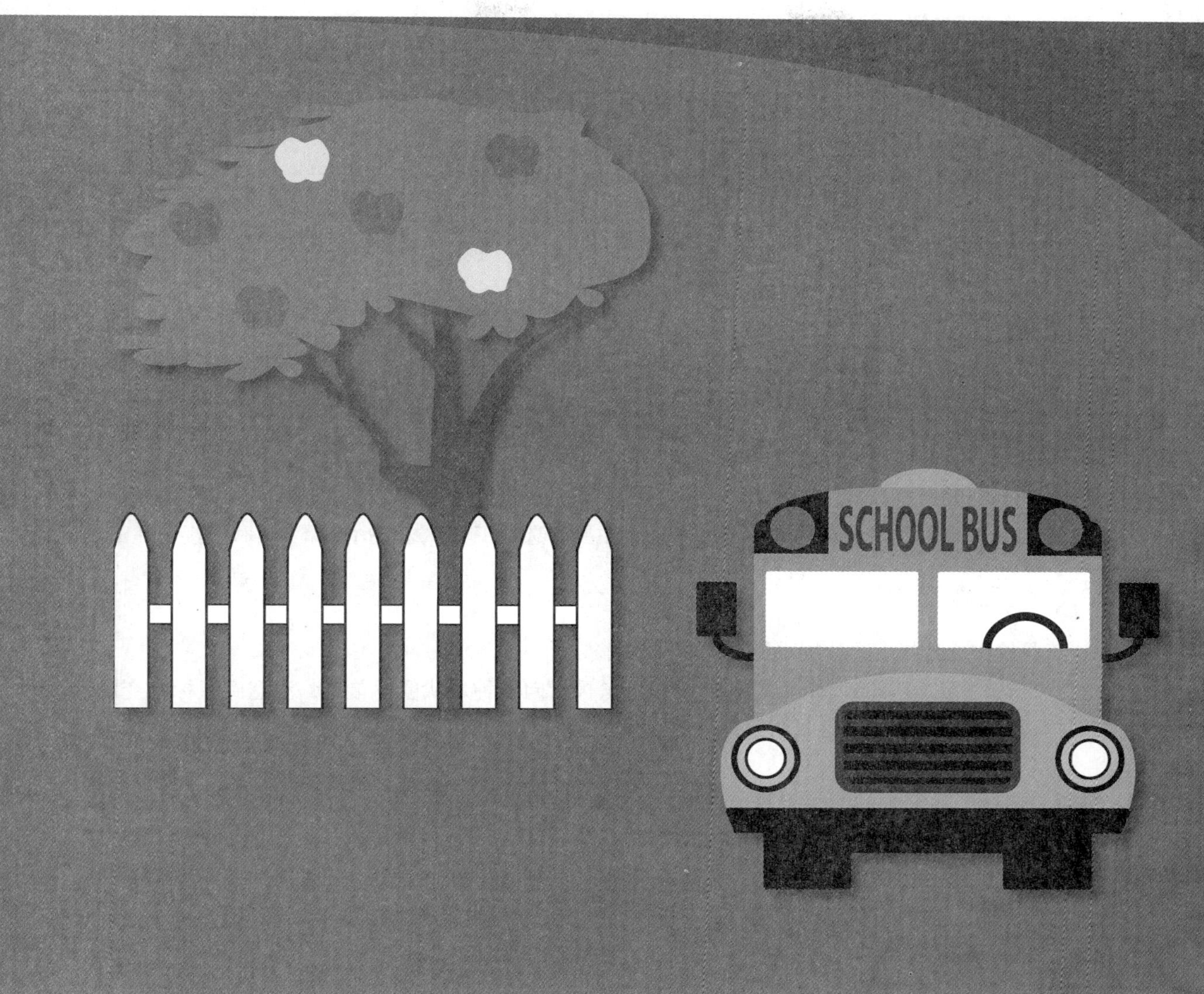

在 Adobe Illustrator CS5 中，选择内容是您需要做的重要工作之一。在本课中，您将学习如何使用选择工具选择对象以及如何通过编组、隐藏和锁定来保护对象，还将学习如何让对象与其他对象和画板对齐。

2.1 概 述

要修改颜色和大小以及添加效果和属性，必须选择要修改的对象。本课介绍使用选择工具的基本知识；第 8 课将介绍更高级的使用图层的选择技巧。

1. 为确保工具和面板像本课描述的那样，请删除或重命名 Adobe Illustrator CS5 首选项文件，详情请参阅“前言”中的“恢复默认首选项”。
2. 启动 Adobe Illustrator CS5。

> Ai 注意：如果还没有从配套光盘的文件夹 Lesson02 中将本课的资源文件复制到硬盘，现在就这样做，详情请参阅“前言”中的“复制课程文件”。

3. 选择菜单“文件” > “打开”，并打开硬盘中文件夹 Lessons\Lesson02 中的文件 L2start_1.ai，如图 2.1 所示。选择菜单“视图” > “画板适合窗口大小”。

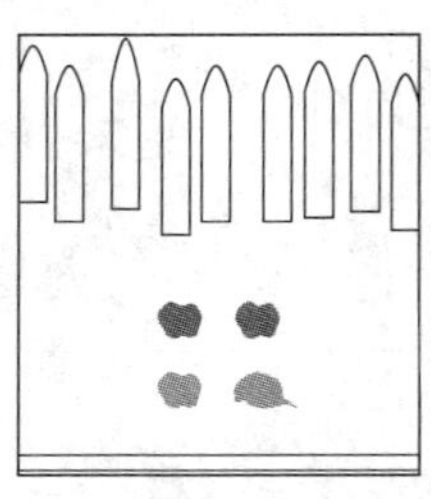

图2.1

2.2 选择对象

在 Illustrator 中，无论是从空白开始创建图稿还是编辑现有图稿，都必须能够熟练地选择对象。在 Illustrator 中选择对象的方法很多，本节探索主要的选择工具，这包括选择工具和直接选择工具。

2.2.1 使用选择工具

工具箱中的选择工具让用户能够选择整个对象。

1. 选择工具箱中的选择工具（ ），并将鼠标指向各种形状但不单击，注意到鼠标将变成带点的箭头（ ），这表明鼠标下面有可选择的对象。将鼠标指向对象时，对象周围将出现蓝色轮廓。
2. 选择工具箱中的缩放工具（ ），拖曳出一个环绕页面中央 4 个彩色形状（苹果和帽子）的选框，将这些形状放大。
3. 选择工具箱中的选择工具，再将鼠标指向左边红苹果的边缘，可能出现“路径”或“锚点”等字样，这是因为默认启用了智能参考线。智能参考线靠齐到参考线，有助于用户对齐、编辑和变换对象或画板。第 3 课将更详细地讨论智能参考线。
4. 单击左边红苹果的边缘或其内部以选择它，将出现一个带 8 个手柄的定界框，如图 2.2 所示。

定界框可用于修改对象（如调整大小和旋转），还指出对象被选中，可对其进行修改。定界框的颜色指出了对象位于哪个图层中。图层将在第 8 课介绍。

5. 使用选择工具单击右边的红苹果，注意到取消选择了左边的红苹果，只有右边的红苹果被选中。

> **注意：**要选择没有填充的对象，必须单击其描边（边框）。

6. 为同时选择左边的红苹果，按住 Shift 键并单击它。现在两个红苹果都被选中，如图 2.3 所示。

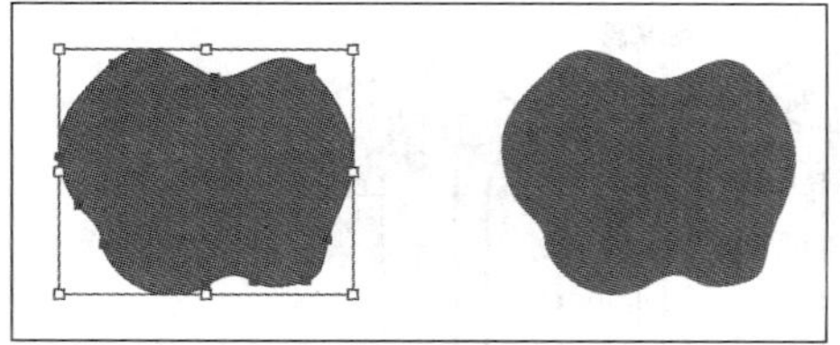

图2.2

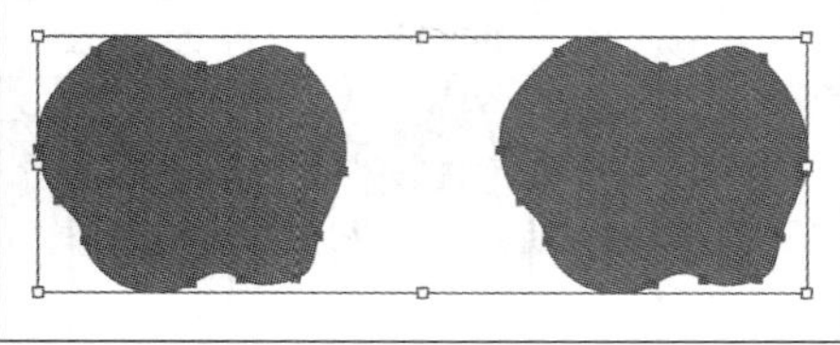

图2.3

> **提示：**要选择所有对象，可选择菜单“选择”>“全部”。要选择当前画板中的所有对象,可选择菜单“选择”>“现用画板上的全部对象”。有关画板的更详细信息，请参阅第 3 课。

7. 单击并拖曳任何一个苹果，将两个苹果移到文档的其他地方。由于两个苹果都被选中，因此它们将一起移动。

拖曳时注意到将出现绿色线条。它们被称为对齐参考线，它们之所以可见是因为启用了智能参考线（选择了菜单“视图”>“智能参考线”）。拖曳时对象将对齐到画板中的其他对象。另外，还在一个灰色框（测量标签）中显示了对象离原始位置的距离。之所以会显示测量标签，也是因为启用了智能参考线。

> **提示：**如果不想使用智能参考线，可选择菜单“视图”>“智能参考线”以禁用智能参考线。

8. 在画板中没有对象的地方单击以取消选择苹果，也可选择菜单“选择”>“取消选择”。
9. 按 F12 键或选择菜单“文件”>“恢复”将文件恢复到最后一次保存的版本。在“恢复”对话框中单击“恢复”按钮。

2.2.2 使用直接选择工具

直接选择工具用于选择对象中的点或路径段，让您能够改变其形状。下面使用直接选择工具来选择锚点和路径段。

1. 选择菜单“视图”>“画板适合窗口大小”。
2. 选择工具箱中的直接选择工具（ ）。将鼠标指向苹果上方任何一个篱笆桩的顶点，但不要单击。

将直接选择工具指向路径或对象的锚点时，将出现字样“锚点”或“路径”（如图 2.4 所示），这是因为启用了智能参考线。

3. 单击该篱笆桩的顶点，注意到只有选择的点是实心的，这表明它被选中；而该篱笆桩上的其他点都是空心的，这表明没有选中它们，如图 2.5 所示。

注意到蓝色方向线从锚点向外延伸。方向线的端点称为方向点。方向线的角度和长度决定了曲线路径段的形状和大小，移动方向点可调整曲线的形状，如图 2.6 所示。

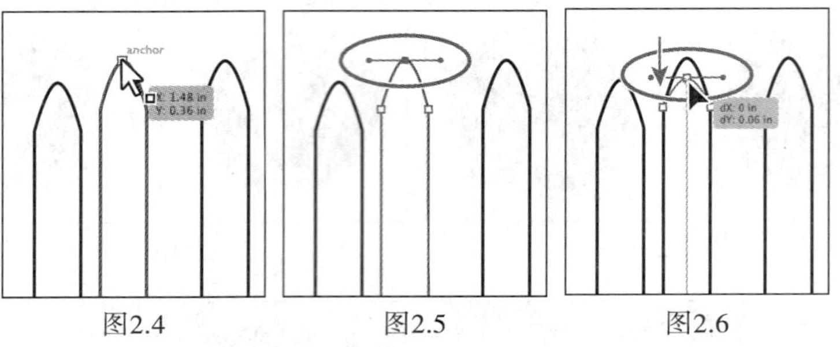

图2.4　　图2.5　　图2.6

> **Ai** **注意：** 拖曳锚点时将出现灰色测量标签，其中显示了 dx 和 dy。dx 表示锚点沿 x 轴（水平）移动的距离，而 dy 表示沿 y 轴（垂直）移动的距离。

4. 在直接选择工具仍被选择的情况下，单击该点并向下拖曳以编辑对象的形状。现在尝试单击其他点，注意到这将取消选择原来的点。

> **Ai** **注意：** 通过按住 Shift 键可同时选择多个点以便一起移动它们。

5. 选择菜单“文件”>“恢复”以便将文件恢复到存储的版本。在“恢复”对话框中单击“恢复”按钮。

“选择和锚点显示”首选项

可在Illustrator“首选项”对话框中修改选择首选项和锚点的显示方式，如图2.7所示。

通过选择菜单“编辑”>“首选项”>“选择和锚点显示”（Windows）或“Illustrator”>“首选项”>“选择和锚点显示”（Mac OS），可修改锚点的大小和方向线（手柄）的显示方式。

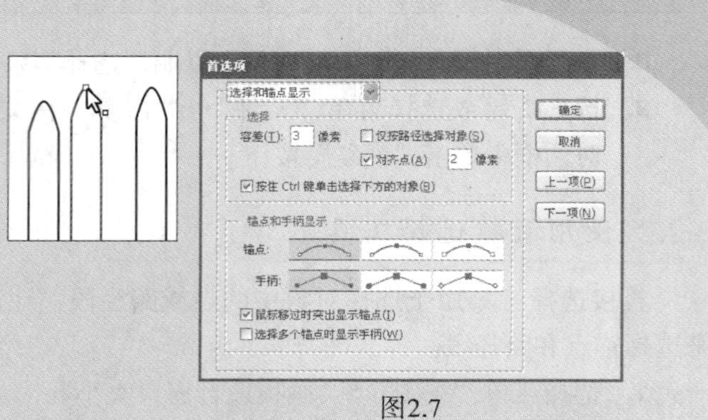

图2.7

还可禁止在用户将鼠标指向锚点时突出显示锚点。将鼠标指向锚点时，锚点将突出显示，这让用户更容易确定此时单击将选择哪个锚点。第5课将更详细地介绍锚点和锚点手柄。

2.2.3 使用选框创建选区

在有些情况下，通过拖曳出环绕对象的选框将更容易选择它们。

1. 选择菜单“视图”>“画板适合窗口大小”。
2. 在文件 L2start_1.ai 仍处于打开状态的情况下，切换到选择工具（ ）。这里不通过按住 Shift 键并单击来选择多个对象，而将鼠标指向左边苹果的左上方，再单击并向右下方拖曳以创建一个覆盖两个苹果顶部的选框，如图 2.8 所示。

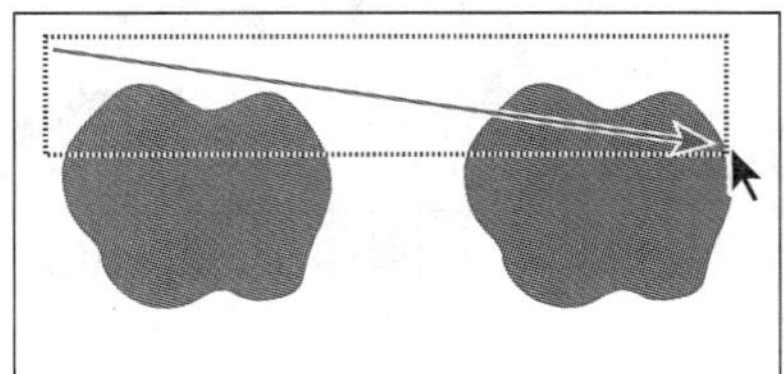
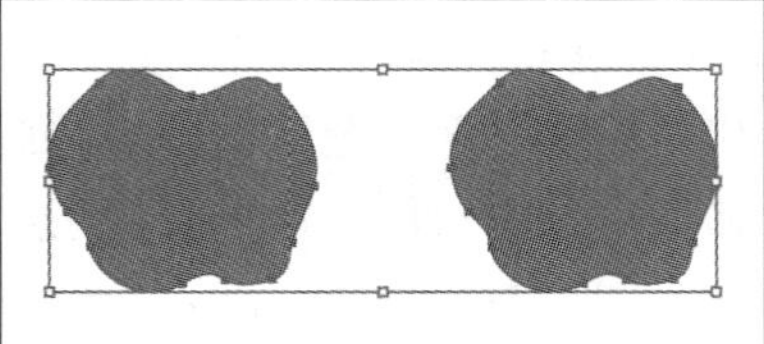

图2.8

> Ai | **提示**：使用选择工具拖曳时，只需覆盖对象的一小部分就可选择整个对象。

3. 选择菜单“选择”>“取消选择”或单击没有对象的区域。

下面使用直接选择工具选择对象的多个点。

4. 在一个篱笆桩外面单击并通过拖曳创建一个环绕两个篱笆桩顶点的选框，如图 2.9 所示。

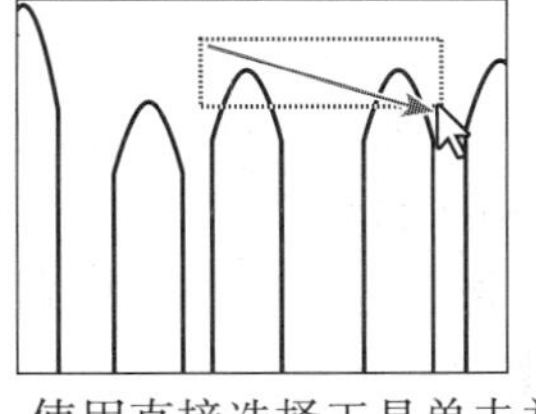
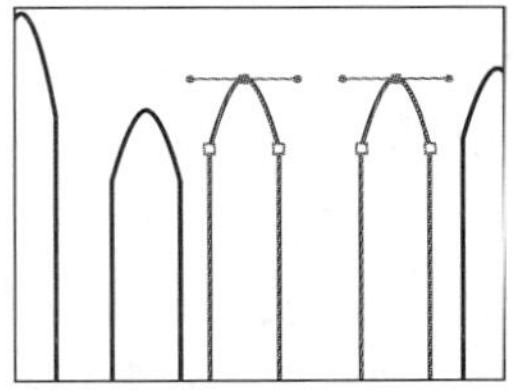

使用直接选择工具单击并拖曳创建一个环绕顶点的选框，这只选择这些点

图2.9

只有顶点被选中。单击选中的锚点之一并拖曳鼠标，将同时移动两个选中的锚点。使用这种方法选择锚点时，无需准确地单击要编辑的锚点便可选中它。

> **注意**：要使用这种方法选择锚点，可能需要经过一定的练习。拖曳出的选框只能覆盖要选择的点，否则将选择多余的点。总是可以在空白处单击以取消选择，然后再试。

5. 选择菜单“选择”>“取消选择”。
6. 使用直接选择工具尝试拖曳出一个覆盖苹果顶部的方框，这将选择每个苹果中的多个点。
7. 选择菜单“选择”>“取消选择”。

2.2.4 使用魔棒工具创建选区

可使用魔棒工具选择文档中所有颜色或图案填充属性相同或类似的对象。

1. 选择工具箱中的魔棒工具（ ）并单击橘色苹果，注意到橘色帽子也被选中了，如图

2.10 所示。没有出现定界框（环绕这两个形状的方框），这是因为当前选择的是魔棒工具。

> Ai **提示：**可双击工具箱中的魔棒工具以便对其进行定制，使其根据描边粗细、描边颜色、不透明度或混合模式来选择对象。还可修改用于判断对象是否具有类似的容差。

2. 使用魔棒工具单击红苹果和帽子之一。注意到两个红苹果都被选中，且取消选择了橘色的苹果和帽子。
3. 按住 Shift 键并单击橘色帽子，这将把橘色帽子和橘色苹果加入选区，因为它们的填充色都是橘色。在仍选择了魔棒工具的情况下，按住 Alt（Windows）或 Option（Mac）并再次单击橘色帽子，这将取消选择所有橘色对象。然后松开按键。

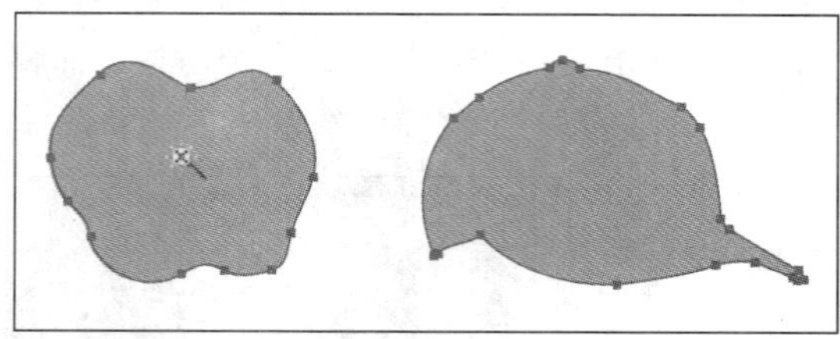

使用魔棒工具单击时，填充色与被单击的对象相同的对象也将被选中

图2.10

4. 选择菜单“选择” > “取消选择”或单击任何没有对象的地方。

2.2.5 选择类似对象

用户也可根据填充色、描边颜色、描边粗细等选择对象。对象的描边指的是其轮廓，填色是用于填充内部区域的颜色，而描边粗细指的是描边的宽度。

下面选择多个描边相同的对象。

1. 使用选择工具（）通过单击选择画板顶部的白色篱笆桩之一。
2. 单击控制面板中“选择类似的对象”按钮（）右边的箭头，这将打开一个下拉列表。选择“填充颜色”以选择画板中所有使用相同填充颜色（白色）的对象。

注意到选择了顶部所有的篱笆桩，还选择了画板底部的白色矩形，如图 2.11 所示。

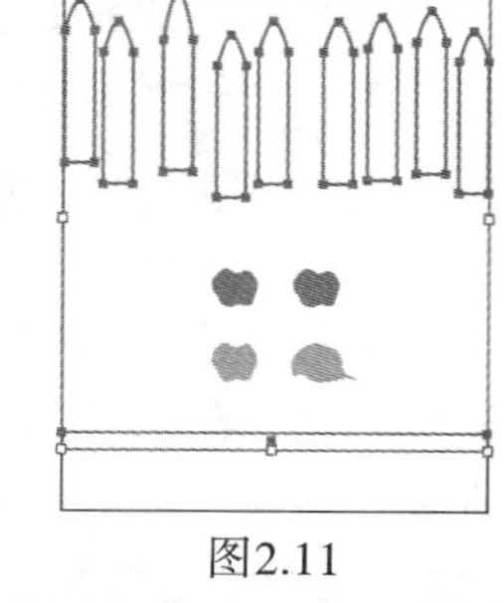

图2.11

> Ai **注意：**菜单项“选择”>“相同”的功能与控制面板中的按钮“选择类似的对象”相同。

3. 选择菜单“选择” > “取消选择”。
4. 选择画板顶部的白色篱笆桩之一，再选择菜单“选择”>“相同”>“描边粗细”。

所有篱笆桩的描边宽度都为 1 点，因此所有宽度为 1 点的描边都被选中，如图 2.12 所示。

5. 在该选区处于活动状态的情况下，选择菜单“选择” > “存储所选对象”。将选区命名为 Fence 并单击“确定”按钮，这让您以后很容易选择这些对象。

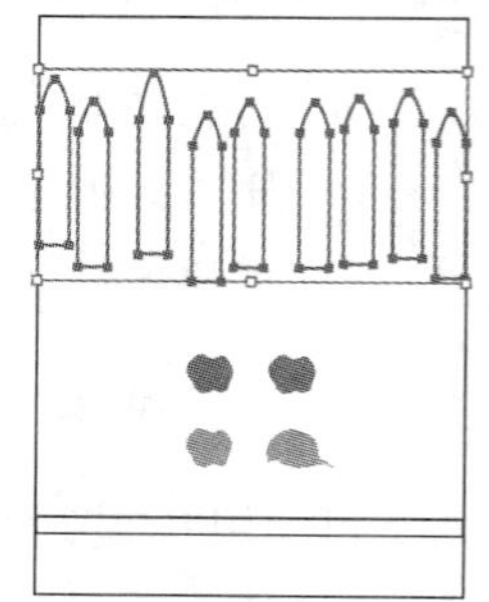

图2.12

6. 选择菜单“选择”>“取消选择”。

> Ai **提示：**根据用途或功能给选区命名很有帮助。在第 5 步中，如果将选区命名为 1 pt stroke，则以后修改对象的描边粗细后，该名称可能令人误解。

2.3 对齐对象

可将多个对象彼此对齐、与画板或关键对象对齐以及设置对象的分布方式。在本节中，读者将探索对齐对象和点的方式。

2.3.1 让对象彼此对齐

1. 选择菜单“选择”>“Fence”以选择所有篱笆桩。
2. 单击控制面板中的“对齐到”按钮（ ）并选择“对齐所选对象”，这确保将让选定的对象彼此对齐。
3. 单击控制面板中的“垂直底对齐”按钮（ ），如图 2.13 所示。

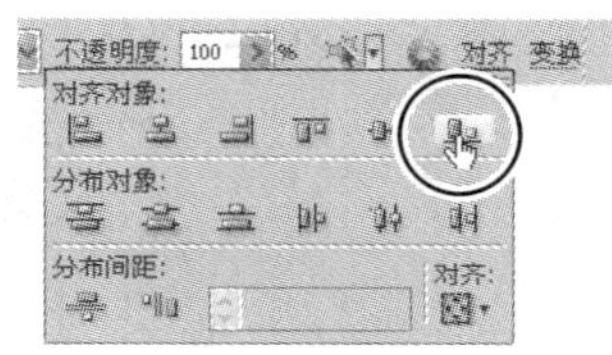

图2.13

注意到所有篱笆桩的下边缘都与最下面的篱笆桩对齐了。

> Ai **注意：**对齐选项可能没有出现在控制面板中，请单击“对齐”字样。控制面板中显示的对齐选项数取决于屏幕分辨率。

> Ai **注意：**如果没有在控制面板中看到对齐选项，可能是由于您只选择了一个对象。也可选择菜单“窗口”>“对齐”来打开“对齐”面板。

4. 选择菜单“编辑”>“还原对齐”将对象恢复到原来的位置。不要取消选择这些对象，以方便下一节使用。

2.3.2 对齐到关键对象

关键对象指的是其他对象将与之对齐的对象。要指定关键对象，可选择要对齐的所有对象（包括关键对象），再单击关键对象。选择关键对象后，关键对象将有较粗的轮廓，且控制面板和对齐面板中将出现“对齐关键对象”图标（ ）。

1. 在选择了所有篱笆桩的情况下，使用选择工具（ ）单击最左边的篱笆桩。

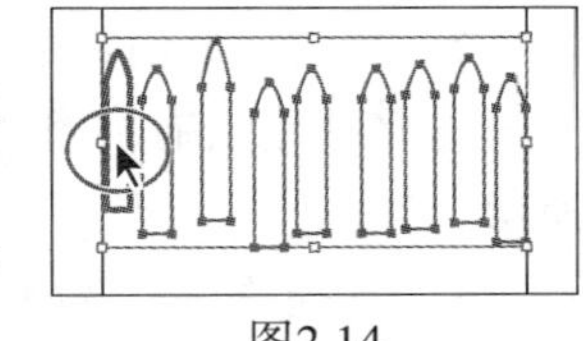
图2.14

较粗的蓝色轮廓表明这是关键对象（如图 2.14 所示），其他对象将与之对齐。

> Ai **提示：**在“对齐”面板中，也可从“对齐”下拉列表中选择“对齐关键对象”。在前面的对象将成为关键对象。

2. 在控制面板或“对齐”面板中，单击“垂直底对齐”按钮（），注意所有篱笆桩都与关键对象的下边缘对齐，如图 2.15 所示。

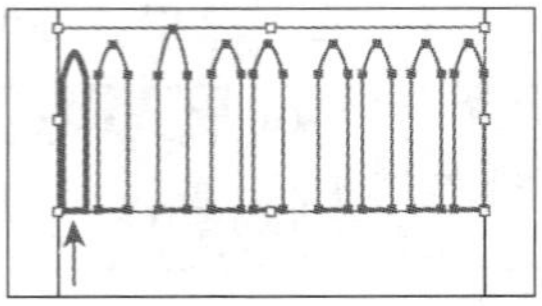

图2.15

3. 选择菜单“选择”>“取消选择”。

2.3.3 对齐点

下面使用“对齐”面板将两个点对齐。

1. 使用直接选择工具单击最高的篱笆桩的顶点，再按住 Shift 键并单击其他任何一个篱笆桩的顶点。这里选择的是最高篱笆桩右边的那个篱笆桩的顶点。

这里按特定顺序选择了两个点，因为最后选择的锚点将是关键锚点，其他点将与该点对齐。

2. 单击控制面板中的“垂直顶对齐”按钮（），选择的第一个点将与第二个点对齐，如图 2.16 所示。

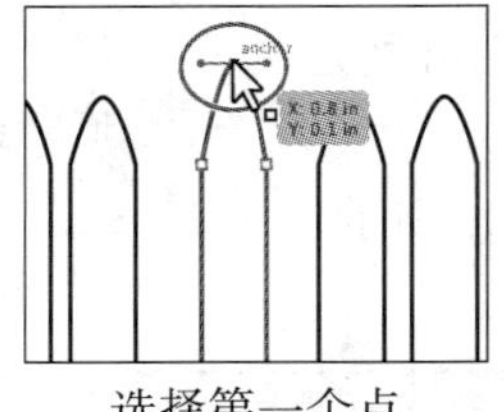

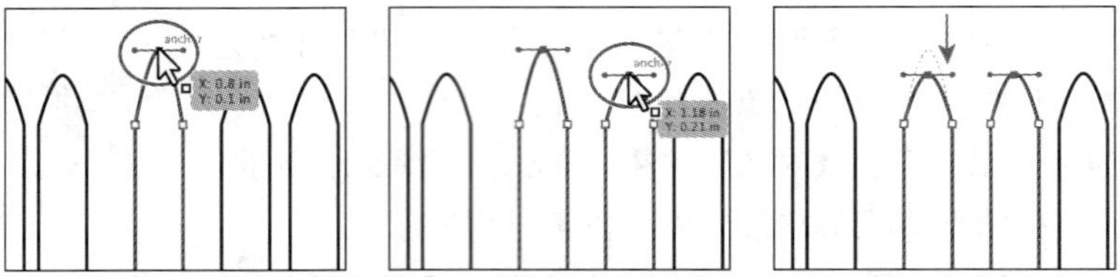

选择第一个点

选择第二个点

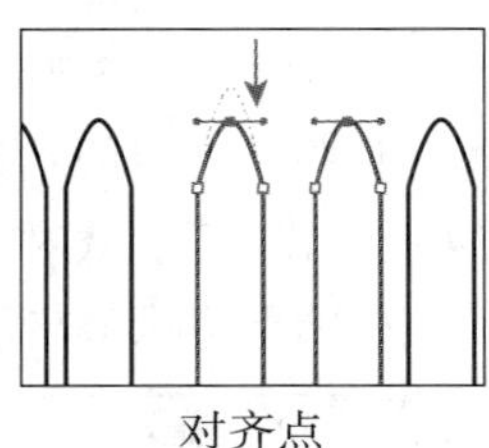

对齐点

图2.16

> Ai | **注意：**如果在控制面板中没有看到对齐选项，可单击“对齐”字样打开“对齐”面板。

3. 选择菜单“选择”>“取消选择”。

2.3.4 分布对象

可选择多个对象，再使用对齐面板来分布对象，让对象之间的间隔相等。下面通过分布对象让篱笆桩的间距相等。

1. 选择工具箱中的选择工具（），再选择菜单“选择”>“Fence”选择所有篱笆桩。
2. 单击控制面板中的“水平居中分布”按钮（）。

这将移动所有的篱笆桩，让篱笆桩中心之间的距离相等，如图 2.17 所示。

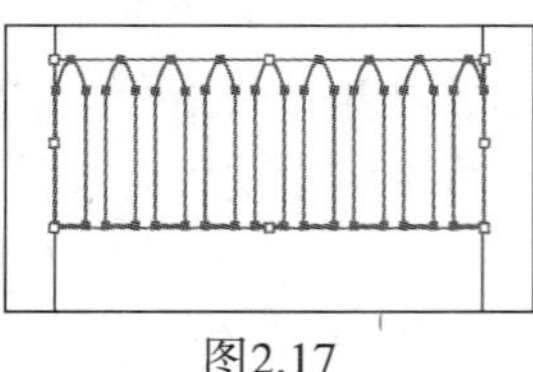

图2.17

3. 选择菜单“选择”>“取消选择”。

> Ai | **注意：**使用“水平居中分布”或“垂直居中分布”按钮时，将导致对象中心的间距相等。如果选定的对象大小不一致，将可能导致意外的结果。

4. 在选择了选择工具（▶）的情况下，按住 Shift 键并向右稍微拖曳最右边的篱笆桩，如图 2.18 所示。按住 Shift 键旨在确保最右边的篱笆桩移动后仍与其他篱笆桩垂直对齐。

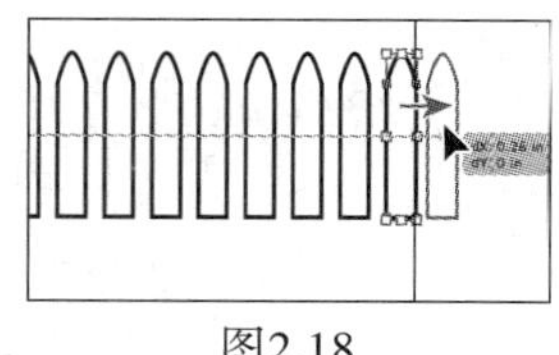
图2.18

5. 选择菜单“选择”>“Fence”再次选择所有篱笆桩，再单击“水平居中分布”按钮（）。注意到调整最右边篱笆桩的位置后，其他篱笆桩将移动，让所有篱笆桩中心之间的距离都相等。

> Ai **注意**：使用“对齐”面板水平分布对象时，确保最左边和最右边的对象处于所需的位置，再在它们之间分布对象；而垂直分布对象时，确保最上面和最下面的对象处于所需的位置，再在它们之间分布对象。

6. 选择菜单“选择”>“取消选择”。

2.3.5 对齐到画板

也可让内容与画板（而不是其他对象或关键对象）对齐，在这种情况下，每个对象都将分别与画板对齐。下面让叶子形状与画板中心对齐。

1. 单击文档窗口左下角的“下一项”按钮（▸）切换到文档中的下一个画板，该画板包含一棵树。
2. 使用选择工具单击绿色树叶形状以选择它，如图 2.19 所示。

> Ai **注意**：如果要让海报的全部内容与画板中心对齐，必须将对象编组，这很重要。这样，对象组将作为一个整体与画板对齐，否则与画板水平居中对齐时，将移动每个对象，使其分别与画板中心对齐。

3. 单击“对齐”按钮（）并从打开的下拉列表中选择“对齐画板”，这将确保后续对齐操作是相对于画板的。单击“水平居中对齐”按钮（）让选择的对象在画板中水平居中。

> Ai **注意**：控制面板中可能没有对齐选项，而只有“对齐”字样。控制面板包含的选项数取决于屏幕分辨率。

4. 使用选择工具单击棕色树杆形状以选择它。
5. 单击“水平居中对齐”按钮（），再单击“垂直底对齐”按钮（）让树杆与画板下边缘对齐，如图 2.20 所示。

图2.19

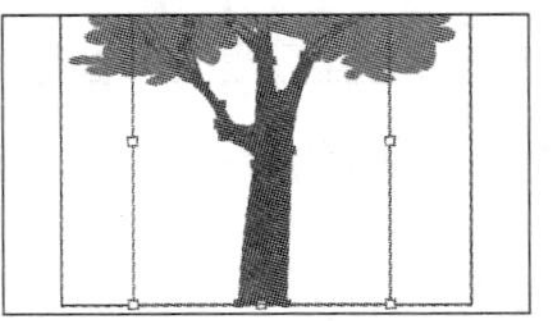
图2.20

不要取消选择树杆，以方便下一个练习。

对齐选项简介

对齐面板有很多很有用的Illustrator功能，用户不仅可对齐对象，还可分布对象。选择要对齐或分布的对象，然后在对齐面板中执行下述操作。

- 要相对于所有选定对象的定界框对齐或分布对象，请单击所需的对齐按钮或分布按钮。
- 要相对于所选对象之一（关键对象）对齐或分布，请再次单击该对象（这次单击时无需按住 Shift 键），然后单击所需的对齐按钮或分布按钮。

> Ai **注意：**要停止相对于某个对象的对齐和分布，可单击该对象以消除其蓝色轮廓，也可从对齐面板菜单中选择“取消关键对象”。

- 要相对于活动画板对齐，请单击“对齐到画板”按钮（）或从“对齐”下拉列表中选择“对齐画板”，然后单击所需的对齐按钮。
- 要相对于锚点对齐，可选择直接选择工具，再通过按住 Shift 键并单击来选择要对齐或分布的所有锚点。最后选择的锚点将成为关键锚点。

——摘自Illustrator帮助

2.4 使用编组

可将多个对象编组，它们将被视为一个整体。这样，可移动或变换很多对象，而不影响它们的属性和相对位置。

2.4.1 将对象编组

下面选择多个对象并将它们编组。

1. 按住 Shift 键并使用选择工具（）单击绿色树叶，以选择它们以及树干。
2. 选择菜单“对象”>“编组”，再选择菜单“选择”>“取消选择”。
3. 使用选择工具单击棕色树杆。由于它与树叶组合在一起，这将同时选择树杆和树叶。注意到控制面板的左端出现了“编组”字样。

> Ai **提示：**要独立地选择编组中的对象，请选择编组，再选择菜单“对象”>“取消编组”。这将永久性取消编组。

4. 选择菜单“选择”>“取消选择”。

2.4.2 在隔离模式下工作

隔离模式将编组或子图层隔离，让用户在不取消编组的情况下就能选择和编辑特定对象或对象的一部分。使用隔离模式时，无需考虑对象位于哪个图层，也无需手工锁定或隐藏不希望编辑操作影响的对象。不属于隔离组的所有对象都将被锁定，从而免受用户执行的编辑操作的影响。被隔离的对象以彩色显示，而图稿的其他部分呈灰色，让用户知道可编辑哪些内容。

1. 使用选择工具（ ）单击绿色树叶或棕色树杆以选择整个编组。
2. 双击树干进入隔离模式。

> **提示：**要进入隔离模式，也可使用选择工具选择一个对象组，然后单击控制面板中的“隔离选中的对象”按钮（ ）。

3. 选择菜单“视图”>“全部适合窗口大小”，注意到文档中的其他内容呈灰色，您无法选择它们，如图 2.21 所示。

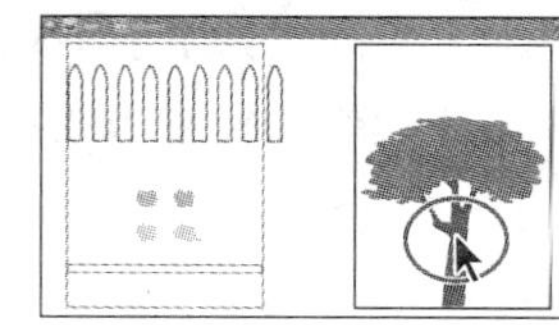

图2.21

在文档窗口顶部，将出现一个灰色箭头以及字样“Layer 1”和“< 编组 >”,如图 2.22 所示。这表明您隔离了一个位于图层 Layer 1 中的对象组。有关图层的更详细信息，请参阅第 8 课。

4. 按住 Shift 键并稍微向右拖曳棕色树杆。按住 Shift 键旨在确保移动是水平的。

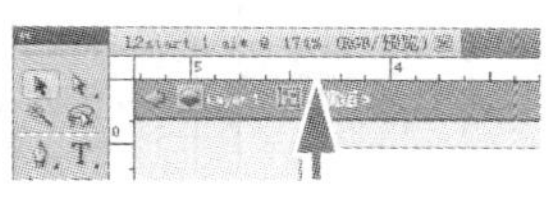

图2.22

进入隔离模式后，将暂时取消编组。这让您能够在不取消编组的情况下编辑组中的对象。

5. 双击对象的外部退出隔离模式。

> **提示：**要退出隔离模式，也可不断单击文档窗口左上角的灰色箭头，直到不再处于隔离模式。另外，还可单击控制面板中的“退出隔离模式”按钮（ ）。

6. 通过单击选择绿色树叶形状，注意到它重新与树杆编组了，且可选择其他对象。
7. 选择菜单“选择”>“取消选择”，再选择菜单“视图”>“画板适合窗口大小”。

2.4.3 添加到编组中

对象组还可嵌套，即可将对象组与其他对象或对象组编组，从而形成一个更大的对象组。在本节中，您将探索如何将对象加入现有编组。

1. 单击文档窗口左下角的“上一项”按钮（ ）切换到文档中的前一个画板，该画板包含篱笆桩。
2. 使用选择工具（ ）拖曳出一个覆盖画板顶部篱笆桩的选框，以选择所有篱笆桩。
3. 选择菜单“对象”>“编组”。
4. 单击“对齐”按钮（ ）并选择“对齐画板”，再单击“水平居中对齐”按钮（ ）让整个对象组在画板中水平居中。选择菜单“选择”>“取消选择”。
5. 按住 Shift 键，并使用选择工具将画板底部的白色矩形拖曳到篱笆桩编组上，如图 2.23 所示。您不用考虑对齐的问题。

6. 按住 Shift 键，并使用选择工具单击任何一个篱笆桩，以选择整个篱笆桩编组。

7. 选择菜单“对象”>“编组”。

这就创建了一个嵌套的编组——在一个编组中包含另一个编组。设计图稿时经常使用嵌套，它非常适合用于将内容关联起来。

8. 选择菜单“选择”>“取消选择”。

9. 使用选择工具单击任何一个被编组的对象，该对象组中的所有对象都被选中。

10. 单击画板的空白区域以取消选择所有对象。

11. 在工具箱中的直接选择工具上按住鼠标并向右拖曳，以选择编组选择工具（）。编组选择工具用于将对象所属的编组加入选区。

12. 单击最左边的篱笆桩以选择它。再次单击，将选择该对象的父对象组（篱笆桩编组），如图 2.24 所示。编组选择工具按编组顺序依次将每个对象组加入选区。

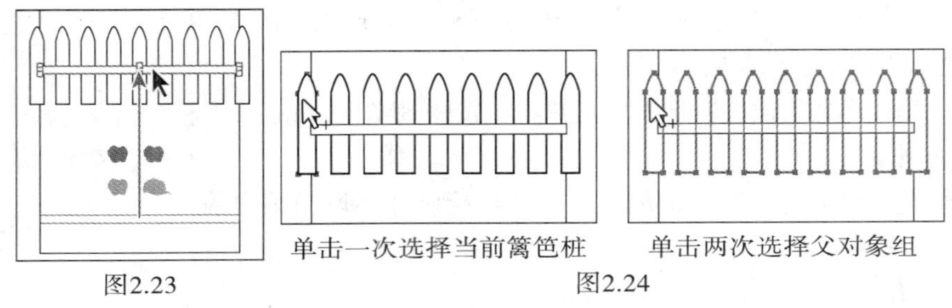

图2.23　图2.24

> **提示**：如果单击三次，白色矩形也将被选中。

13. 选择菜单“选择”>“取消选择”。

14. 使用选择工具单击任何对象以选择整个对象组，再选择菜单“对象”>“取消编组”以取消编组。

> **注意**：要对所有选定对象（包括篱笆桩）取消编组，必须选择菜单“对象”>“取消编组”两次。

15. 通过单击选择篱笆桩，注意到它们仍属于一个编组。

16. 选择菜单“选择”>“取消选择”。

2.5 排列对象

用户创建对象时，Illustrator 将按顺序在画板上堆叠它们，其中第一个对象位于最下面。如果对象彼此重叠，最终的显示结果将取决于堆叠顺序。可随时修改图稿中对象的堆叠顺序，为此可使用“图层”面板或菜单“对象”>“排列”。

2.5.1 排列对象

下面使用菜单“对象”>“排列”中的命令来调整对象的堆叠顺序。

1. 使用选择工具（）单击任何一个红苹果以选择它。

2. 选择菜单“视图”>“全部适合窗口大小”以便能够同时看到文档中的两个画板。

3. 将选定的红苹果拖曳到树叶上再松开鼠标，注意到红苹果位于树叶后面，但仍被选中，如图 2.25 所示。

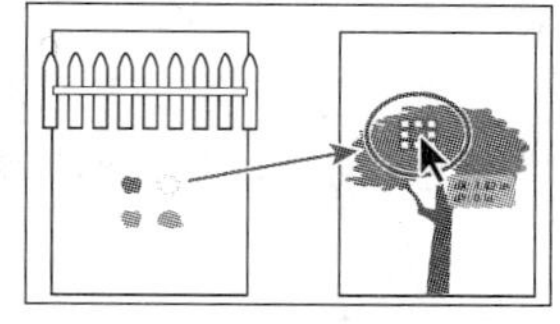

图2.25

该苹果之所以位于树叶后面，可能是因为它是在树叶之前创建的，这意味着它堆叠在树叶下面。

4. 在仍选择了苹果的情况下，选择菜单“对象”>“排列”>“置于顶层”，这将把苹果放到栈顶，使其位于最上面。

排列对象

创建复杂的图稿时，可能需要将某些内容放在其他内容的前面或后面，为此可采取下述方法之一。

要将对象移到其所属编组或图层的最上面或最下面，可选择要移动的对象，再选择菜单“对象”>“排列”>“置于顶层”或“对象”>“排列”>“置于底层”。

要将对象向前或向后移一层，可选择要移动的对象，再选择菜单“对象”>“排列”>“前移一层”或“对象”>“排列”>“后移一层”。

——摘自Illustrator帮助

2.5.2 选择后面的对象

对象堆叠在一起后，有时候将难以选择下面的对象。下面介绍如何选择堆叠在一起的对象。

1. 使用选择工具（）选择左边那个画板中的红苹果，并将其拖曳到右边画板中的绿色树叶形状上，再松开鼠标。

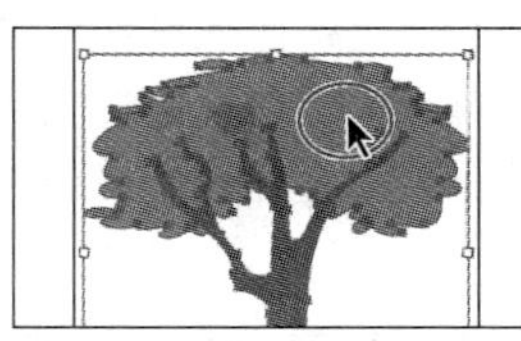

图2.26

注意到该苹果看起来消失了。该苹果位于树叶后面，但仍被选中。这次您将取消选择它，然后再选择它。

2. 再次单击该苹果，注意到您选择的是最上面的对象——树叶编组，如图 2.26 所示。

3. 在鼠标仍指向树叶后面的苹果的情况下，按住 Ctrl（Windows）或 Command（Mac OS）键并单击，注意到鼠标旁边出现了一个尖括号（），再次单击可选择苹果，如图 2.27 所示。

图2.27

Ai **注意**：要选择苹果，确保单击的是苹果与树叶重叠的地方，否则什么事情也不会发生。

> **Ai** **注意**：鼠标旁边也可能会出现一个加号，这不碍事。

4. 选择菜单“对象”>“排列”>“置于顶层”将苹果放在树叶的上面。
5. 选择菜单“选择”>“取消选择”。

2.6 隐藏对象

处理复杂的图稿时，对象选择起来可能比较困难。在本节中，您将结合使用前面介绍的一些方法和其他功能，让选择对象更轻松。

1. 使用选择工具（ ）拖曳出一个覆盖篱笆桩和白色矩形的选框以选择它们，再将它们拖曳到右边的画板底部。
2. 选择菜单“对象”>“排列”>“置于顶层”。
3. 选择菜单“视图”>“画板适合窗口大小”。
4. 单击画板的空白区域以取消选择这些对象，再单击白色矩形以选择它。选择菜单“对象”>“排列”>“后移一层”一次或多次，直到白色矩形位于篱笆桩编组的后面。选择菜单“选择”>“取消选择”。
5. 使用选择工具（ ）选择篱笆桩编组，再选择菜单“对象”>“隐藏”>“所选对象”，也可按快捷键Ctrl + 3（Windows）或Command + 3（Mac OS）。这就隐藏了篱笆桩编组，让您能够更轻松地选择其他对象。
6. 通过单击选择白色矩形，再按住Alt（Windows）或Option（Mac OS）键并向下拖曳以制作其副本。
7. 选择菜单“对象”>“显示全部”以显示篱笆桩编组，如图2.28所示。
8. 选择菜单“文件”>“存储”将文件存盘，再选择菜单“文件”>“关闭”。

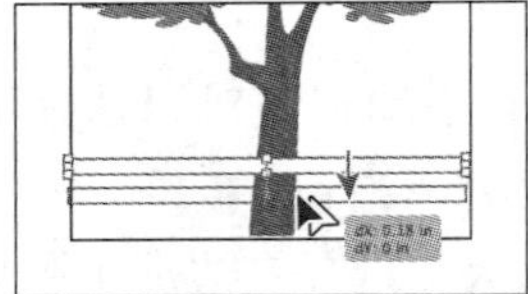

图2.28

2.7 使用选择技巧

正如前面指出的，选择对象是使用Illustrator的重要组成部分。在本节中，读者将练习使用本课前面讨论的大部分技巧，并学习一些新技巧。

1. 选择菜单“文件”>“打开”，并打开硬盘中文件夹Lessons\Lesson02中的文件L2start_2.ai。
2. 选择菜单“视图”>“全部适合窗口大小”。第二个画板（右边的画板）显示了最终的图稿；而第一个画板（左边的画板）显示了您需要处理的图稿。
3. 选择菜单“视图”>“画板适合窗口大小”让第一个画板适合窗口大小。选择菜单“视图”>“智能参考线”暂时禁用智能参考线。

4. 使用选择工具将画板左上角的黑色圆角矩形拖放到汽车前脸，如图 2.29 所示。

5. 使用选择工具拖曳出一个方框，它环绕画板右下角的前灯形状（圆圈），以选择它们。再选择菜单“对象”>“编组”。

6. 单击前灯编组内部并拖曳，将其放到圆角矩形的右边，如图 2.30 所示。

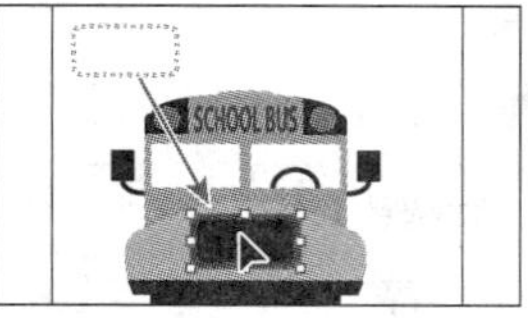

图2.29

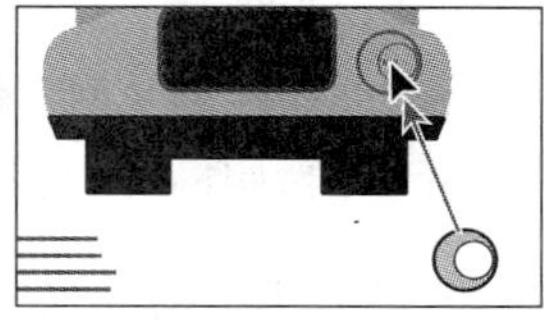
图2.30

> **注意**：单击形状内部并拖曳可避免抓住定界框手柄，进而不小心调整形状的大小。

7. 双击前灯编组内部进入隔离模式。通过单击选择白色圆圈，并将其拖曳到大概与另一个圆圈同心，如图 2.31 所示。选择菜单“选择”>“取消选择”。

8. 按 Esc 键退出隔离模式。

9. 按住 Alt + Shift（Windows）或 Option + Shift（Mac OS），并使用选择工具向左拖曳前灯编组以复制它，如图 2.32 所示。然后松开鼠标，再松开按键。

10. 按住 Shift 键并单击圆角矩形和右边的前灯编组，以选择三组对象，如图 2.33 所示。

11. 在控制面板中，单击“对齐”按钮（）并选择“对齐所选对象”，再单击“水平居中分布”按钮（）。

12. 选择菜单“对象”>“编组”。

13. 按住 Shift 键并单击选定编组后面的橘色形状，再次单击将它指定为关键对象，如图 2.34 所示。单击“水平居中对齐”按钮（）和“垂直居中对齐”按钮（），让圆角矩形和前灯与橘色形状对齐。选择菜单“选择”>“取消选择”。

图2.31

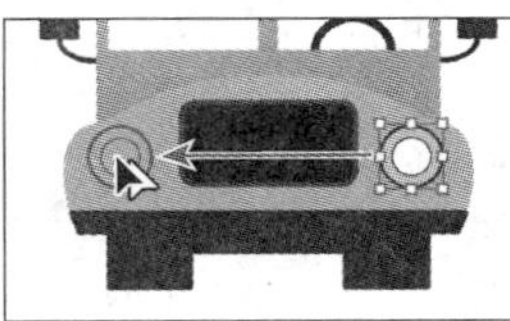
图2.32

图2.33

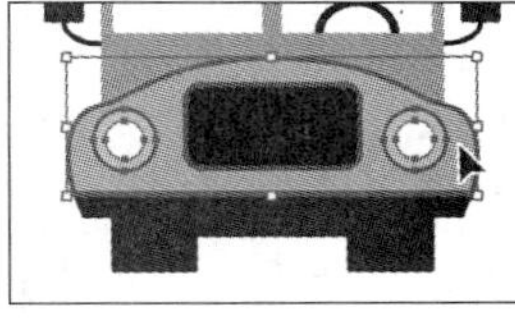
图2.34

14. 使用选择工具选择包含前灯的对象组，再选择菜单“对象”>“锁定”>“所选对象”锁定它们的位置。除非您选择菜单“对象”>“全部解锁”，否则您将无法选择这些对象。让这些对象处于锁定状态。

> **提示**：为禁止选择和编辑某些对象，将其锁定是一种不错的方式；还可结合使用锁定和隐藏。

15. 选择工具箱中的缩放工具（），单击汽车顶棚（文本 SCHOOL BUS 上方）3 次。

16. 切换到直接选择工具，并选择顶棚最上面的锚点，再向上拖曳以增高顶棚，如图 2.35

所示。

图2.35

17. 双击抓手工具（ ）让画板适合文档窗口的大小。
18. 选择缩放工具（ ），并单击左下角的 4 条线段将它们放大。
19. 使用选择工具（ ）拖曳一个环绕这 4 条线段的方框以选择它们。
20. 在控制面板中，单击“水平左对齐”按钮（ ）。

> Ai **注意：**如果在控制面板中看不到对齐选项，请单击控制面板中的“对齐”字样或选择菜单“窗口”>“对齐”。

21. 使用直接选择工具单击最上面那条线段的右端点以选择它，再向右拖曳直到该锚点与其他线段的右端点对齐，如图 2.36 所示。
22. 使用选择工具拖曳一个覆盖所有线段的方框以选择它们，再选择菜单“对象”>“编组”将它们编组。
23. 双击抓手工具（ ）让画板适合文档窗口的大小。
24. 使用选择工具拖曳线段编组，将其放到前灯之间的圆角矩形上，如图 2.37 所示。注意，为移动该编组，您需要拖曳其中的线段之一，而不能在线段之间单击并拖曳。

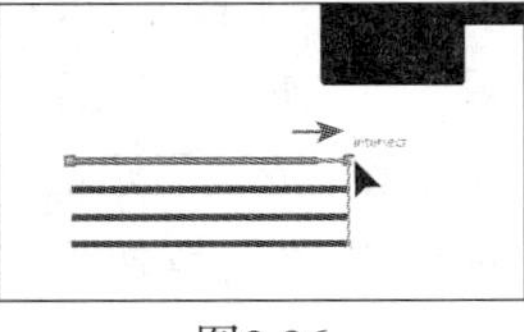
图2.36

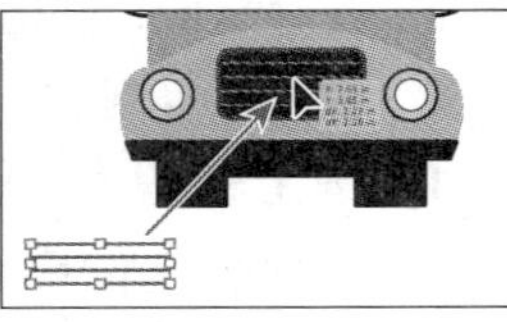
图2.37

> Ai **注意：**为方便将线段拖曳到汽车上，可能需要禁用智能参考线（选择菜单“视图”>“智能参考线”），这让您能够将线段编组与其他内容对齐。

25. 选择菜单“选择”>“取消选择”。
26. 选择菜单“文件”>“存储”，再选择菜单“文件”>“关闭”。

2.8 练 习

1. 选择菜单“文件”>“打开”，并打开硬盘的文件夹 Lessons\Lesson02 中的文件 L2start_3.ai。
2. 尝试使用按住 Alt（Windows）或 Option（Mac OS）键并拖曳的方法复制某个五角星多次。
3. 将不同的填色和描边应用于这些形状，再使用菜单“选择”>“相同”或控制面板中的“选择类似的对象”按钮（ ）重新选择它们。
4. 选择 3 个五角星，并尝试使用控制面板中的分布对象选项排列它们。
5. 选择 3 个五角星，再单击其中的一个将其指定为关键对象，然后使用控制面板中的对齐选项将其他选定的五角星与关键对象对齐。
6. 在选择了上述 3 个五角星的情况下，选择菜单“对象”>“编组”。
7. 使用选择工具双击该对象组中的一个五角星，以切换到隔离模式。通过单击并拖曳定界框调整多个五角星的大小，然后按 Esc 键退出隔离模式。
8. 关闭文件而不保存所做的修改。

复习

复习题

1. 如何选择没有填色的对象?
2. 指出两种在不选择菜单“对象”>“取消编组”的情况下选择对象组中对象的方法?
3. 如何编辑对象的形状?
4. 花大量时间创建一个需要重复使用的选区后，该如何做?
5. 如果有对象让您无法选择其他对象，有哪两种方法可以解决?
6. 要让对象与画板对齐，必须在选择对齐选项前在对齐面板或控制面板中选择什么?

复习题答案

1. 要选择没有填色的对象，可单击其描边或拖曳出一个覆盖对象的选框。
2. 可使用编组选择工具单击来选择对象组中的对象，继续单击将把下一个编组对象加入选区。有关如何使用图层来进行复杂选择，请参阅第 8 课。还可双击对象组切换到隔离模式，再根据需要编辑对象，然后按 Esc 键或双击对象组外面退出隔离模式。
3. 可使用直接选择工具选择一个或多个锚点，并修改对象的形状。
4. 对于以后要再次使用的选区，应选择菜单“选择”>“存储所选对象”，并将选区命名。这样，以后可随时通过“选择”菜单选择它。
5. 在这种情况下，可选择菜单“对象”>“隐藏”>“所选对象”将其隐藏。该对象只是被隐藏，而不会被删除，当您选择菜单“对象”>“显示全部”时，它将重新出现在原来的地方。另一种方法是，按住 Ctrl（Windows）或 Command（Mac OS）键，并使用选择工具单击重叠区域，以选择后面的对象。
6. 要让对象与画板对齐，必须首先选择“对齐画板”选项。

第3课 创建和编辑形状

在本课中，读者将学习如下内容：

- 创建包含多个画板的文档；
- 使用工具和命令创建基本形状；
- 使用绘图模式；
- 使用标尺和智能参考线帮助绘画；
- 缩放和复制对象；
- 连接和轮廓化对象；
- 使用宽度工具编辑描边；
- 使用形状生成器工具；
- 使用路径查找器命令创建形状；
- 使用实时描摹创建形状。

学习本课需要大约一个半小时。如果必要，从硬盘中删除前一课的文件夹，并将文件夹 Lesson03 复制到硬盘中。

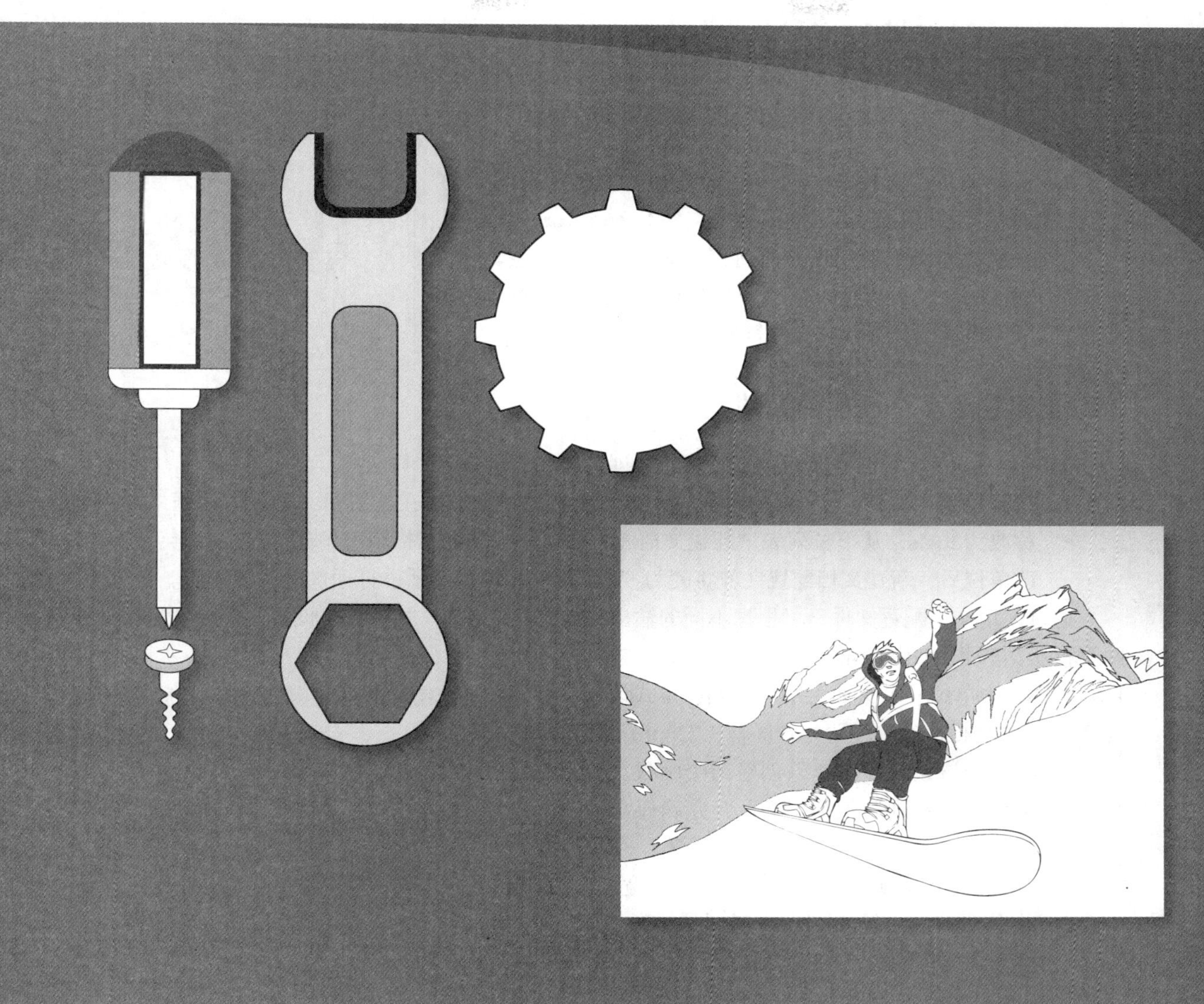

可以这样创建包含多个画板和各种对象的文档：首先创建一些基本形状，其次通过编辑它们来创建新形状。在本课中，读者将给一本技术手册添加并编辑画板，再创建并编辑一些基本形状。

3.1 概 述

在本课中，读者将为一本技术手册创建多个插图。

1. 为确保工具和面板像本课描述的那样，请删除或重命名 Adobe Illustrator CS5 首选项文件，详情请参阅“前言”中的“恢复默认首选项”。
2. 启动 Adobe Illustrator CS5。

> **注意：**如果还没有从配套光盘的文件夹 Lesson03 中将本课的资源文件复制到硬盘，现在就这样做，详情请参阅“前言”中的“复制课程文件”。

3. 选择菜单“文件” > “打开”，并打开复制到硬盘中的文件夹 Lessons\Lesson03 中的文件 L3end_1.ai，其中包含您在本课中将创建的插图，如图 3.1 所示。选择菜单“视图” > “画板适合窗口大小”并让该文件打开以供参考，也可选择菜单“文件” > “关闭”。

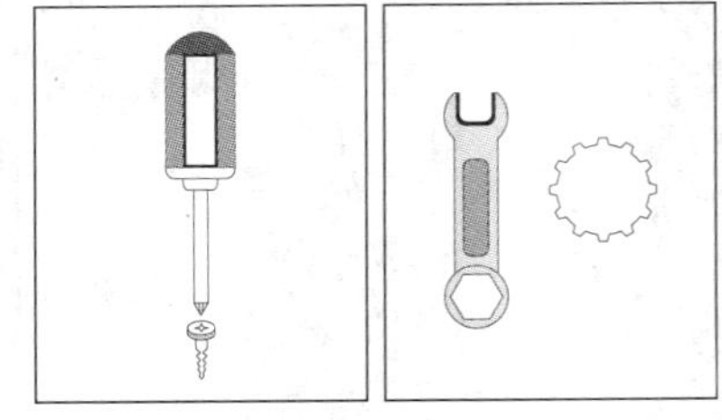

图3.1

3.2 创建包含多个画板的文档

您将为一本技术手册绘制两幅插图。您将创建的文档包含多个画板。

1. 选择菜单“文件” > “新建”创建一个未命名的新文档。在“新建文档”对话框中，将名称改为 tools，从下拉列表“新建文档配置文件”中选择“打印”，将单位改为“英寸”。修改单位后，新建文档配置文件将变为“[自定]”。让该对话框打开供下一步使用。

通过使用文档配置文件，可根据不同的输出（如打印、Web、视频等）设置文档。例如，设计网页模板时，可使用文档配置文件“Web”，它将自动以像素为单位显示页面大小，将颜色模式设置为 RGB，并将格栅效果设置为“屏幕（72ppi）”。

2. 将画板数量设置为 2 以创建两个画板。单击“按行排列”按钮（），并确保出现了“更改为从右至左的版面”按钮（）。在文本框“间距”中输入 1，单击“宽度”并在文本框中输入 7in（7 英寸），在“高度”文本框中输入 8in，如图 3.2 所示。单击“确定”按钮。

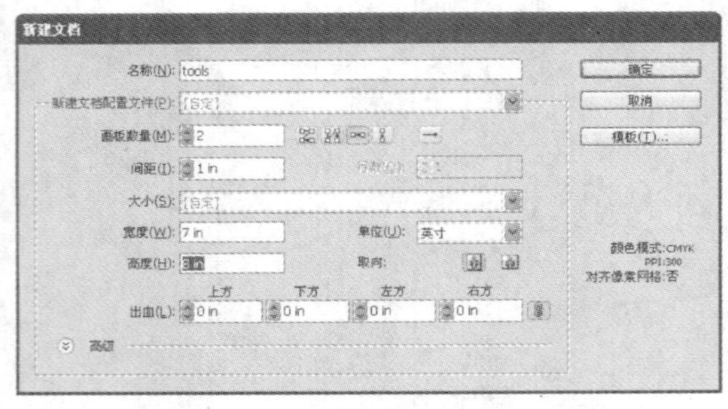

图3.2

> **注意：**间距指的是画板之间的距离。

3. 选择菜单“文件” > “存储为”。在“存储为”对话框中，确保文件名为 tools.ai，并切换到文件夹 Lesson03。保留“保存类型”为 Adobe Illustrator（*.AI）（Windows）或“格式”为 Adobe Illustrator（ai）（Mac OS），并单击“保存”按钮。在“Illustrator 选项”对话框中，保留默认设置不变，并单击“确定”按钮。

排列多个画板

在Illustrator中，可创建多个画板。要设置画板，必须理解“新建文档”对话框中的初始画板设置。指定文档包含的画板数量后，可设置画板在屏幕上的排列顺序，这样的选项如下所述

- 按行设置网格：在指定数目的行中排列多个画板。在“行数”文本框中输入行数。如果采用默认值，将把指定数目的画板排列成尽可能方正。
- 按列设置网格：在指定数目的列中排列多个画板。在“列数”文本框中输入列数。如果采用默认值，将把指定数目的画板排列成尽可能方正。
- 按行排列：将画板排列成一行。
- 按列排列：将画板排列成一列。
- 更改为从右到左布局：按指定的行格式或列格式排列多个画板，但按从右到左的顺序显示它们。

——摘自Illustrator帮助

4. 选择菜单“选择”>“取消选择”（如果它不呈灰色）以确保没有选择画板中的任何对象。没有选择任何对象时，控制面板中将出现“文档设置”按钮，单击该按钮。

Ai **注意**：如果“文档设置”按钮没有出现在控制面板中，可选择菜单“文件”>“文档设置”。

创建文档后，可通过单击该按钮来修改画板的大小、单位、出血等。

5. 在“文档设置”对话框的“出血”部分，将文本框“上方”中的值改为 0.125in，为此可单击该文本框左边的上箭头，也可输入该值。在“下方”文本框中单击或按 Tab 键，所有出血设置都将相同。单击“确定”按钮。

注意到两个画板周围都有红线，它们指出了出血区域。对打印而言，典型的出血为 1/8 英寸左右。

什么是出血

出血是图稿位于打印定界框或画板外面的部分。可在图稿中包含出血以作为容差范围，以确保裁切页面后油墨沿所有方向扩展到页面边缘或确保图像可安排到文档的准线中。

——摘自Illustrator帮助

3.3 使用基本形状

在本节中，您将使用基本形状（如矩形、椭圆、圆角矩形和多边形）创建一个改锥。首先来设置工作区。

1. 选择菜单“窗口”>“工作区”>“基本功能”。
2. 如果没有显示标尺，请选择菜单“视图”>“显示标尺”或按 Ctrl + R（Windows）或 Command + R（Mac OS），这将在窗口的顶部和左侧显示标尺。

由于您在“新建文档”对话框中所做的修改，标尺的单位为英寸。可以修改所有文档的标尺单位，也可只修改当前文档的标尺单位。标尺单位用于测量对象、移动和变换对象、设置网格和参考线的间距以及创建形状，但不会影响“字符”面板、“段落”面板和“描边”面板使用的单位。这些面板使用的单位是通过“首选项”对话框的“单位”部分指定的，要打开“首选项”对话框，可选择菜单“编辑”>“首选项”（Windows）或“Illustrator”>“首选项”（Mac OS）。

> Ai **提示**：要修改当前文档使用的标尺单位，可在水平或垂直标尺上单击鼠标右键（Windows）或按住 Ctrl 键并单击（Mac OS），再从上下文菜单中选择所需的单位。

3.3.1 使用基本形状工具

形状工具都隐藏在矩形工具后面，可将这组工具拖出工具箱，使其出现在一个自由浮动的面板中。

1. 在工具箱中的矩形工具（ ）上按住鼠标，出现一组工具后拖曳到最右边的小三角形上并松开鼠标，如图 3.3 所示。

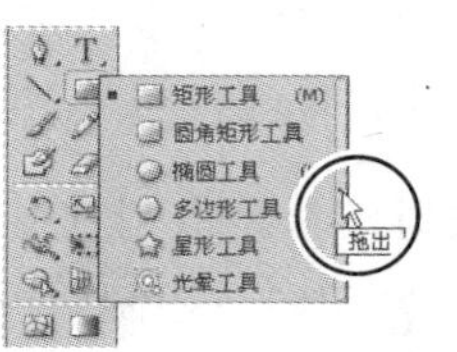

图3.3

> Ai **注意**：工具箱以单栏或双栏显示，这取决于屏幕分辨率。要在单栏和双栏之间切换，可单击工具箱标题栏中的双箭头。

2. 将矩形工具所在的工具组与工具箱分离。

3.3.2 理解绘图模式

在 Illustrator 中绘制形状前，注意到工具箱底部有三种绘图模式——正常绘图、背面绘图和内部绘图，如图 3.4 所示。

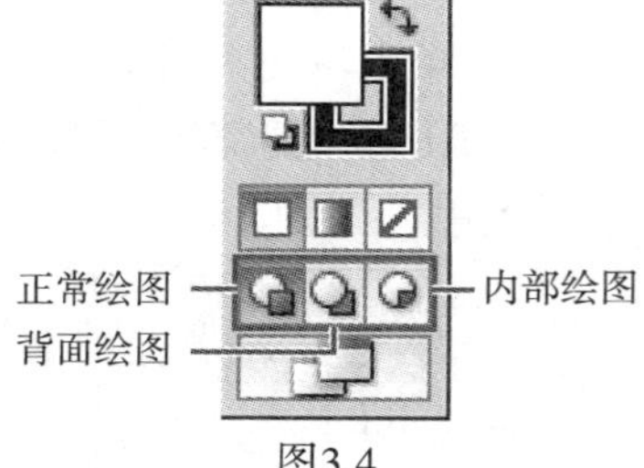

图3.4

> Ai **注意**：您的工具箱可能是单栏显示的。在这种情况下要选择绘图模式，可单击工具箱底部的“绘图模式”按钮（ ），并从出现的下拉列表中选择一种绘图模式。

每种绘图模式都让您以不同的方式绘制形状。

- 正常绘图模式：默认情况下，将以正常模式绘制形状，这样形状将彼此堆叠。
- 背面绘图模式：这种模式让您能够在选定对象下面绘制对象，而不用选择图层或考虑堆叠顺序。
- 内部绘图模式：这种模式让您能够在对象内部绘制对象或置入图像，这包括实时文本和自动创建剪切蒙版。

> Ai | **注意**：有关剪切蒙版的更详细信息，请参阅第 15 章。

接下来创建形状时，您将使用各种绘图模式，并知道它们将如何影响形状。

3.3.3 创建矩形

下面首先来绘制一系列矩形，还将使用智能参考线来对齐形状，并使用两种绘图模式。

1. 选择菜单“视图”>“画板适合窗口大小”。

2. 确保文档窗口左下角的“画板导航”下拉列表中显示的是 1，这表明当前选择了第一个画板。

3. 选择菜单“窗口”>“变换”显示“变换”面板。

“变换”面板可方便您编辑现有形状的属性，如宽度和高度。

4. 选择矩形工具（ ），并从画板上边缘中央开始向右下方拖曳。当您拖曳时，将出现一个灰色框，其中显示了您绘制的形状的宽度和高度。这被称为测量标签，它是智能参考线提供的功能之一，本课后面将更详细地讨论。向右下方拖曳到矩形的宽度和高度分别为 0.75 英寸和 2.5 英寸，如图 3.5 所示。

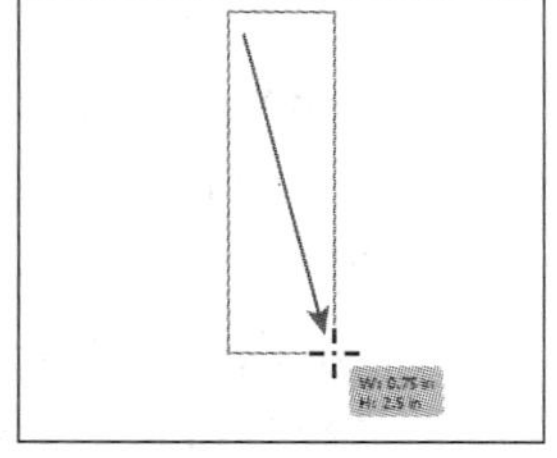

图3.5

该矩形是改锥的主体。松开鼠标后，将自动选择该矩形并显示其中心点。使用形状工具创建的所有对象都有一个中心点，可通过拖曳它使对象与图稿中的其他元素对齐。

> Ai | **注意**：可使用“属性”面板隐藏/显示中心点，但无法删除它。

5. 注意到“变换”面板中显示了矩形的宽度和高度，如果必要，在“宽”文本框中输入 0.75in，在“高”文本框中输入 2.5in，如图 3.6 所示。

6. 单击“变换”面板右上角的 ×（Windows）或左上角的点（Mac OS），将该面板组关闭。

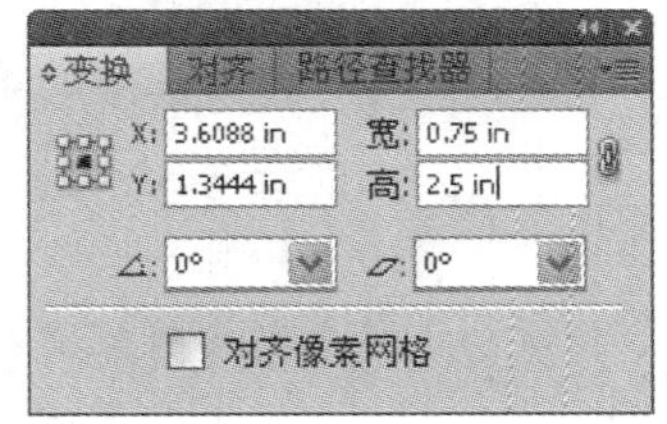

图3.6

下面在该矩形后面绘制另一个矩形，并让这两个矩形的中心重合，以继续创建改锥的主体。

7. 单击工具箱底部的“背面绘画”按钮，如图 3.7 所示。选择这种绘图模式后，绘制的每个形状都将位于其他所有形状的后面。

> **注意：** 如果工具箱显示为单栏，可单击工具箱底部的“绘图模式”按钮（![]），并从出现的下拉列表中选择一种绘图模式。

8. 在选择了矩形工具的情况下，将鼠标指向刚绘制的矩形的中心点，注意到鼠标旁边将出现字样“中心点”。按住 Alt（Windows）或 Option（Mac OS），再单击并向右下方拖曳以绘制一个与前面的矩形居中对齐的矩形。当测量标签指出宽度大约为 1.5 英寸、高度大约为 2.5 英寸，且出现一条绿线指出鼠标与原有矩形底部对齐后松开鼠标，再松开 Alt/Option 键，如图 3.8 所示。

绘制矩形时如果按住了 Alt/Option 键，将从中心点而不是左上角开始绘制矩形。拖曳鼠标时，当鼠标与第一个矩形的边缘对齐时，智能参考线将通过显示字样“路径”来指出这一点。新绘制的形状将位于前一个形状的后面，因为选择了背面绘图模式。

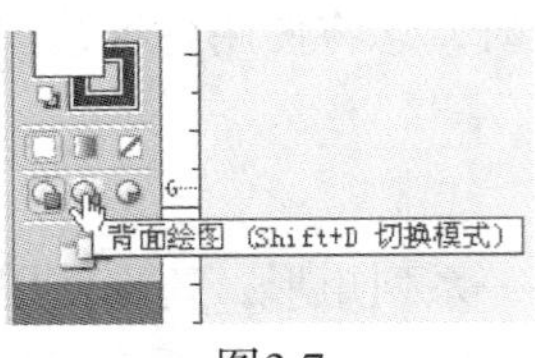

图3.7

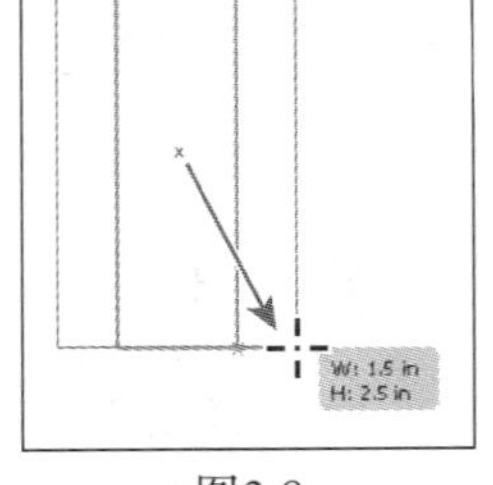

图3.8

智能参考线简介

智能参考线是创建或操作对象和画板时显示的临时对齐参考线。通过对齐以及显示X、Y位置和偏移值，这些参考线可帮助您参照其他对象或画板来对齐、编辑和变换对象和画板。可通过设置“智能参考线”首选项来指定显示的智能参考线和反馈的类型。

要启用智能参考线，可选择菜单“视图”>“智能参考线”。可采用如下方式来使用智能参考线。

- 使用钢笔或形状工具创建对象时，使用智能参考线相对于现有对象来放置新对象的锚点。创建新画板时，使用智能参考线相对于其他画板或对象来放置该画板。
- 使用钢笔或形状工具创建对象或变换对象时，使用智能参考线的结构参考线将锚点放置于特定的预设角度，如 45° 或 90° 。可在“智能参考线”首选项中设置这些角度。
- 移动对象或画板时，使用智能参考线将选定对象或画板与其他对象或画板对齐。对齐操作是基于对象和画板的中心点或边缘的。当对象接近其他对象的边缘或中心点时将显示参考线。
- 旋转或移动对象时，可使用智能参考线对齐到最后一次使用的角度或最接近的对齐选项。
- 变换对象时，智能参考线将自动显示以帮助变换。通过设置“智能参考线”首选项，可指定智能参考线在何时出现以及如何出现。

——摘自Illustrator帮助

9. 在仍选择了新矩形的情况下，单击控制面板中的“填色”框（ ），并将新矩形（它位于小矩形后面）的填充颜色改为橘色（将鼠标指向色板时将出现工具提示，选择工具提示为“C=0 M=50 Y=100 K=0”的色板）。

除通过在画板上拖曳来绘制形状外，还可在选择工具后单击画板，这将打开一个对话框，其中包含针对选定工具的选项。下面使用这种方法创建一个矩形。

10. 在仍选择了矩形工具的情况下，将鼠标指向现有矩形的左边并单击，这将打开“矩形”对话框。

> Ai | **注意**：由于前一步打开了控制面板中的填色色板，您可能需要在画板上单击两次才会出现“矩形”对话框。

11. 在“矩形”对话框中，将宽度改为 0.3 in，按 Tab 键并在“高度”文本框中输入 3 in，再单击“确定”按钮，如图 3.9 所示。

12. 在选择了新矩形的情况下，单击控制面板中的填色框（ ）并将填充色改为白色。

13. 选择工具箱中的选择工具（ ），拖曳新矩形的中心，使其上边缘与其他两个矩形的下边缘对齐，且与其他两个矩形水平居中对齐。此时将出现“交叉”字样，如图 3.10 所示。

14. 选择菜单“选择”>“取消选择”，再选择菜单“文件”>“存储”。

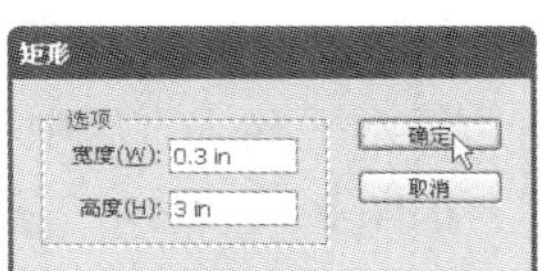

图3.9

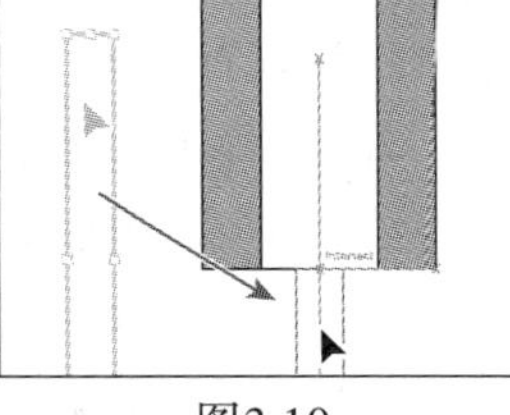

图3.10

使用文档网格

网格出现在文档窗口中并位于图稿后面，通过让对象对齐到网格，可更精确地创建对象，如图3.11所示。网格不会打印出来。要显示网格并使用其功能，可按下述步骤操作。

- 要使用网格，请选择菜单“视图”>“显示网格”。
- 要隐藏网格，请选择菜单“视图”>“隐藏网格”。
- 要将对象对齐到网格线，请选择菜单“视图”>“对齐网格”，再选择要移动的对象并将其拖曳到所需位置。当对象的边界与网格线的距离不超过 2 个像素时，它将对齐到网格线。
- 要指定网格线间距、网格样式（线还是点）、网格颜色以及网格出现在图稿前面还是后面，请选择菜单“编辑”>“首选项”>“参考线与网格”（Windows）或“Illustrator”>“首选项”>“参考线与网格”（Mac OS）。

图3.11

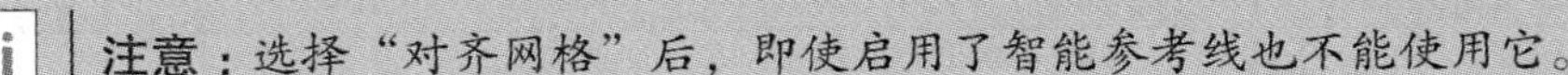

> Ai | **注意**：选择“对齐网格”后，即使启用了智能参考线也不能使用它。

3.3.4 创建圆角矩形

下面通过在对话框中设置选项来创建一个圆角矩形，它构成了改锥的另一部分。当前仍处于前面选择的背面绘图模式，这意味着接下来创建的形状将位于画板中其他所有形状的后面。

1. 选择圆角矩形工具（![]），在图稿中单击打开“圆角矩形”对话框。在“宽度”文本框中输入 1.5in，按 Tab 键并在“高度”文本框中输入 0.5in。再次按 Tab 键并在“圆角半径”文本框中输入 0.2in，再单击“确定”按钮，如图 3.12 所示。圆角半径决定了各个角的曲度。

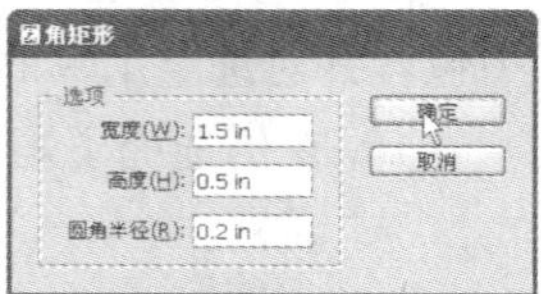

图3.12

> **注意：**输入值时，如果正确的单位（如表示英寸的 in）出现了，则不用输入 in；如果没有出现正确的单位，则输入 in，并转换单位。

默认情况下，形状的描边（边框）为黑色并用白色填充。对于有填充色的形状，可单击其内部来选择和移动。下面使用智能参考线帮助将新形状与现有形状对齐。

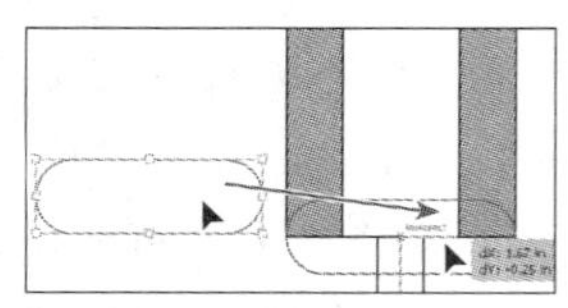
图3.13

2. 选择工具箱中的选择工具（![]），在圆角矩形内部单击并拖曳，使其与大矩形的下边缘水平和垂直居中对齐：出现字样“交叉”和绿线时松开鼠标，如图 3.13 所示。

> **提示：**要将智能参考线从绿色改为其他颜色，可选择菜单“编辑”>“首选项”>“智能参考线”（Windows）或“Illustrator”>“首选项”>“智能参考线”（Mac OS）。

3. 选择菜单“选择”>“取消选择”。

注意到圆角矩形位于其他所有形状的后面。在背面绘图模式下，绘制的对象将位于其他所有对象的后面。后面将把表示改锥杆的矩形放到圆角矩形后面。

> **注意：**当您拖曳形状时出现了一个灰色框，指出了鼠标移动的 x 距离和 y 距离。

前面您都是在默认的预览模式下工作，这种模式让您能够显示对象打印出来后是什么样的（在这里，为橘色或白色填充以及黑色描边）。如果绘画属性看起来比较混乱，可在轮廓模式下工作。

4. 选择菜单“视图”>“轮廓”从预览模式切换到轮廓模式。

> **注意：**轮廓模式将隐藏所有的绘画属性（如彩色填充和描边），以提高选择和重绘图稿的速度。在这种模式下，无法通过单击形状内部来选择或拖曳形状，因为填色暂时消失了。

下面通过按住 Alt（Windows）或 Option（Mac OS）来复制圆角矩形，以创建另一个形状。

5. 按住 Alt（Windows）或 Option（Mac OS），使用选择工具（![]）向下拖曳圆角矩形的下边

缘，出现字样“交叉”（这表明复制的形状的中心点与原有圆角矩形的下边缘对齐，如图 3.14 所示）后松开鼠标，再松开按键。

6. 按住 Alt（Windows）或 Option（Mac OS），使用选择工具单击圆角矩形的定界框右边的手柄并向左拖曳，直到右边缘与小矩形的右边缘对齐。此时将出现一条绿线和字样“交叉”，这表明与矩形对齐了，如图 3.15 所示。

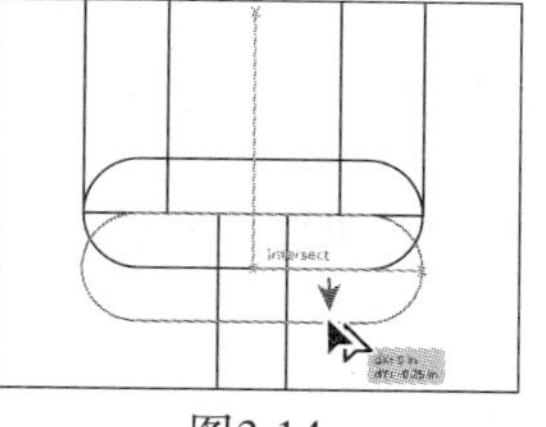

图3.14

启用智能参考线对绘图很有帮助，尤其在需要精确绘图时。如果您发现智能参考线帮助不大，可选择菜单“视图”>“智能参考线”禁用它。

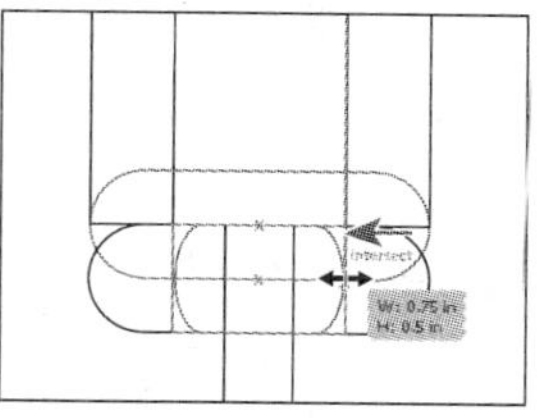

图3.15

3.3.5 创建椭圆

绘制多边形、星形和椭圆时，可按住修正键来控制其形状。下面绘制一个椭圆用于表示改锥的顶端。由于仍处于背面绘图模式，绘制的椭圆将位于其他所有形状的后面。

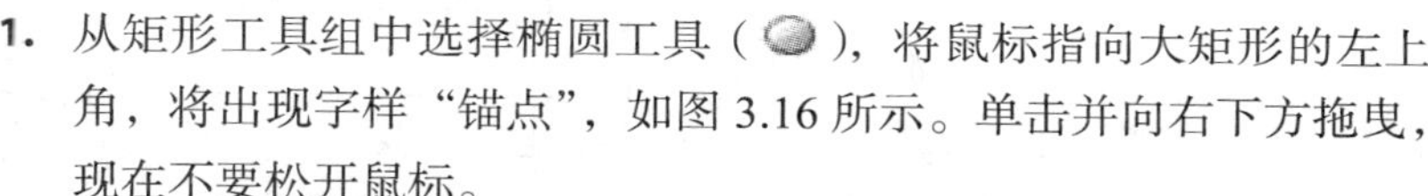

1. 从矩形工具组中选择椭圆工具（ ），将鼠标指向大矩形的左上角，将出现字样“锚点”，如图 3.16 所示。单击并向右下方拖曳，现在不要松开鼠标。

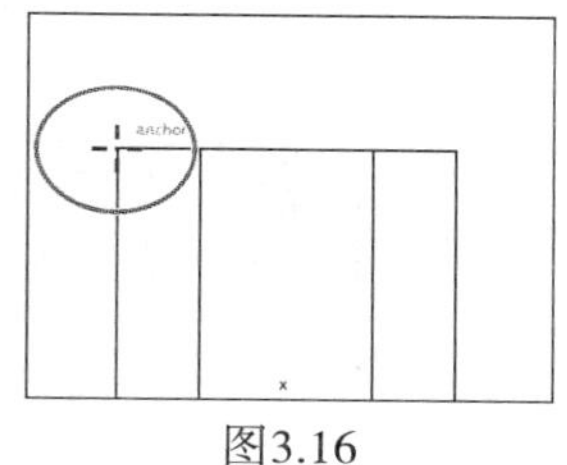

图3.16

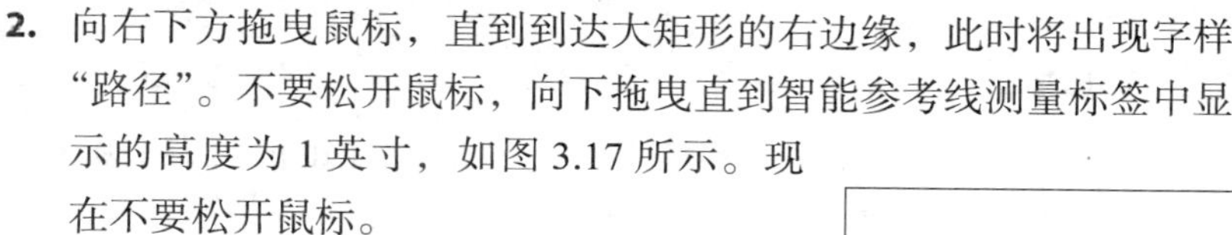

2. 向右下方拖曳鼠标，直到到达大矩形的右边缘，此时将出现字样“路径”。不要松开鼠标，向下拖曳直到智能参考线测量标签中显示的高度为 1 英寸，如图 3.17 所示。现在不要松开鼠标。

3. 按住空格键并稍微向上拖曳椭圆，向上拖曳时确保仍可看到字样“路径”，这确保椭圆仍与大矩形的右边缘对齐。当椭圆的位置和大小与图 3.18 相同时松开鼠标，再松开空格键。

图3.17

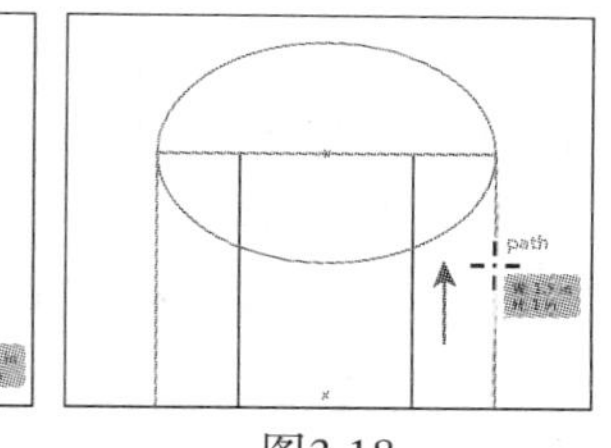

图3.18

> Ai **提示：** 绘制形状时，如果按住 Shift 键，可限制形状的宽高比。就椭圆而言，这将创建一个正圆。

4. 选择菜单“窗口”>“变换”打开“变换”面板。使用选择工具（ ）单击椭圆的边缘以选择它，并查看“变换”面板中的宽度值。接下来单击大矩形，并查看“变换”面板中的宽度值是否与以前相同。如果不同，单击椭圆，并将其宽度设置成与大矩形相同，再按回车键。

> Ai **注意：** 如果在“变换”面板中修改了椭圆的宽度，椭圆可能不再与矩形水平居中对齐，请使用选择工具拖曳椭圆，使其与矩形水平居中对齐。

5. 选择菜单“选择”>“现用画板中的全部对象”以选择当前画板中的所有形状。选择菜单

"对象" > "编组" 将它们编组。

6. 选择菜单 "选择" > "取消选择"，再选择菜单 "文件" > "存储"。

3.3.6 创建多边形

下面使用多边形工具创建两个三角形，用于表示改锥的尖端。默认情况下，多边形是从中心开始绘制的，这与前面介绍的其他工具不同。

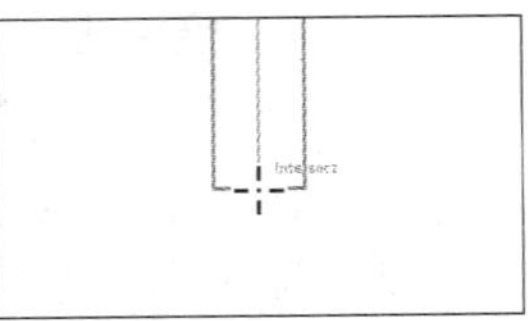

图3.19

1. 选择缩放工具（🔍）并单击改锥底部三次以放大它。
2. 从矩形工具组中选择多边形工具（⬢），将鼠标指向矩形下边缘的中心点，将出现字样 "交叉" 和绿色参考线，如图 3.19 所示。
3. 按住鼠标并拖曳以开始绘制多边形，现在不要松开鼠标。按键盘上的下箭头键 3 次将边数减少为 3。按住 Shift 键确保三角形的下边缘是水平的。在不松开 Shift 键的情况下向右下方拖曳，直到测量标签指出宽度为 0.3 英寸（如图 3.20 所示），再松开鼠标和 Shift 键。

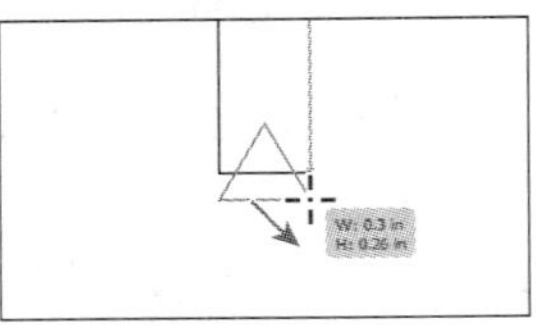

图3.20

> **提示：**使用多边形工具绘制形状时，按上箭头和下箭头键可修改多边形的边数。如果要在绘制多边形时快速修改边数，可在拖曳鼠标的同时按住这两个箭头键之一。

4. 在选择了三角形的情况下，双击工具箱中的旋转工具（⟳）。将角度值改为 180，并单击 "确定" 按钮，如图 3.21 所示。不要取消选择三角形。
5. 选择工具箱中的选择工具（▶），向下拖曳三角形的上边缘，使其与矩形的下边缘对齐，此时将出现字样 "交叉"，如图 3.22 所示。
6. 按住 Shift 键并使用选择工具单击对象组边缘，以同时选择对象组和三角形。

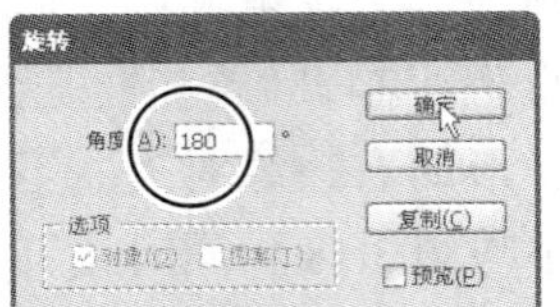

图3.21

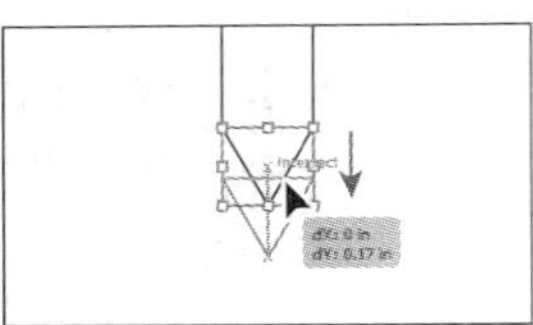

图3.22

> **注意：**由于当前仍处于轮廓模式，因此要选择对象，必须拖曳出覆盖它们的选框或单击其描边。

7. 在控制面板中，单击 "水平居中对齐" 按钮（⊥）以对齐三角形和对象组。

> **注意：**如果在控制面板中没有看到对齐选项，可单击字样 "对齐"，也可选择菜单 "窗口" > "对齐" 打开 "对齐" 面板。

8. 选择菜单 "选择" > "取消选择"，再选择菜单 "视图" > "预览"。

3.3.7 内部绘图模式

接下来您将学习如何使用内部绘图模式在一个形状内部绘制另一个形状。

1. 使用选择工具再次单击三角形，再单击工具箱底部的“内部绘图”按钮，如图 3.23 所示。

> **注意：**在工具箱显示为单栏时，要访问绘图模式，可在工具箱底部的“绘图模式”按钮上按住鼠标，并从打开的下拉列表中选择一种绘图模式。

仅当选择了形状时该按钮才可用，它让您在选定形状内部绘图。接下来绘制的每个形状都将位于选定形状内部。

2. 选择椭圆工具（ ）。下面在三角形内部绘制一个形状。

3. 将鼠标指向最下面的三角形顶点，按住 Alt（Windows）或 Option（Mac OS）键并向右下方拖曳以创建一个椭圆，其宽度大约为 0.18 英寸，顶端与三角形上边缘对齐（不用很精确），如图 3.24 所示。然后松开鼠标，再松开按键。

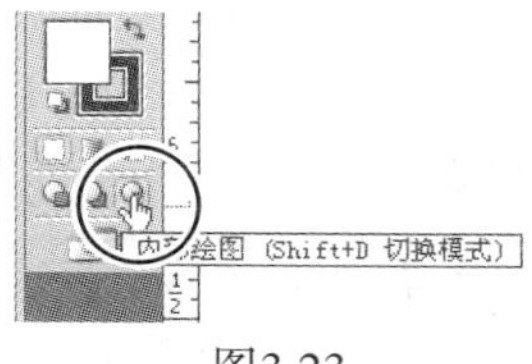

图3.23

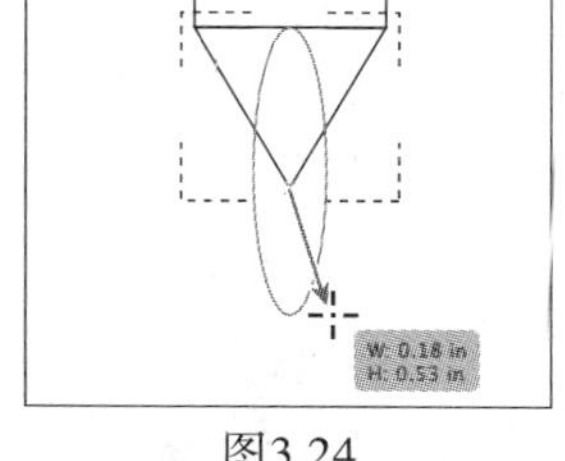

图3.24

> **注意：**如果在三角形外面绘制形状，它将看起来消失了。这是因为三角形将用做蒙版，只有位于三角形内部的形状才会出现。

4. 选择菜单“选择” > “取消选择”。

取消选择后，只有部分椭圆可见，这是因为三角形被用做蒙版。三角形周围仍有虚线（如图 3.25 所示），这表明当前处于内部绘图模式，且三角形被用做蒙版。

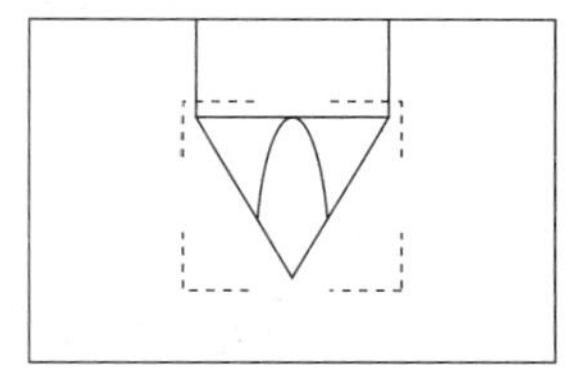
图3.25

> **注意：**三角形遮住了部分椭圆，这被称为剪切蒙版。第 15 课将更详细地介绍剪切蒙版。

下面编辑位于三角形内部的椭圆。

> **提示：**要让椭圆不再位于三角形内部，可使用选择工具选择三角形，再选择菜单“对象” > “剪切蒙版” > “释放”。这将分离这两个形状，让一个形状位于另一个形状上面。

5. 使用选择工具（ ）单击椭圆，注意到选择的不是椭圆而是三角形，如图 3.26 所示。

要选择形状内部的形状，首先需要执行下一步。

6. 在选择了三角形的情况下，单击控制面板左端的“编辑内容”按钮（），如图3.27所示。

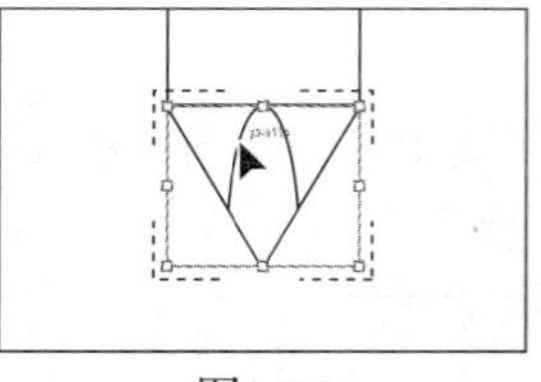
图3.26

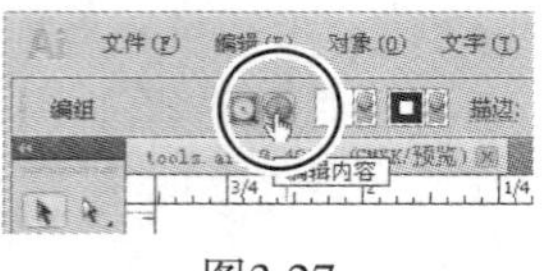

图3.27

这将选择椭圆，让您能够编辑它。

7. 选择菜单“视图”>“隐藏定界框”。

隐藏定界框后，便可通过边缘来拖曳形状，而不用担心拖曳的是定界框手柄而调整形状。

8. 在仍选择了选择工具的情况下，向上拖曳最下面的椭圆顶点，使其与最下面的三角形顶点对齐。

9. 选择菜单“视图”>“显示定界框”。

10. 按住 Alt（Windows）或 Option（Mac OS）键，并向左拖曳定界框右边的手柄使椭圆更窄，等测量标签显示的宽度大约为 0.1 英寸时松开鼠标，再松开按键。

> **提示**：可继续在三角形内部绘图，还可使用选择工具双击三角形进入隔离模式，以便独立地编辑三角形和椭圆。有关隔离模式的更详细信息，请参阅第 2 课。

11. 在仍选择了椭圆的情况下，单击控制面板左端的“编辑剪切路径”按钮（），如图3.28所示。这将选择三角形，您无法再选择椭圆。

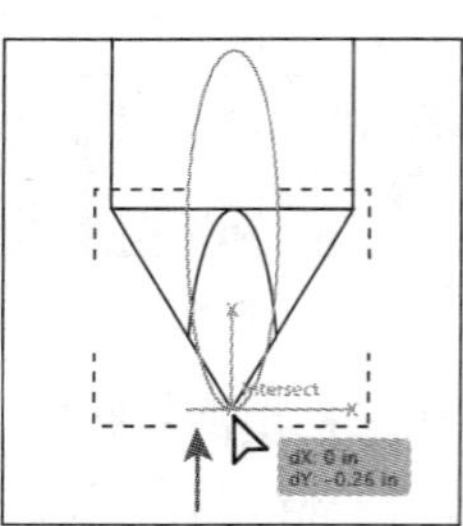

向上拖曳椭圆

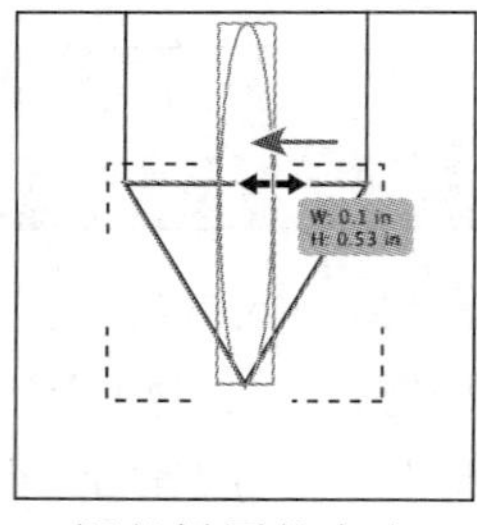

调整椭圆的大小

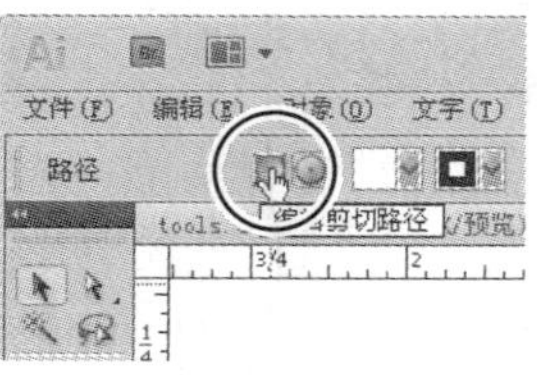

结束编辑椭圆

图3.28

12. 选择菜单“选择”>“取消选择”。

13. 单击工具箱底部的“正常绘图”按钮。

> **提示**：选择了对象并处于内部绘图模式时，可将图像置入选定对象内，还可将其他对象粘贴到选定对象内。

14. 选择菜单“视图”>“画板适合窗口大小”。

15. 使用选择工具选择改锥把手编组和三角形之间的矩形，注意到它是编组的一部分。

16. 选择菜单“对象”>“取消编组”，再选择菜单“选择”>“取消选择”。

17. 通过单击选择改锥把手编组和三角形之间的矩形。

18. 选择菜单“对象”>“排列”>“置于底层”，结果如图 3.29 所示。

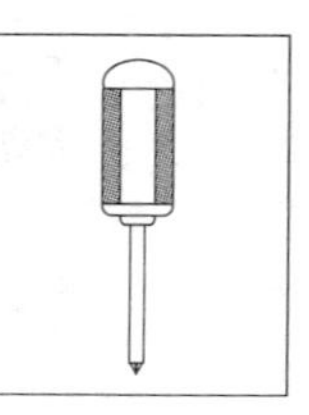
图3.29

> Ai **注意：**有关排列对象的更详细信息，请参阅第 2 课。

19. 选择菜单“文件”>“存储”。

绘制多边形、光晕和星形的技巧

绘制多边形、光晕和星形时，可按住某些键来控制其形状。使用多边形工具、光晕工具或星形工具拖曳时，可采用如下方式来控制形状：

要增加或减少多边形的边数、星形的角数或光晕的线段数，可在创建形状时按上箭头或下箭头键。这仅在按住了鼠标时才管用，松开鼠标后，工具将恢复到最后一次指定的设置。

要旋转形状，可沿弧形移动鼠标。

要让最上面的顶点与中心点位于同一条垂直线上，可按住Shift键。

要确保内径为固定值，可按住Ctrl（Windows）或Command（Mac OS）。

3.3.8 修改描边的宽度和对齐方式

默认情况下，所有形状的描边宽度都为 1 点，但修改对象的描边宽度很容易。默认情况下，描边与路径边缘居中对齐，但使用描边面板很容易修改对齐方式。

下面修改改锥把手中小矩形描边的宽度和对齐方式。

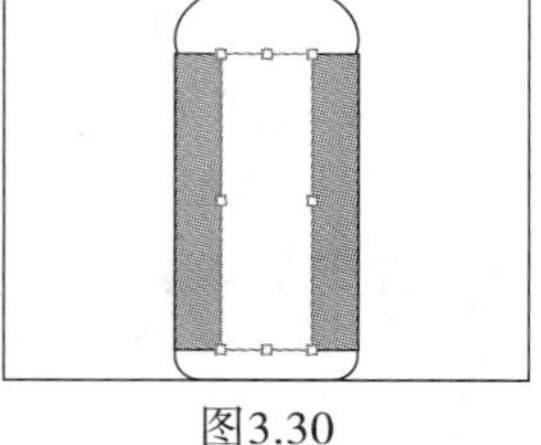

图3.30

1. 使用选择工具（）单击把手中央的白色矩形以选择它，如图 3.30 所示。

2. 选择工具箱中的缩放工具（），单击选定形状的上边缘三次以放大它。

3. 单击工作区右边的描边面板图标（）打开“描边”面板，也可单击控制面板中的字样“描边”。

4. 在“描边”面板中，从“粗细”下拉列表中选择 4 pt。

注意到由于白色矩形的描边更宽了，导致两个矩形的上边缘和下边缘看起来不再是对齐的，这是因为描边默认在形状边缘上居中。

5. 在“描边”面板中，单击“使描边内侧对齐”按钮（），这将让描边与矩形的内边缘对齐，如图 3.31 所示。

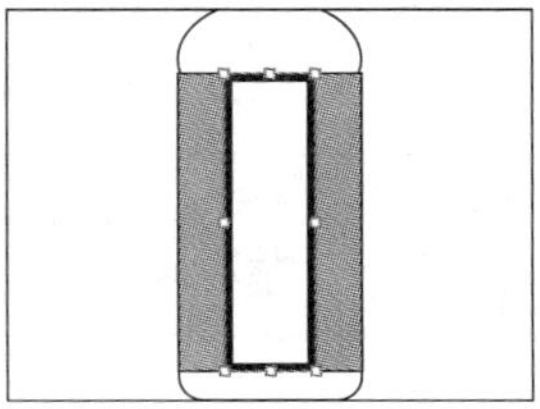

通过让描边位于白色矩形内部，旨在让橘色矩形和白色矩形的上边缘和下边缘看起来是对齐的。

6. 选择菜单“视图”>“画板适合窗口大小”。

图3.31

7. 选择菜单“选择”> “现用画板上的全部对象”，再选择菜单“对象”> “编组”。
8. 选择菜单“文件”> “存储”。

对齐描边

如果对象是闭合路径（如矩形），可在“描边”面板将描边与路径的对齐方式指定为居中（默认设置）、内侧或外侧，图3.32说明了这些对齐选项。

使描边居中对齐

使描边内侧对齐

使描边外侧对齐

图3.32

注意：如果路径使用不同的描边对齐方式，它们可能不能准确对齐。如果希望路径边缘准确对齐，务必使用相同的描边对齐方式。

3.3.9 使用直线段

下面将使用直线段（非闭合路径）创建一个螺帽。在 Illustrator 中，创建形状的方式有多种，通常方法越简单越好。

1. 选择工具箱中的缩放工具（ ），并单击改锥尖端 4 次以放大视图。

注意：可能需要使用选择工具向上拖曳形状编组，为后续绘图工作提供足够的空间。

2. 从应用程序栏中的工作区切换下拉列表中选择“基本功能”。
3. 选择工具箱中的椭圆工具（ ），在改锥尖端正下方绘制一个宽 0.6 英寸、高 0.3 英寸的椭圆，如图 3.33 所示。绘制形状时，可通过测量标签获悉形状的大小。

提示：将图稿放大到让您能够在绘制形状时准确控制其大小的程度。

4. 单击控制面板中的填色框（ ）并选择“无”（ ）。另外，确保控制面板中的描边粗细为 1pt。不要取消选择该椭圆。

提示：修改填色后，要隐藏打开的色板，可按 Esc 键。

5. 选择工具箱中的直接选择工具，通过拖曳选择椭圆的下半部分，如图 3.34 所示。

注意：通过拖曳进行选择时，确保选框不要覆盖椭圆的左顶点和右顶点。

6. 选择菜单“编辑”>“复制”，再选择菜单“编辑”>“贴在前面”以创建一条新路径。

这复制并粘贴了椭圆的下半部分，因为使用直接选择工具只选择了这部分。

7. 切换到选择工具，按下箭头键大约 8 次将新路径往下移，如图 3.35 所示。

也可向下拖曳该路径，但前面使用的方法更容易。

8. 选择工具箱中的直线段工具（╲），按住 Shift 键并绘制一条从椭圆左锚点到新路径左锚点的线段，如图 3.36 所示。当线段与锚点对齐时，锚点将突出显示。重复该过程，在椭圆右边绘制一条线段。

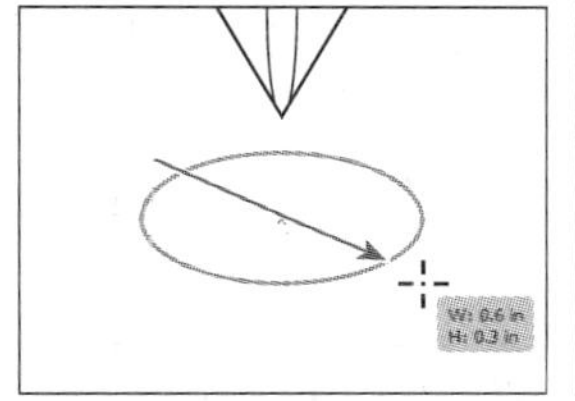

图3.33

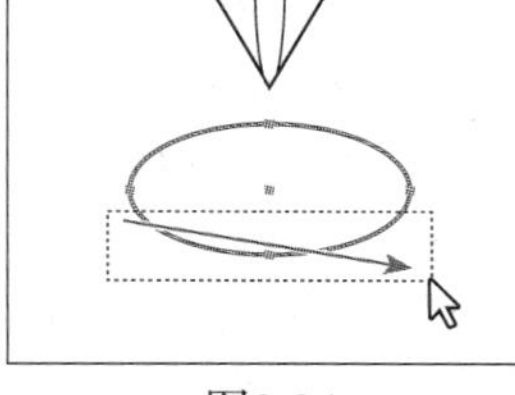

图3.34

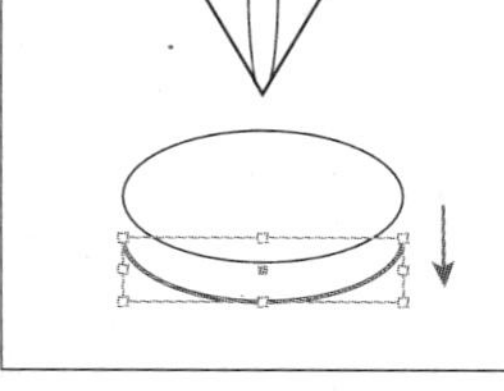

图3.35

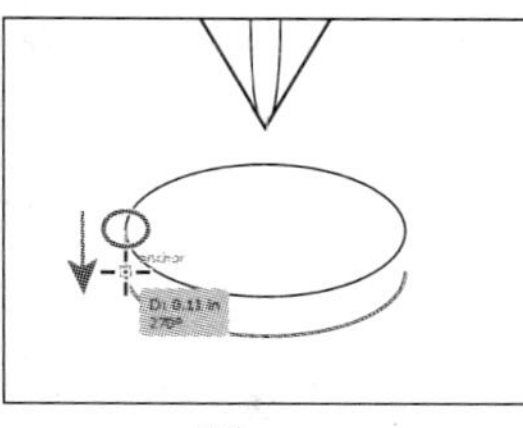

图3.36

9. 选择菜单“选择”>“取消选择”。

10. 选择菜单“文件”>“存储”。

下面将组成螺帽的三条路径连接成一条路径。

非闭合路径和闭合路径

绘图时创建的线条被称为路径。路径由一条或多条直线段或曲线组成，每条路径段的起点和终点都由锚点标识，而锚点的作用类似于固定电线的图钉。路径可以是闭合的（如圆圈），也可以是非闭合的，后者的起点和终点是分开的（如波浪线），如图3.37所示。

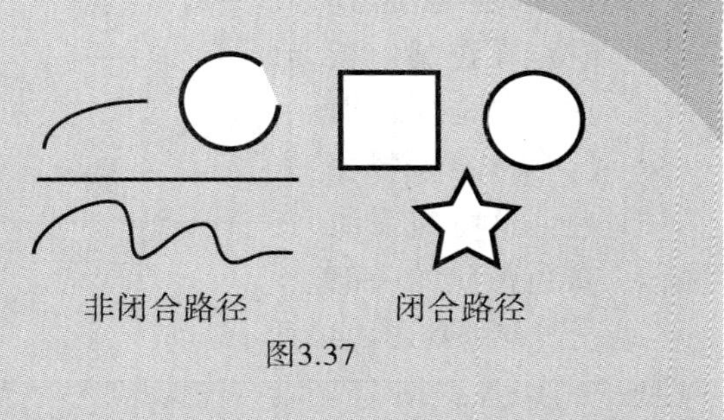

图3.37

无论是闭合路径还是非闭合路径，都可对其进行填充。

——摘自Illustrator帮助

3.3.10 连接路径

选择多条非闭合路径后，可将其连接起来以创建一条闭合路径（就像圆那样），还可将两条独立路径的端点连接起来。

下面连接三条非闭合路径以创建一条非闭合路径。

1. 选择工具箱中的直接选择工具（▶）。
2. 按住 Shift 键并单击刚创建的三条路径以选择它们。
3. 选择菜单“对象”>“路径”>“连接”。

这三条路径将变成一条，如图 3.38 所示。Illustrator 能够识别每条路径的端点，并将最近的锚点连接起来。为测试这一点，可取消选择该路径，再选择并拖曳它。如果您这样做了，请选择菜单“编辑”>“还原移动”。

> Ai **提示**：选择路径后，还可按 Ctrl + J（Windows）或 Command + J（Mac OS）来连接路径。

4. 在仍选择了该路径的情况下，再次选择菜单“对象”>“路径”>“连接”，这将连接该路径的两个端点，从而形成一条闭合路径，如图 3.39 所示。

在只选择了一条非闭合路径时，如果选择菜单“对象”>“路径”>“连接”，Illustrator 将在该路径的两个端点之间创建一条线段，从而形成一条闭合路径。

> Ai **注意**：如果只想使用颜色填充形状，则没有必要连接这两个点，因为非闭合路径也可以有填充颜色。如果希望整个填充区域周围出现描边，则必须这样做。

5. 在控制面板中，将填色改为淡灰色（K=20）。
6. 选择菜单“对象”>“排列”>“置于底层”。
7. 单击椭圆形状的路径以选择它。在控制面板中，单击填色框（ ）并选择白色。这将覆盖淡灰色形状的一部分，结果如图 3.40 所示。

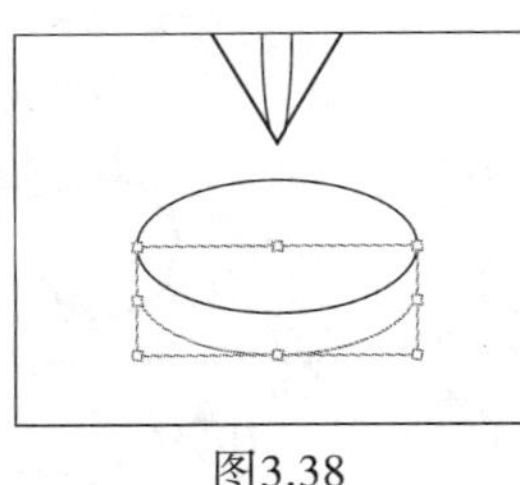
图3.38

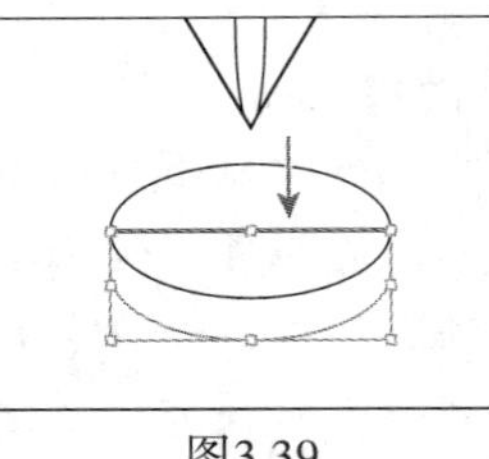
图3.39

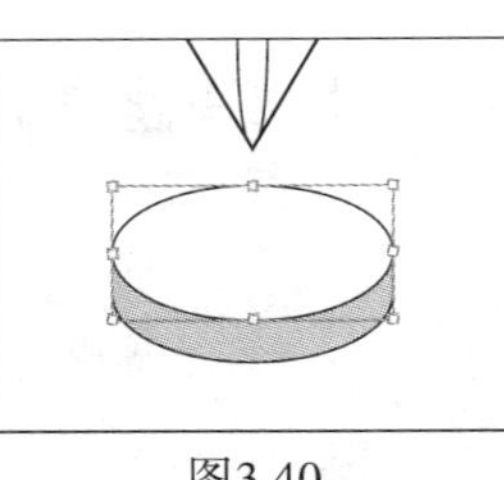
图3.40

> Ai **注意**：要选择没有填色的路径，必须单击路径或拖曳一个覆盖路径的选框。

8. 按住 Shift 键并单击椭圆后面的灰色形状，以选择它和椭圆，再选择菜单“对象”>“编组”。
9. 在仍选择了该编组的情况下，选择菜单“对象”>“锁定”>“所选对象”。这将暂时锁定该编组，以免不小心选择它。

3.3.11 创建星形

下面使用星形工具在螺帽上绘制凹槽。

1. 在工具箱中，从椭圆工具（ ）所属的工具组中选择星形工具（ ），将鼠标指向椭圆形状的中心点，注意到将出现“中心点”字样。

单击并向右拖曳以创建一个星形，在不松开鼠标的情况下按下箭头键一次以创建四角星。

按住 Ctrl（Windows）或 Command（Mac OS）键并向右拖曳，这确保内径是固定的。在不松开鼠标的情况下松开 Ctrl 或 Command 键，再按住 Shift 键并拖曳，直到星形的宽度和高度都大约为 0.3 英寸，再依次松开鼠标和 Shift 键，如图 3.41 所示。

> Ai **提示：**这一步使用了多个按键，请慢慢绘制星形以理解每个按键的作用。

2. 切换到选择工具。按住 Alt（Windows）或 Option（Mac OS），单击上边缘中央的手柄并向下拖曳，直到高度大约为 0.2 英寸，如图 3.42 所示。这将缩小星形的高度，使其看起来更真实。松开鼠标，再松开按键。

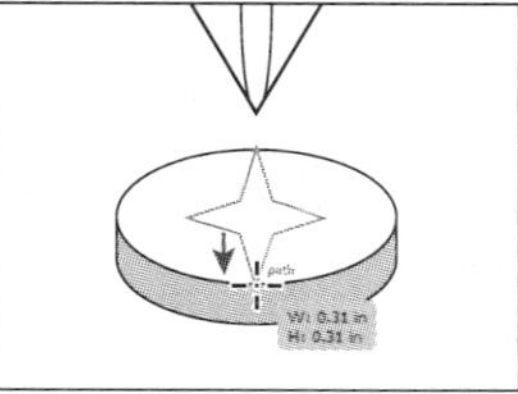

图3.41

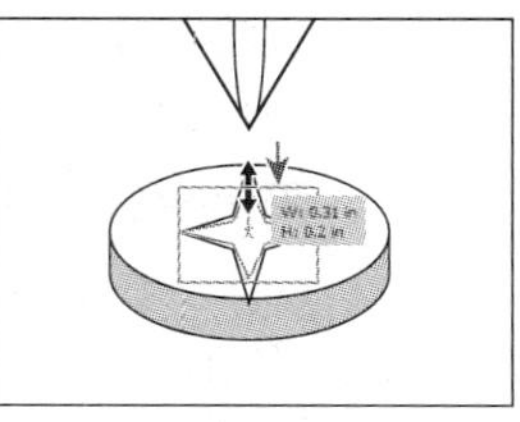

图3.42

3. 在控制面板中，将描边粗细改为 0.5pt。
单击控制面板中的填色框，并将填充颜色改为白色。
4. 选择菜单“对象”>“全部解锁”。
5. 选择菜单“选择”>“取消选择”，再选择菜单“文件”>“存储”。

3.3.12 使用橡皮擦工具

使用橡皮擦工具可擦除图稿的任何区域，而不管其结构如何。可将橡皮擦工具用于路径、复合路径、实时上色组中的路径和剪贴路径。

1. 选择工具箱中的缩放工具（ ），单击刚创建的星形两次以放大它。
2. 使用选择工具（ ）单击星形以选择它。

通过选择星形，将只会擦除星形，而不会擦除其他任何东西。如果没有选择任何对象，将擦除橡皮擦工具触及的所有对象。

3. 选择工具箱中的橡皮擦工具（ ）。在鼠标位于画板中的情况下，按左中括号键（[）多次以缩小橡皮擦直径。
4. 将鼠标指向星形底部顶点的左边，按住 Shift 键并单击，再向右拖曳并穿越星形底部顶点，以擦除一部分，如图 3.43 所示。对顶部顶点重复该操作。路径将保持闭合（因擦除而生成的端点将连接起来）。

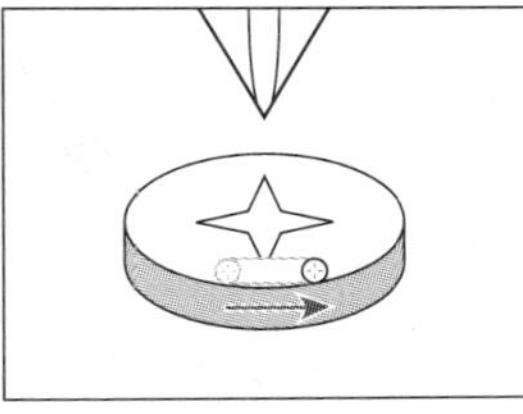
图3.43

> Ai **注意：**如果执行擦除操作时没有看到任何变化，请将星形顶部和底部擦除更多。另外，放大视图也会有所帮助。

5. 选择菜单“选择”>“取消选择”。
6. 选择菜单“视图”>“画板适合窗口大小”。
7. 选择菜单“文件”>“存储”。

3.3.13 使用宽度工具

用户不仅可以调整描边的粗细和对齐方式，还可使用宽度工具（ ）或应用配置文件来修改描边的宽度。

下面使用宽度工具对图稿做最后的修饰。

1. 选择工具箱中的缩放工具（ ），再单击改锥把手顶端的椭圆三次将其放大。
2. 切换到选择工具（ ），双击画板顶部包含橘色矩形的编组以进入隔离模式。通过单击选择顶端的椭圆，再按 Delete 键将其删除，结果如图 3.44 所示。

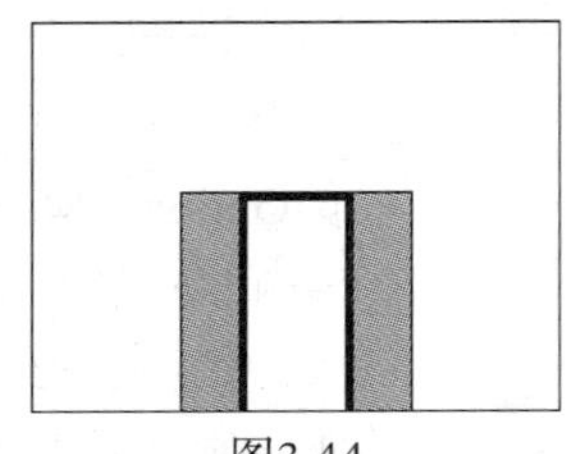
图3.44

您将使用宽度工具简化图稿。

3. 选择白色矩形，并选择菜单“对象”>“隐藏”>“所选对象”将其暂时隐藏。

下面使用宽度工具调整橘色矩形的上边缘宽度，这让您只需拖曳矩形边框就能创建圆顶（就像使用椭圆获得的效果一样）。

4. 通过单击选择橘色矩形。
5. 选择工具箱中的宽度工具（ ）。
6. 将鼠标指向橘色矩形左上角右边的上边缘，注意到鼠标旁边有个加号（ ），如图 3.45 所示。
7. 向上拖曳，注意到描边向上和向下拉伸的程度相同。当测量标签指出边线 1 和边线 2 都大约为 0.5 英寸时松开鼠标，如图 3.45 所示。

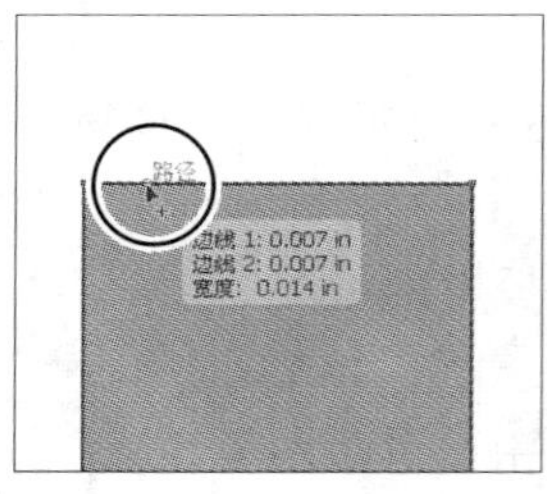

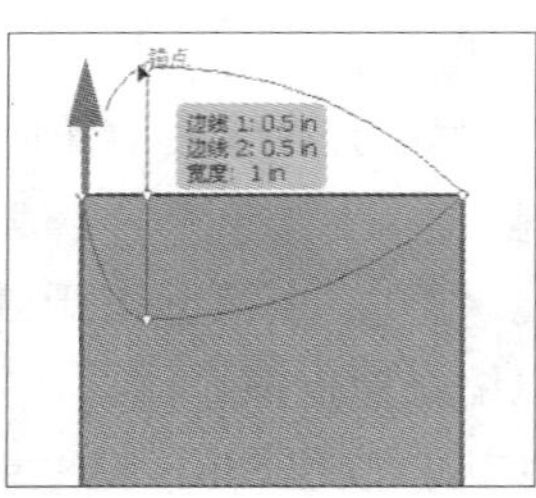

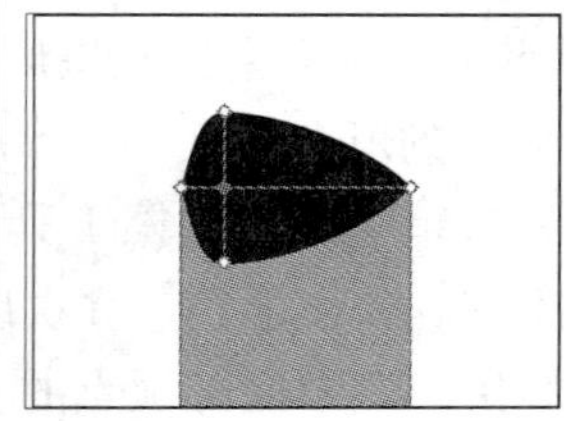
图3.45

8. 选择菜单“编辑”>“还原宽度点数更改”，将描边粗细恢复到以前的设置。

> Ai **注意**：使用宽度工具只能编辑对象的描边。

9. 将鼠标指向橘色矩形上边缘更接近于左上角的地方。这次按住 Alt（Windows）或 Option（Mac OS）并向上拖曳大约 0.5 英寸，再依次松开鼠标和按键，如图 3.46 所示。

该修正键让您能够拉伸描边的一边，而不拉伸另一边。

> **提示：** 要调整描边的宽度，可使用宽度工具拖曳描边的顶点。

10. 将鼠标指向橘色矩形上边缘的点（图 3.47 圈起的地方），将其向右拖曳到出现字样“交叉”。

这表明该点与矩形中心点对齐了，让描边的宽度是左右对称的。

11. 选择菜单“选择”>“取消选择”。

12. 将鼠标指向刚才拖曳的点和橘色矩形右上角的中间，注意到鼠标旁边有一个加号（▶₊），这表明此时单击将添加一个锚点。向上拖曳，这将添加一个锚点并调整描边的形状，如图 3.48 所示。

可给描边添加大量的锚点，以调整其形状。只要单击并向上或向下拖曳，就将添加一个以后可编辑的锚点。注意到现在橘色矩形的上边缘新增了一个蓝色点。

下面删除该蓝色点。

13. 在仍选择了新增锚点的情况下，按 Delete 键将其删除。

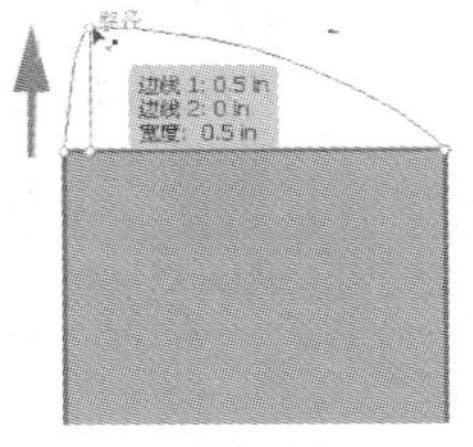

图3.46

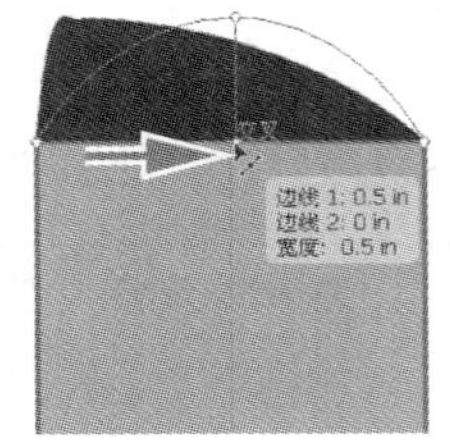

图3.47

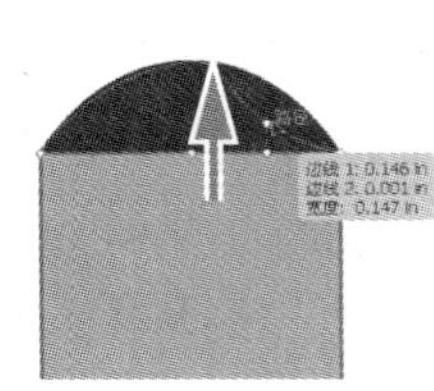

图3.48

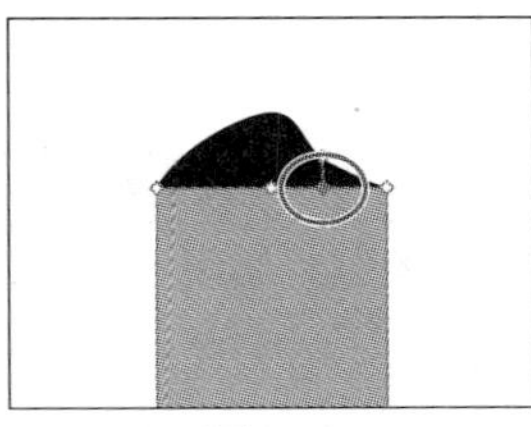
图3.49

> **注意：** 如果要选择新增的锚点，可使用宽度工具单击它。

> **提示：** 要撤销对描边所做的所有编辑，可在控制面板中从下拉列表“可变宽度配置文件”中选择“等比”。

14. 选择工具箱中的选择工具，在仍选择了橘色矩形的情况下，单击控制面板中的描边颜色框（■▾）并选择一种深灰色（C=0 M=0 Y=0 K=80）。注意到橘色矩形周围的描边（包括刚才编辑过的描边）都变成了深灰色。

15. 选择菜单“选择”>“取消选择”。

16. 按 Esc 键退出隔离模式。

17. 选择菜单“视图”>“画板适合窗口大小”，再选择菜单“对象”>“显示全部”。

下面在画板底部创建螺丝：绘制一条线段并使用宽度工具调整其描边。

1. 选择工具箱中的缩放工具（🔍），单击画板底部的螺帽下方 4 次以放大它。
2. 选择工具箱中的直线段工具（╲），并将鼠标指向螺帽下边缘中央。按住 Shift 键并向下拖曳，创建一条长约 0.75 英寸的线段，再依次松开鼠标和按键。
3. 在控制面板中，将线段的填色改为黑色。
4. 选择工具箱中的宽度工具（ ）。将鼠标指向螺帽下方的直线上，并向右拖曳以加宽直线的描边，等测量标签指出宽度大约为 0.25 英寸时松开鼠标。
5. 双击直线段上的锚点打开“宽度点数编辑”对话框，这让您能够精确地调整边线的宽度。单击将边线 1 和边线 2 链接起来的“按比例调整宽度”按钮（ ），它将变成 。将总宽度改为 0.2 英寸，再单击“确定”按钮，如图 3.50 所示。如果选中复选框“调整邻近的宽度点数”，将相应地调整其他锚点处的描边宽度。
6. 使用宽度工具指向刚才在直线段上添加的锚点，按住 Alt（Windows）或 Option（Mac OS）并将其向上拖曳到直线的端点处（如图 3.51 所示），再依次松开鼠标和按键。

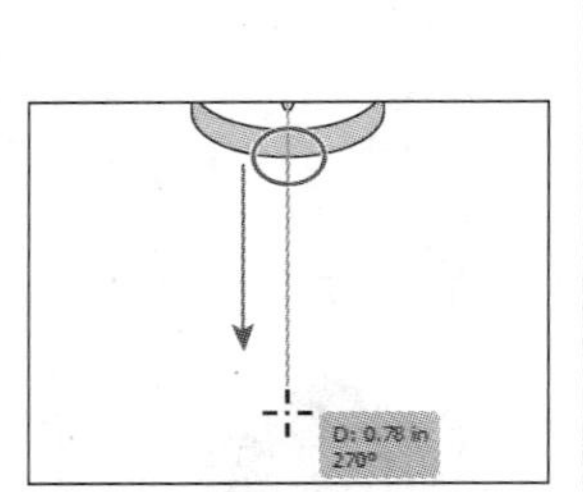

绘制直线段

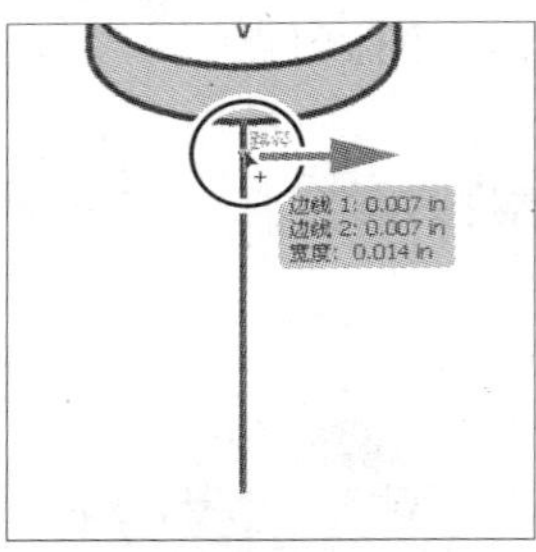

通过拖曳编辑描边

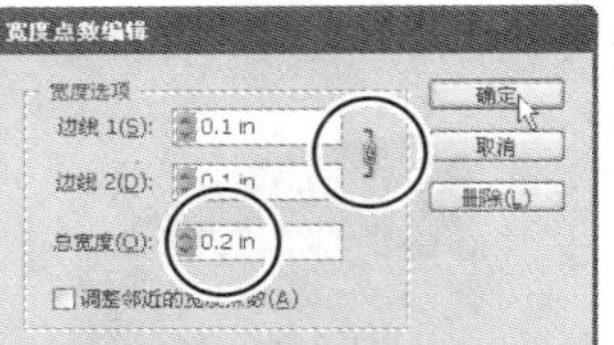

编辑宽度点

图3.50

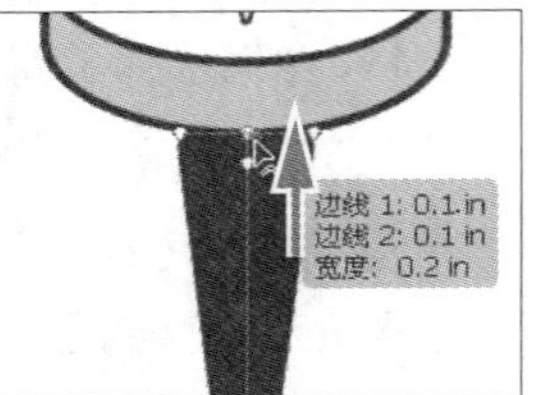

图3.51

通过按住 Alt/Option 并拖曳宽度点，可创建其拷贝，并让直线段顶部的大小更一致。

> Ai **注意：**执行下面的步骤时，您可能想进一步放大视图。

7. 将鼠标指向您创建的第一个宽度点下方，鼠标旁边将出现一个加号（▸₊），向左或向右拖曳以新建一个宽度点，直到宽度大约为 0.06 英寸。

> Ai **提示：**新建宽度点后，可使用宽度工具拖曳它以调整其位置，还可在选择了它的情况下按 Delete 键将其删除。

8. 在刚创建的 0.6 英寸宽度点下方向右拖曳，让描边更宽。沿直线段向下重复该过程，交替加宽和变窄，但确保宽度越来越小，如图 3.52 所示。

9. 按住 Shift 键并使用宽度工具拖曳第二个宽度点，注意到所有的宽度点都相应地移动，如图 3.53 所示。松开鼠标，再松开按键。

> **Ai** **提示：**可将一个宽度点拖曳到另一个宽度点上，从而创建一个非连续宽度点。如果双击非连续宽度点，将可在“宽度点数编辑”对话框中同时编辑两个宽度点。

10. 选择工具箱中的选择工具，不要取消选择直线段，如图 3.54 所示。

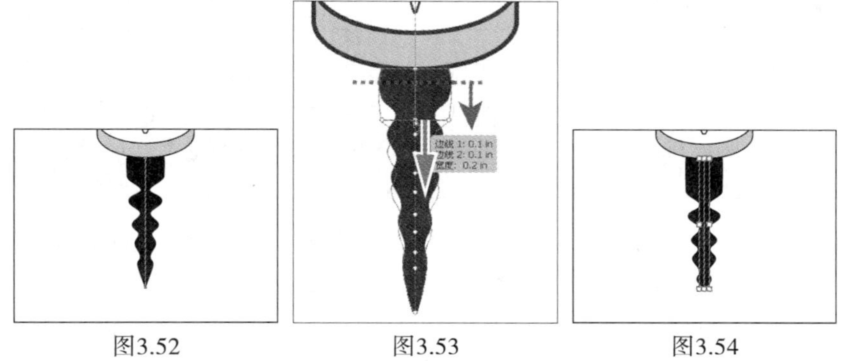

图3.52　　图3.53　　图3.54

使用宽度工具调整简单形状是众多创建复杂形状的方法之一。

11. 选择菜单“文件”>“存储”。

存储宽度配置文件

定义描边宽度后，可在“描边”面板或控制面板中存储可变宽度配置文件。

可将宽度配置文件应用于选定的路径，为此只需在控制面板或“描边”面板中从“宽度配置文件”下拉列表中选择它，如图3.55所示。没有可变宽度配置文件时，该列表将只包含选项“等比”。还可通过选择“等比”删除应用于对象的可变宽度配置文件。要恢复到默认的宽度配置文件设置，可单击“宽度配置文件”下拉列表底部的“重置配置文件”按钮。

图3.55

> **Ai** **注意：**恢复默认的宽度配置文件设置将把存储的所有自定配置文件删除。

对描边应用可变宽度配置文件后，在外观面板中将用星号（*）指出这一点。

——摘自Illustrator帮助

3.3.14 轮廓化描边

默认情况下，诸如直线等路径只有描边颜色，而没有填色。在 Illustrator 中创建直线时，如果要应用描边和填色，可将描边轮廓化，这将把直线转换为闭合形状（或复合路径）。

下面轮廓化刚创建的螺丝的描边。

> **提示：**通过轮廓化描边，可对描边应用渐变或将描边和填色分离到两个独立的对象中。

1. 在选择了螺丝的情况下，单击控制面板中的填色框，并选择“无”。

> **注意：**如果线条原本就是填色，则轮廓化描边将创建一个更复杂的编组。

2. 选择菜单“对象”>“路径”>“轮廓化描边”，这将创建一个填充的形状。
3. 在选择了该形状的情况下，单击控制面板中的填色框（），并将颜色改为白色；再单击描边颜色框（），并将颜色改为黑色。
4. 选择菜单“对象”>“排列”>“置于底层”。
5. 按上箭头键多次，将该形状移到螺帽形状下方，如图 3.56 所示。
6. 选择菜单“视图”>“画板适合窗口大小”。
7. 选择菜单“选择”>“取消选择”，再选择菜单“文件”>“存储”。

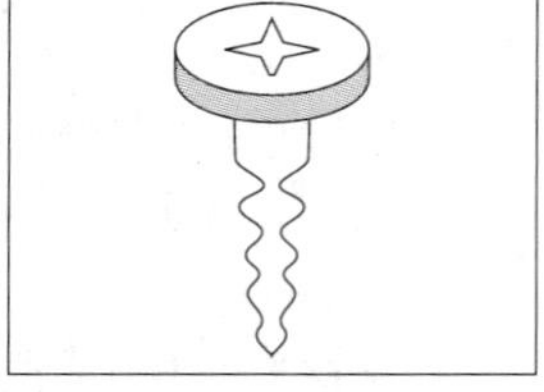

图3.56

3.4 合并和编辑对象

在 Illustrator 中，可通过合并矢量对象以各种方式创建形状，得到的路径或形状随合并路径的方法而异。下面将介绍的第一种形状合并方法需要使用形状生成器工具（），这个工具让您能够直接在图稿中合并、删除、填充和编辑相互重叠的形状和路径。

3.4.1 使用形状生成器工具

下面使用形状和形状生成器工具绘制扳手的一端。

1. 单击文档左下角的状态栏中的“下一项”按钮（）切换到第二个画板。
2. 选择菜单“文件”>“打开”，并打开文件夹 Lessons\Lesson03 中的文件 wrench.ai。
3. 选择工具箱中的选择工具（），再选择菜单“选择”>“全部”。
4. 选择菜单“编辑”>“复制”，再选择菜单“文件”>“关闭”将文件 wrench.ai 关闭。
5. 在文件 tools.ai 中，选择菜单“编辑”>“粘贴”，再选择菜单“选择”>“取消选择”。

扳手的上端有 4 个灰色形状：一个椭圆形、两个圆角矩形以及一个矩形。您将使用它们来创建扳手的上端。

6. 选择工具箱中的缩放工具（），单击扳手顶端的灰色形状 3 次以放大它们。

Ai 提示：放大视图有助于看清哪些形状将被合并。

7. 切换到选择工具。拖曳一个覆盖这 4 个灰色形状的选框以选择它们。
8. 在选择了这些形状的情况下，选择工具箱中的形状生成器工具（ ）。

您将使用形状生成器工具合并和删除这些形状，并给它们上色。

9. 将鼠标指向灰色圆的左端点，并向上拖曳到矩形中，如图 3.57 所示，再松开鼠标以合并形状。

选择形状和形状生成器工具后，重叠的形状将暂时分割成独立的对象。从一部分拖曳到另一部分时，将出现红色轮廓线，指出合并后的形状是什么样的。

10. 使用形状生成器工具在右边的圆圈内单击，并拖曳到右边的矩形中，如图 3.58 所示。

这样就合并了扳手上端的主要部分。下面删除一些不需要的形状。

11. 在仍选择了这些形状的情况下，按住 Alt（Windows）或 Option（Mac OS）键，并单击矩形的左端（如图 3.59 所示），从而将其删除。

注意到按住该修正键时，鼠标旁边有一个减号（ ）。

12. 重复上述操作将矩形的右端删除。

下面使用形状生成器工具删除一系列形状。

13. 在仍选择了形状生成器工具的情况下，将鼠标指向圆角矩形的下半部分。按住 Alt（Windows）或 Option（Mac OS）键，并向上拖曳到形状的上边缘（如图 3.60 所示），再依次松开鼠标和按键，将这些形状都删除。

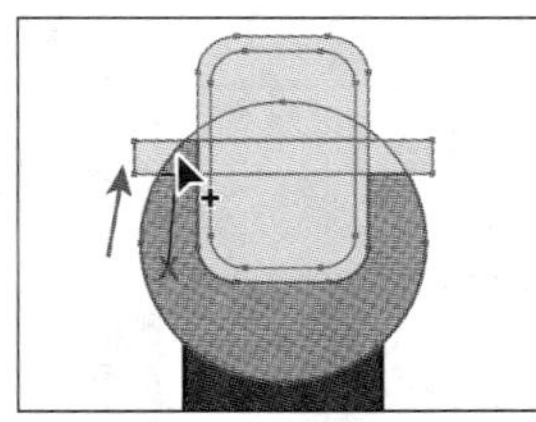
图3.57

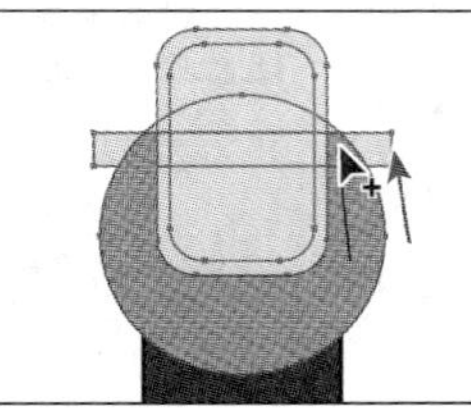
图3.58

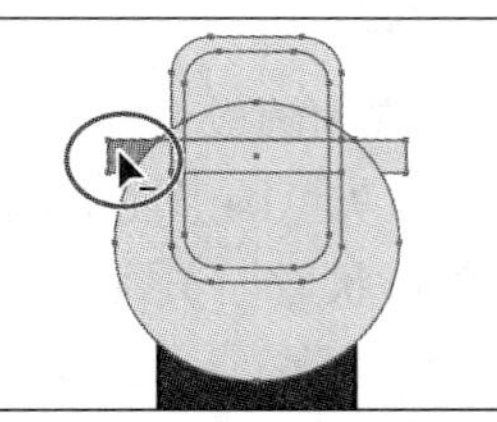
图3.59

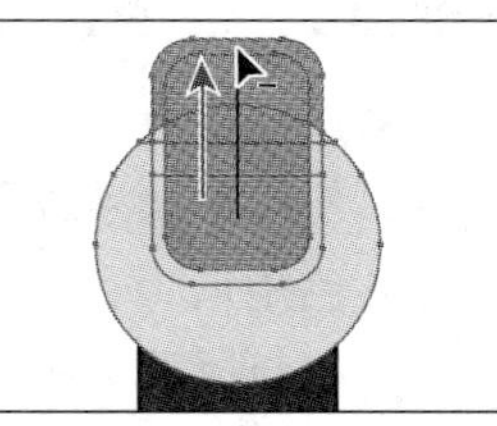
图3.60

当您拖曳鼠标时，注意到所有将被删除的形状都呈高亮显示。

14. 按住 Alt + Shift（Windows）或 Option + Shift（Mac OS），并使用形状生成器工具拖曳一个覆盖最上面 4 个形状的选框（如图 3.61 所示），再依次松开鼠标和按键，将它们都删除。

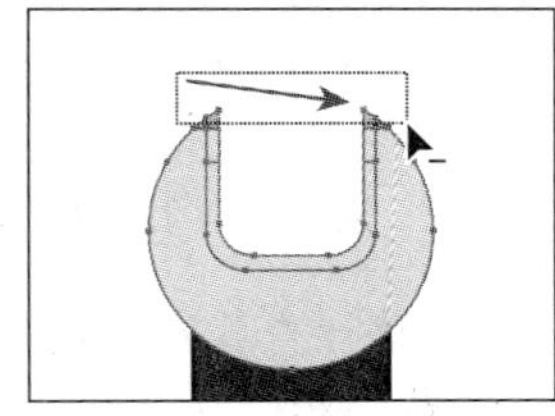
图3.61

按住 Shift 键让您能够拖曳选框来环绕形状，而不是穿越形状。

15. 在仍选择了这些形状的情况下，在控制面板中将填色改为黑色，画板上不会发生任何变化。

但使用形状生成器 单击形状后，将用黑色填充它。

下面合并余下的形状。

16. 使用形状生成器工具单击 U 形形状，注意到用黑色填充了它，如图 3.62 所示。

要将填色应用于形状，可先选择填色，再单击它。

17. 按住 Shift 键并拖曳一个环绕内部形状的选框，再依次松开鼠标和按键，将这些形状合并起来，如图 3.63 所示。

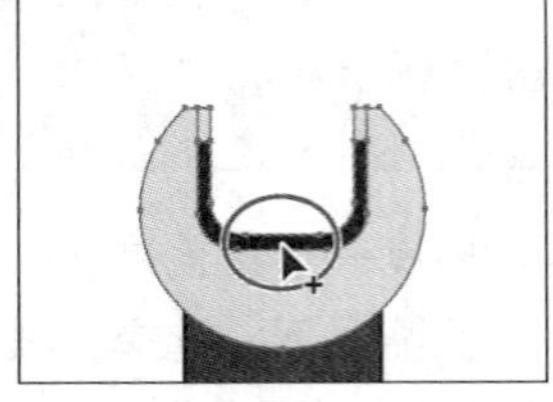

图3.62

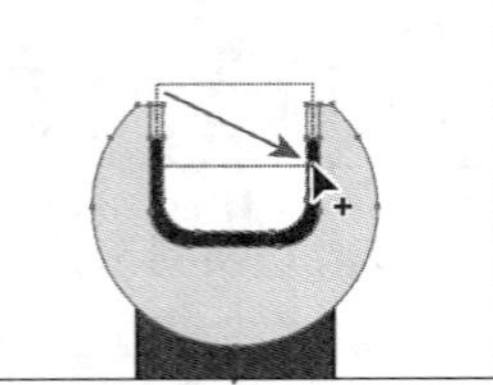

图3.63

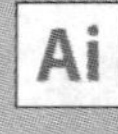

提示：这要求选框比较精确，您可能需要放大视图。如果结果出乎意料，可选择菜单“编辑”>“还原合并”，再重试。

18. 双击工具箱中的形状生成器工具，这将打开“形状生成器工具选项”对话框。

19. 在“形状生成器工具选项”对话框中，从下拉列表“拾色来源”中选择“图稿”。合并形状时，该设置意味着您开始拖曳时所处形状决定了合并得到的形状的填充色。单击“确定”按钮，如图 3.64 所示。

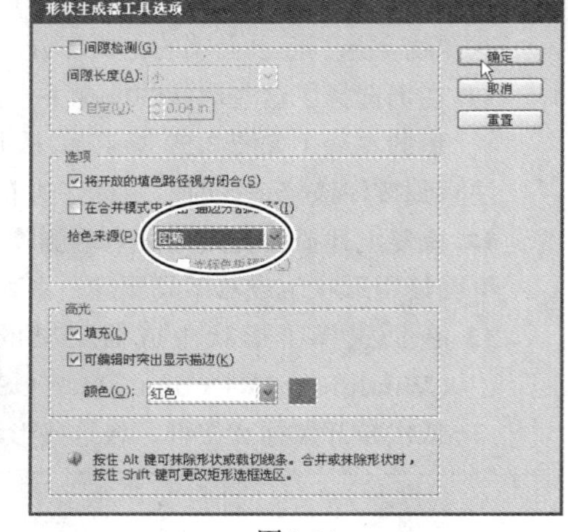

图3.64

提示：有关形状生成器工具和“形状生成器工具选项”对话框中选项的更详细信息，请参阅 Illustrator 帮助。

20. 选择菜单“选择”>“现用画板上的全部对象”。

21. 使用形状生成器工具从灰色圆形向下拖曳到深灰色矩形（它位于橘色形状后面），如图 3.65 所示。这将把扳手上端与扳手主体合为一个形状。

注意到合并得到的形状为扳手上端的淡灰色，这是因为您在“形状生成器工具选项”对话框中，从下拉列表“拾色来源”中选择“图稿”。

22. 选择菜单“选择”>“取消选择”，再选择菜单“文件”>“存储”。

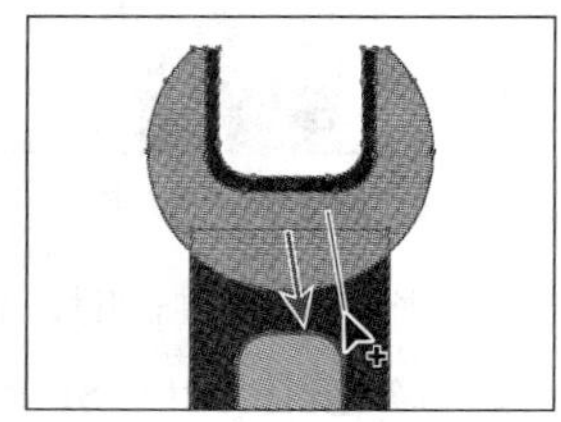

图3.65

3.4.2 使用路径查找器效果

“路径查找器”面板中的路径查找器效果让用户能够以多种不同的方式合并形状，从而创建路径或路径组。应用路径查找器效果（如合并）时，将永久性转换选定的原始对象。如果效果导致多个形状，将自动把它们编组。

下面使用路径查找器效果创建扳手的另一端。

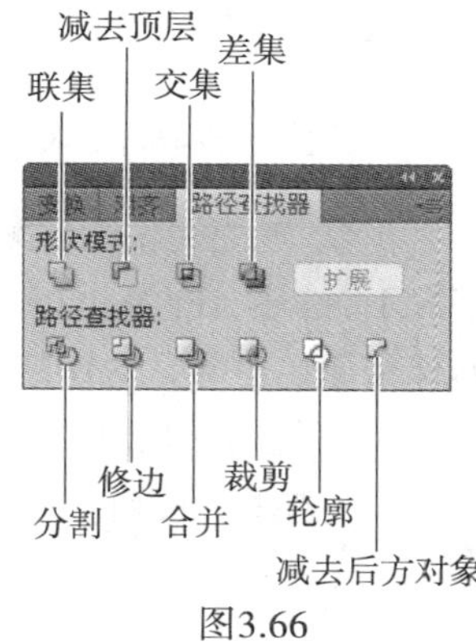

图3.66

1. 选择菜单“视图”>“画板适合窗口大小”。
2. 选择菜单“窗口”>“路径查找器”，打开“路径查找器”面板，如图 3.66 所示。
3. 在工具箱中，从星形工具（☆）所属的工具组中选择多边形工具（⬡），单击画板打开“多边形”对话框，将半径改为 0.4 in，边数改为 6，再单击“确定”按钮。
4. 按住 Shift 键并使用选择工具（▶）单击扳手底端的圆。松开 Shift 键，再次单击圆将其指定为关键对象。在控制面板中，单击“水平居中对齐”按钮（![]），再单击“垂直居中对齐”按钮（![]），让这两个对象彼此对齐。

> **注意**：如果控制面板中没有对齐选项，可单击字样“对齐”打开“对齐”面板，也可选择菜单“窗口”>“对齐”打开“对齐”面板。

5. 在仍选择了这些对象的情况下，在“路径查找器”面板中单击“减去顶层”按钮（![]）。在选择了新生成的形状的情况下，注意到控制面板左端有字样“复合路径”。
6. 选择工具箱中的缩放工具🔍，并单击选定内容两次以放大它们。
7. 使用选择工具双击新创建的复合路径进入隔离模式，该复合路径将暂时取消编组，让您能够选择各个组成部分。单击圆形内部的多边形边缘以选择它，按住 Alt + Shift（Windows）或 Option + Shift（Mac OS），并向上拖曳定界框上边缘中央的手柄，将该多边形的高度调整到大约 1 英寸。再依次松开鼠标和按键。

> **提示**：另一种切换到隔离模式的方法是，选择要隔离的对象并单击控制面板中的“隔离选中的对象”按钮（![]）。

8. 按 Esc 键退出隔离模式，再选择菜单“选择”>“现用画板上的全部对象”。
9. 选择形状生成器工具（![]），按住 Alt（Windows）或 Option（Mac OS）键，并单击位于扳手下端后面的深灰色形状将其删除，如图 3.67 所示。

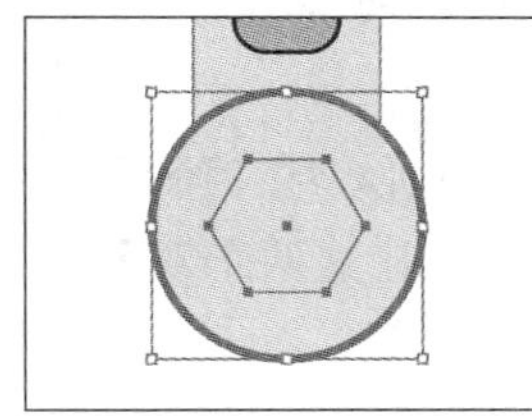
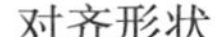
对齐形状

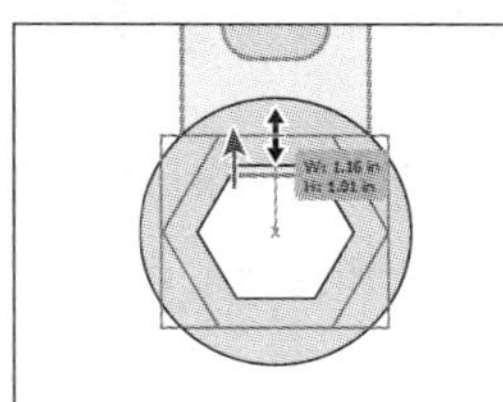

调整内部形状的大小

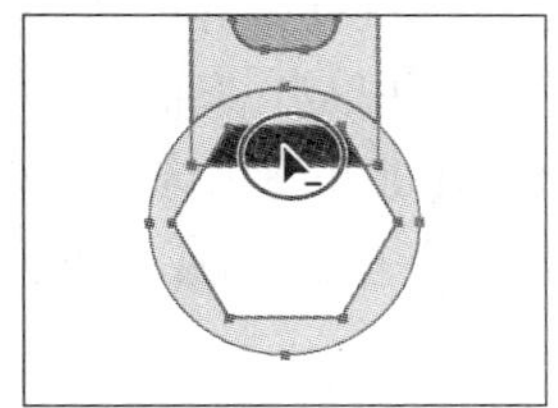
删除深灰色形状

图3.67

10. 在仍选择了这些形状的情况下，选择菜单“对象”>“编组”。
11. 选择工具箱中的选择工具（▶），并将对象组拖曳到画板的左边。

12. 选择菜单“选择”>“取消选择”，再选择菜单“文件”>“存储”。

3.4.3 使用形状模式

形状模式像路径查找器效果那样创建路径，但还可用于创建复合形状。在选择了多个形状的情况下，按住 Alt（Windows）或 Option（Mac OS）并单击一种形状模式将创建复合形状而不是路径，并保留原始对象，这让您能够选择复合形状中的各个对象。

下面使用形状模式来创建一个齿轮。

1. 选择工具箱中的星形工具（），在画板的右边单击并拖曳以创建一个星形。在没有松开鼠标的情况下，不断按上箭头键直到星形包含 12 个顶点。按住 Ctrl（Windows）或 Command（Mac OS）并向星形中央拖曳，将半径缩小到与图 3.68 相同。松开按键，但不要松开鼠标，再按住 Shift 键并由内或向外拖曳，直到测量标签显示的宽度和高度大约为 3 英寸，再依次松开鼠标和按键。

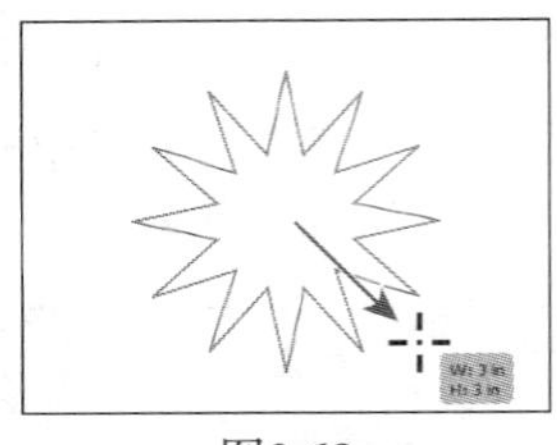

图3.68

2. 单击控制面板中的填色框，并从打开的“色板”面板中选择白色。
3. 选择工具箱中的椭圆工具（），按住 Alt（Windows）或 Option（Mac OS）键并单击刚创建的星形的中心点（将出现字样“中心点”）。在“椭圆”对话框中，将宽度和高度都改为 2 英寸，并单击“确定”按钮。

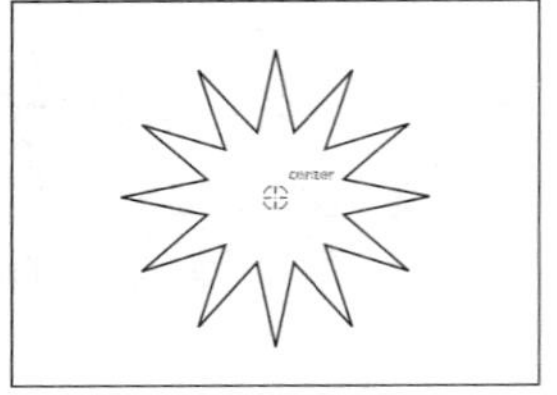

图3.69

这一步使用的修正键指定从指定的位置向外绘制椭圆。

4. 按住 Shift 键并使用选择工具单击星形以选择椭圆和星形。
5. 在选择了这两个对象的情况下，在“路径查找器”面板（可选择菜单“窗口”>“路径查找器”打开它）中单击“合并”按钮（）。

注意到这两个形状被合并，但描边消失了。在该形状被选中的情况下，单击控制面板中的描边颜色框并选择黑色。

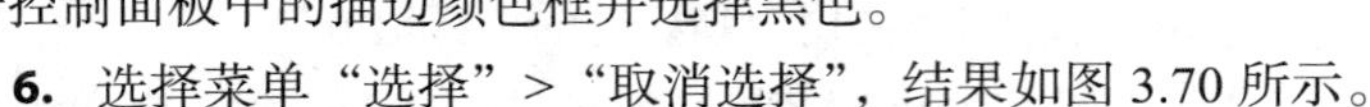

6. 选择菜单“选择”>“取消选择”，结果如图 3.70 所示。

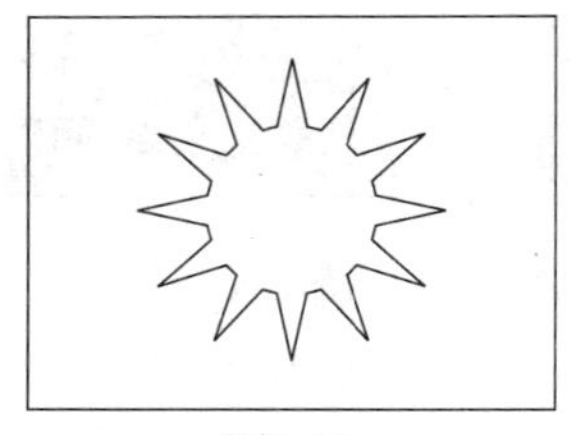

图3.70

7. 选择工具箱中的椭圆工具（），按住 Alt 键并单击刚合并得到的形状的中心点。在“椭圆”对话框中，将高度和宽度都改为 2.5 英寸，并单击“确定”按钮。
8. 按住 Shift 键并使用选择工具单击星形以同时选择椭圆和星形。在控制面板中单击“水平居中对齐”按钮（）和“垂直居中对齐”按钮（）让这两个对象对齐，如图 3.71 所示。

选择两个形状后，下面合并它们来生成齿轮。

9. 在仍选择了形状的情况下，按住 Alt（Windows）或 Option（Mac OS）键并单击“路径查找器”面板中的“交集”按钮（）。

这将创建一个复合形状，它描摹了两个对象的重叠区域的轮廓，如图 3.72 所示。您仍可分别编辑椭圆和星形。

Ai **注意：**图 3.72 加粗了齿轮的描边，以便更容易看清。

10. 使用选择工具双击齿轮进入隔离模式。

Ai **提示：**要编辑复合形状（如齿轮）中的原始形状，也可使用直接选择工具选择它。

11. 选择菜单“视图”>“轮廓”以便能够看到原始形状（椭圆和星形）。通过单击圆形的边缘选择它，如图 3.73 所示。

12. 按住 Shift + Alt（Windows）或 Shift + Option（Mac OS），单击圆形的定界框的一个角，并向中心点拖曳以缩小圆形。这将在保持中心点位置不变的情况下调整圆形的大小。拖曳到测量标签中显示的宽度和高度大约为 2.3 英寸时松开鼠标，再松开按键，如图 3.74 所示。

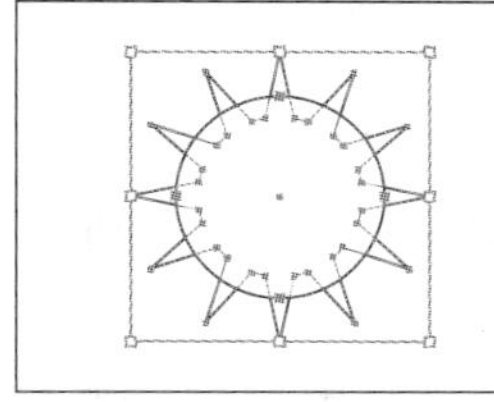

图3.71

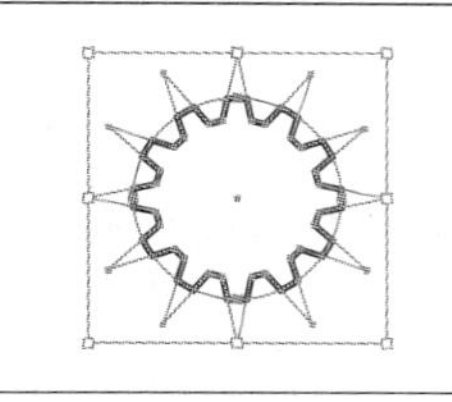

图3.72

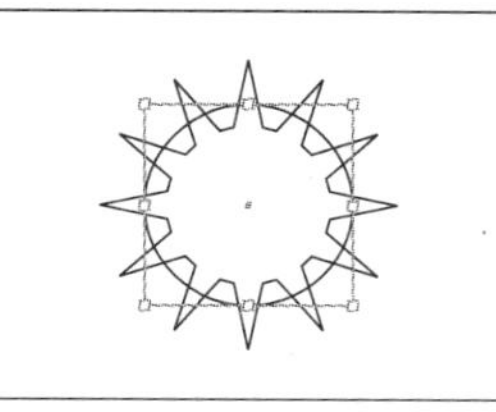

图3.73

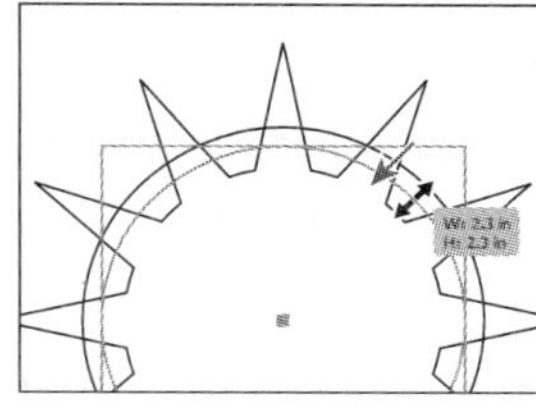

图3.74

Ai **注意：**通过放大视图有助于精确地调整形状的大小。也可在“变换”面板中修改选定形状的宽度和高度。

13. 选择菜单“视图”>“预览”。

14. 使用选择工具双击齿轮外部退出隔离模式。

下面扩展齿轮。扩展复合形状不会影响原始对象，但从此以后就无法选择或编辑原始对象了。

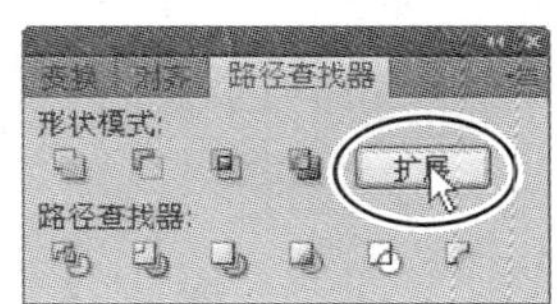

图3.75

15. 使用选择工具单击齿轮以选择它。单击路径查找器中的“扩展”按钮，如图 3.75 所示，再关闭“路径查找器”面板。

16. 选择菜单“选择”>“取消选择”。

17. 使用选择工具单击并拖曳齿轮，将它放到画板右边。

18. 选择菜单“视图”>“画板适合窗口大小”。

调整扳手和齿轮的位置，使其看起来类似于如图 3.76 所示。

19. 选择菜单“文件”>“存储”，再选择菜单“文件”>“关闭”。

下一节将介绍如何使用实时描摹。

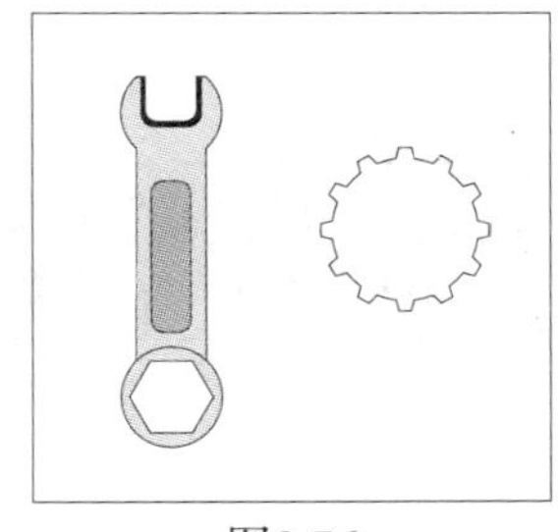

图3.76

3.5 使用实时描摹创建形状

在本节中，将介绍如何使用实时描摹。实时描摹对现有图稿（如来自 Photoshop 的光栅图片）进行描摹，让用户能够将图片转换为矢量路径或实时上色对象。

1. 选择菜单“文件”>“打开”，并打开文件夹 Lesson03 中的文件 L3start_2.ai。

> **Ai** | **注意：**可能出现“缺少配置文件”对话框，单击“确定”按钮即可。

2. 选择菜单“文件”>“存储为”，在“存储为”对话框中将文件重命名为 snowboarding，选择文件夹 Lesson03，保留“保存类型”为 Adobe Illustrator（*.AI）（Windows）或“格式”为 Adobe Illustrator（ai）（Mac OS），并单击“保存”按钮。在“Illustrator 选项”对话框中，单击“确定”按钮以接受默认设置。
3. 选择菜单“视图”>“画板适合窗口大小”。
4. 使用选择工具（ ）选择滑雪者素描。

此时控制面板中的选项将发生变化，控制面板左端显示了字样“图像”以及分辨率（PPI：150）。

5. 单击控制面板中的“实时描摹”按钮，这将把图像从光栅转换为矢量，如图 3.77 所示。

使用实时描摹时，可实时查看结果。用户可修改设置甚至原来置入的图像，并立刻看到更新结果。

6. 单击控制面板中的“描摹选项对话框”按钮（ ），从“预设”下拉列表中选择“漫画图稿”，再选中复选框“预览”以查看不同预设和选项的结果，如图 3.78 所示。不要关闭“描摹选项”对话框。

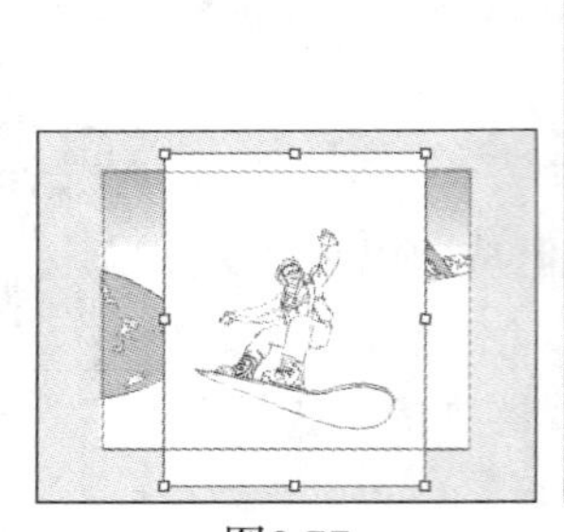

图3.77

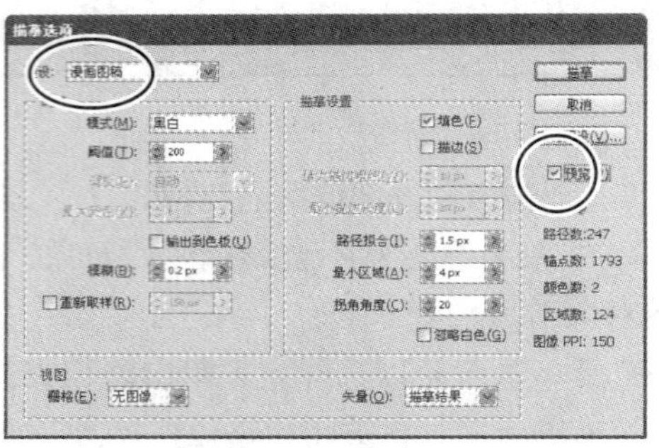

图3.78

> **Ai** | **提示：**在“描摹选项”对话框中，如果选中复选框“忽略白色”，白色区域将变成透明的，这在描摹带白色背景的图像时很有帮助。

> Ai **提示：**有关实时描摹以及“描摹选项”对话框的更详细信息，请参阅 Illustrator 帮助中的“描摹图稿”。

从“描摹选项”对话框可知，实时描摹功能可处理黑白素描，也可处理彩色图像。

7. 在“描摹选项”对话框中，将“阈值”改为 220。尝试其他设置后，确保选择了预设“漫画图稿”并单击“描摹”按钮。

> Ai **注意：**阈值指定了如何根据原始图像生成黑白描摹结果。所有颜色比阈值淡的像素都将转换为白色，而所有颜色比阈值深的像素都将转换为黑色。

滑雪者变成了一个描摹对象（矢量），但锚点和路径还是不可编辑。要编辑内容，必须扩展描摹对象。

8. 在滑雪者仍被选中的情况下，单击控制面板中的“扩展”按钮。
9. 选择菜单“对象”>“取消编组”，然后选择菜单“选择”>“取消选择”。
10. 选择工具箱中的选择工具（![]），然后单击滑雪者周围的空白区域，再按 Del 键删除这些白色区域，如图 3.79 所示。

> Ai **注意：**如果删除了不想删除的白色区域，可选择菜单“编辑”>“还原”撤销多个步骤，然后重新描摹，并在“描摹选项”对话框中将“阈值”设置为比 220 更大的值。

图3.79

11. 使用选择工具尝试通过单击选择滑雪者的其他部分，注意到它由大量形状和路径组成。
12. 选择菜单“文件”>“存储”，再关闭文件。

3.6 练 习

下面尝试使用本课介绍的多个工具。

1. 打开文件 tools.ai，选择齿轮形状并创建一个与它居中对齐的椭圆。选择齿轮和椭圆，再单击“路径查找器”面板中的“减去顶层”按钮（ ）创建一条复合路径，如图 3.80 所示。

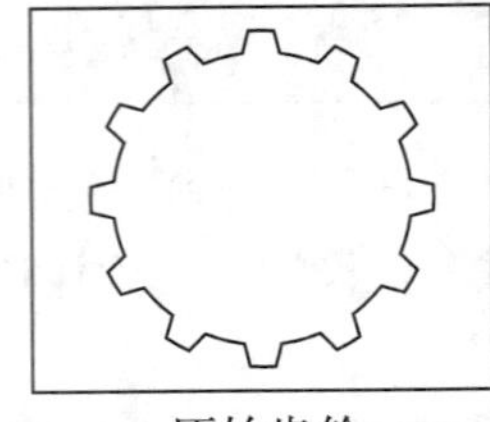
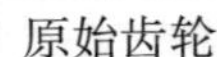
原始齿轮

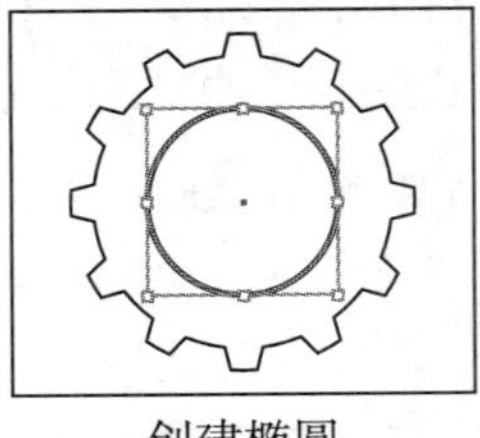
创建椭圆

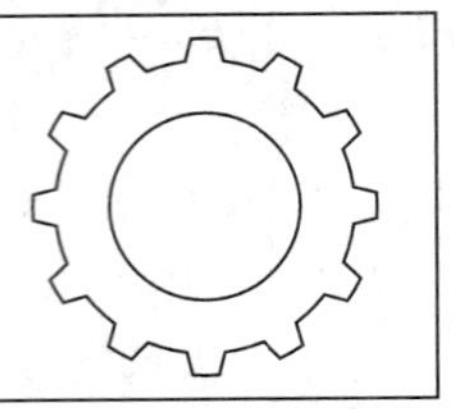
创建复合路径

图3.80

2. 使用选择工具将齿轮形状拖曳到扳手上，以便能够看清齿轮内的空洞。
3. 在文件 tools.ai 中，选择菜单“文件” > “置入”并置入一幅光栅图像。尝试选择该图像，并单击控制面板中的“实时描摹”按钮，再从控制面板中的下拉列表“预设”中选择一种预设。
4. 尝试创建一个形状，如圆形、星形或矩形，再按住 Alt（Windows）或 Option（Mac OS）键并使用选择工具拖曳它，以创建多个副本。
5. 选择菜单“文件” > “关闭”，但不保存所做的修改。

复习

复习题

1. 有哪些基本形状工具？如何将形状工具组与工具箱分离？
2. 如何选择没有填充的形状？
3. 如何绘制正方形？
4. 绘制多边形时如何修改边数？
5. 指出两种将多个形状合并的方法。
6. 如何将光栅图像转换为可编辑的矢量形状？

复习题答案

1. 有 6 种基本形状工具：矩形、圆角矩形、椭圆、多边形、星形和光晕。要将工具组与工具箱分离，可将鼠标指向工具箱中的工具，然后按住鼠标，等整个工具组出现后，拖曳到工具组右边的三角形上，再松开鼠标。
2. 要选择没有填充的对象，必须单击其描边。
3. 要绘制正方形，可选择工具箱中的矩形工具，再按住 Shift 键并拖曳；也可在画板上单击，然后在“矩形”对话框中输入相同的宽度和高度值。
4. 要在绘制多边形时修改其边数，可选择多边形工具并开始拖曳，然后按上箭头键增加边数或按下箭头键减少边数。
5. 使用形状生成器工具，可在图稿中直观地合并、删除、填充和编辑相互重叠的形状和路径；还可使用路径查找器效果基于重叠的对象创建新形状。要应用路径查找器效果，可使用“效果”菜单或“路径查找器”面板。
6. 如果要基于现有图稿创建图形，可对其进行描摹。要将描摹结果转换为路径，可单击控制面板中的“扩展”按钮或选择菜单“对象”>“实时描摹”>“扩展”。如果要将描摹结果的组成部分作为独立的对象进行处理，则可以使用这种方法，得到的路径将被编组。

第4课 变换对象

在本课中，读者将学习如何执行如下操作：

- 在现有文档中添加和编辑画板以及对画板进行重命名和重排序；
- 在画板之间导航；
- 选择独立对象、组中的对象及部分对象；
- 使用各种方法移动、缩放和旋转对象；
- 使用智能参考线；
- 镜像、倾斜和扭曲对象；
- 调整对象的透视；
- 应用扭曲滤镜；
- 精确地调整对象的位置；
- 快速、轻松地重复变换操作；
- 复制到多个画板。

学习本课需要大约 1 小时。如果必要，从硬盘中删除前一课的文件夹，并将文件夹 Lesson04 复制到硬盘中。

创建图稿时，用户可以众多方式修改对象，包括快速、精确地控制对象的大小、形状和朝向。在本课中，读者将通过创建多个图稿来探索创建和编辑画板、各种变换命令和专用工具。

4.1 简 介

在本课中，读者将创建内容，并将其用于创建信笺抬头、信封和名片。首先将恢复 Adobe Illustrator 的默认首选项，并打开最终图稿以了解本课将创建的内容。

1. 为确保工具和面板像本课描述的那样，请删除或重命名 Adobe Illustrator CS5 首选项文件，详情请参阅“前言”中的“恢复默认首选项”。
2. 启动 Adobe Illustrator CS5。

> Ai **注意：**如果还没有从配套光盘的文件夹 Lesson04 中将本课的资源文件复制到硬盘，现在就这样做，详情请参阅“前言”中的“复制课程文件”。

3. 选择菜单“文件”>“打开”，并打开硬盘中文件夹 Lessons\Lesson04 中的文件 L4end_1.ai，如图 4.1 所示。

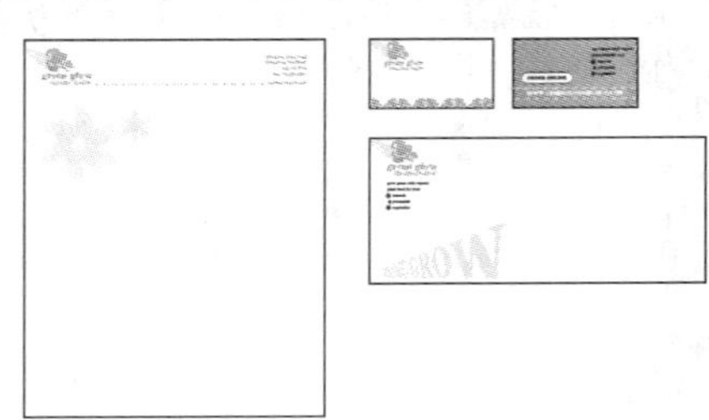

图4.1

该文件包含完成后的 3 件图稿：信笺抬头、名片（正面和背面）和信封。

4. 选择菜单“视图”>“全部适合窗口大小”，并在工作时让它显示在屏幕上（使用抓手工具［ ］移动图稿，以便在窗口中显示要参考的部分）。如果不想让该文件打开，可选择菜单“文件”>“关闭”。

下面打开为信笺图稿创建的文件，以便开始工作。

5. 选择菜单“文件”>“打开”，并打开硬盘中的文件夹 Lessons\Lesson04 中的文件 L4start_1.ai 文件。该文件存储时显示了标尺和青色参考线，以方便您在创建对象时缩放它们，如图 4.2 所示。

图4.2

6. 选择菜单“文件”>“存储为”，在“存储为”对话框中，将文件重命名为 green_glow.ai，选择文件夹 Lesson04，保留“保存类型”为 Adobe Illustrator（*.AI）（Windows）或“格式”为 Adobe Illustrator（ai）（Mac OS），并单击“保存”按钮。在“Illustrator 选项”对话框中，单击“确定”按钮以接受默认设置。
7. 选择菜单“窗口”>“工作区”>“基本功能”。

4.2 使用画板

画板表示可以包含可打印图稿的区域，它类似于 Adobe InDesign 中的页面。可以将画板作为裁剪区域以满足打印或置入的需要。可使用多个画板来创建各种内容，如多页 PDF、大小或元素不同的打印页面、网站的独立元素、视频故事板或动画项目。

4.2.1 在文档中添加画板

处理文档时，可随时添加或删除画板。可创建尺寸不同的画板、使用画板工具调整其大小以及将画板放到文档窗口的任何地方。所有画板都有编号，还可给它指定独特的名称。选择了画板工具时，编号和名称将出现在画板左上角。

当前，该文档只包含用于放置信笺抬头的画板，您将添加画板以便创建名片（正面和背面）和信封。

1. 选择菜单“视图”>“画板适合窗口大小”，当前显示的是第一个画板。
2. 按 Ctrl + =（Windows）或 Command + =（Mac OS）两次放大视图。
3. 按住空格键暂时切换到抓手工具（ ），单击画板并向左下方拖曳，直到看到画板右上角外面的画布。

> **提示**：放大画板后，测量标签的增量将更小。

4. 选择画板工具（ ），将鼠标指向现有画板的右边且与现有画板上边缘水平对齐的地方，出现绿色对齐参考线后单击并拖曳，创建一个宽 3.5 英寸、高 2 英寸的画板，如图 4.3 所示。通过测量标签可获悉画板大小是否正确。
5. 单击控制面板中的“新建画板”按钮（ ），这将复制最后选择的画板。
6. 将鼠标移到前一个画板的下方，并与其左边缘对齐，出现垂直绿色对齐参考线后单击鼠标，以创建画板的副本，如图 4.4 所示。这是第三个画板。

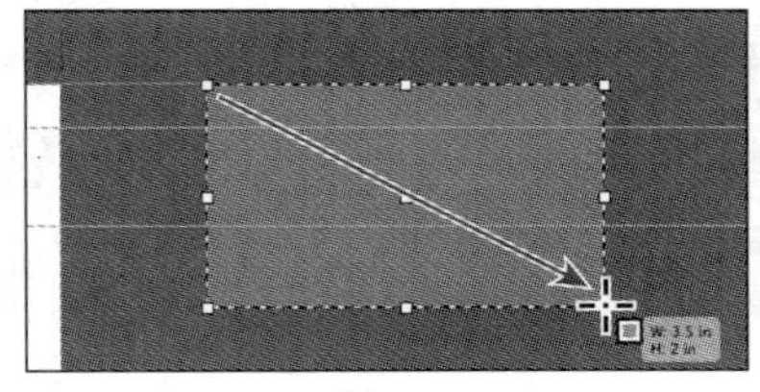

图4.3

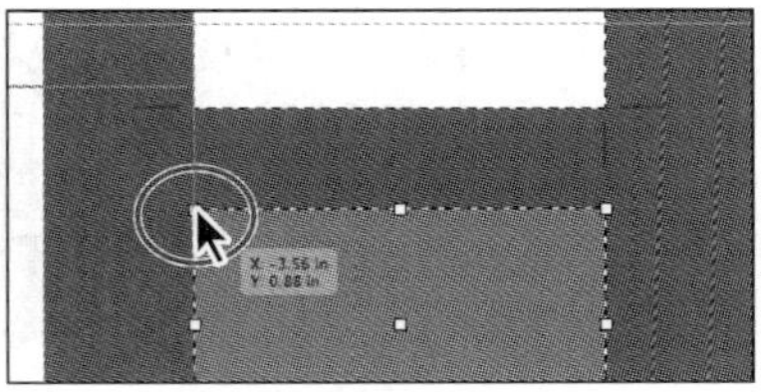

图4.4

7. 选择工具箱中的选择工具（ ）。
8. 单击工作区右边的“画板”面板图标（ ）展开“画板”面板。

注意到“画板 3”呈高亮显示，如图 4.5 所示。在“画板”面板中，活动画板总是呈高亮显示。“画板”面板让您知道文档包含多少个画板，还让您能够添加和删除画板、对画板重命名和重排序以及选择众多与画板相关的其他选项。

下面在“画板”面板中创建“画板 3”的副本。

9. 单击“画板”面板底部的“新建画板”按钮，创建“画板 3”的副本，该画板名为“画板 4”，如图 4.6 所示。

图4.5

图4.6

在文档窗口中，注意到该画板位于“画板 2”右边。

> **提示：**也可使用画板工具来复制画板，方法是按住 Alt（Windows）或 Option（Mac OS）并拖曳画板，直到复制的画板远离原始画板。新建画板时，可将其放在任何地方，甚至可让画板彼此重叠。

10. 单击“画板”面板的图标将该画板折叠起来。
11. 选择菜单“视图”>“全部适合窗口大小”，结果如图 4.7 所示。

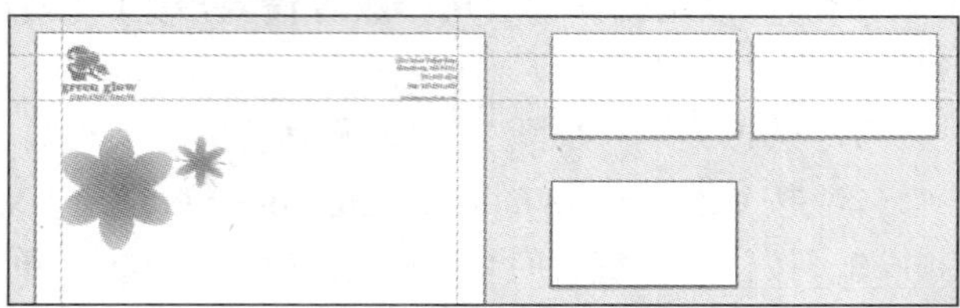

图4.7

4.2.2 编辑画板

用户可随时使用画板工具、菜单命令或“画板”面板编辑或删除画板。下面使用多种方法调整多个画板的位置和大小。

1. 选择工具箱中的画板工具（），并单击右边下面的画板以选择它。

下面通过在控制面板中输入值来调整画板的大小。

2. 在控制面板中，选择参考点定位器的左上角（）。

这样调整画板的大小时，其左上角将保持不动。默认情况下，调整画板大小时其中心位置不变。

3. 在选择了画板“03 – 画板 3”的情况下，注意到该画板周围有手柄和虚线框。在控制面板中将宽度和高度分别改为 9.5 英寸和 4 英寸，如图 4.8 所示。

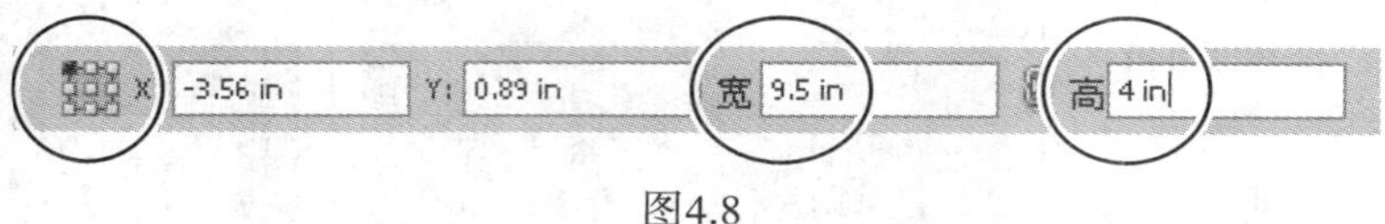

图4.8

在控制面板中，文本框“宽”和“高”之间有一个“约束宽度和高度比例”按钮（）。如果按下了它，将按比例同时调整这两个文本框的值。

> **注意：**如果在控制面板中没有看到文本框“宽”和“高”，请单击“画板选项”按钮（），并在打开的对话框中输入值。

另一种调整画板大小的方法是，使用画板工具拖曳活动画板的手柄，下面就这样做。

4. 在仍选择了画板工具和右边下面的画板的情况下，向下拖曳画板下边缘中央的手柄，直到测量标签显示的高度大约为 4.25 英寸时松开鼠标，如图 4.9 所示。

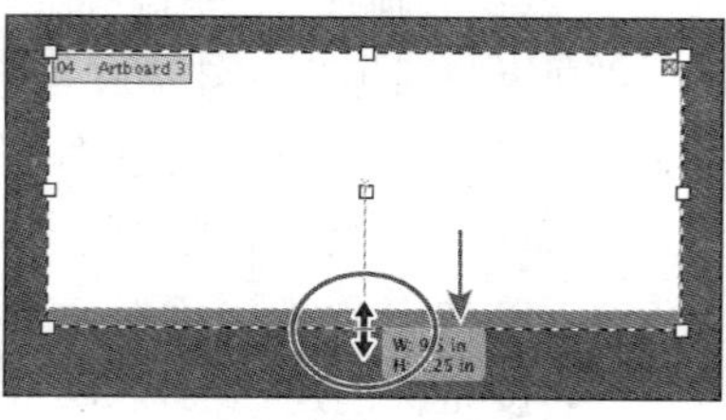

图4.9

Ai 提示：要删除画板，可使用画板工具选择它，再按 Delete 键、单击控制面板中的“删除画板”按钮（）或单击画板右上角的删除图标（）。可以不断删除画板，直到只留下一个画板。

5. 使用画板工具单击右边上面的画板（画板“04 – 画板 4”），单击控制面板中的“显示中心标记”按钮（），这只显示该画板的中心标记。
6. 选择工具箱中的选择工具（），以便能够看到中心标记。另外，注意到该画板周围有黑色轮廓，这表明它是活动画板。

中心标记有很多用途，包括帮助处理视频内容。

Ai 注意：要显示画板的中心标记，还可单击控制面板中的“画板选项”按钮，再在打开的对话框中进行设置。

7. 单击“画板”面板图标（）展开该画板。在“画板”面板中，单击画板名“Artboard 1”使其成为活动画板，它是第一个画板。在文档窗口中，注意到该画板周围有黑色边框，这表明它处于活动状态。

每次只能有一个画板处于活动状态。诸如“视图”>“画板适合窗口大小”等命令针对的是活动画板。

下面通过选择预设来编辑活动画板的大小。

8. 在“画板”面板中，单击画板名“Artboard 1”右边的“画板选项”按钮，如图 4.10 所示。这将打开“画板选项”对话框。

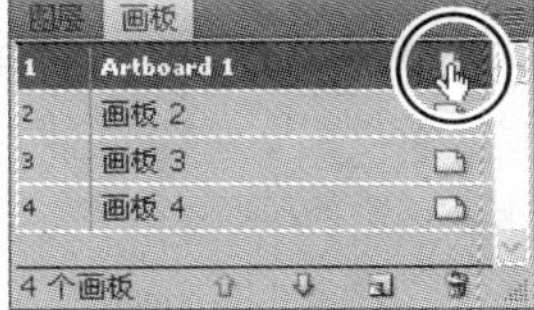

图4.10

Ai 提示：您可能注意到了，每个画板名右边都有这种按钮，让您能够设置每个画板的选项，它还显示了画板的朝向。

9. 在位置部分，确保仍选择了参考点定位器的左上角（）。

这确保调整画板大小时，其左上角不动。

10. 在“画板选项”对话框中，从下拉列表“预设”中选择 letter，如图 4.11 所示。

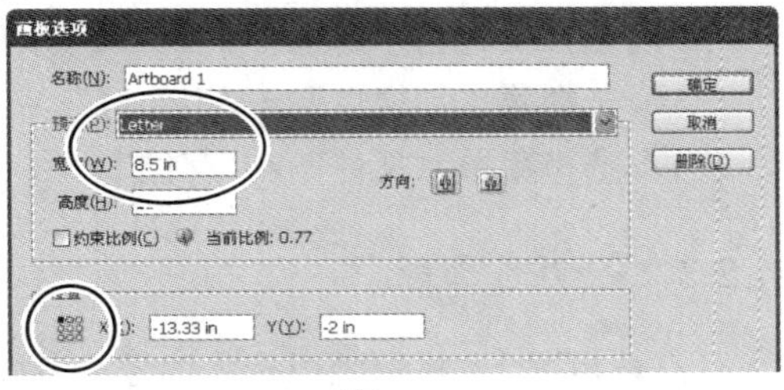

图4.11

使用下拉列表“预设”可将选定画板调整为一种预设尺寸。注意到下拉列表“预设”中包含 Web 尺寸（如 800 × 600）和视频尺寸（如 NTSC DV）。还可让画板适合图稿边界或选定图稿，这非常适合用于让画板适合徽标。单击“确定”按钮。

11. 单击控制面板中的“文档设置”按钮。

Ai 提示：也可选择菜单“文件”>“文档设置”来打开“文档设置”对话框。

12. 在“设置文档”对话框的“出血”部分，单击“上方”文本框左边的向上按钮，将值改为0.125英寸，注意到其他所有出血值也将变化，这是因为按下了按钮“使所有设置相同”（ ）。然后单击“确定”按钮，如图4.12所示。

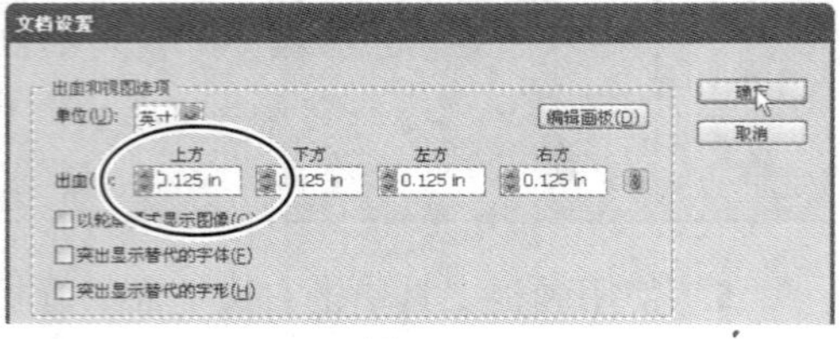

图4.12

“文档设置”对话框中有很多有用的选项，这包括单位、文字选项、透明度设置等。

> **注意**：在“文档设置”对话框中所做的修改将影响文档中所有的画板。

> **提示**：有关“文档设置”对话框的更详细信息，请参阅Illustrator帮助中的“文档设置”。

13. 选择工具箱中的画板工具（ ）。
14. 单击右边上面的画板并向右拖曳，让两个小画板离得更远些，以便它们的出血参考线之间有一定的距离，如图4.13所示。

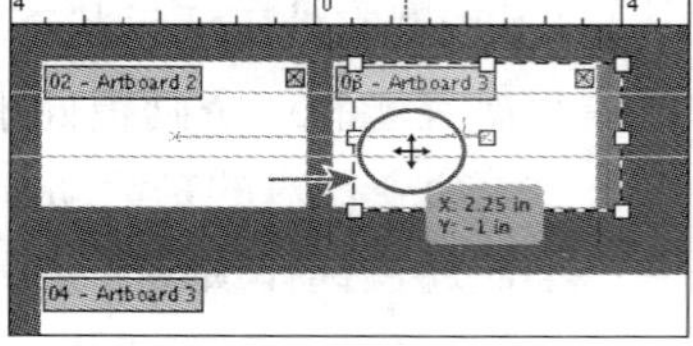

图4.13

可随时拖曳画板，必要时甚至可让画板彼此重叠。

> **注意**：拖曳包含内容的画板时，默认情况下图稿将随画板一起移动。如果只想移动画板，而不移动其中的内容，可选择画板工具，然后通过单击取消选择“移动/复制带画板的图稿”按钮。

15. 选择工具箱中的选择工具（ ）。
16. 选择菜单“窗口”>“工作区”>“基本功能”。
17. 选择菜单“文件”>“存储”。

4.2.3 重命名画板

默认情况下，将给画板指定编号和名称。在文档的画板之间导航时，难以根据通用名分辨画板。下面给画板重命名，使其更有意义。

1. 单击画板面板图标（ ）展开该画板。
2. 双击名称“Artboard 1”，这将使该画板处于活动状态且适合窗口大小。
3. 单击名称“Artboard 1”右边的“画板选项”按钮（ ）打开“画板选项”对话框。

> **提示**：也可双击工具箱中的画板工具，这将打开活动画板的“画板选项”对话框。要让画板处于活动状态，可使用选择工具单击它。

4. 将名称改为 Letterhead 并单击“确定”按钮，如图 4.14 所示。

图4.14

下面重命名其他所有画板。

5. 在“画板”面板中，单击名称“画板 2”，再单击它右边的“画板选项”按钮（ ）。
6. 将名称改为 BC – Front 并单击“确定”按钮。
7. 对其他两个画板执行相同的操作，将“画板 3”重命名为 Envolope，将“画板 4”重命名为 BC – Back，如图 4.15 所示。
8. 选择菜单“文件”>“存储”，但不要折叠画板面板以方便接下来使用。

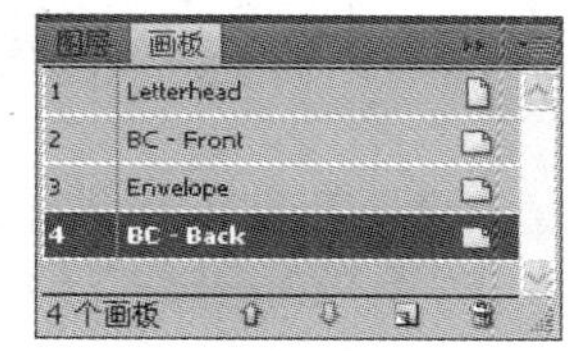

图4.15

4.2.4 调整画板的排列顺序

在文档中导航时，画板的排列顺序很重要，尤其在您使用“上一项”和“下一项”按钮在文档中导航时。默认情况下，画板的排列顺序与其创建顺序相同，但您可以修改。下面调整画板的排列顺序，让名片的两面处于正确位置。

1. 在仍打开了“画板”面板的情况下，单击画板名 Envelope，这使其成为活动画板。
2. 选择菜单“视图”>“全部适合窗口大小”。
3. 单击“画板”面板底部的“下移”按钮，如图 4.16 所示。这向下移动它，使其成为最后一个画板，即第 4 个画板。注意到这对文档窗口中的画板没有任何影响。
4. 在“画板”面板中，双击画板 BC – Front 使其适合文档窗口的大小。
5. 单击文档窗口左下角的“下一项”按钮（ ）导航到下一个画板（BC – Back），这让画板 BC – Back 适合文档窗口的大小。

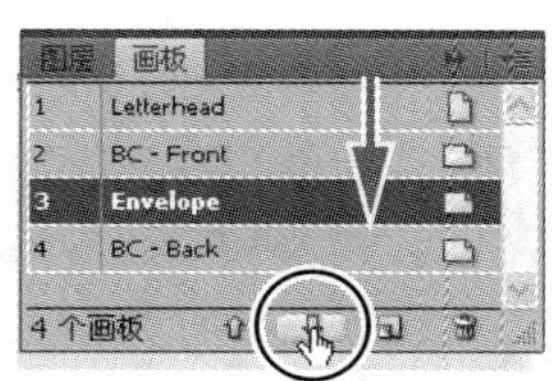

图4.16

如果没有调整画板的排列顺序，下一个画板将是 Envelope。

设置好画板后，下面重点介绍如何变换内容。

4.3 变换内容

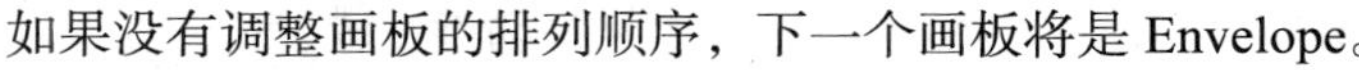

通过变换内容,可移动、旋转、镜像、缩放和倾斜对象。可使用“变换”面板、选取工具、专用工具、变换命令、参考线和智能参考线对对象进行变换。在本节中，读者将使用各种方法来变换内容。

4.3.1 使用标尺和参考线

标尺有助于精确地放置和测量对象。在每个标尺上，刻度 0 处称为标尺的原点，有人也将其称为零点。原点的位置随当前哪个画板处于活动状态而异。有两种类型的标尺：文档标尺和画板标尺，默认为画板标尺，这意味着画板成为活动的后，标尺的原点与该画板的左上角对齐。

参考线是非打印直线，可帮助用户对齐对象。通过从标尺拖曳可创建水平和垂直参考线。

> **注意**：默认情况下，标尺原点位于活动画板的左上角，但必要时可调整其位置。

下面显示标尺、重置原点并创建一条参考线。

1. 在“画板”面板中，双击画板名 BC – Back 导航到该画板。

> **注意**：如果原点没有与画板左上角对齐，请打开菜单“视图”>“标尺”，并核实其中是否包含“更改为全局标尺”。如果看到“改变为画板标尺”，请选择它。

2. 单击工作区右边的“图层”面板图标（ ）。单击图层名 Business card 左边的可视化栏，再单击图层名 Business card 以选择它，如图 4.17 所示。

任何新内容（包括参考线）都将放到选定的图层中。

图4.17

> **提示**：有关图层的更详细信息，请参阅第 8 课。

3. 按住 Shift 键，单击垂直标尺并向右拖曳，在 1/4 英寸处创建一条参考线，如图 4.18 所示。通过按住 Shift 键，可让参考线与标尺刻度对齐。

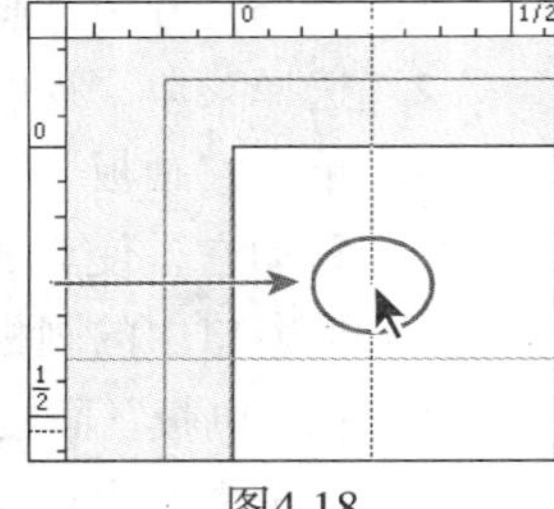
图4.18

> **提示**：要修改文档使用的单位，可选择菜单“文件”>“文档设置”，或在没有选择任何对象的情况下单击控制面板中的“文档设置”按钮，还可在标尺上单击鼠标右键或按住 Option 键并单击以修改单位。

4. 选择菜单“视图”>“参考线”>“锁定参考线”以免不小心移动参考线。
5. 单击“图层”面板图标（ ）将该面板折叠，再选择菜单“文件”>“存储”。

4.3.2 缩放对象

缩放对象指的是相对于指定的参考点沿水平方向（*x* 轴）和垂直方向（*y* 轴）扩大或缩小它。如果没有指定参考点，对象将相对于其中心点进行缩放。下面使用 3 种方法缩放组成名片的对象。

首先，将设置首选项以缩放描边和效果，然后通过拖曳定界框使其与提供的参考线对齐以缩放徽标的背景。

1. 选择菜单“编辑”>“首选项”>“常规”（Windows）或“Illustrator”>“首选项”>“常规”（Mas OS），选中复选框“缩放描边和效果”，并单击“确定”按钮。这样在缩放对象时，将缩放对象的描边宽度。
2. 选择工具箱中的矩形工具（ ），将鼠标指向左上角的红色出血参考线的交点，出现字样

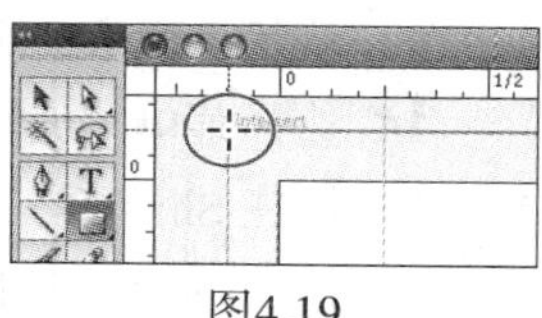
图4.19

“交叉”和绿色对齐参考线时单击鼠标，如图 4.19 所示。

3. 在“矩形”对话框中，将宽度改为 3.75 英寸，高度改为 2.25 英寸，再单击“确定”按钮。
4. 单击控制面板中的填色框，并选择色板 business card。
5. 在仍选择了矩形的情况下，选择菜单“对象”>“隐藏”>“所选对象”，这使得编辑其他内容更容易。
6. 从矩形工具所属的工具组中选择圆角矩形工具（），将鼠标指向垂直参考线上与中心标记（绿色十字线）水平对齐的位置，出现水平对齐参考线后单击鼠标并向右下方拖曳，直到到达下面的水平参考线且形状的右边缘与中心标记对齐，此时测量标签显示的宽度值为 1.5 英寸，如图 4.20 所示。

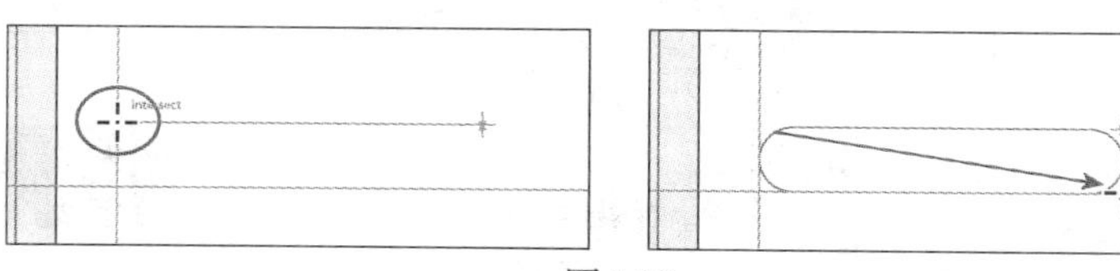

图4.20

7. 在控制面板中，将填充颜色设置为黑色。
8. 按住 Shift 键并使用选择工具（）向左上方拖曳定界框的右下角，等测量标签显示的宽度值大约为 1.4 英寸后依次松开鼠标和按键，如图 4.21 所示。

> **Ai** **注意**：拖曳时按住 Shift 键可保持对象的宽高比不变。

> **Ai** **注意**：如果看不到定界框，请选择菜单“视图”>“显示定界框”。

9. 在仍选择了该对象的情况下，按住 Alt（Windows）或 Option（Mac OS），单击并拖曳对象定界框下边缘中央的手柄，使其位于下面的水平参考线下方（这里不用太精确），再依次松开鼠标和按键，如图 4.22 所示。
10. 从状态栏中的下拉列表“画板导航”中选择 1 Letterhead。
11. 选择菜单“视图”>“轮廓”。
12. 使用选择工具拖曳一个环绕花朵下方文本的选框，以选择这些文本，如图 4.23 所示。选择菜单“编辑”>“剪切”。

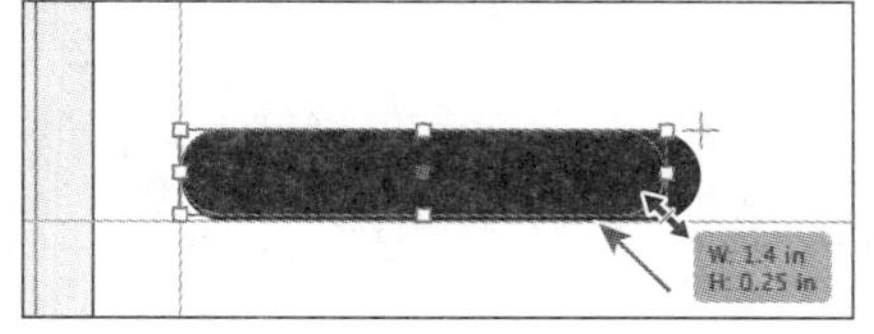

图4.21

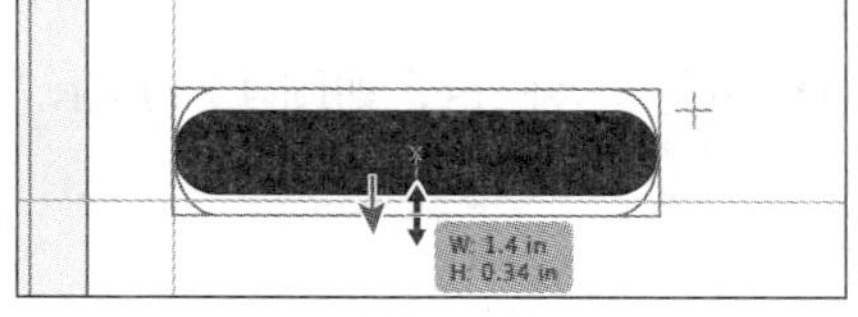

图4.22

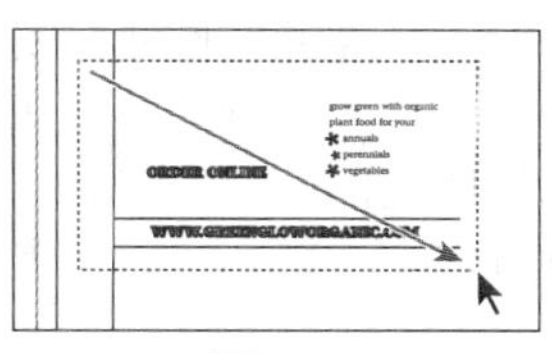

图4.23

13. 从状态栏中的下拉列表“画板导航”中选择 3 BC - Back 返回到名片画板。

14. 选择菜单“编辑”>“粘贴”，再选择菜单“选择”>“取消选择”。

15. 按住 Shift 键并从垂直标尺拖曳出一条参考线，将其放在 1.5 英寸处。

16. 使用选择工具选择文本 Order Online，并拖曳它使其右边缘与新创建的参考线尽可能对齐，且垂直与圆角矩形的中心点对齐，如图 4.24 所示。不要取消选择这些文本，并选择菜单“视图”>“预览”。

图4.24

17. 在控制面板中，单击“变换”字样。在打开的“变换”面板中，单击参考点定位器（![]）右边中间的点以设置参考点。单击文本框“宽”和“高”之间的“约束宽度和高度比例”按钮（![]），然后将宽度值改为 1.1 英寸并按回车键以缩小文本，如图 4.25 所示。

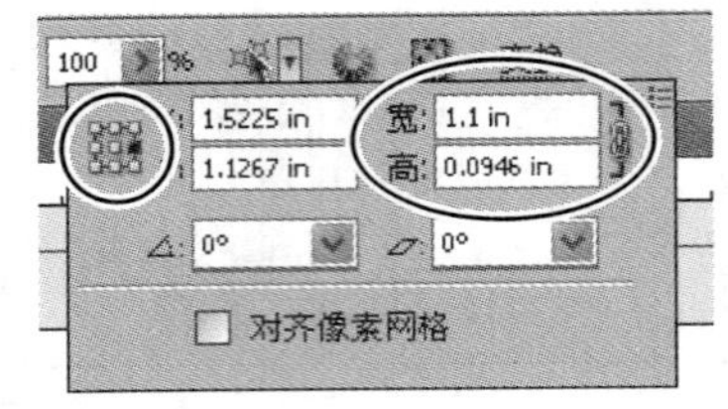

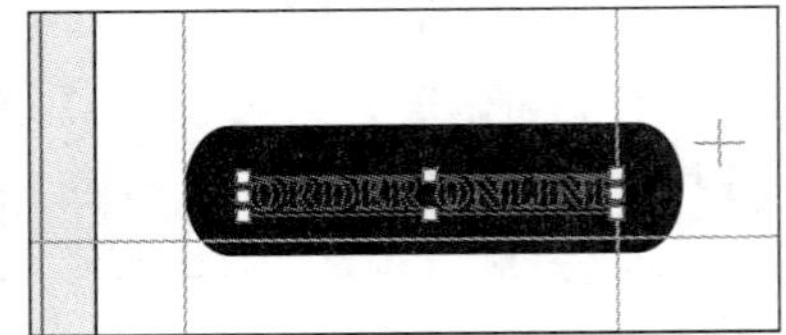

图4.25

> **Ai** **注意：**根据显示器分辨率，变换选项可能出现在控制面板中。在这种情况下，可直接在控制面板中设置这些选项。也可选择菜单“窗口”>“变换”来打开“变换”面板。

下面使用比例缩放工具复制圆角矩形并调整其大小。

18. 使用选择工具选择圆角矩形。

19. 双击工具箱中的比例缩放工具（![]）。

20. 在“比例缩放”对话框中，选中复选框“预览”。将垂直缩放比例设置为 80%，再单击“复制”按钮。这将复制圆角矩形的小型版本，并将其放在原始圆角矩形上面。

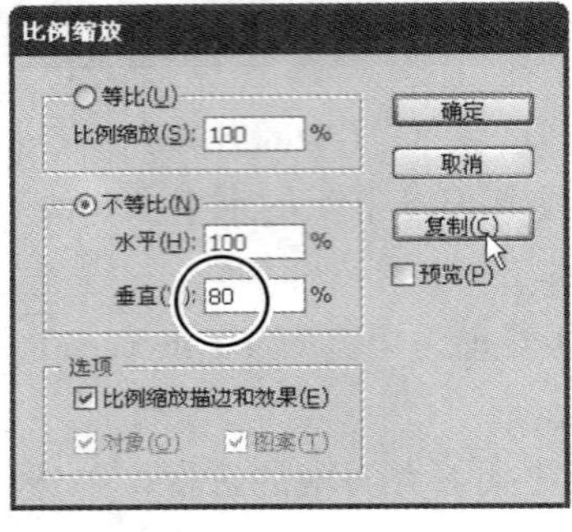

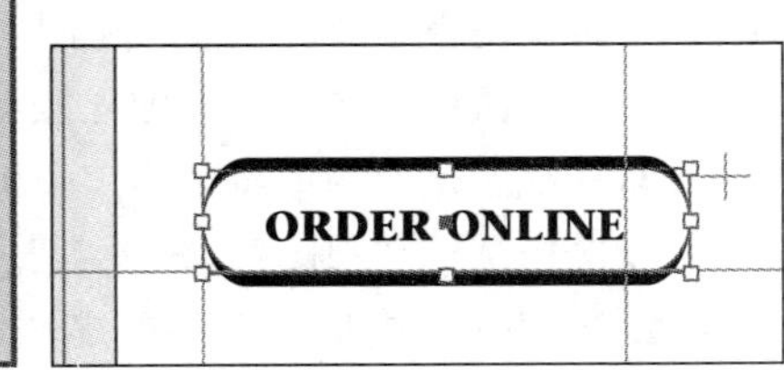

图4.26

21. 在控制面板中将填充颜色改为白色，如图 4.26 所示。

4.3.3 创建对象的镜像

Illustrator 基于一条不可见的水平或垂直轴创建对象的镜像。通过在执行镜像操作时复制对象，可创建对象的镜像并保留原始对象。同旋转和缩放一样，执行镜像操作时，可指定参考点，也可默认使用对象中心点。下面将一个符号放到画板中，再使用镜像工具沿垂直轴翻转并复制它，然后缩放和旋转其副本。

> **提示**：有关符号的更详细信息，请参阅第 14 课。

1. 单击工作区右边的“符号”面板图标（♣），并将符号 Floral 拖放到画板 BC - Back 中。
2. 单击“符号”面板图标（♣）将该面板折叠起来。
3. 在选择了符号的情况下，双击工具箱中的比例缩放工具（）。
4. 在“比例缩放”对话框中，选中单选按钮“等比”，并将“比例缩放”设置为 30%，再单击“确定”按钮。
5. 选择菜单“视图”>“智能参考线”暂时禁用智能参考线。
6. 使用选择工具（）将符号拖曳到 Order Online 下方，且使其左边缘与 1/4 英寸处的参考线对齐（不用太精确），如图 4.27 所示。

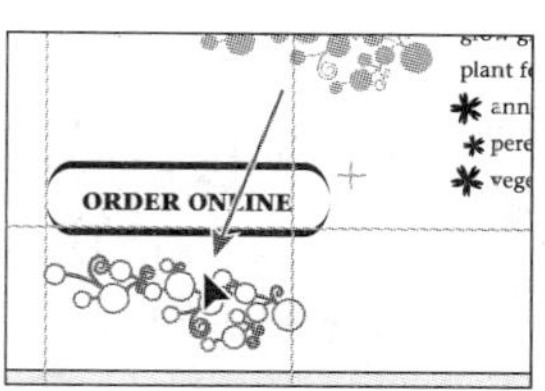

图4.27

7. 选择菜单“视图”>“智能参考线”以启用它。
8. 在仍选择了符号的情况下，选择菜单“编辑”>“复制”，再选择菜单“编辑”>“贴在前面”将副本放在原始符号上面。
9. 在工具箱中，选择隐藏在旋转工具（）后面的镜像工具（），再单击符号的右边缘（可能出现字样“边缘”），如图 4.28 所示。

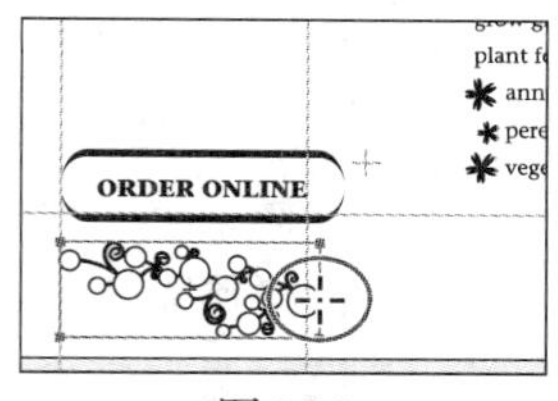

图4.28

这将镜像参考点设置为符号的右边缘，而不是默认的中心点。

> **注意**：要一步创建镜像，可在使用镜像工具设置镜像参考点时按住 Alt（Windows）或 Option 键，再在打开的“镜像”对话框中选中单选按钮“垂直”，并单击“复制”按钮。

10. 在选择了复制的符号的情况下，将鼠标指向符号右边，并沿逆时针方向拖曳。拖曳时按住 Shift 键，等测量标签显示 –90° 后依次松开鼠标和按键，如图 4.29 所示。

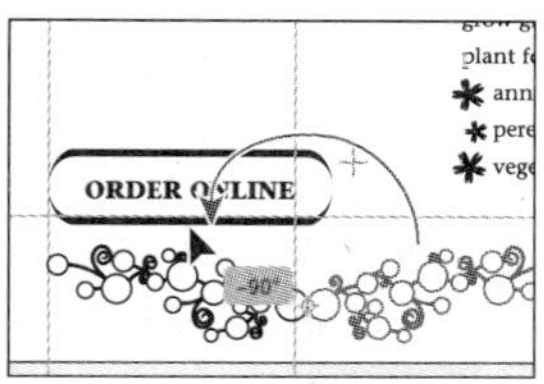

图4.29

按住 Shift 键确保旋转角度为 45 的整数倍。

4.3.4 旋转对象

旋转对象指的是让其绕指定参考点转动。要旋转对象，可显示其定界框，将鼠标指向定界框一角的外面，等到出现旋转图标后，单击并拖曳鼠标使对象绕其中心点旋转；也可通过“变换”面板设置参考点和旋转角度来旋转对象。

下面使用旋转工具来旋转这两个符号。

1. 使用选择工具（）选择左边的符号，在工具箱中选择隐藏在镜像工具（）后面的旋转工具（◌），再双击旋转工具，注意到参考点位于符号的中心。

2. 在“旋转”对话框中，确保选中了复选框“预览”。在文本框“角度”中输入 20，再单击“确定”按钮，让符号绕参考点旋转，如图 4.30 所示。

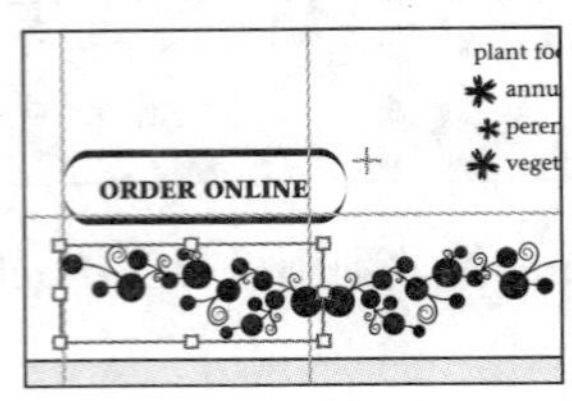

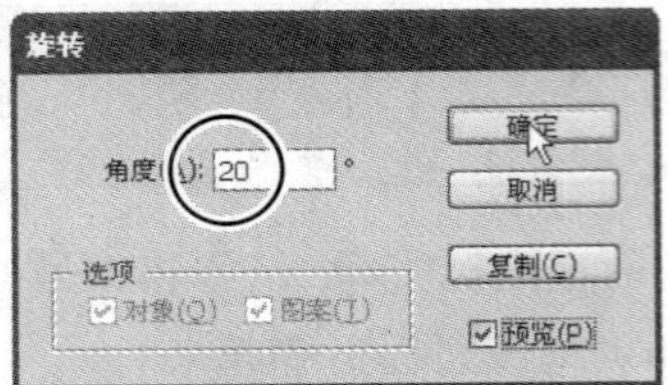

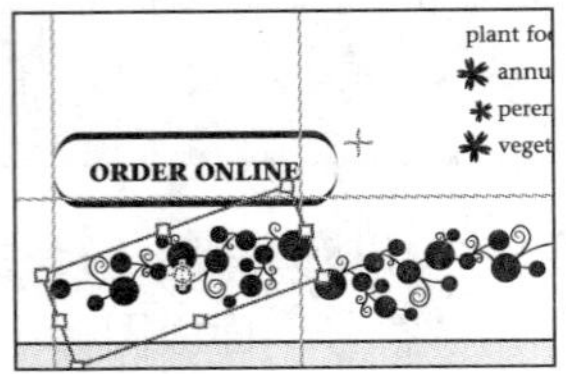

图4.30

> **Ai** **注意：**如果选择了一个对象，在选择旋转工具后，可按住 Alt（Windows）或 Option（Mac OS）并单击对象（或画板）的任何地方，以设置参考点并打开“旋转”对话框。

3. 使用选择工具单击右边的符号，重复前面的操作，但在“角度”文本框中输入 –20。
4. 按住 Shift 键并使用选择工具单击左边的符号，将其加入当前选区，再选择菜单“对象”>“编组”。
5. 选择菜单“视图”>“缩小”。
6. 选择旋转工具，单击对象组的右下角将其设置为参考点。单击对象组的左边缘并向右上方拖曳，注意到只能沿以参考点为中心的圆弧拖曳。拖曳时按住 Shift 键将旋转角度限制为 45° 的整数倍。当对象组呈垂直状态，且测量标签显示 –90° 时松开鼠标，再松开按键，如图 4.31 所示。

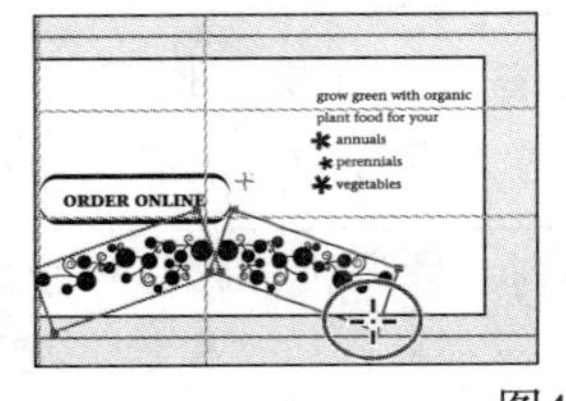

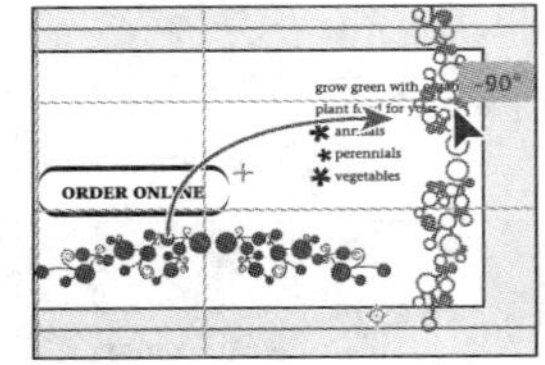

图4.31

7. 使用选择工具将编组拖曳到画板的右边缘，并大概与画板垂直居中对齐，位置不用太准确。
8. 按住 Shift 键，并向右拖曳定界框左边缘中央的手柄，使整个编组位于上、下出血参考线内。
9. 在仍选择了对象组的情况下，单击控制面板中的“不透明度”字样打开“透明度”面板。在“透明度”面板中，单击字样“正常”并选择“叠加”。

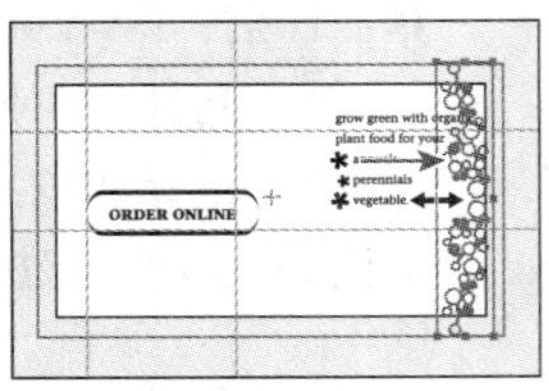

图4.32

> **Ai** **提示：**有关混合模式的更详细信息，请参阅 Illustrator 帮助中的“有关混合模式”。

10. 选择菜单“对象”>“显示全部”以便能够看到名片的背景。

11. 选择菜单“视图”>“参考线”>“隐藏参考线”。

12. 选择菜单“文件”>“存储”。

图4.33

4.3.5 扭曲对象

可使用多种工具以不同的方式扭曲对象的形状。

下面将创建一朵花：首先对一个星形形状应用“扭转”滤镜，然后使用扭曲滤镜“收缩和膨胀”对其中心进行变换。

1. 单击状态栏中的“首项”按钮（ ）切换到第一个画板。
2. 选择菜单“视图”>“参考线”>“显示参考线”。
3. 使用选择工具（ ）单击徽标 Green Glow 下方的大花朵形状以选择它。
4. 选择菜单“效果”>“变形”>“扭转”。在“变形选项”对话框中，选择复选框“预览”，并将“弯曲”改为 60%，再单击“确定”按钮，如图 4.34 所示。

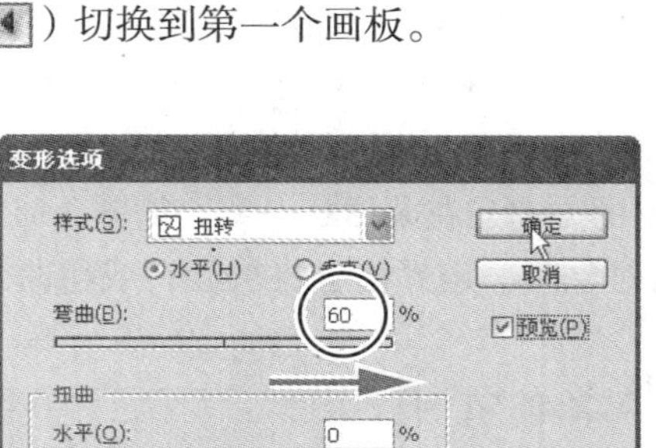

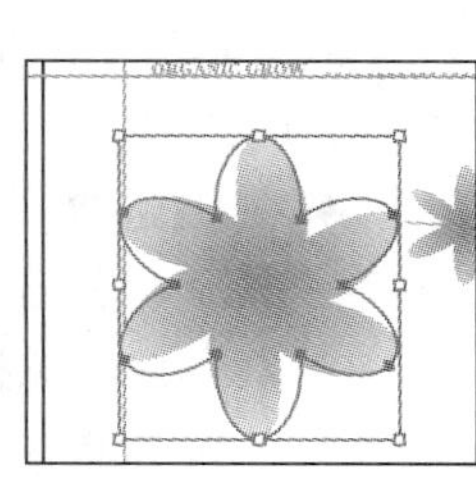

图4.34

扭转作为一种效果应用于对象，这将保留原始形状，让用户能够随时通过“外观”面板删除或编辑效果。有关如何使用效果的更详细信息，请参阅第 12 课。

下面绘制花朵的中间部分，它与花朵居中对齐且位于花朵上面。

5. 在选择了花朵的情况下，选择菜单“窗口”>“属性”打开“属性”面板。单击属性面板菜单按钮（ ）并选择“显示全部”，再单击“显示中心点”按钮（ ）以显示花朵的中心点。
6. 关闭“属性”面板。
7. 选择缩放工具（ ）并单击花朵形状 3 次。
8. 选择隐藏在圆角矩形工具后面的星形工具（ ），单击花朵中心点并拖曳以便在花朵中央绘制一个星形。按上箭头键一次增加一个顶点，以绘制六角星。按住 Shift 键并拖曳，直到测量标签显示的高度大约为 0.8 英寸，如图 4.35 所示。松开鼠标，再松开 Shift 键，并让星形被选中。
9. 单击控制面板中的填色框并选择淡绿色色板（12c 0m 47y 0k）。再按 Esc 键关闭打开的“色板”面板。结果如图 4.35 所示。

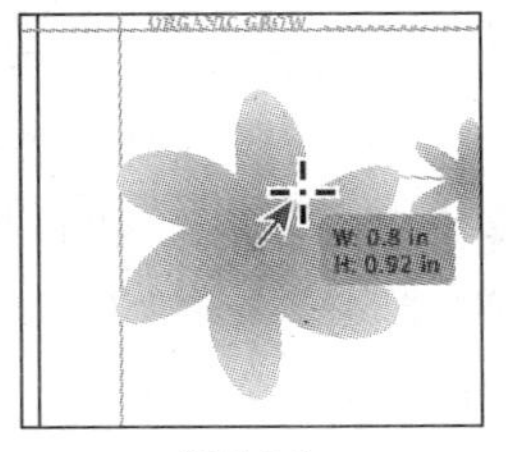

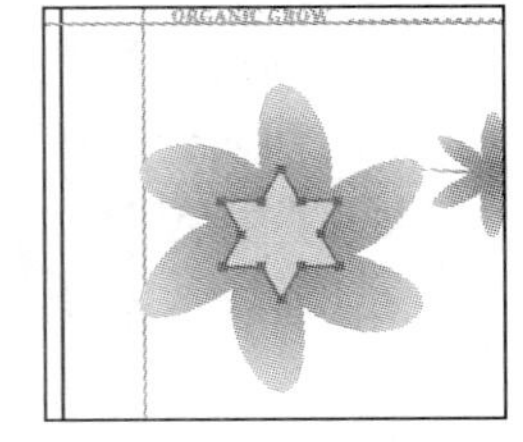

图4.35

下面使用“收缩和膨胀”效果扭曲位于前面的星形。该效果从锚点向里或向外扭曲对象。

10. 在仍选择了中央星形的情况下，选择菜单“效果”>“扭曲和变换”>“收缩和膨胀”。

11. 在“收缩和膨胀”对话框中，选中复选框“预览”，并向左拖曳滑块将值改为大约 –80% 以扭曲星形，再单击“确定”按钮，如图 4.36 所示。

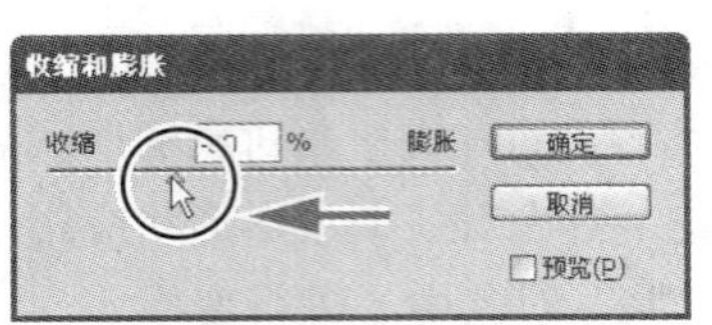

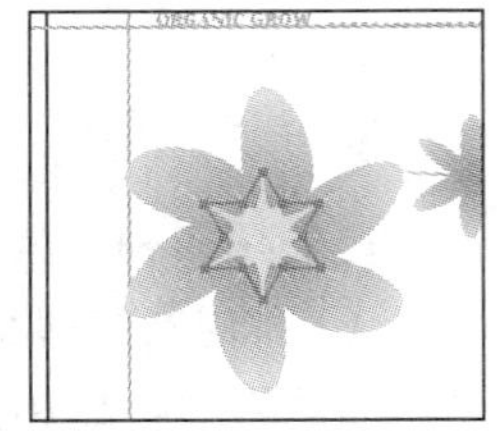

图4.36

12. 选择菜单“视图”>“智能参考线”以禁用智能参考线。

13. 使用选择工具指向星形定界框的右下角外面，出现旋转箭头（↶）后单击并向左下方拖曳，直到星形的方向与花朵形状一致，如图 4.37 所示。

当您旋转或扭曲对象时，定界框也将被旋转或扭曲。如果必要，可重置定界框使其变成环绕对象的垂直矩形。

14. 在仍选择了对象的情况下，选择菜单“对象”>“变换”>“重置定界框”，如图 4.37 所示。

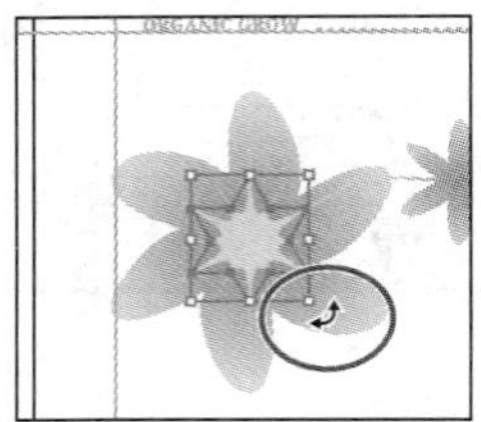

将鼠标指向对象外面

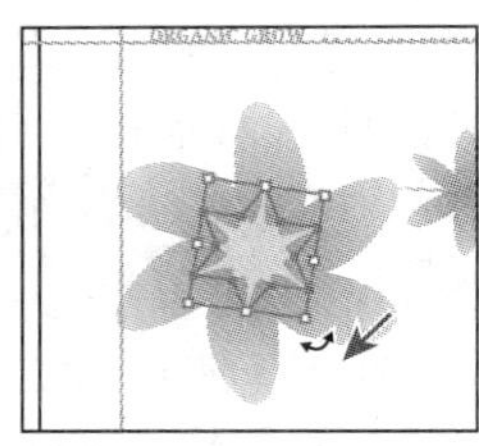

旋转对象

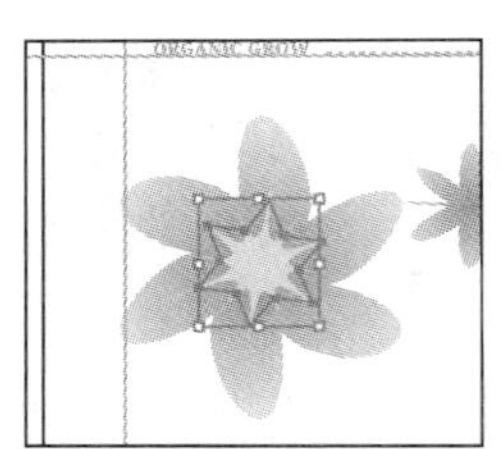

重置定界框

图4.37

15. 按住 Shift 键，并使用选择工具单击后面的花朵以及右边的小花朵，以同时选择这 3 个形状，再选择菜单“对象”>“编组”。

16. 在控制面板中，将不透明度设置为 20%。

17. 选择菜单“选择”>“取消选择”，再选择菜单“文件”>“存储”。

4.3.6 倾斜对象

倾斜对象指的是沿指定轴倾斜对象的某些边，同时保持对边平行，但使对象不对称。

下面复制并倾斜徽标形状。

1. 选择菜单“视图”>“画板适合窗口大小”。

2. 选择菜单“视图”>“智能参考线”以启用智能参考线。

3. 选择工具箱中的缩放工具（🔍），并拖曳出一个覆盖画板左上角的 green glow 徽标的选框。

4. 切换到选择工具（▶），通过单击选择文本 green glow 上方的花朵形状。

5. 选择菜单“编辑”>“复制”，再选择菜单“编辑”>“贴在前面”将副本粘贴在原件上面。

6. 在工具箱中，选择隐藏在比例缩放工具（ ）后面的倾斜工具（ ）。将鼠标指向花朵形状的下边缘并单击以设置参考点。按住 Shift 键并向左拖曳花朵形状，到达画板边缘后松开鼠标，再松开 Shift 键，如图 4.38 所示。

7. 在控制面板中将不透明度设置为 20%。

8. 选择菜单“对象”>“排列”>“后移一层”将副本放在原件后面，结果如图 4.38 所示。

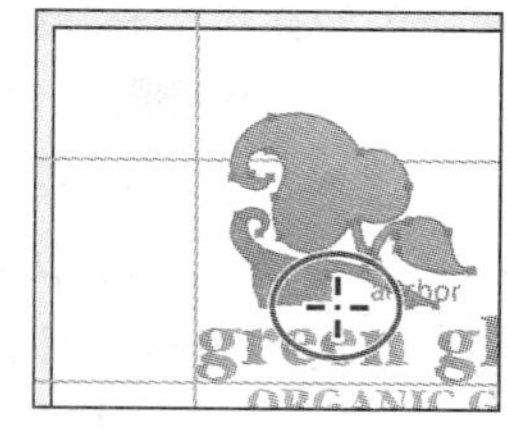

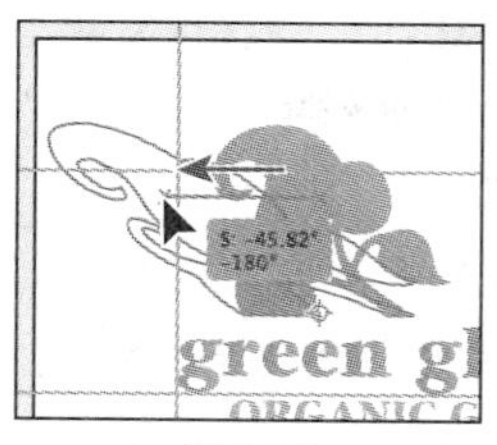

图4.38

Ai 提示：在“变换”面板中，也可执行比例缩放、倾斜和旋转，还可设置 *x* 坐标和 *y* 坐标。

9. 使用选择工具拖曳出一个覆盖两个花朵形状、文本 green glow 和文本 organic grow 的选框，以选择徽标的各个组成部分。确保没有选择徽标右边的虚线，再选择菜单“对象”>“编组”。

10. 选择菜单“编辑”>“复制”，再选择菜单“选择”>“取消选择”。

4.4 精确指定对象的位置

可使用智能参考线和变换面板将对象精确地移到页面的 *x* 轴和 *y* 轴上特定的坐标处，还可控制对象相对于画板边缘的位置。

下面在信封中添加内容：首先将徽标复制到信封图稿中，然后指定其在信封中的精确坐标。

1. 选择菜单“视图”>“全部适合窗口大小”以便能够看到所有画板。

2. 在文档窗口的左下角，从“画板导航”下拉列表中选择 2 BC – Front。

3. 选择菜单“编辑”>“就地粘贴”，将前面复制的编组粘贴到该画板中，且相对于左上角的位置不变。

4. 按住 Shift 键，并使用选择工具向上拖曳徽标编组，当测量标签显示的 dx 和 dy 分别是 0 和 0.18 英寸时依次松开鼠标和 Shift 键，如图 4.39 所示。

图4.39

dy 表示沿 *y* 轴（垂直方向）移动的距离。

Ai 注意：在第 4 步中，测量标签显示的 dy 之所以为负值，是因为标尺原点与画板左上角对齐。在画板中向上拖曳内容时，默认显示的 dy 为负值。

5. 在仍选择了该编组的情况下，选择菜单“编辑”>“复制”。

6. 选择菜单“选择”>“取消选择”。

7. 在状态栏中的下拉列表“画板导航”中选择 4 Envelope 以切换到信封，再选择菜单“编辑”>“就地粘贴”。

8. 在状态栏中的下拉列表“画板导航”中选择 3 BC – Back 切换到名片背面。

9. 按住 Shift 键并使用选择工具单击名片右上角的文本和小花，如图 4.40 所示。

10. 选择菜单“对象”>“编组”，再选择菜单“编辑”>“复制”。

11. 从状态栏中的“画板导航”下拉列表中选择 4 Envelope 以返回信封画板，再选择菜单“编辑”>“粘贴”。

12. 单击控制面板中的字样“变换”，然后在“变换”面板中单击左边中央的参考点（![]），将 X 和 Y 值分别改为 0.45 英寸和 1.7 英寸，再按回车键让设置生效，如图 4.40 所示。如果文本离徽标太近，可按下箭头键多次，使其位置更合适。

> **注意：**控制面板中可能没有“变换”字样，而包含变换选项，这取决于您的屏幕分辨率。您可能需要选择菜单“窗口”>“变换”。

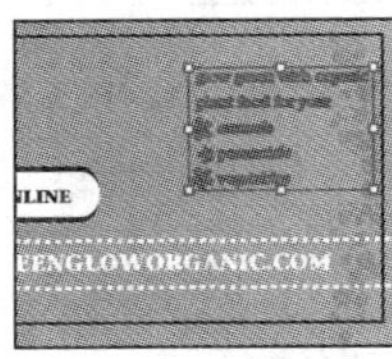
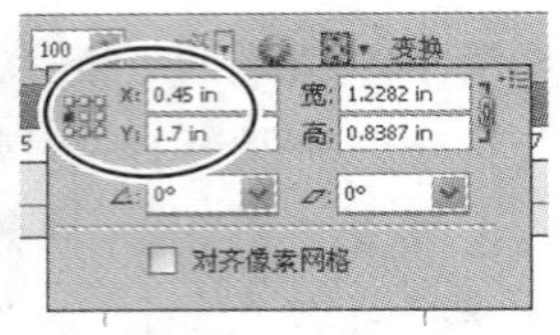

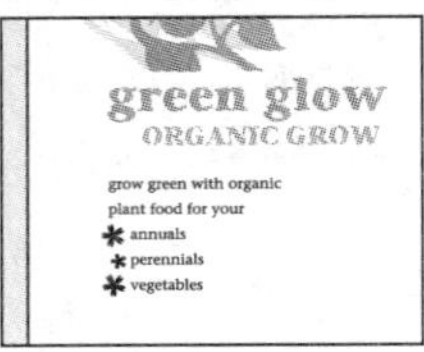

图4.40

13. 单击画板空白区域以取消选择这些对象，再选择菜单“文件”>“存储”。

4.4.1 修改透视

下面使用自由变换工具修改一些文本的透视。自由变换工具是一种多用途工具，除用于改变对象的透视外，还可用于缩放、倾斜和旋转对象以及建立对象镜像。

1. 使用选择工具（![]）双击左上角的徽标，这将徽标切换到隔离模式。

2. 选择文本 organic grow（如图 4.41 所示），再选择菜单“编辑”>“复制”。

3. 双击画板的空白区域退出隔离模式。

4. 选择菜单“编辑”>“粘贴”，将文本拖放到画板底部离画板左边缘大约 1 英寸的地方，如图 4.41 所示。不要取消选择文本 organic grow。

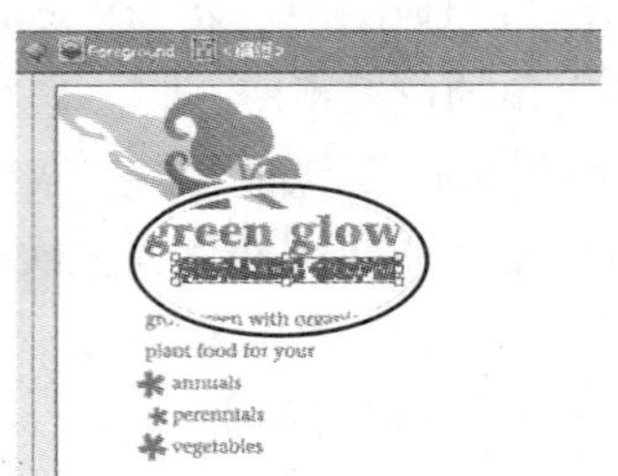

图4.41

5. 在工具箱中，选择隐藏在倾斜工具（![]）后面的比例缩放工具（![]），然后按住 Alt 键（Windows）或 Option（Mac OS）键并单击文本 organic grow 的左边缘将其设置为参考点。在“比例缩放”对话框中，选中复选框“预览”，选择单选按钮“等比”，并在“比例缩放”文本框中输入 300，再单击“确定”按钮，如图 4.42 所示。

6. 在仍选择了文本的情况下，选择工具箱中的自由变换工具（![]）。

7. 将双头箭头鼠标（ ◂|▸ ）指向对象定界框的右上角，接下来的操作需要特别小心，请严格按说明操作。单击右上角的手柄并缓慢地向上拖曳，拖曳时按住 Shift + Alt + Ctrl 键（Windows）或 Shift + Option + Command（Mas OS）以修改对象的透视，如图 4.43 所示。松开鼠标，再松开按键。

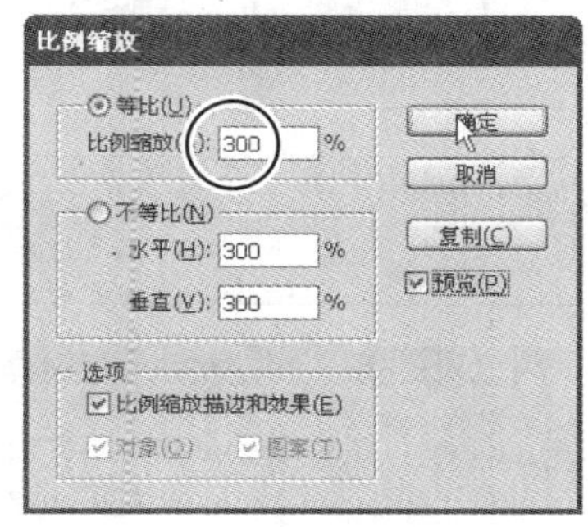

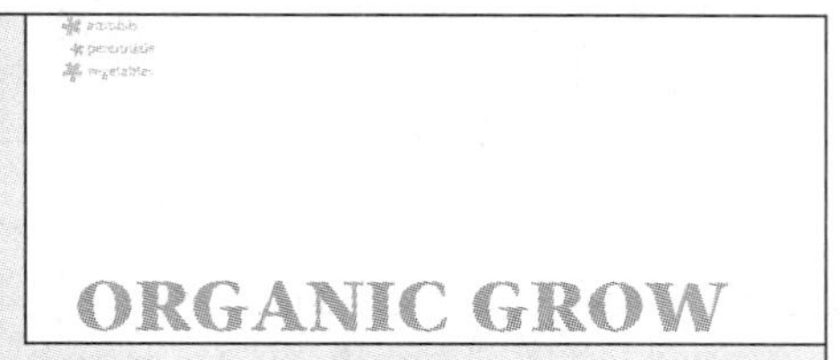

图4.42

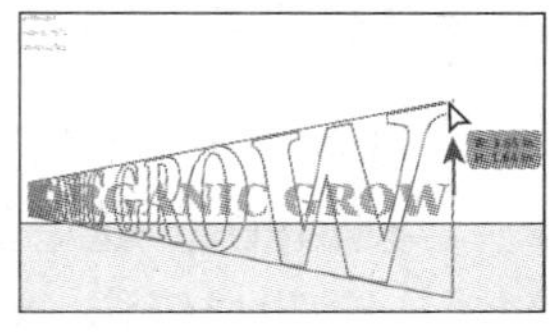

图4.43

> **注意**：如果单击时按住这些修正键，将不能修改透视。

拖曳时按住 Shift 键可保持对象的宽高比不变；按住 Alt/Option 键将以中心为参考点进行缩放；最后，拖曳时按住 Ctrl/Command 键将以拖曳的锚点或定界框手柄为参考点进行扭曲。

8. 双击旋转工具（ ），在“旋转”对话框中，选中复选框“预览”，将角度改为 10 度，再单击“确定”按钮，如图 4.44 所示。

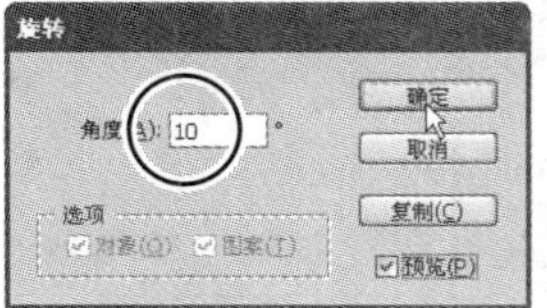

图4.44

图4.45

> **注意**：旋转后，文本的下边缘应该位于画板下边缘的上方，如果不是这样，请尝试在“旋转”对话框中指定不同的角度值。

9. 如果必要，使用选择工具拖曳文本，直到其下边缘位于画板下边缘的上方。
10. 在仍选择了文本 organic grow 的情况下，在控制面板中将不透明度改为 30%，结果如图 4.45 所示。
11. 选择菜单“选择”>“取消选择”。
12. 选择菜单“文件”>“存储”。

4.4.2 执行多次变换

下面执行多次变换。

1. 在状态栏中，从下拉列表“画板导航”中选择 2 BC – Front。

2. 使用选择工具双击徽标，再单击绿色花朵以选择它，然后选择菜单“编辑” > “复制”。

3. 按 Esc 键退出隔离模式，再选择菜单“编辑” > “粘贴”。

4. 拖曳花朵形状使其与画板的左边缘和下边缘对齐。

5. 单击控制面板中的字样“变换”打开“变换”面板。单击参考点定位器的左下角（），确保按下了“约束宽度和高度比例”按钮（），将高度改为 0.3 英寸，再按回车键，如图 4.46 所示。

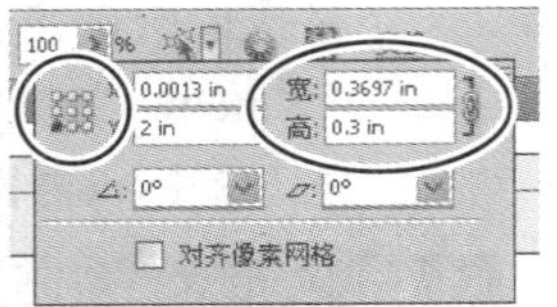

图4.46

> **注意：**控制面板中可能没有“变换”字样，而包含变换选项，这取决于您的屏幕分辨率。您可能需要选择菜单“窗口” > “变换”。

6. 选择菜单“对象” > “变换” > “分别变换”。在“分别变换”对话框中，选中复选框“预览”，选择复选框“对称 X”沿 *x* 轴生成镜像。在“移动”部分，将“水平”文本框中的值改为 0.4 英寸。保留其他设置不变，并单击“复制”按钮（而不是“确定”按钮），如图 4.47 所示。

“分别变换”对话框中的选项让您能够应用多种变换。

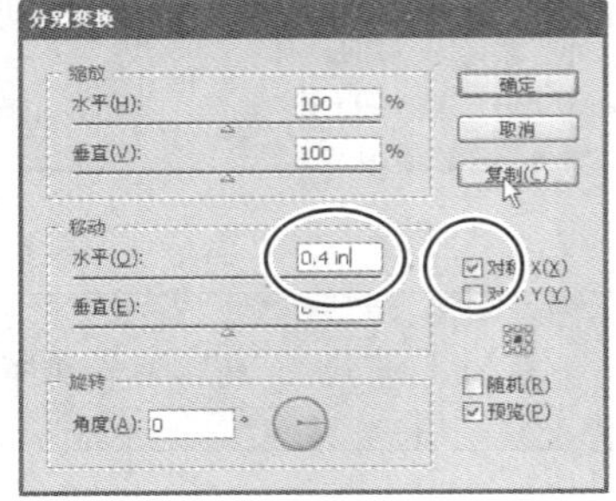

图4.47

> **提示：**也可以效果方式应用多种变换，包括缩放、移动、旋转及镜像。为此，在选择对象后，选择菜单“效果” > “扭曲和变换” > “变换”，这将打开一个与“分别变换”对话框类似的对话框。将变换作为效果的优点是，可随时修改或删除变换效果。

7. 选择菜单“对象” > “变换” > “再次变换”再创建一朵花。

下面使用键盘快捷键重复这种变换。

8. 不断按 Ctrl + D（Windows）或 Command + D（Mas OS）重复上述变换，以总共创建 9 朵花，如图 4.48 所示。

图4.48

9. 使用选择工具拖曳一个覆盖画板底部全部花朵的选框，以选择它们。

10. 选择菜单“对象” > “编组”。

11. 选择菜单“文件” > “存储”。如果打算完成本课后面“练习”一节的任务，请让这个文件打开。

4.4.3 使用自由扭曲效果

下面探索另一种稍微不同的扭曲对象的方式。自由扭曲是一种效果，让用户能够通过移动选定对象的 4 个角点来扭曲它。

1. 选择菜单“文件”>“打开”，打开硬盘中文件夹 Lessons\Lesson04 中的文件 L4start_2.ai。该文件包含您将复制到另一个文件中的内容。
2. 选择菜单“文件”>“新建”。
3. 在“新建文档”对话框中，将名称改为 business cards，确保从下拉列表“新建文档配置文件”中选择了“打印”，将单位改为英寸，将画板数量改为 8，单击“按行设置网格”按钮（），将间距改为 0 英寸，列数改为 2，宽度改为 3.25 英寸，高度改为 2 英寸，取向改为横向（）。单击文本框“上方出血”左边的上箭头，将所有出血值都设置为 0.125 英寸，然后单击“确定”按钮，如图 4.49 所示。

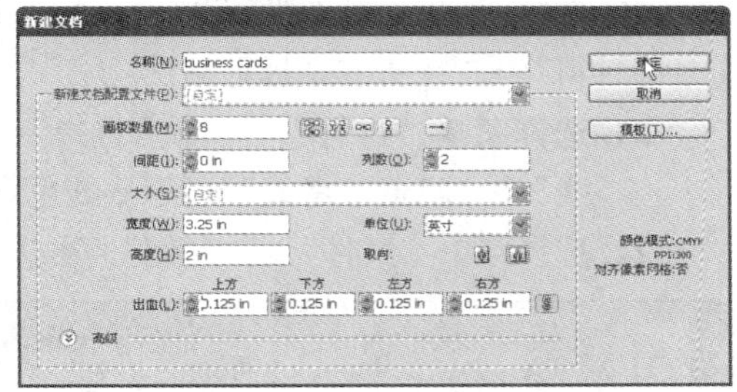

图4.49

4. 使用选择工具（）单击左上角的画板使其成为活动画板。
5. 选择菜单“文件”>“存储为”。在“存储为”对话框中，保留文件名 business card.ai，并切换到文件夹 Lesson04。保留“保存类型”为 Adobe Illustrator（*.AI）（Windows）或“格式”为 Adobe Illustrator（ai）（Mac OS），并单击“保存”按钮。在“Illustrator 选项”对话框中，保留默认设置并单击“确定”按钮。
6. 单击应用程序栏中的“排列文档”按钮（）并从下拉列表中选择“双联”以并排排列文档。
7. 单击 business card.ai 所在的文档窗口，再选择菜单“视图”>“画板适合窗口大小”。在 L4start_2.ai 所在的窗口中单击，再选择菜单“视图”>“画板适合窗口大小”。
8. 选择菜单“选择”>“全部”以选择文件 L4start_2.ai 的全部内容。
9. 选择菜单“对象”>“编组”，再选择菜单“编辑”>“复制”。
10. 关闭文件 L4start_2.ai 而不保存对其所做的修改。
11. 单击应用程序栏中的“排列文档”按钮，并从下拉列表中选择“全部合并”。
12. 选择菜单“视图”>“画板适合窗口大小”，让第一个画板适合窗口大小。
13. 选择菜单“编辑”>“粘贴”。
14. 使用选择工具双击粘贴而来的编组，以进入隔离模式，再通过单击选择凉鞋。
15. 选择菜单“效果”>“扭曲和变换”>“自由扭曲”。
16. 在“自由扭曲”对话框中，通过拖曳一个或多个手柄扭曲选定的对象。这里向两边拖曳上面的锚点，并向中间拖曳下面的锚点，再单击“确定”按钮，如图 4.50 所示。
17. 双击图稿外面退出隔离模式并取消选择图稿，结果如图 4.51 所示。

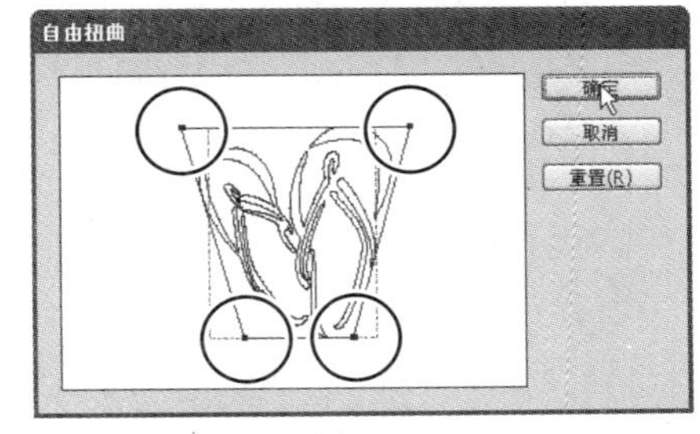

图4.50

下面将创建名片的多个副本。

图4.51

18. 选择菜单“选择”>“现用画板上的全部对象”。

19. 选择菜单“编辑”>“剪切”。

20. 选择菜单“视图”>“全部适合窗口大小”，再选择菜单“编辑”>“在所有画板上粘贴”。

21. 选择菜单“选择”>“取消选择”，再选择菜单“视图”>“参考线”>“隐藏参考线”以隐藏红色出血参考线。

22. 选择菜单“文件”>“存储”，再选择菜单“文件”>“关闭”。

> Ai | **提示**:要在一页上打印所有名片，选择菜单“文件”>“打印”，再选择复选框“忽略画板”，让所有画板位于一页中。

4.5 练 习

1. 在文件 green_glow.ai 中，对画板 2 BC – Front 中的徽标进行变换，使其宽度为 0.5 英寸，且左上角的位置保持不变。

2. 将画板 3 BC – Back 中的其他内容（包括按钮 order online）复制到画板 2 BC – Front 中。

3. 双击 green glow 徽标进入隔离模式，并尝试将徽标中的花朵翻转。

4. 选择花朵并单击控制面板中的“变换”字样以打开“变换”面板。选择中央的参考点，并从变换面板菜单中选择“水平翻转”。

> Ai | **注意**：控制面板中可能没有“变换”字样，而包含变换选项，这取决于您的屏幕分辨率。您可能需要选择菜单“窗口”>“变换”。

5. 将几个画板重命名，并添加一个表示信封背面的画板。

复习

复习题

1. 指出两种修改现有画板大小的方法。
2. 如何重命名画板？
3. 如何选择和操作对象组中的对象？
4. 如何调整对象的大小？如何指定调整对象大小时使用的参考点？如何在调整一组对象的大小时保持宽高比不变？
5. 使用变换面板可执行哪些变换？
6. 变换面板中的正方形图示（ ）表示什么？它将如何影响变换操作？

复习题答案

1. 双击画板工具并在“画板选项”对话框中指定活动画板的大小。选择画板工具，并拖曳画板的边或角以调整其大小。
2. 要重命名画板，可使用画板工具单击画板以选择它，再通过控制面板中“名称”文本框修改其名称；也可单击“画板”面板中的“画板选项”按钮，再在“画板选项”对话框中输入新名称。
3. 可使用选择工具双击对象组以进入隔离模式，这将暂时取消编组，让您无需取消编组就能编辑组中的对象。
4. 可通过多种方式调整对象的大小：选择对象并拖曳其定界框上的手柄；使用比例缩放工具或变换面板；选择菜单“对象”>“变换”>“缩放”并指定精确的尺寸；还可通过选择菜单“效果”>“扭曲和变换”>“变换”来缩放对象。
5. 可使用“变换”面板来执行如下变换操作：在图稿中精确地移动或定位对象（通过指定 x、y 坐标及参考点）、比例缩放、旋转、倾斜、镜像。
6. “变换”面板中的正方形表示选定对象的定界框。通过在该正方形中选择一个点，可指定缩放、移动、旋转、倾斜或镜像该对象时使用的参考点。

第5课 使用钢笔和铅笔工具绘图

在本课中，读者将学习如何执行如下操作：

- 绘制曲线；
- 绘制直线；
- 使用模板图层；
- 结束路径段和分割线条；
- 选择和调整曲线段；
- 创建虚线并添加箭头；
- 使用铅笔工具绘画和编辑。

学习本课需要大约 1.5 小时。如果必要，从硬盘中删除前一课的文件夹，并将文件夹 Lesson05 复制到硬盘中。

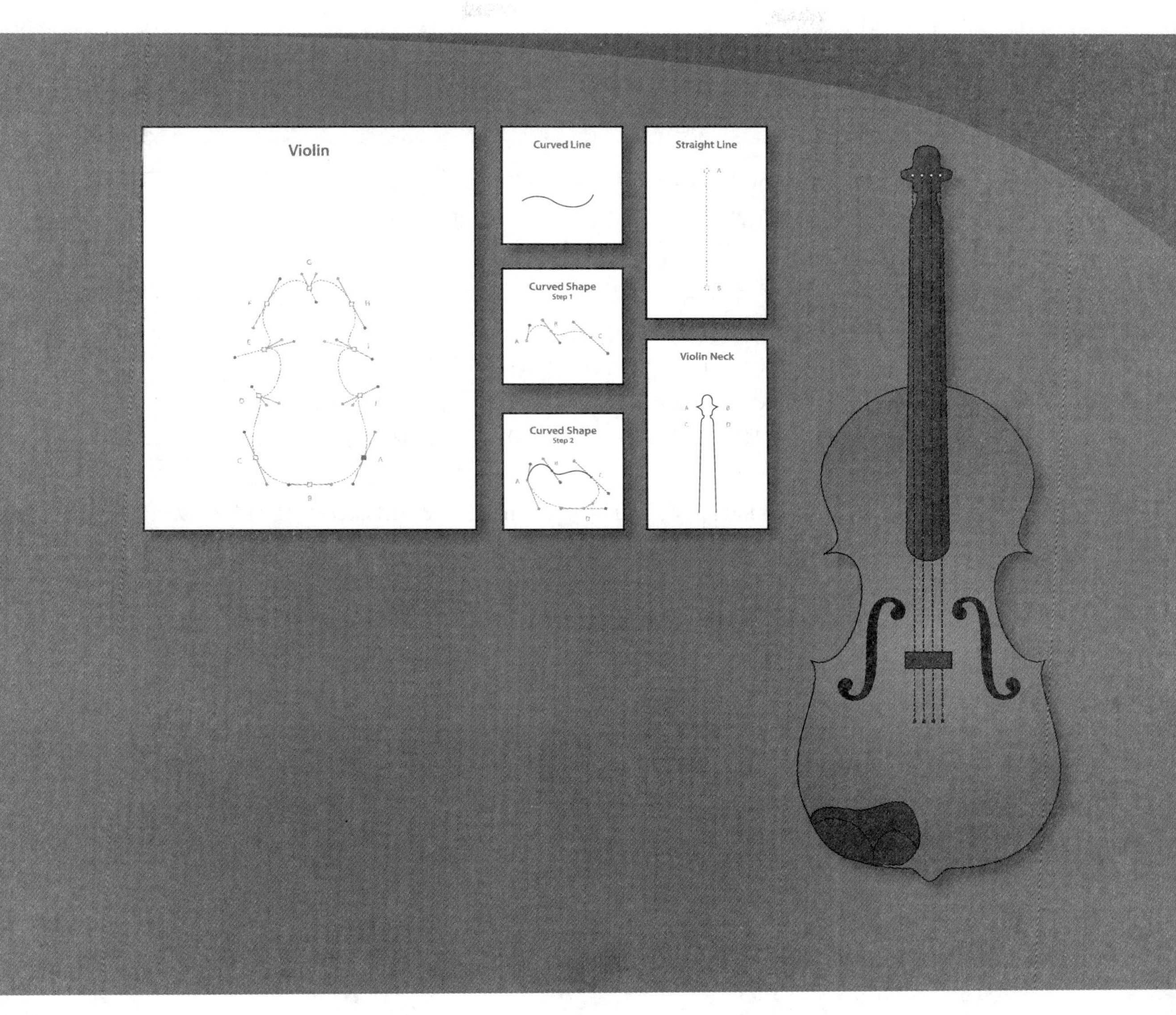

铅笔工具更适合用于绘制和编辑自由线条，而钢笔工具更适合用于精确地绘图，包括直线、贝塞尔曲线和复杂形状。在本课中，读者将首先在空白画板中练习使用钢笔工具，然后使用它创建一幅小提琴插图。

5.1 简 介

在本课的第一部分，读者将在空白画板上学习如何使用钢笔工具。

1. 为确保工具和面板像本课描述的那样，请删除或重命名 Adobe Illustrator CS5 首选项文件，详情请参阅“前言”中的“恢复默认首选项”。
2. 启动 Adobe Illustrator CS5。

> Ai 注意：如果还没有从配套光盘的文件夹 Lesson05 中将本课的资源文件复制到硬盘，现在就这样做，详情请参阅“前言”中的“复制课程文件”。

3. 打开硬盘中文件夹 Lessons\Lesson05 中的文件 L5start_1.ai，上面的画板显示了读者将创建的路径（如图 5.1 所示），您将使用下面的画板来完成这个练习。

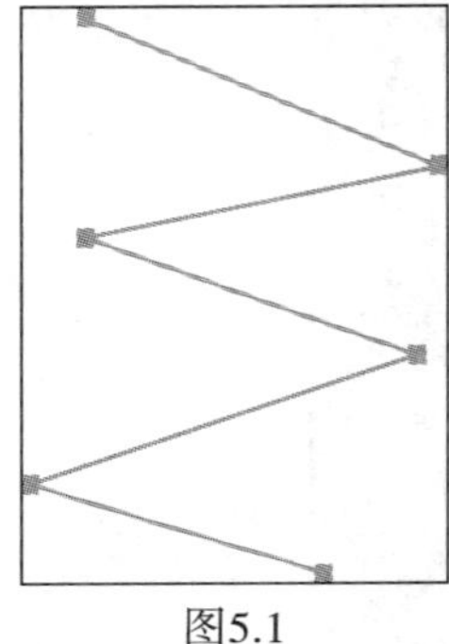

图5.1

4. 选择菜单“文件”>“存储为”。在“存储为”对话框中，切换到文件夹 Lesson05，在文本框“文件名”中输入 path1.ai。从下拉列表“保存类型”中选择 Adobe Illustrator（*.AI）（Windows）或从下拉列表“格式”中选择 Adobe Illustrator（ai）（Mac OS），并单击“保存”按钮。在“Illustrator 选项”对话框中，单击“确定”按钮接受默认设置。
5. 使用 Alt + Ctrl + 0（Windows）或 Option + Command + 0（Mas OS）使两个画板适合窗口大小，然后按 Shift + Tab 关闭除工具箱外的所有面板。在本节中，读者不需要这些面板。
6. 选择菜单“视图”>“智能参考线”以禁用智能参考线。
7. 在控制面板中，单击填色框并选择色板“无”（⧄），再单击描边颜色框并确保选择了黑色。
8. 确保在控制面板中选择的描边粗细为 1 pt。

使用钢笔工具绘画时，最好不要填充，以后必要时可添加填色。

9. 选择钢笔工具（✒），注意钢笔图标的右下角有个 ×，这表明还没有选择起点。在画板底部单击，并将鼠标向右移离起点，× 将消失。

> Ai 注意：如果您看到的是十字线而不是钢笔图标，则表明 Caps Lock 键处于活动状态。Caps Lock 键处于活动状态时，将把钢笔图标转换为十字线，以更精确地绘制路径。

10. 单击起点的右下方，创建路径中的下一个锚点，如图 5.2 所示。

> Ai 注意：仅当单击第二个锚点后，才能看到第一条路径段。另外，如果锚点上出现了方向手柄，则说明您不小心拖曳了鼠标；在这种情况下，可选择菜单“编辑”>“还原”，并再次单击。

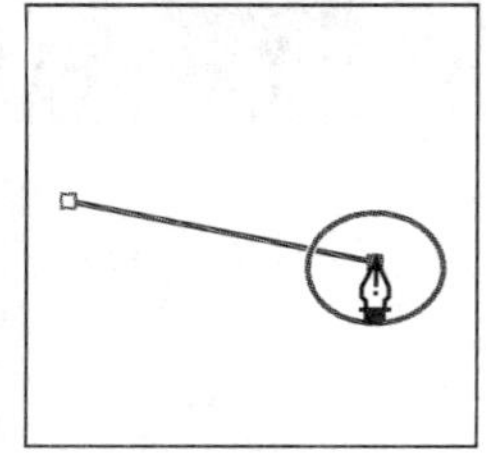

图5.2

11. 在第一个锚点下方单击以创建锯齿图案。不断单击鼠标，创建包含 6 个锚点（这意味着您需要在画板上单击 6 次）的锯齿形状，如图 5.3 所示。

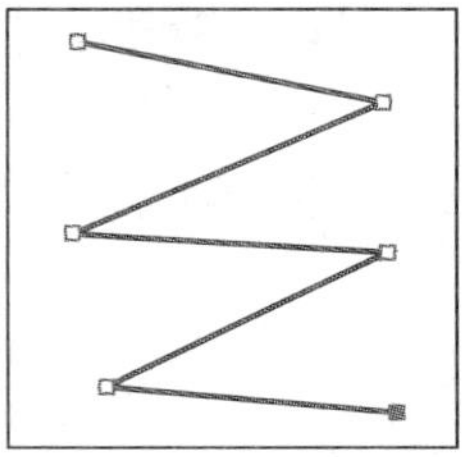

使用钢笔工具有很多优点，其中之一是可创建自定义路径，并编辑组成路径的锚点。

接下来将结合使用选择工具和钢笔工具。

图5.3

12. 选择工具箱中的选择工具，并单击锯齿形路径，注意到所有锚点都变成了实心的，这表明选择了所有锚点。单击并拖曳该路径到画板的任何位置，注意到所有锚点都将一起移动，从而保持锯齿形路径不变。

13. 使用下列方法之一取消选择锯齿形路径。

- 使用选择工具单击画板的空白区域。
- 选择菜单“选择”>“取消选择”。
- 在选择了钢笔工具的情况下，按住 Ctrl（Windows）或 Command（Mac OS）并单击画板的空白区域以取消选择路径。松开 Ctrl（Windows）或 Command（Mac OS）后，将重新切换到钢笔工具。
- 单击工具箱中的钢笔工具，此时路径虽然看起来似乎仍处于活动状态，但它不会连接到您创建的下一个锚点。

14. 选择工具箱中的直接选择工具，单击锯齿形路径中的任何一个锚点或拖曳出一个环绕该锚点的选框。选定的锚点变成了实心的，而未选定的锚点是空心的，如图 5.4 所示。

15. 选择锚点后，单击并拖曳它以调整其位置，而其他锚点的位置不变。这就是一种编辑路径的方法。

16. 选择菜单“选择”>“取消选择”。

17. 使用直接选择工具单击任何两个锚点之间的线段，再选择菜单“编辑”>“剪切”。

这只会剪切选定的路径段，如图 5.5 所示。

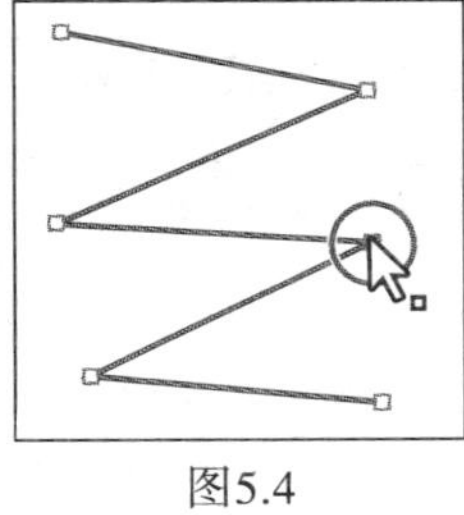

图5.4

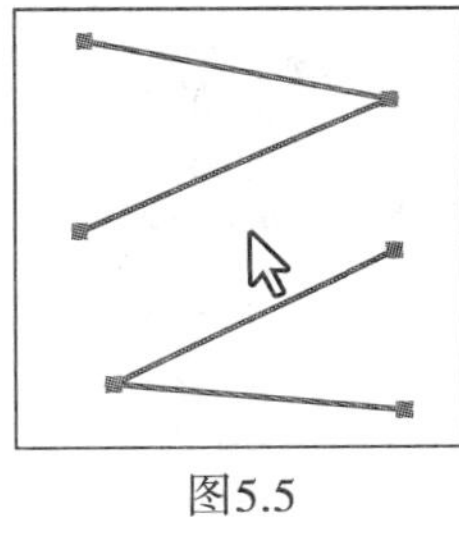

图5.5

> Ai | **注意：** 如果整个锯齿形状都消失了，选择菜单“编辑”>“还原清除”再重试。

18. 选择钢笔工具，将鼠标指向与被删除的路径段相连的锚点之一。注意到钢笔图标右边出现了一个斜杠（/），这表示可继续绘制现有路径，如图 5.6 所示。单击鼠标，该锚点将变成实心的。只有活动的锚点才是实心的。

19. 将鼠标指向与被删除的路径段相连的另一个锚点，钢笔图标旁边将出现合并符号（），这表明此时可连接到另一条路径。单击鼠标将两条路径重新连接起来，如图 5.7 所示。

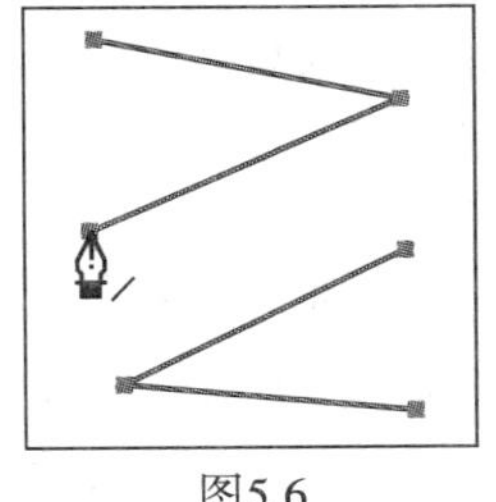

图5.6

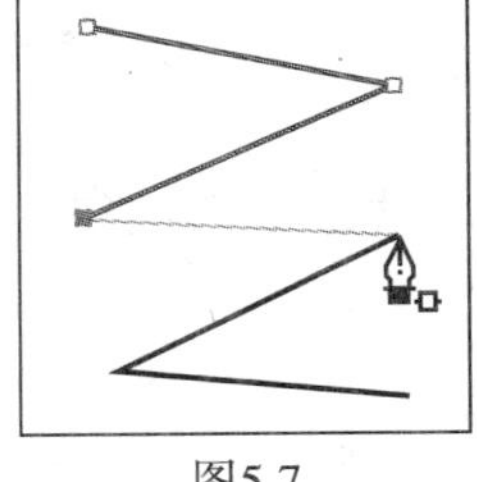

图5.7

20. 选择菜单“文件”>“存储”，再选择菜单“文件”>“关闭”。

5.2 创建直线

第 4 课介绍过，使用形状工具创建形状时，通过结合使用 Shift 键和智能参考线可限定对象的形状。这也适用于钢笔工具，但它限定路径的角度只能是 45° 的整数倍。

下面介绍如何绘制直线以及限制其角度。

1. 打开硬盘中文件夹 Lessons\Lesson05 中的文件 L5start_2.ai，上面的画板显示了要创建的路径，请使用下面的画板来完成这个练习。
2. 选择菜单“文件”>“存储为”。在“存储为”对话框中，将文件重命名为 path2，选择文件夹 Lesson05，从下拉列表“保存类型”中选择 Adobe Illustrator（*.AI）(Windows) 或从下拉列表“格式”中选择 Adobe Illustrator（ai）(Mac OS)，并单击“保存”按钮。在“Illustrator 选项”对话框中，单击“确定”按钮接受默认设置。
3. 选择菜单“视图”>“智能参考线”以启用智能参考线。
4. 选择工具箱中的钢笔工具（ ）并在画板的工作区中单击。
5. 将鼠标移到第一个锚点右边大约 1.5in 处（测量标签指出了这一点，不用特别精确）。当鼠标位于与前一个锚点垂直对齐时，将出现一条绿色结构参考线，如图 5.8 所示。单击鼠标设置第二个锚点。

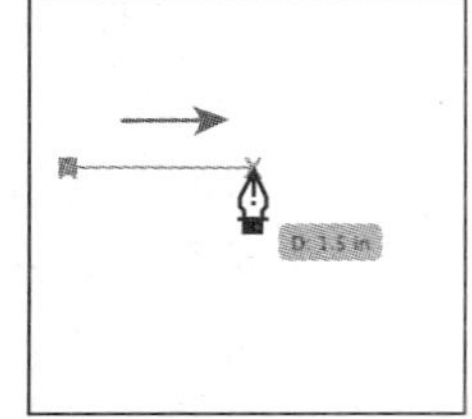

图5.8

测量标签和结构参考线是智能参考线的组成部分。

> 提示：如果禁用了智能参考线，将不会出现测量标签和结构参考线。在这种情况下，可按住 Shift 并单击鼠标来创建角度为 45° 整数倍的直线。

6. 通过单击再设置 4 个锚点，以创建与上面画板中的路径相同的路径。再按住 Shift 键，并向右下方移动鼠标，等它与现有路径底部的两个锚点对齐后，单击鼠标以设置一个锚点，再依次松开鼠标和按键，如图 5.9 所示。

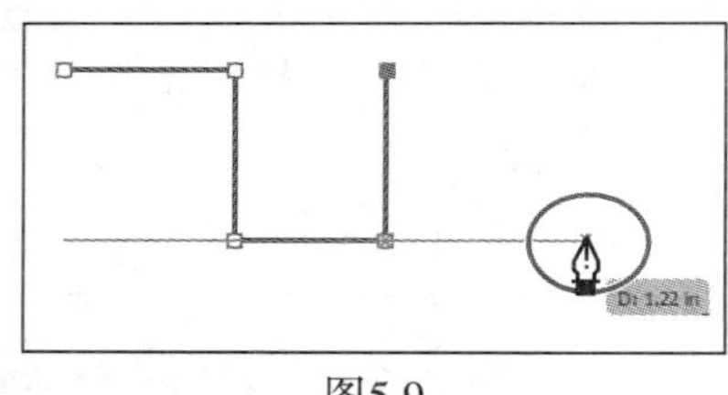

图5.9

> 注意：您设置的锚点的位置不必与上面画板中的锚点完全相同。

按住 Shift 键可将直线的角度限制为 45 的整数倍。当鼠标与现有锚点对齐时，将显示一条绿色结构参考线，这在绘制由直线组成的路径时很有用。

7. 将鼠标移到最后一个锚点的正下方，再单击以设置路径的最后一个锚点，如图 5.10 所示。
8. 选择菜单“文件”>“存储”，再关闭该文件。

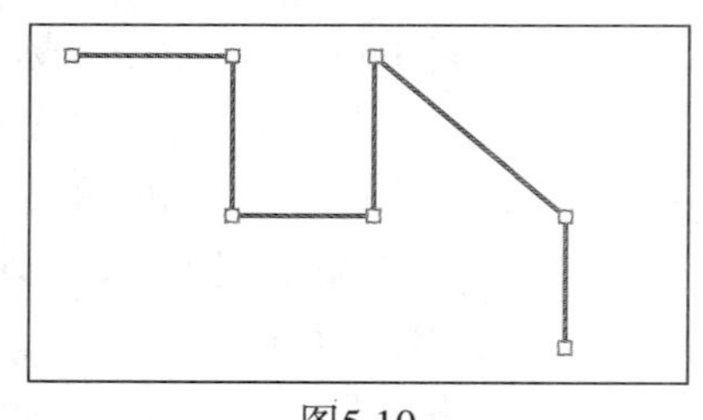
图5.10

5.3 创建曲线路径

在本节中，读者将学习如何使用钢笔工具绘制平滑曲线。在诸如 Illustrator 等矢量绘图程序中，用户使用控制点来绘制曲线，这种曲线称为贝塞尔曲线。通过设置锚点并拖曳方向手柄，可定义曲线的形状。虽然需要经过一段时间才能熟练使用这种方式绘制曲线，但绘制路径时，这种方法提供了最大程度的控制权和灵活性。

1. 打开文件夹 Lesson05 中的文件 L5start_3.ai。该文件包含一个模板图层，让读者能够通过描摹来练习使用钢笔工具（有关创建图层的更详细信息，请参阅第 8 课）。读者将在该路径下方的画板中进行练习。
2. 选择菜单“文件”>“存储为”。在“存储为”对话框中，切换到文件夹 Lesson05，在文本框“文件名”中输入 path3.ai，从下拉列表“保存类型”中选择 Adobe Illustrator（*.AI）（Windows）或从下拉列表“格式”中选择 Adobe Illustrator（ai）（Mac OS），并单击“保存”按钮。在“Illustrator 选项”对话框中，单击“确定”按钮接受默认设置。
3. 选择菜单“视图”>“全部适合窗口大小”。
4. 在控制面板中，单击填色框并选择色板“无”，再单击描边框，并确保选择了色板“黑色”。
5. 确保控制面板中的描边粗细为 1pt。
6. 使用钢笔工具单击画板的任何地方以创建第一个锚点，在另一个地方按下鼠标并拖曳以创建一条曲线路径，如图 5.11 所示。

继续在页面不同的地方单击并拖曳。这个练习的目的并非要创建特定路径，而旨在让读者熟悉贝塞尔曲线。

注意到在您单击并拖曳时，将出现方向手柄。方向手柄由两端带圆形方向点的方向线组成，其角度和长度决定了曲线的形状和长度。方向线不会打印出来，且在锚点没有被选中时看不到。

7. 选择菜单“选择”>“取消选择”。
8. 选择工具箱中的直接选择工具，再单击曲线段以显示方向手柄。如果启用了智能参考线，则当您单击路径时将显示字样“路径”。移动方向手柄以调整曲线的形状，如图 5.12 所示。

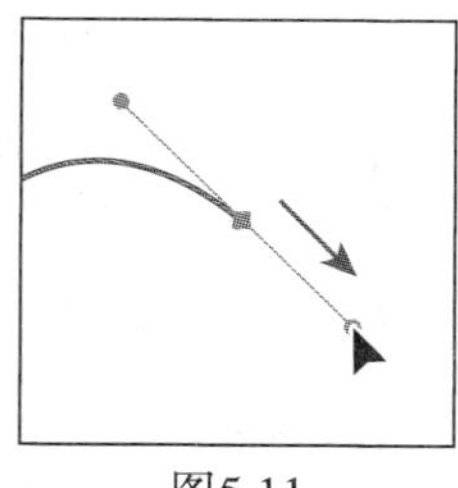
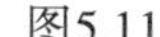
图5.11

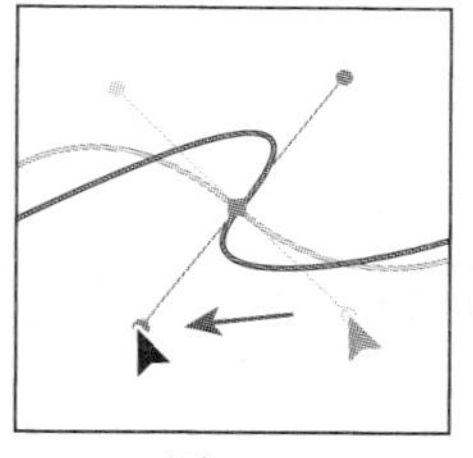
图5.12

9. 让这个文件打开以方便下一小节使用。

路径的组成部分

在绘图时，可创建称作路径的线条。路径由一条或多条直线或曲线段组成，如图5.13所示。每条线段的起点和终点由锚点（类似于固定导线的销钉）标记。路径可以是闭合的（如圆圈），也可以是非闭合的且有两个端点（如波浪线）。通过拖动路径的锚点、方向点（位于在锚点处出现的方向线的两端）或路径段本身，可改变路径的形状。

路径可以有两类锚点：角点和平滑点，如图5.14所示。在角点处，路径突然改变方向；在平滑点处，路径段连接为连续曲线。

可使用角点和平滑点的任意组合绘制路径。如果绘制的锚点类型不正确，可随时更改。

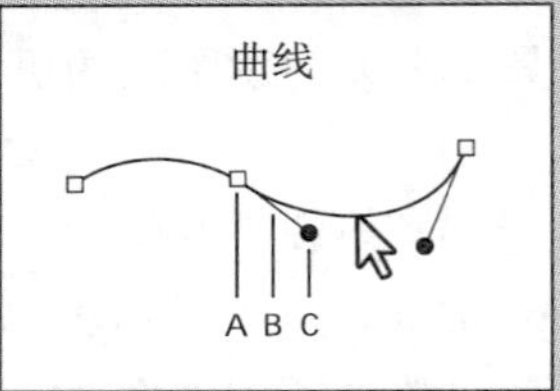

A. 锚点
B. 方向线
C. 方向手柄

图5.13

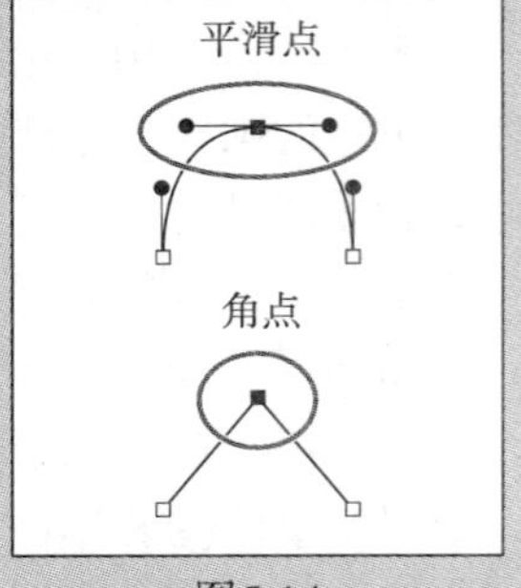

图5.14

——摘自Illustrator帮助

5.3.1 创建曲线

在本节中，读者将学习如何通过控制方向手柄来控制曲线。您将在上面的画板中描摹形状。

1. 按 Z 键切换到缩放工具，在上面的画板中拖曳一个环绕曲线 A 的选框，如图 5.15 所示。
2. 选择菜单“视图”>“智能参考线”以禁用智能参考线。
3. 选择工具箱中的钢笔工具，在圆弧的左端点上按下鼠标并向上拖曳出一条与圆弧相切的方向线，如图 5.16 所示。一定要让方向线与曲线相切。当方向线略高于圆弧后松开鼠标。

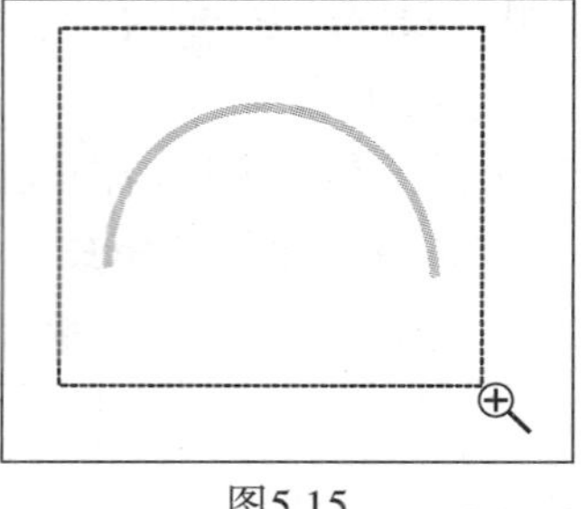

图5.15

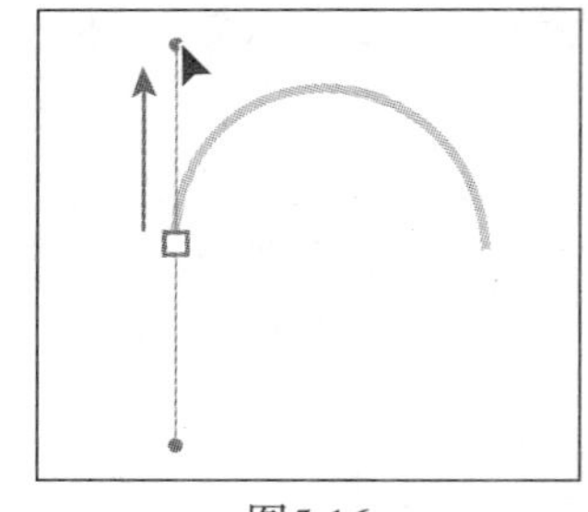

图5.16

> **注意：**使用钢笔工具拖曳时，如果犯错，可选择菜单“编辑”>“还原钢笔”撤销绘制的锚点。

> **注意：**拖曳时，画板可能滚动。如果看不到曲线，请选择菜单“视图”>“缩小”，直到能够看到曲线和锚点。按住空格键可暂时切换到抓手工具，让您能够调整图稿的位置。

4. 单击圆弧的右端点并向下拖曳，当创建的路径看起来像拱门后松开鼠标，如图 5.17 所示。

5. 如果创建的路径并未与模板完全重叠，使用直接选择工具每次选择一个锚点并调整其方向手柄，直到路径与模板完全重叠。

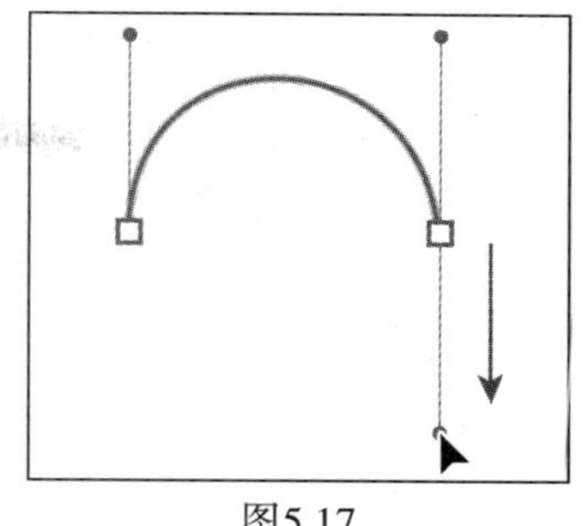

图5.17

> **注意**：拉长方向手柄将导致曲线更陡，而缩短方向手柄将导致曲线更平缓。

6. 使用选择工具单击画板中任何没有对象的地方或选择菜单“选择”>“取消选择”。如果在刚创建的路径被选中时使用钢笔工具在画板中单击，该路径将连接到新创建的锚点。为创建一条新路径，务必取消选择原来的路径。

> **注意**：也可按住 Ctrl（Windows）或 Command（Mac OS）暂时切换到选择工具或直接选择工具（具体切换到哪个取决于最后使用的是哪个），然后在画板的空白处单击以取消选择。

7. 选择菜单“文件”>“存储”。

8. 缩小视图以便能够看到路径 B。

9. 使用钢笔工具单击路径 B 的左端点并沿着圆弧的方向向上拖曳，如图 5.18 所示；然后单击路径 B 的下一个锚点并向下拖曳，并在松开鼠标前使用方向手柄调整圆弧。

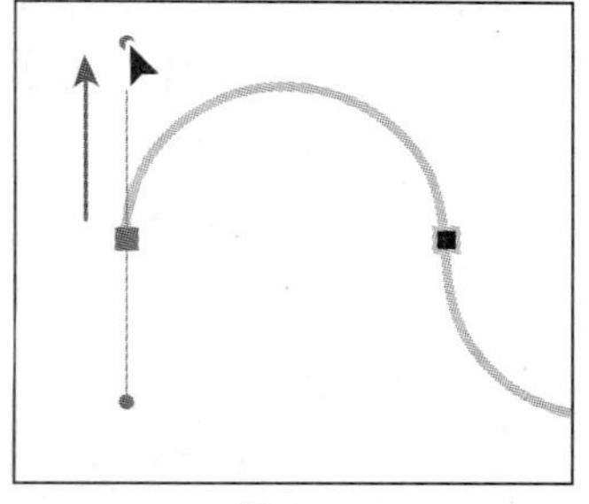

图5.18

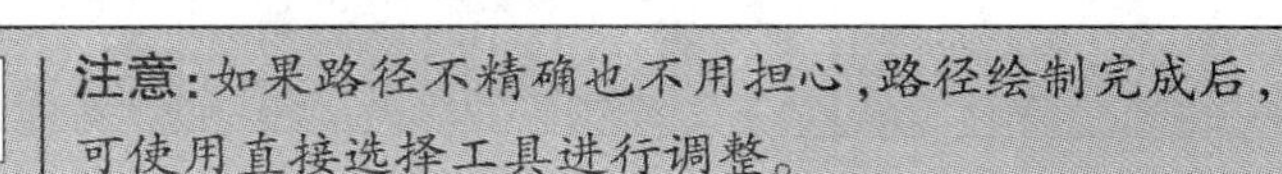

> **注意**：如果路径不精确也不用担心，路径绘制完成后，可使用直接选择工具进行调整。

10. 继续绘制这条路径，交替地执行单击并向上拖曳和单击并向下拖曳，如图 5.19 所示。只需在路径上有方框的地方设置锚点，如果在绘制过程中执行了错误的操作，可选择菜单“编辑”>“还原钢笔”撤销它。

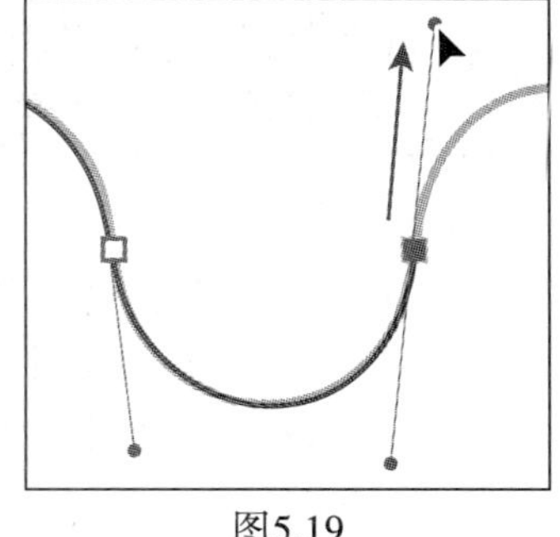

图5.19

> **注意**：默认情况下，可不断选择菜单“编辑”>“还原”（也可按 Ctrl + Z（Windows）或 Command + Z（Mac OS））来撤销一系列操作，可撤销的操作数只受计算机内存的限制。

11. 路径绘制完毕后，使用直接选择工具选择锚点。锚点被选中时，将显示其方向手柄，让用户能够重新调整路径的斜率。

12. 在工作区中反复练习绘制该路径。

13. 选择菜单“文件”>“存储”，再选择菜单“文件”>“关闭”。

5.3.2 将平滑点转换为角点

创建曲线时，方向手柄用于控制曲线的斜率。将平滑点转换为角点有点复杂，接下来读者将练习将平滑点转换为角点。

1. 打开文件夹 Lesson05 中的文件 L5start_4.ai，上面的画板显示了要创建的路径，可将其作为这个练习的模板，直接在现有的路径上创建路径；还可在下面的画板中进行练习。
2. 选择菜单“文件”>“存储为”。在“存储为”对话框中，切换到文件夹 Lesson05，在文本框“文件名”中输入 path4.ai。从下拉列表“保存类型”中选择 Adobe Illustrator（*.AI）（Windows）或从下拉列表“格式”中选择 Adobe Illustrator（ai）（Mac OS），并单击“保存”按钮。在“Illustrator 选项”对话框中，单击“确定”按钮接受默认设置。
3. 选择菜单“视图”>“全部适合窗口大小”。
4. 在上面的画板中，使用缩放工具拖曳出一个环绕路径 A 的选框，如图 5.20 所示。

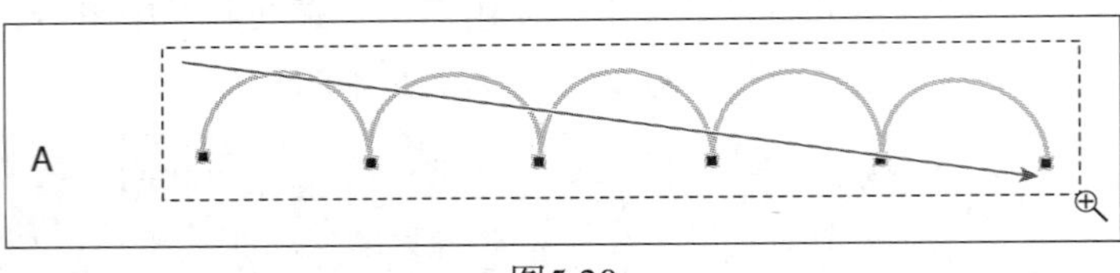

图5.20

5. 在控制面板中，单击填色框并选择色板“无”，再单击描边框，并确保选择了色板“黑色”。
6. 确保控制面板中的描边粗细为 1pt。
7. 选择钢笔工具，按住 Shift 键，单击第一个锚点并向上拖曳，当方向线稍高于圆弧后依次松开鼠标和 Shift 键。单击第二个锚点并向下拖曳，拖曳时按住 Shift 键。当曲线看起来正确后松开鼠标，再松开 Shift 键。

> Ai | **注意**：拖曳时按住 Shift 键可将方向手柄的角度限制为 45° 的整数倍。

下面将方向线分离，从而将平滑点转换为角点。

> Ai | **提示**：绘制路径后，可选择一个或多个锚点，再单击控制面板中的“将所选锚点转换为尖角”按钮（）或“将所选锚点转换为平滑”按钮（）。

8. 按住 Alt（Windows）或 Option（Mas OS）并将鼠标指向最后创建的那个锚点或其方向手柄，出现脱字符（^）后单击并向上拖曳，然后松开鼠标和 Alt/Option 键，如图 5.21 所示。

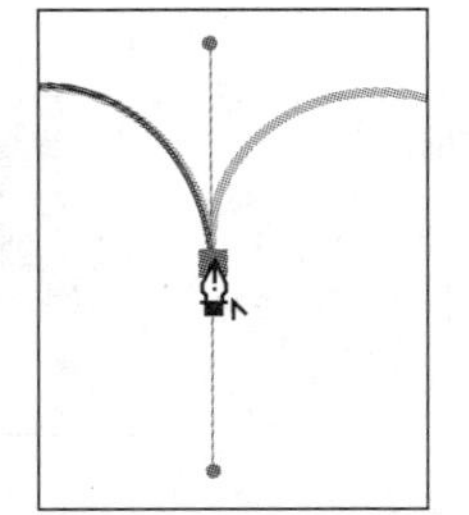
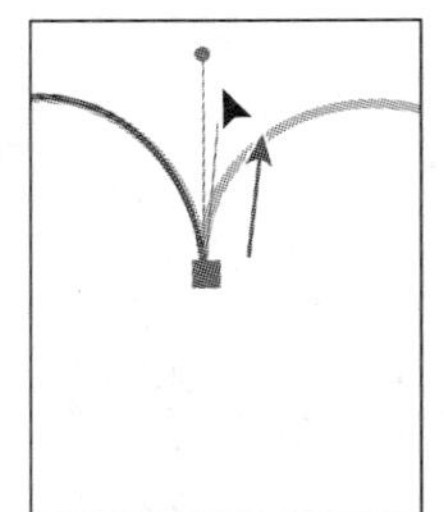

图5.21

> Ai | **注意**：如果没有精确地单击到锚点或方向线末尾的方向点，将出现一个警告对话框。单击“确定”按钮并再次尝试，如图 5.22 所示。

路径绘制完毕后，读者可练习使用直接选择工具来调整方向手柄。

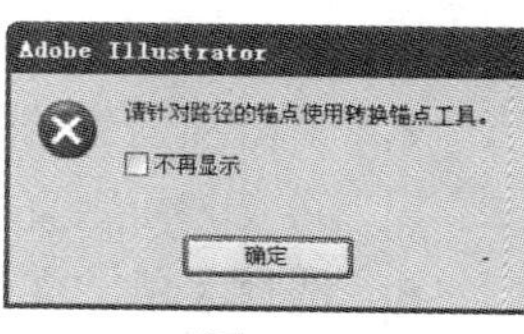

图5.22

9. 单击模板路径中的下一个方形点并向下拖曳，当路径看起来正确后松开鼠标。
10. 按住 Alt（Windows）或 Option（Mac OS），出现脱字符（^）后单击最后一个锚点或其方向点并向上拖曳，为绘制下一条曲线做准备。然后依次松开鼠标和按键。

> **Ai** | **提示**：第 11 步和第 12 步演示了一种在不松开鼠标的情况下分离方向线的方法。

11. 为绘制下一条路径，单击路径中的下一个方形点并向下拖曳，直到路径看起来正确。现在不要松开鼠标。
12. 按住 Alt（Windows）或 Option（Mac OS）并向上拖曳，为绘制下一条曲线段做好准备，如图 5.23 所示。然后松开鼠标，再松开按键。

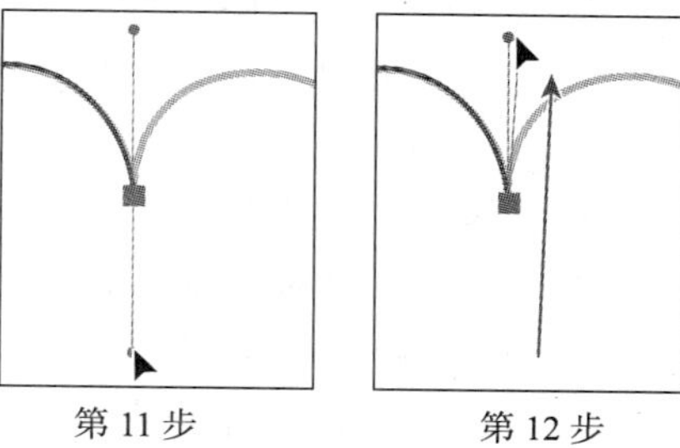
第 11 步　　第 12 步

图5.23

13. 不断单击并拖曳，并使用 Alt（Windows）或 Option（Mac OS）将平滑点转换为角点，直到将路径绘制完毕。使用直接选择工具对路径进行微调，然后取消选择路径。
14. 选择菜单“文件”>“存储”。

下面从绘制曲线切换到绘制直线。

1. 选择菜单“视图”>“画板适合窗口大小”，也可使用 Ctrl + 0（Windows）或 Command + 0（Mac OS）。使用缩放工具拖曳一个环绕路径 B 的选框以放大它。
2. 使用钢笔工具单击左边的第一个锚点并向上拖曳，再单击第二个锚点并向下拖曳，并在绘制的圆弧与模板一致时松开鼠标。您现在应该熟悉这种创建圆弧的方法。下面将创建一条直线段，但仅按住 Shift 键并单击并不能创建一条直线段，因为最后一个锚点是平滑点。

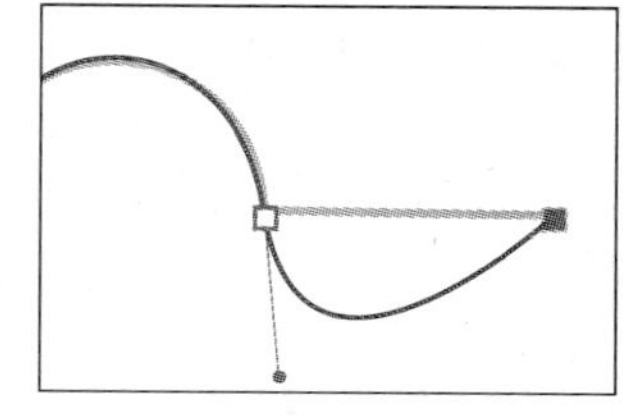
图5.24

图 5.24 显示了仅使用钢笔工具单击下一个点时创建的路径。

3. 要将下一段路径创建为直线，可单击最后一个锚点以删除其一个方向手柄（如图 5.25 所示），再按住 Shift 并单击下一个点。
4. 为创建下一条圆弧，将鼠标指向刚创建的锚点，鼠标指针将变为钢笔工具图标，向下拖曳，这将创建一个方向手柄，如图 5.26 所示。
5. 单击下一个点并向上拖曳以绘制这条向下的圆弧。单击刚创建的锚点删除其向上的方向线。

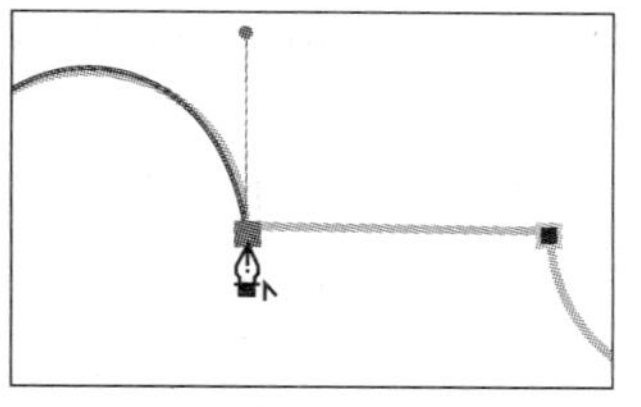
图5.25

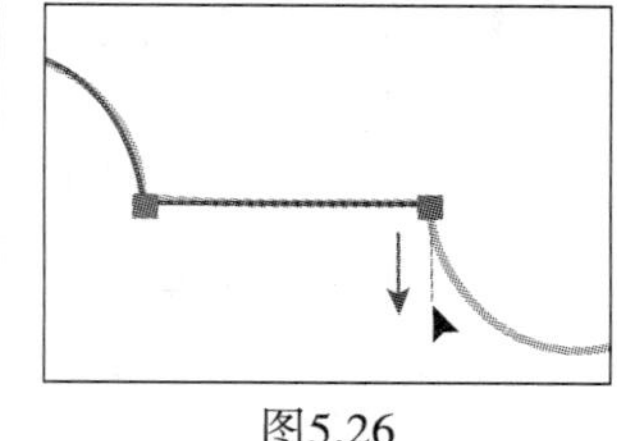
图5.26

6. 按住 Shift 键并单击下一个点以创建第二条直线段。
7. 单击刚创建的锚点并向上拖曳，再单击最后一个点并向下拖曳以创建最后一段圆弧。如果必要，使用直接选择工具调整绘制的路径。
8. 选择菜单“文件”>“存储”，再选择菜单“文件”>“关闭”。

5.4 创建小提琴插图

在本节中，读者将创建一副小提琴插图。在创建该插图的过程中，读者将运用在前面的练习中学到的技巧，还将学习其他一些使用钢笔工具的技巧。

1. 选择菜单“文件”>“打开”，打开硬盘中文件夹 Lessons\Lesson05 中的文件 L5end_5.ai。
2. 选择菜单“视图”>“全部适合窗口大小”以查看最终的作品（可使用抓手工具移动到要查看的图稿部分）；如果不想让该图像打开，可选择菜单“文件”>“关闭”。
3. 选择菜单“文件”>“打开”，打开文件夹 Lesson05 中的文件 L5start_5.ai，如图 5.27 所示。

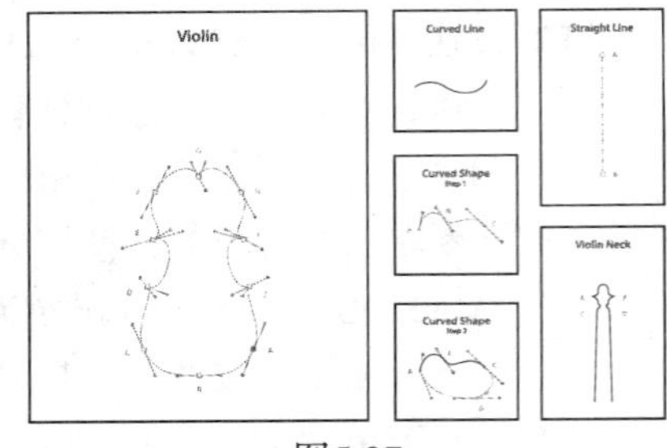

图5.27

4. 选择菜单“文件”>“存储为”，将文件重命名为 violin.ai，从下拉列表“保存在”中选择文件夹 Lesson05。从下拉列表“保存类型”中选择 Adobe Illustrator（*.AI）（Windows）或从下拉列表“格式”中选择 Adobe Illustrator（ai）（Mac OS），并单击“保存”按钮。在“Illustrator 选项”对话框中，单击“确定”按钮接受默认设置。
5. 在控制面板中，单击填色框并选择色板“无”，再单击描边框，并确保选择了色板“黑色”。
6. 确保控制面板中的描边粗细为 1pt。

5.5 绘制曲线

在本节中，读者将通过绘制小提琴、琴颈、琴弦和一条曲线路径来复习如何绘制曲线。读者将首先查看一条曲线，然后根据模板绘制一系列曲线。

5.5.1 选择曲线

1. 从文档窗口左下角的“画板导航”下拉列表中选择 2 Curved Line。
2. 使用直接选择工具单击曲线的任何一段，以显示锚点以及从锚点向外延伸的方向手柄，如图 5.28 所示。使用直接选择工具可选择并编辑曲线段。

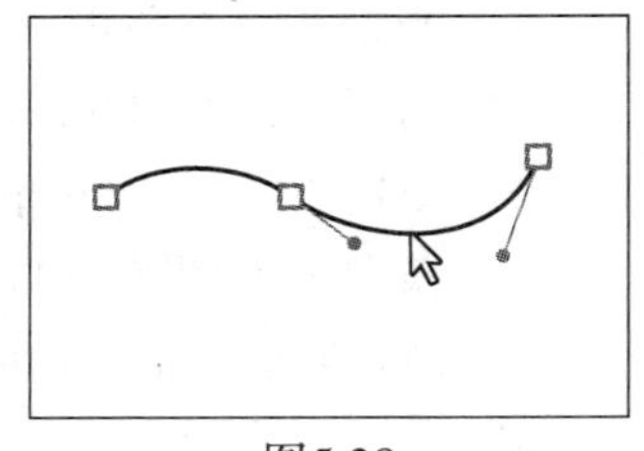
图5.28

选择曲线后，还可设置其描边和填色。如果这样做，绘制的下一条曲线将使用相同的属性，有关这些属性的更详细信息，请参阅第 6 课。

5.5.2 绘制一条曲线

下面绘制一个形状的第一条曲线。

1. 从文档窗口左下角的“画板导航”下拉列表中选择 3 Curved Shape step 1。

这里不通过拖曳钢笔工具来绘制曲线，而通过拖曳来设置曲线的起点和方向。

2. 选择钢笔工具并将鼠标指向模板中的 A 点，按住鼠标并从 A 点拖曳到下一个红点，如图 5.29 所示。

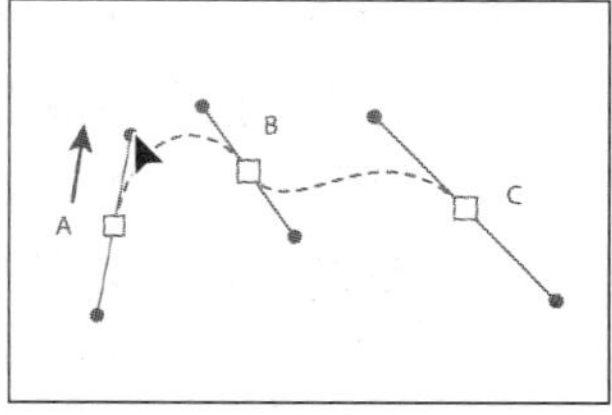

图5.29

下面设置第二个锚点及其方向手柄。

3. 在 B 点按住鼠标并拖曳到下一个红点。Illustrator 将根据您创建的方向手柄使用一条曲线将两个锚点连接起来，如图 5.30 所示。如果改变拖曳角度，将改变曲线的曲度。

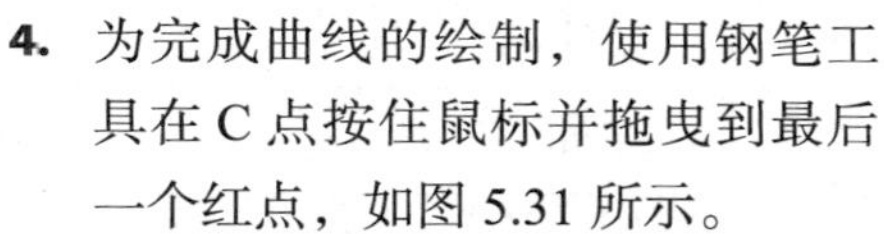

4. 为完成曲线的绘制，使用钢笔工具在 C 点按住鼠标并拖曳到最后一个红点，如图 5.31 所示。

5. 按住 Ctrl（Windows）或 Command（Mac OS）并单击曲线外面，以结束该路径的绘制。

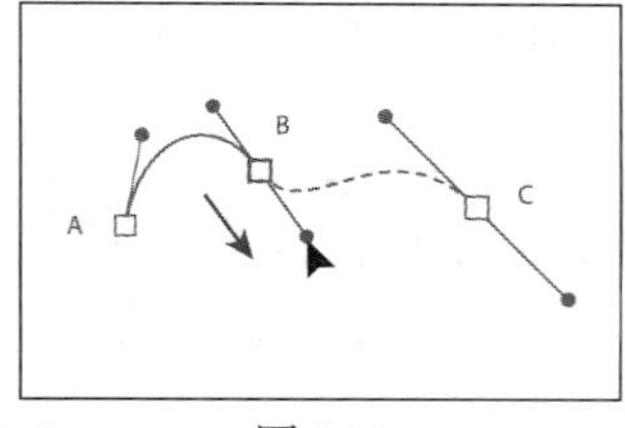

图5.30

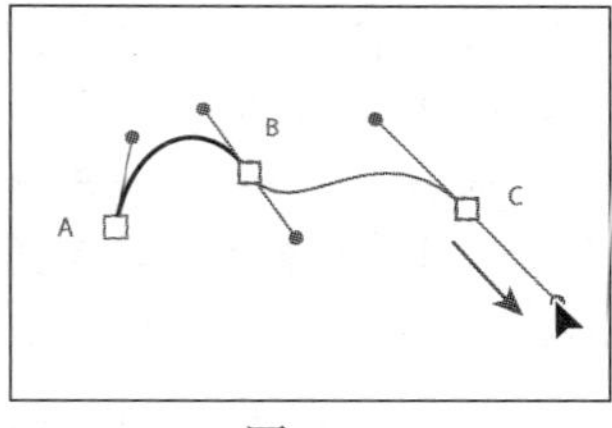

图5.31

> **Ai** | **提示：**要结束路径的绘制，还可单击工具箱中的钢笔工具、按钢笔工具的快捷键 P 或选择菜单“选择”>“取消选择”。

5.5.3 绘制不同类型的曲线

下面将通过延伸一条现有曲线段来结束形状的绘制。即使在结束路径的绘制后，也可回过头来延伸它。绘制曲线时，按住 Alt（Windows）或 Option（Mac OS）可控制曲线的类型。

1. 从文档窗口左下角的“画板导航”下拉列表中选择 4 Curved Shape step 2。

下面将在该路径中添加一个角点，角点让您能够改变曲线的方向，而平滑点让您能够绘制连续曲线。

2. 将钢笔工具指向 A 点，钢笔图标旁边将出现一条斜杠（如图 5.32 所示），这表明指向的是锚点，将延伸现有路径，而不是绘制新路径。

3. 按住 Alt（Windows）或 Option（Mac OS），注意到窗口左下角的状态栏显示了“钢笔：制作转角”。按住 Alt/Option 并从锚点 A 拖曳到灰色点（如图 5.33 所示），再依次松开鼠标和按键。

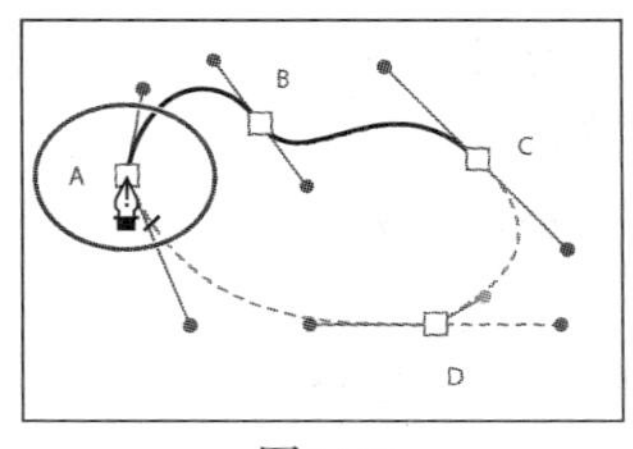

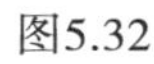
图5.32

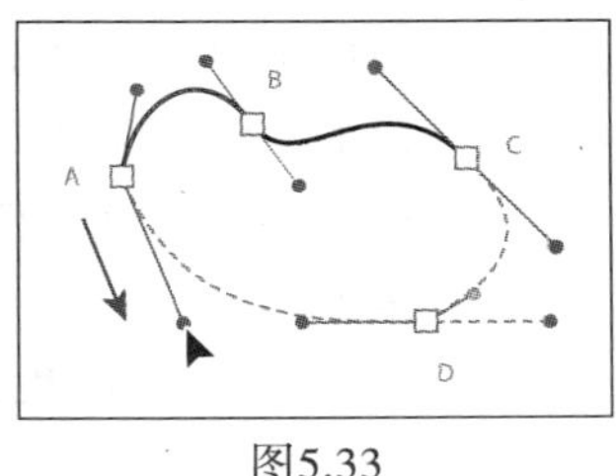

图5.33

4. 使用钢笔工具从 D 处拖曳到相应的红点，按住 Alt（Windows）或 Option（Mac OS）并将方向手柄从红点拖曳到金色点，再依次松开鼠标和按键，如图 5.34 所示。

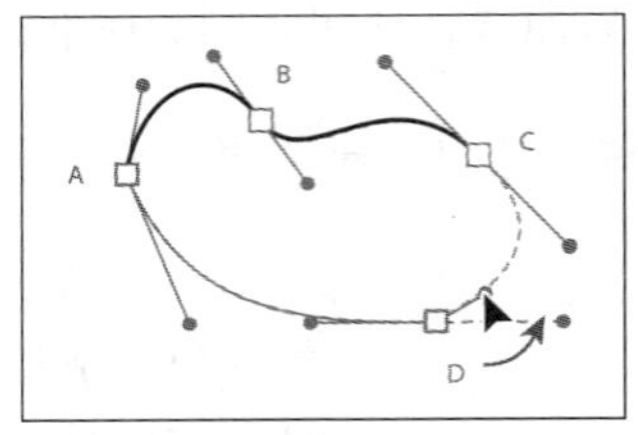

图5.34

到目前为止，读者绘制的曲线都是非闭合路径。下面绘制一条闭合路径，即最后一个锚点与第一个锚点是重合的。闭合路径的例子有椭圆和矩形。

下面使用一个平滑点来闭合该路径。

5. 将鼠标指向模板中的锚点 C，钢笔图标旁边将出现一个空心圆，这表明此时单击鼠标将闭合曲线。在锚点 C 上按住鼠标并拖曳到其左上方的灰色点，如图 5.35 所示。拖曳鼠标时，注意该锚点两边的方向手柄。

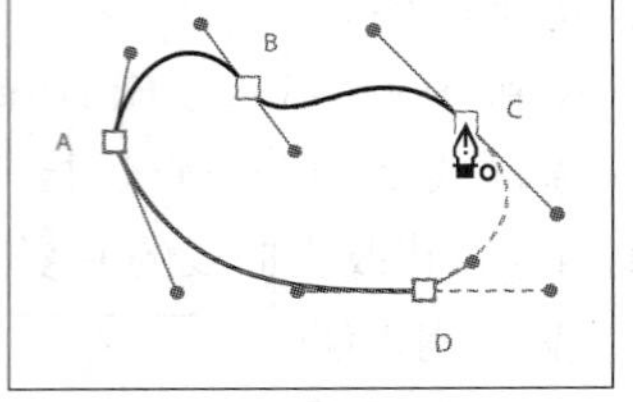

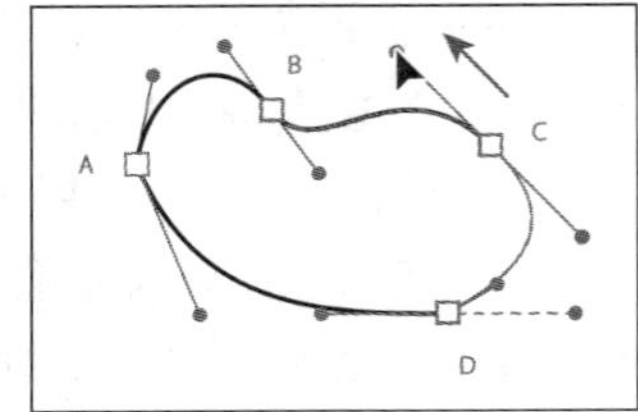

图5.35

在闭合路径的平滑点处，两边的方向手柄位于同一条直线上。

> **注意：**模板中的虚线仅供参考，您创建的形状不必与这些虚线完全重叠。

6. 按住 Ctrl（Windows）或 Command（Mac OS）并在曲线外单击，再选择菜单“文件”>“存储”。

5.5.4 绘制小提琴形状

下面将绘制一条连续的路径，其中包括平滑点和角点。每当要改变曲线的方向时，您都将按住 Alt（Windows）或 Option（Mas OS）创建一个角点。

1. 选择菜单“视图”>“Violin”以显示放大的小提琴

下面首先通过创建平滑点和角点来绘制小提琴的右下角部分。

2. 选择工具箱中的钢笔工具，并从模板中的蓝色方块（A 点）拖曳到红点（如图 5.36 所示），以设置第一条曲线段的起始锚点和方向。

> **注意：**绘制该形状时，并非一定要从蓝点（A 点）开始。可使用钢笔工具按顺时针或逆时针方向设置路径的锚点。

3. 使用钢笔工具从 B 点拖曳到其左边的红点，拖曳时按住 Shift 键。拖曳到红点处后依次松开鼠标和按键。

4. 单击 C 点并拖曳到红点，如图 5.37 所示。

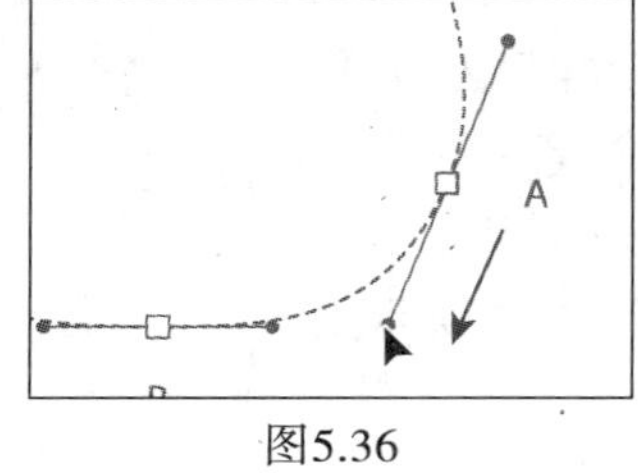

图5.36

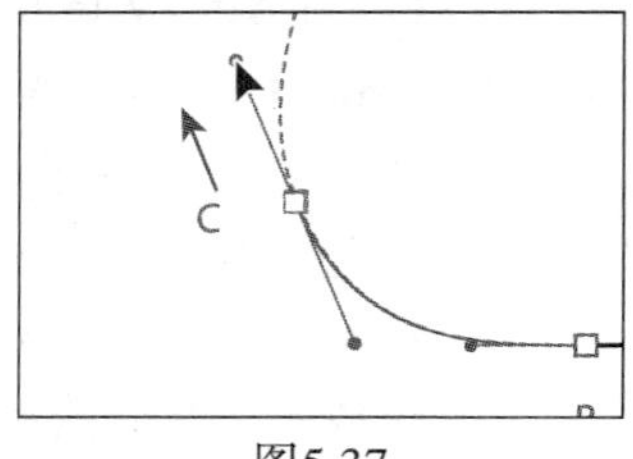

图5.37

5. 从 D 点拖曳到对应的红点，到达红点处后，按住 Alt（Windows）或 Option（Mas OS）并从红点处拖曳到金色点，再依次松开鼠标和按键，这将分离方向手柄，如图 5.38 所示。

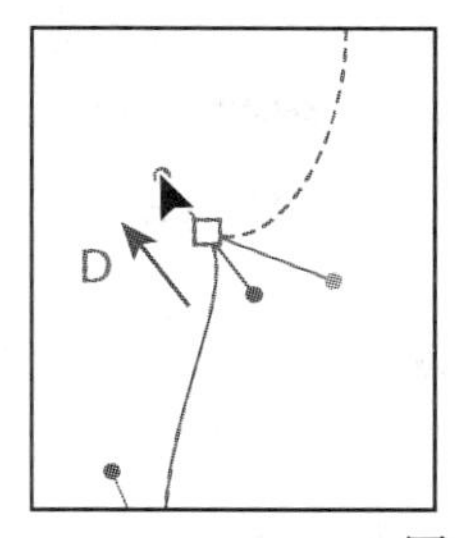

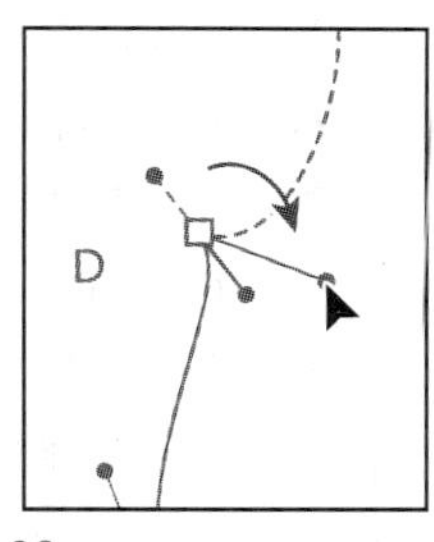

图5.38

> **提示：**在第 5 步，您首先拖曳到红点，这定义了前一条曲线的形状。曲线与模板匹配后，按住 Alt/Option 键以分离并调整方向线，从而控制下一条曲线的形状。

6. 使用钢笔工具从 E 点拖曳到相应的红点，再按住 Alt（Windows）或 Option（Mas OS）键，并将方向点从红点拖曳到金色点，如图 5.39 所示。
7. 从 F 点拖曳到相应的红点。
8. 使用钢笔工具从 G 点拖曳到相应的红点，再按住 Alt（Windows）或 Option（Mas OS）键，并将方向点从红点拖曳到金色点，如图 5.40 所示。

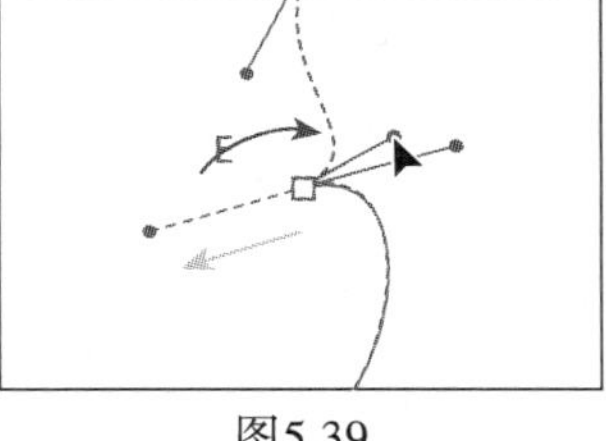

图5.39

图5.40

9. 从 H 点拖曳到相应的红点。
10. 继续绘制到 I 和 J 点：首先从该点拖曳到相应的红点，再按住 Alt（Windows）或 Option（Mas OS）键，并将方向点从红点拖曳到金色点。

下面闭合路径以完成小提琴的绘制。

11. 将钢笔工具指向 A 点，注意到钢笔图标旁边出现了一个空心圆，这表明此时单击鼠标将闭合路径，如图 5.41 所示。
12. 单击 A 点并拖曳到其左下方的红点，注意到当您拖曳时，A 点上方出现了另一条方向线，其路径的形状在不断变化。
13. 按住 Ctrl（Windows）或 Command（Mas OS）并在路径外面单击，以取消选择它，再选择菜单“文件”>“存储”。

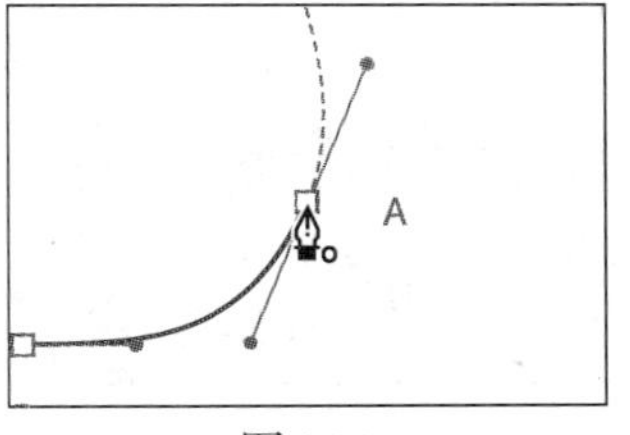

图5.41

> **提示：**钢笔工具的使用技能很重要，建议您多加练习。然而，为提高对称对象的绘制速度，并确保它完全对称，也可先绘制对象的一半，再创建其镜像并连接起来。有关创建镜像的更详细信息，请参阅第 4 课。

5.5.5 创建琴弦

创建直线的方法有很多，其中包括使用钢笔工具。下面使用钢笔工具绘制表示琴弦的直线，该图稿包含一个模板图层，让您能够直接在图稿上描摹。

1. 从文档窗口左下角的“画板导航”下拉列表中选择 5 Strings。
2. 选择菜单“窗口”>“工作区”>“基本功能”。
3. 在控制面板中，确保填色为“无”（），描边颜色为黑色，描边粗细为 1pt。
4. 选择菜单“视图”>“隐藏定界框”以隐藏选定对象的定界框，再选择工具箱中的钢笔工具，并将鼠标指向画板中圆圈（A 点）的内部。注意到钢笔图标的旁边有个 ×（如图 5.42 所示），这表明此时单击将创建一条新路径。

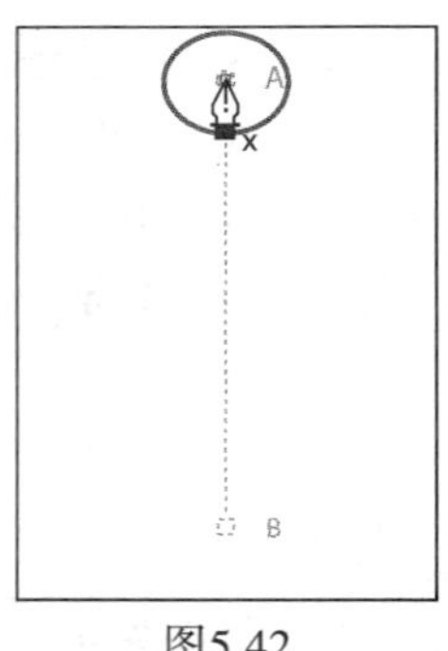

图5.42

> **Ai** **注意:** 使用钢笔工具绘画时，将填色设置为“无”将更容易绘制路径。开始绘画后，也可修改路径的填色和其他属性。

5. 单击 A 点以创建起始锚点（一个小实心正方形）。
6. 按住 Shift 键并单击 B 点以创建终止锚点，如图 5.43 所示。按住 Shift 键可限制单击位置与前一个锚点组成的直线的角度为 45° 的整数倍。

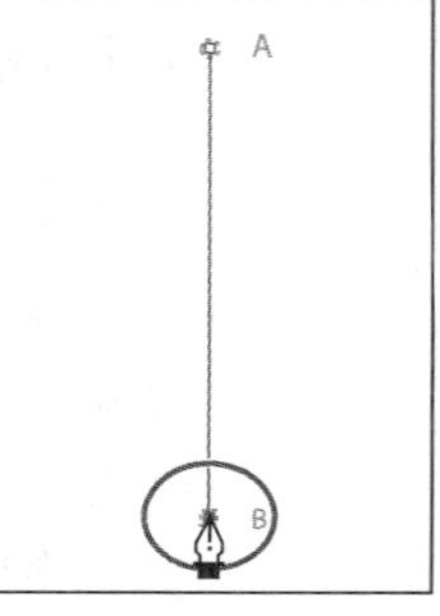

图5.43

单击 B 点后，将鼠标指向它时，钢笔图标旁边将出现一个脱字符（^），这表示此时可单击锚点并拖曳来创建一条方向线。将鼠标从该锚点移开后，脱字符将消失。

7. 按字母 V 切换到选择工具，直线仍处于选定状态。要绘制其他不与该路径相连的线段，单击画板的空白区域以取消选择它。

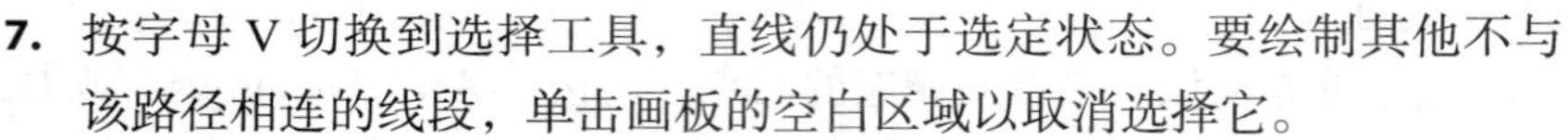

下面通过修改描边粗细将该直线加粗。

8. 使用选择工具单击刚绘制的直线，在控制面板中将描边粗细改为 3pt，如图 5.44 所示。不要取消选择该直线。

图5.44

> **Ai** **注意：** 如果在控制面板中看不到“描边粗细”选项，请再次单击该直线，即使已经选择了它。这告诉 Illustrator，您不再进行绘画了。也可单击工作区右边的描边面板图标将该面板展开。

5.5.6 分割路径

为继续创建琴弦，读者将使用剪刀工具分割该路径，并调整各个线段。

1. 在选择了直线的情况下，在工具箱中的橡皮擦工具（）上按住鼠标并拖曳到剪刀工具（✂）上，再松开鼠标以选择它。然后单击直线的大约 2/3 处（相对于顶点而言）将其剪断，如图 5.45 所示。

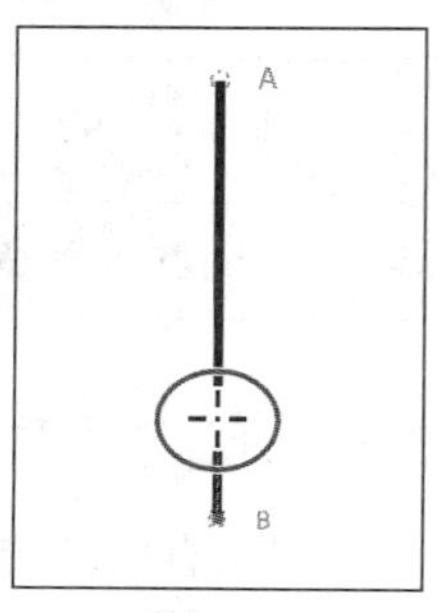

图5.45

> **Ai** **注意：** 如果使用剪刀工具单击闭合形状（如圆圈），路径将变成非闭合的，即有两个端点。

使用剪刀工具切割时，必须单击直线或曲线，而不能单击端点。

在使用剪刀工具单击的地方，将出现一个新锚点且被选中。实际上，每当用户使用剪刀工具单击时，都将创建两个新锚点，但由于它们堆叠在一起，因此只能看到一个。

2. 选择直接选择工具，并单击路径的上半部分，这将选择它并显示其锚点。通过单击选择这段路径的下端锚点，再向上拖曳，以增大两段路径之间的距离，如图 5.46 所示。拖曳时按住 Shift 键，且不要取消选择上面的路径。

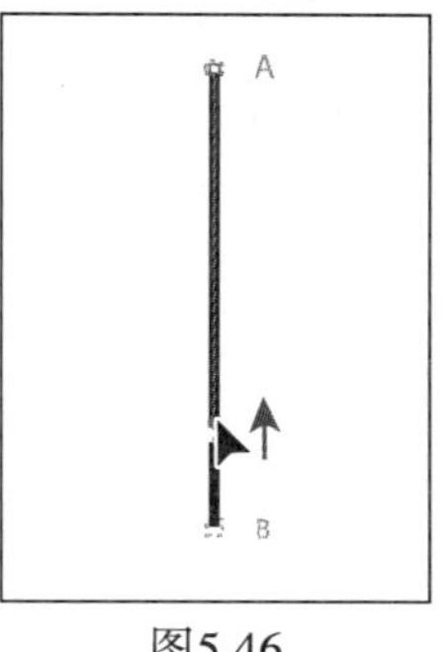

图5.46

5.5.7 添加箭头

可使用“描边”面板给非闭合路径添加箭头和箭尾。在 Illustrator 中，可供选择的箭头样式很多，还有很多箭头编辑选项。

下面给这两条线段添加不同的箭头。

1. 在选择了上方线段的情况下，单击工作区右边的描边面板图标（ ）打开“描边”面板。

2. 在“描边”面板中，从“起点箭头”下拉列表（字样“箭头”右边的第一个下拉列表）中选择“箭头 24”，这将给线段的起点（上端点）添加一个箭头，如图 5.47 所示。

3. 在“描边”面板中，单击字样“缩放”、输入 30 并按回车键，将缩放比例设置为 30%。

4. 使用直接选择工具单击下面的线段以选择它。在“描边”面板中，从“终点箭头”下拉列表（字样“箭头”右边的第二个下拉列表）中选择“箭头 22”，如图 5.48 所示。

5. 在“描边”面板中，在“终点箭头”下拉列表下方的文本框中输入 40 并按回车键，将缩放比例设置为 40%，如图 5.48 所示。

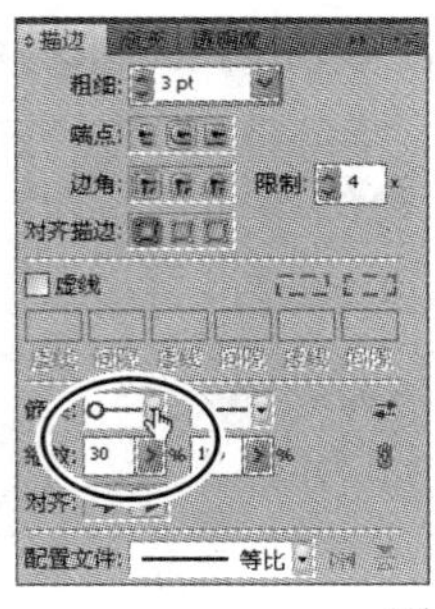

图5.47

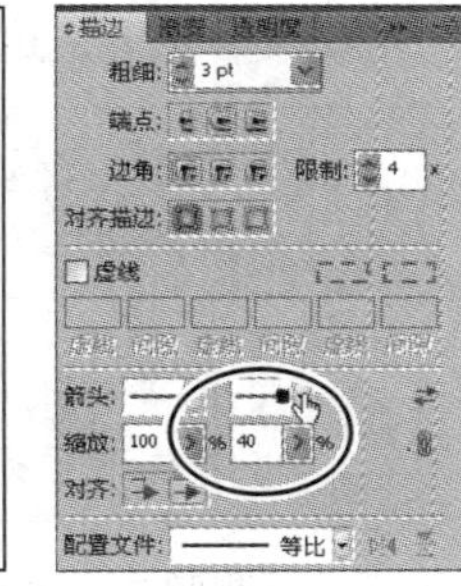

图5.48

> **Ai** **提示：**在“描边”面板中，单击“互换起点和终点箭头”按钮（ ）可互换选定线段的起点和终点箭头。

请注意，默认情况下，箭头放在线条端点的内侧。下面延伸箭头，使其越过端点。

> **Ai** **提示：**在“描边”面板中，缩放比例值右边有一个“链接起点箭头和终点箭头的缩放”按钮（ ），让您能够链接两个缩放比例，使得一个值发生变化时，另一个值将相应地变化。

6. 按住 Shift 键，并使用选择工具单击上面的线段。在“描边”面板中，单击缩放比例下方的“将箭头扩展到路径端点外”按钮（ ）。

注意到两条直线的箭头都移到了端点的外面，如图 5.49 所示。不要取消选择这两条直线，以方便下面处理。

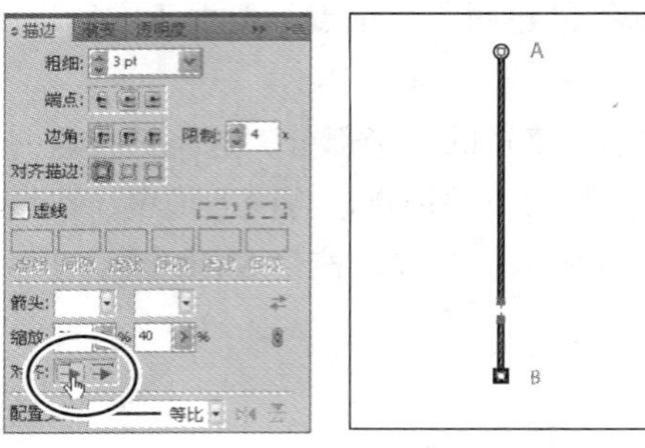

图5.49

5.5.8 创建虚线

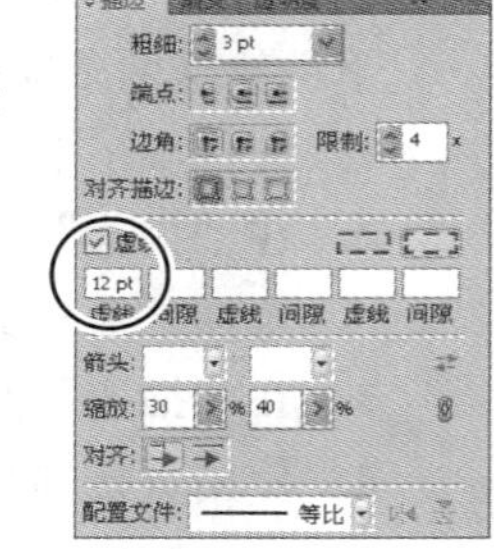

图5.50

可将对象的描边设置的虚线，这适用于闭合路径和非闭合路径。虚线是通过一系列线段长度和间隙指定的。

下面将线段设置为虚线。

1. 在选择了这两条线段的情况下，在“描边”面板中，确保按下了字样“端点”右边的“平头端点”按钮（），再选择复选框“虚线”，如图 5.50 所示。

默认情况下，这将创建交替出现 12pt 线段和 12pt 间隙的虚线。

> **提示**：“保留虚线和间隙的精确长度”按钮（）让您能够保留虚线的外观，而不考虑对齐。

> **提示**：有关“描边”面板中端点和边角选项的更详细信息，请参阅 Illustrator 帮助中的“更改线条的端点或连接”。

下面调整虚线的长度。

2. 在“描边”面板中，选择复选框“虚线”下方的第一个“虚线”文本框中的值（12pt），将该值改为 3 并按回车键。

这将创建交替出现 3pt 线段和 3pt 间隙的虚线。下面使用“描边”面板调整间隙。

3. 将鼠标放在第一个“虚线”文本框右边的“间隙”文本框中，输入 1 并按回车键。这将创建交替出现 3pt 线段和 1pt 间隙的虚线，如图 5.51 所示。

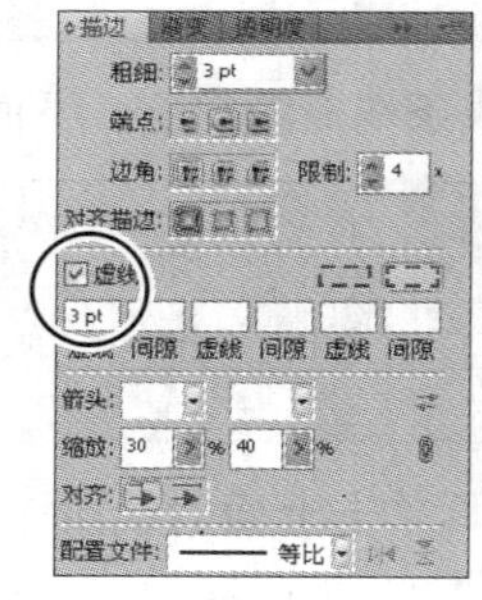

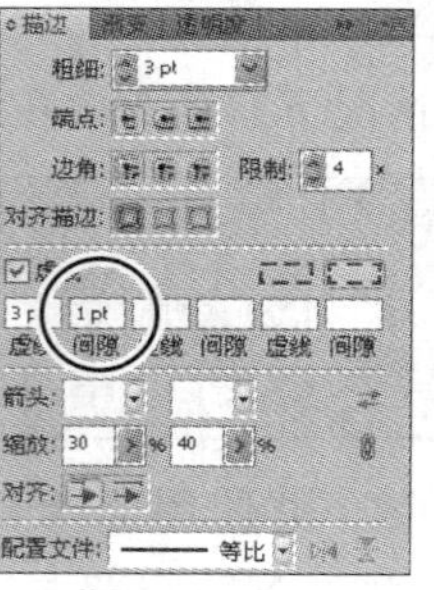

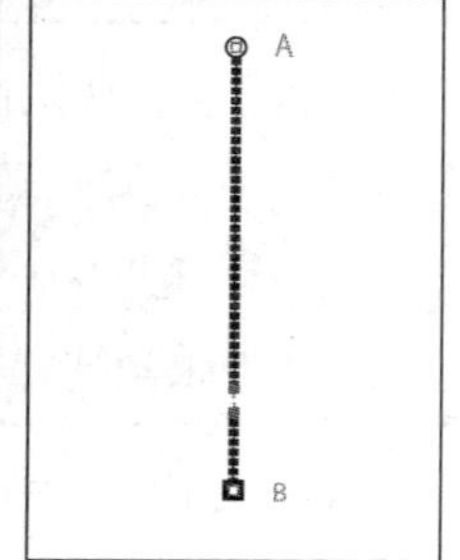

图5.51

> **提示：**如果要创建包含多个虚线和间隙长度的模式，可继续在接下来的“虚线”和“间隙”文本框中输入值，线段将重复这种模式。

4. 在仍选择了这两条线段的情况下，选择菜单“对象”>“编组”。
5. 选择菜单“选择”>“取消选择”，再选择菜单“文件”>“存储”。

5.6 编辑曲线

在本节中，您将调整前面绘制的曲线，为此可拖曳曲线的锚点或方向手柄，还可通过移动线条来编辑曲线。您隐藏模板图层，以便能够编辑实际路径。

1. 从文档窗口左下角的“画板导航”下拉列表中选择 4 Curved Shape step 2。
2. 选择菜单“窗口”>“工作区”>“基本功能”，再单击工作区右边的图层面板图标（）展开“图层”面板。在“图层”面板中，单击模板图层图标（）以隐藏 Templete 图层，如图 5.52 所示。

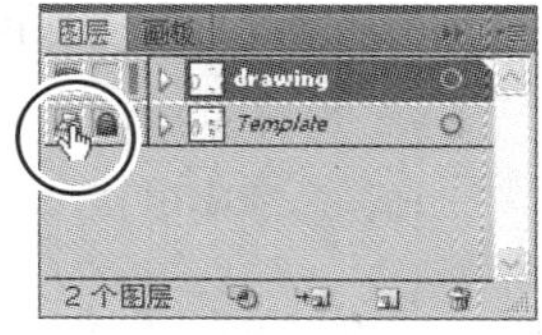

图5.52

> **提示：**有关图层的更详细信息，请参阅第 8 课。

3. 选择直接选择工具，再单击形状的轮廓，所有锚点都将显示出来。

使用直接选择工具单击将显示曲线的方向手柄，让您能够调整各个曲线段的形状。使用选择工具单击将选择整条路径。

4. 单击顶部的锚点（形状中央的左边）以选择它。按下箭头键 3 次稍微向下移动该锚点，如图 5.53 所示。

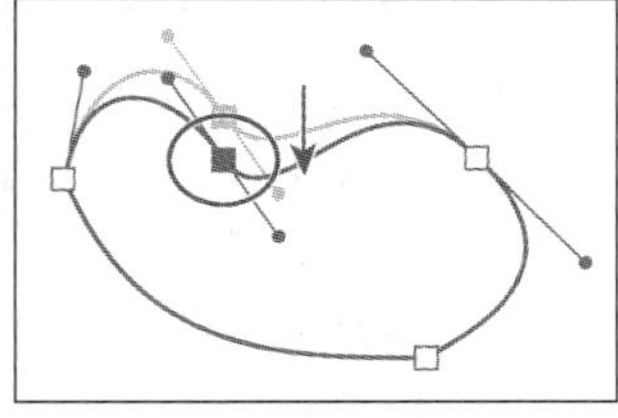
图5.53

> **提示：**如果按箭头键的同时按住了 Shift 键，每次移动的距离将增大 5 倍。

> **注意：**也可使用直接选择工具向下拖曳该锚点。

5. 使用直接选择工具拖曳出一个覆盖形状上半部分的选框，以选择顶部的两个锚点，如图 5.54 所示。

注意到选择了这两个锚点时，其方向手柄消失了。

6. 在控制面板中，单击“显示多个选定锚点的手柄”按钮（）以显示这两个锚点的方向线。这让您能够同时编辑这两个锚点的方向手柄。

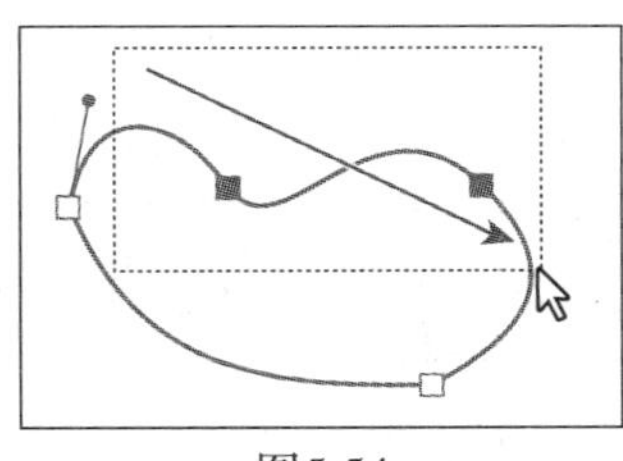
图5.54

> **Ai** **注意:**如果未能选择这两个锚点,可再次尝试拖曳。如果至少选择了其中一个锚点,也可按住 Shift 键并使用直接选择工具单击另一个锚点以选择它。

7. 对于右边那个选定的锚点，将其下面的方向点向左上方拖曳，以调整曲线，如图 5.55 所示。

当您拖曳时，注意到该锚点的两条方向线都将移动。另外，您还可独立地控制每条方向线的长度。

8. 对于左边那个选定的锚点，将其下面的方向点向右上方拖曳，以调整曲线，如图 5.56 所示。

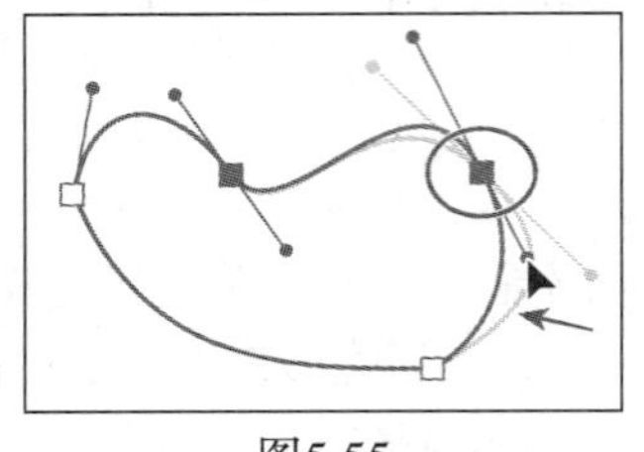

图5.55

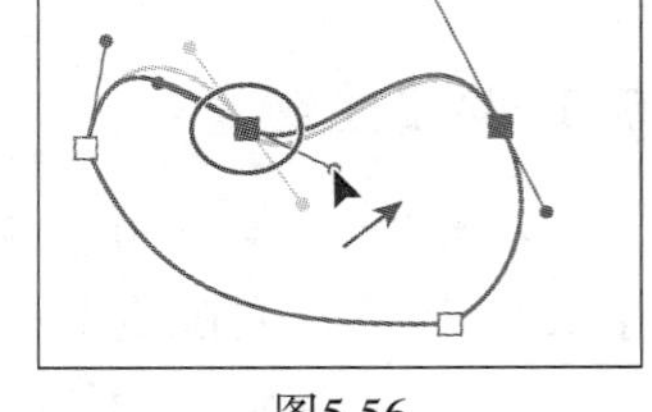

图5.56

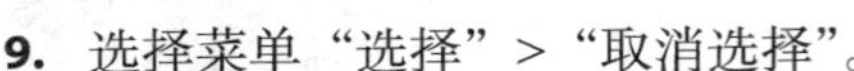

9. 选择菜单“选择”>“取消选择”。
10. 选择菜单“文件”>“存储”。

5.6.1 删除和添加锚点

如果没有添加不必要的锚点，路径处理起来将更容易。路径包含的锚点越少，将越容易编辑、显示和打印。要降低路径的复杂度或修改其整体形状，可删除不必要的锚点；还可添加锚点以调整路径的形状。

下面删除一个锚点，再在路径中添加锚点。

1. 从文档窗口左下角的“画板导航”下拉列表中选择 1 Violin。
2. 选择工具箱中的缩放工具，并单击小提琴形状中央以放大它。在接下来的步骤中，您需要能够看到整个小提琴形状。
3. 选择工具箱中的直接选择工具，并单击小提琴的边缘。
4. 将鼠标指向小提琴顶部的角点，再单击以选择该锚点，如图 5.57 所示。

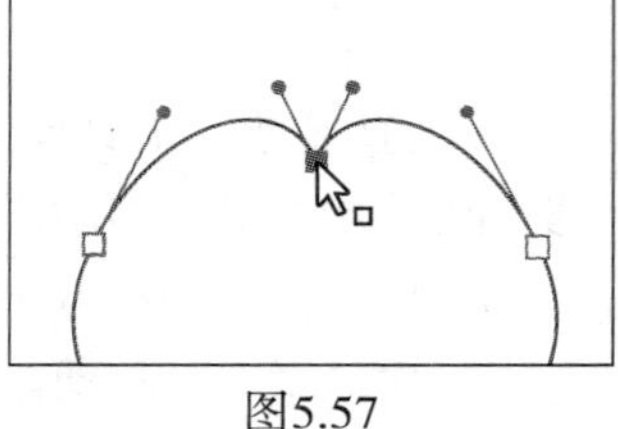

图5.57

5. 在控制面板中，单击“删除所选锚点”按钮将该锚点删除。

> **Ai** **注意：**不要按 Delete、Backspace 键来删除锚点，也不要选择菜单“编辑”>“剪切或“编辑”>“清除”来删除锚点，因为这将删除锚点以及与其相连的曲线段。

6. 选择直接选择工具，指向路径的顶部，再单击并向上拖曳以调整这部分的形状，如图 5.58 所示。拖曳时按住 Shift 键，对形状满意后再依次松开鼠标和按键。不要取消选择该形状。

> **Ai** **提示：**也可选择钢笔工具并单击锚点来将其删除。

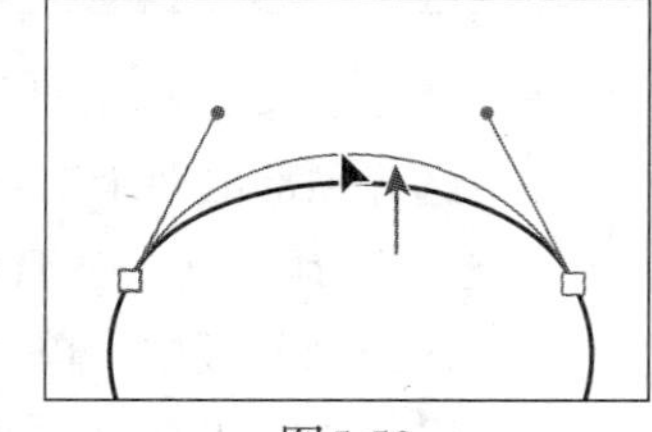

图5.58

下面在小提琴底部添加锚点并调整其形状。

1. 选择工具箱中的缩放工具，并单击小提琴底部两次以放大它。
2. 选择工具箱中的钢笔工具，将鼠标指向小提琴底部锚点的右边，当鼠标旁边出现加号（+）时单击以新建一个锚点，如图 5.59 所示。

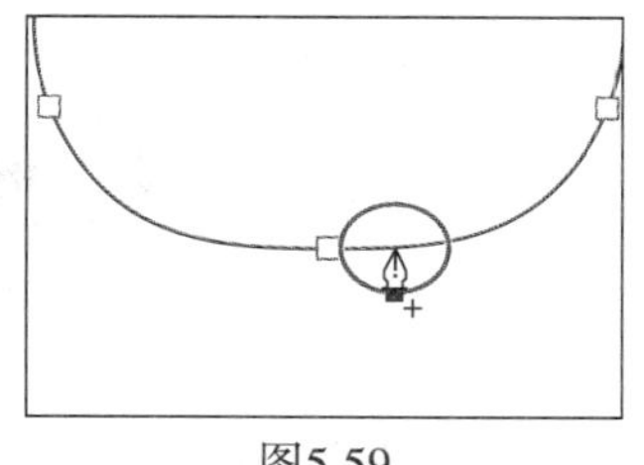

图5.59

Ai **提示：**另一种添加锚点的方法是，选择工具箱中的添加锚点工具（），将鼠标指向路径并单击。

3. 将鼠标指向小提琴底部锚点的左边，当鼠标旁边出现加号（+）时单击再新建一个锚点，如图 5.60 所示。
4. 使用直接选择工具单击底部中央的锚点以选择它，再向下拖曳并按住 Shift 键。只需稍微向下拖曳一点（如图 5.61 所示），就依次松开鼠标和按键。

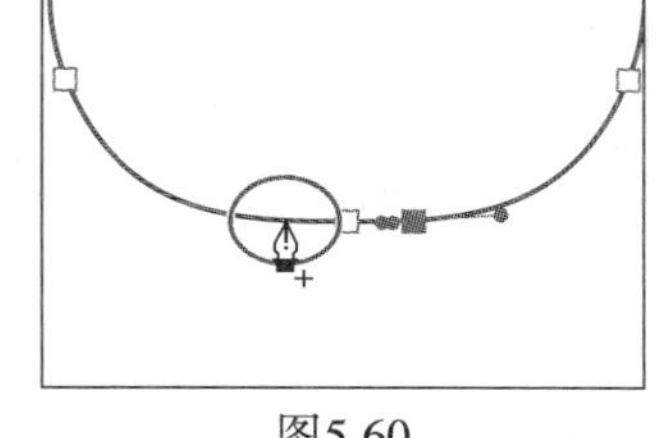

图5.60

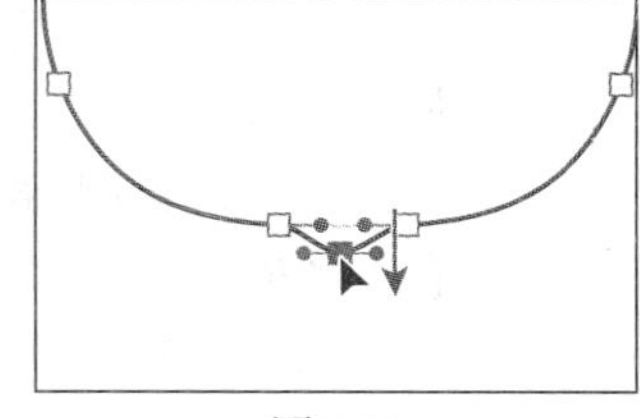

图5.61

可能需要放大视图才能看清。

Ai **提示：**给这个对称的形状添加锚点时，很难确保它们与底部中央锚点的距离相同。为解决这种问题，可选择这些锚点，并相对底部中央锚点分布它们。有关分布点的更详细信息，请参阅第 2 课。

5. 选择菜单“选择” > “取消选择”，再选择菜单“文件” > “存储”。

5.6.2 在平滑点和角点之间转换

下面通过调整一条路径来完成琴颈的绘制。您将把该曲线上的一个平滑点转换为角点，并将一个角点转换为平滑点。

1. 从文档窗口左下角的“画板导航”下拉列表中选择 6 Violin Neck。
2. 在“图层”面板中，单击图层 Template 的锁定图标（）左边的空框以显示该图层。
3. 选择直接选择工具，将鼠标指向形状左边的 A 点，等鼠标旁边出现一个空心正方形后单击，这将选择该锚点并显示其红色方向手柄。
4. 在选择了该锚点的情况下，单击控制面板中的“将所选锚点转换为平滑”按钮（）。

Ai **注意：**可能需要放大视图。

5. 按住 Shift 键，使用直接选择工具单击下面的方向点并向下拖曳，以调整下半部分曲线的形状，如图 5.62 所示。对结果满意后依次松开鼠标和按键。

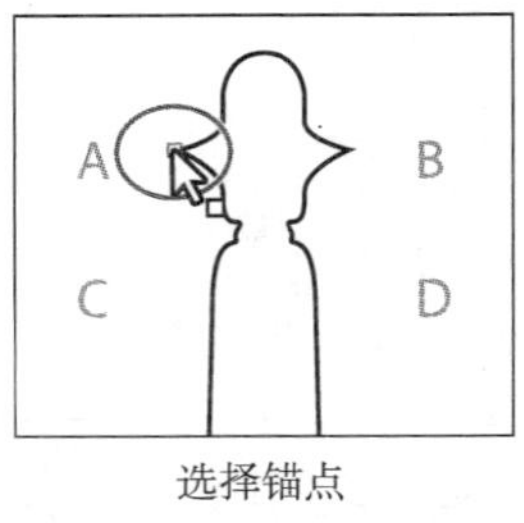

选择锚点

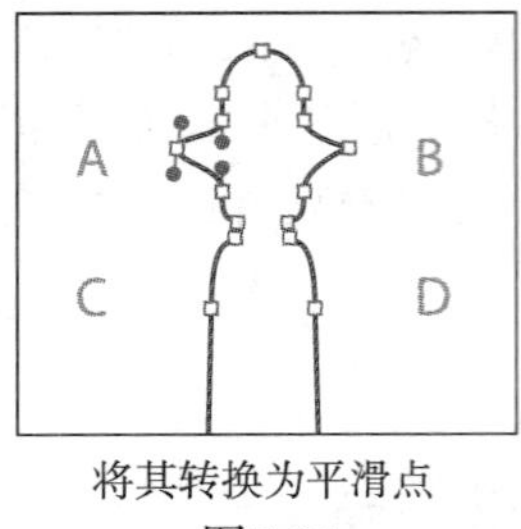

将其转换为平滑点

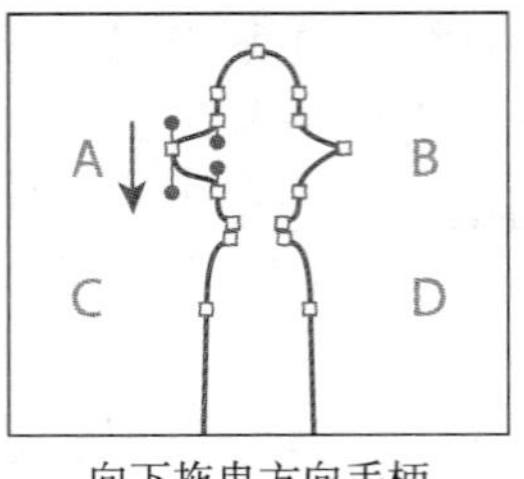

向下拖曳方向手柄

图5.62

> **注意：**当您使用直接选择工具拖曳方向手柄时，两个手柄将始终处于一条直线上，但可独立地调整每个手柄的长度。

6. 对形状右边的 B 点重复第 3 步～第 5 步。
7. 使用直接选择工具单击字母 C 右边的锚点以选择它，再单击控制面板中的“将所选锚点转换为尖角”按钮（ ），如图 5.63 所示。
8. 对 D 点重复第 7 步。
9. 使用直接选择工具单击琴颈顶部的锚点以选择它。在控制面板中，单击“在所选锚点处剪切路径”按钮（ ），再选择菜单“选择”>“取消选择”。
10. 按住 Shift 键，并使用选择工具将琴颈形状的右边稍微向右拖曳，这让两条非闭合路径之间有一定的缝隙，如图 5.64 所示。对结果满意后依次松开鼠标和按键。

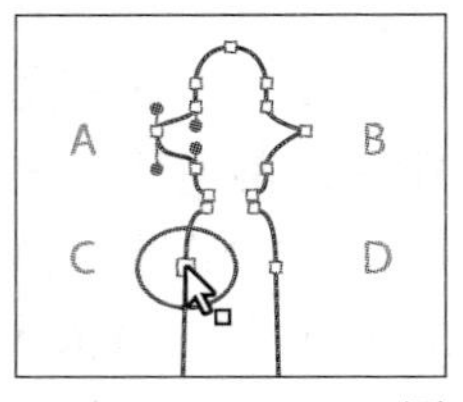

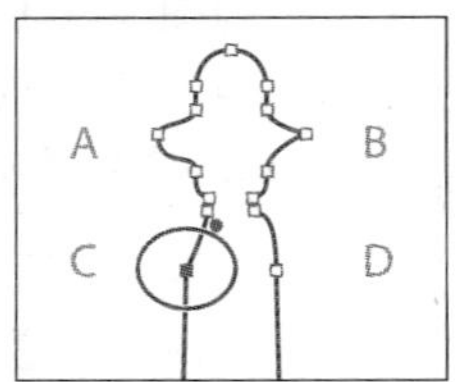

图5.63

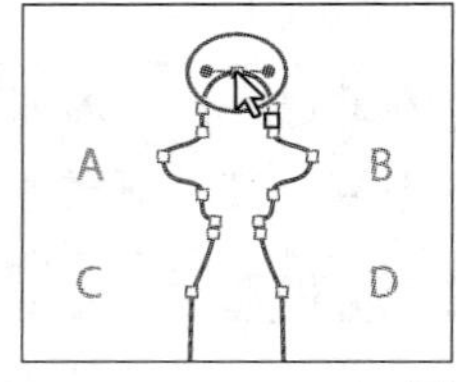

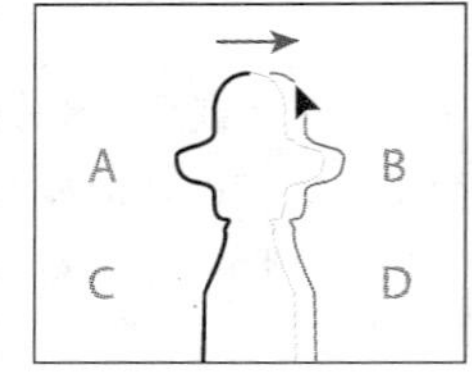

图5.64

11. 使用直接选择工具拖曳一个覆盖两条路径顶部锚点的选框以选择它们，如图 5.65 所示。然后，单击控制面板中的“连接所选终点”按钮（ ）在琴颈顶部创建一条直线。
12. 选择工具箱中的选择工具，再单击该路径以选择它（那怕看起来好像已经选择了它）。选择菜单“对象”>“路径”>“连接”将该路径底部的两个端点连接起来。

下面使用转换锚点工具将形状底部调整为圆形的。

13. 在工具箱中，选择隐藏在钢笔工具后面的转换锚点工具（ ）。
14. 向下拖曳琴颈形状的左下角，拖曳时按住 Shift 键将移动方向限制为垂直的，如图 5.66 所示。对结果满意后依次松开鼠标和按键。

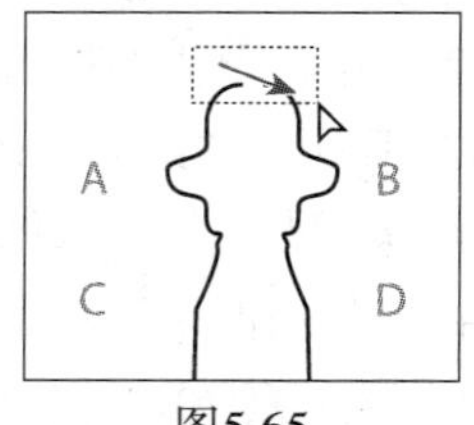

图5.65

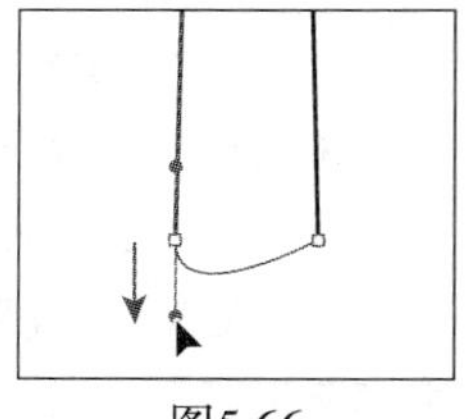
图5.66

> **注意：**务必在开始拖曳后再按住 Shift 键。

转化锚点工具还让您能够在角点和平滑点之间进行转换。

15. 向上拖曳琴颈形状的右下角，拖曳时按住 Shift 键将移动方向限制为垂直的，这将形状底部变成圆形的，如图 5.67 所示。对结果满意后依次松开鼠标和按键。

16. 选择菜单“选择”>“取消选择”。

17. 选择菜单“文件”>“存储”。

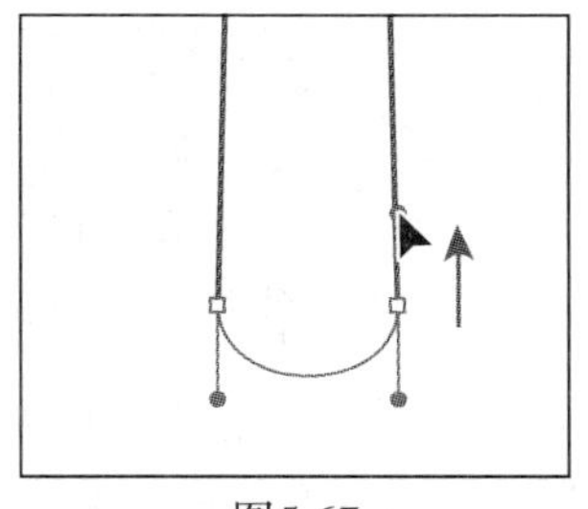

图5.67

> **注意**：正如本课前面指出的，如果您单击的不是锚点，将可能出现警告框。

5.7 使用铅笔工具绘画

使用铅笔工具可绘制闭合或非闭合路径，就像用铅笔在纸张上绘图一样。用户绘图时，Illustrator 将在其认为必要时创建锚点，并将其放在路径上，但在路径绘制完毕后，用户可调整这些锚点。放置的锚点数量取决于路径的长度和复杂度以及“铅笔工具选项”对话框中的容差设置。铅笔工具最适合用于创建自由形状和基本形状。

下面在前面绘制的形状上绘制几根线条，用于表示靠在小提琴上的下巴。

1. 从文档窗口左下角的“画板导航”下拉列表中选择 4 Curved Shape step 2。
2. 在“图层”面板中，单击模板图层图标（ ）以隐藏 Templete 图层，再单击图层面板图标将该面板折叠起来。
3. 双击工具箱中的铅笔工具（ ）。在“铅笔工具选项”对话框中，向右拖曳“平滑度”滑块直到其值为 100%，这使得使用铅笔工具绘制的路径包含的锚点更少且更平滑，再单击“确定”按钮。
4. 在选择了铅笔工具的情况下，单击控制面板中的描边颜色框，并从出现的“色板”面板中选择黑色；再单击填色框并选择“无”。

> **注意**：描边和填色可能已经设置好了。

5. 将鼠标指向形状内部的左边，看到鼠标旁边有 × 后开始拖曳，在形状内部绘制一条从左到右的弧线，如图 5.68 所示。

开始绘图前，鼠标旁边有一个 ×，这表明此时绘图将新建一条路径。如果没有看到 ×，则表明将重新绘制鼠标旁边的形状。如果必要，移动鼠标使其离形状边缘足够远。

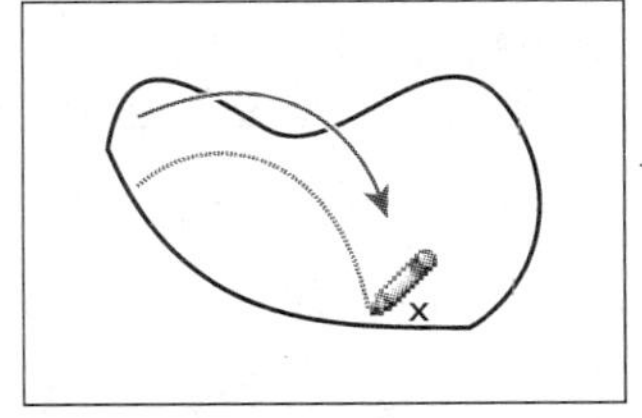

图5.68

> **Ai** **提示**：如果要创建闭合路径（如圆圈），可在使用铅笔工具拖曳时按住 Alt/Option 键。鼠标旁边将出现一个小圆圈，指出将创建一条闭合路径。当路径的长度和形状符合要求后松开鼠标，但不要松开 Alt/Option，而等路径闭合后再松开。将使用尽可能短的直线连接起始锚点和终止锚点。

绘制时，路径可能看起来不平滑，但松开鼠标后，将根据您在“铅笔工具选项”对话框中设置的平滑度使路径变得平滑。

6. 将鼠标指向新建路径的右端点，注意到鼠标旁边不再有 ×，这表明此时如果拖曳鼠标将编辑现有路径，而不是新建一条路径。

下面设置铅笔工具的其他选项，然后在刚绘制的曲线右边再绘制一条曲线。

7. 双击工具箱中的铅笔工具。
8. 在“铅笔工具选项”对话框中，取消选中复选框“编辑所选路径”，将“保真度”改为 10 像素，再单击“确定”按钮。

> **Ai** **提示**：保真度值越大，锚点之间的距离将越大，而创建的锚点越少，这可提高路径的平滑度，并降低路径的复杂度。

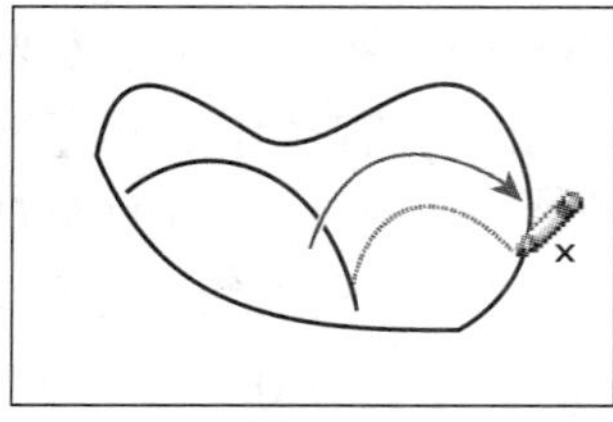
图5.69

9. 使用铅笔工具单击前一条路径的端点并向右拖曳，从而再绘制一条弧线，如图 5.69 所示。
10. 选择菜单“选择” > “取消选择”。

使用铅笔工具进行编辑

还可使用铅笔工具编辑任何路径以及在任何形状中添加手绘线条和形状。

下面使用铅笔工具编辑曲线形状。

1. 使用选择工具选择曲线形状（不是弧线）。
2. 双击铅笔工具。在“铅笔工具选项”对话框中，单击“重置”按钮，注意到选中了复选框“编辑所选路径”，这对接下来的步骤来说很重要。将“保真度”改为 10，将“平滑度”改为 30%，再单击“确定”按钮。

> **Ai** **提示**：有关铅笔工具选项的更详细信息，请参阅 Illustrator 帮助中的“铅笔工具选项”。

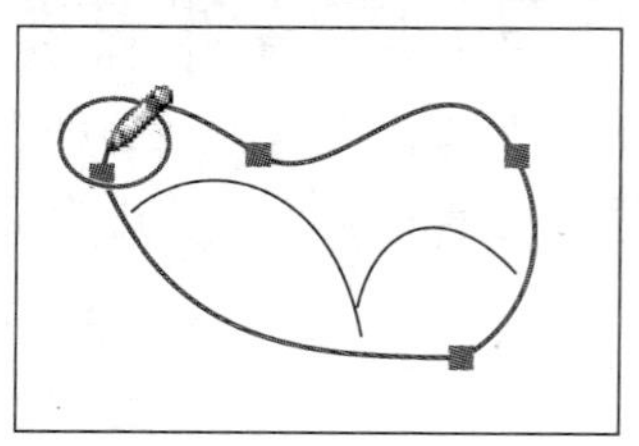
图5.70

3. 将鼠标指向曲线路径的左上角（而不是锚点），注意到鼠标旁边没有 ×（如图 5.70 所示），这表明接下来将重绘选定路径。

> **Ai** **注意**：根据从哪里开始重绘路径以及沿什么方向绘制，可能得到意外的结果。如果出现这种情况，请尝试重新绘制。

4. 向右拖曳以编辑路径的曲度。当鼠标重新回到路径上后松开鼠标以查看结果，如图 5.71 所示。

> **提示：**如果对结果不满意，可选择菜单“编辑”>“还原铅笔”或再次在相同的区域中拖曳鼠标。

> **注意：**您的结果可能与图 5.71 不完全相同，这没有关系。如果您愿意，也可使用铅笔工具重新编辑该路径。

5. 选择菜单“选择”>“现用画板上的全部对象”。
6. 选择菜单“对象”>“编组”。
7. 在选择了该编组的情况下，双击工具箱中的比例缩放工具（ ）。在打开的“比例缩放”对话框中，在“比例缩放”文本框中输入 70%，再单击“确定”按钮。

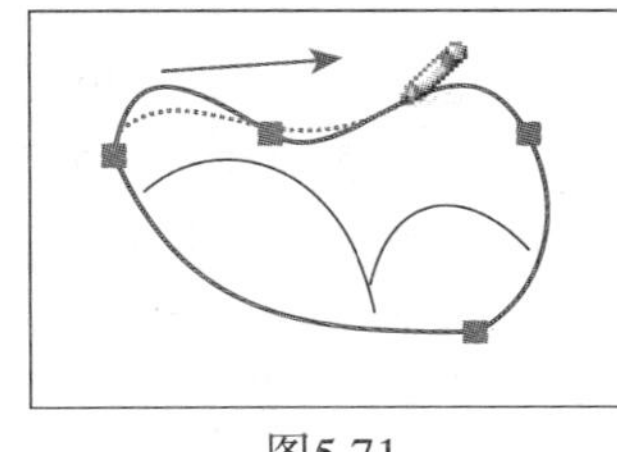

图5.71

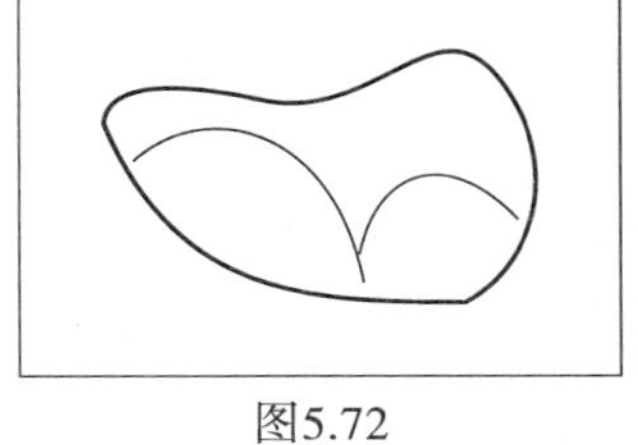

图5.72

8. 选择菜单“选择”>“取消选择”，再选择菜单“文件”>“存储”。

5.8 完成小提琴插图

为完成该插图，需要进行一些细微的修改、将所有对象组合起来并给它们上色。

5.8.1 组合各个部分

1. 选择菜单“视图”>“全部适合窗口大小”；在应用程序栏中，从工作区切换下拉列表中选择“基本功能”。
2. 选择菜单“视图”>“显示定界框”，这样变换选定对象时将能看到其定界框。
3. 选择工具箱中的选择工具，将刚才编辑的曲线形状组移到小提琴的左下角，如图 5.73 所示。
4. 按住 Shift 键并单击小提琴形状的边缘以同时选择这两个形状，再选择菜单“对象”>“编组”。
5. 选择菜单“对象”>“锁定”>“所选对象”。

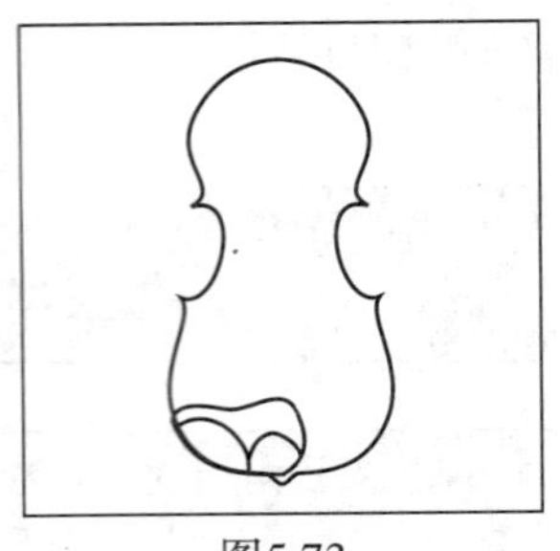

图5.73

> Ai **注意：**拖曳该曲线形状组中的路径可能比通过其内部进行拖曳更容易，因为没有填充它。

6. 使用选择工具将琴颈移到琴体上方。使用标尺将琴颈放在离画板顶部大约 1 英寸的地方，并让琴颈尽可能与琴体居中对齐。
7. 在仍选择了琴颈的情况下，选择菜单“对象” > “排列” > “置于顶层”。
8. 选择工具箱中的直接选择工具，拖曳一个覆盖琴颈底部的选框。按住 Shift 键，向下拖曳琴颈形状底部锚点之一。拖曳到如图 5.74 所示的位置后依次松开鼠标和按键。

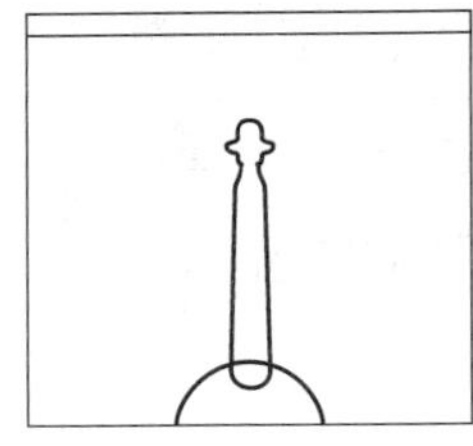 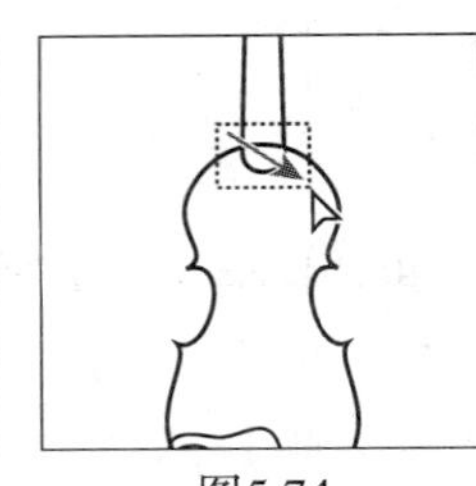 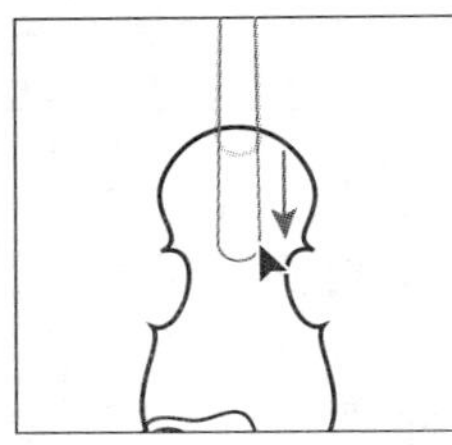

图5.74

9. 选择菜单“对象” > “锁定” > “所选对象”。
10. 使用选择工具将画板 5 Strings 中的虚线编组拖曳到小提琴形状中央，使其下端点位于曲线形状上方，而虚线本身位于琴颈形状的左边缘上，如图 5.75 所示。
11. 选择菜单“对象” > “排列” > “置于顶层”。
12. 选择工具箱中的直接选择工具，通过单击选择虚线组的上端点并向上拖曳。拖曳时按住 Shift 键，直到该点位于琴颈顶端下方时依次松开鼠标和按键。
13. 使用选择工具单击虚线组以选择它，再双击工具箱中的选择工具打开“移动”对话框。
14. 在“移动”对话框中，将“水平”设置改为 0.1 in，并确保“垂直”设置为 0 in，再单击“复制”按钮复制虚线组并将其向右移。
15. 在仍选择了复制的虚线组的情况下，选择菜单“对象” > “变换” > “再次变换”两次，最终得到 4 个虚线组，如图 5.75 所示。

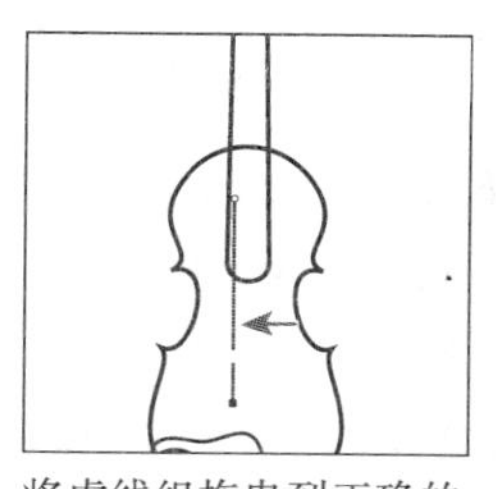
将虚线组拖曳到正确的位置

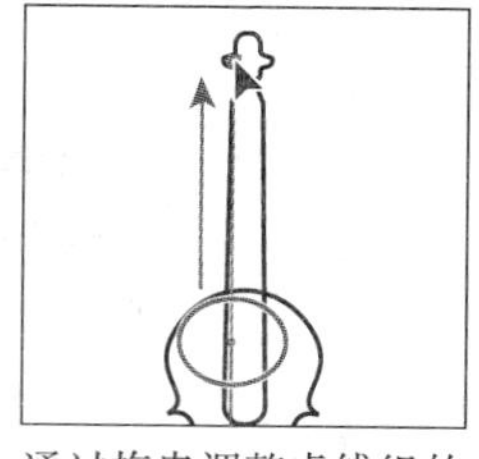
通过拖曳调整虚线组的形状

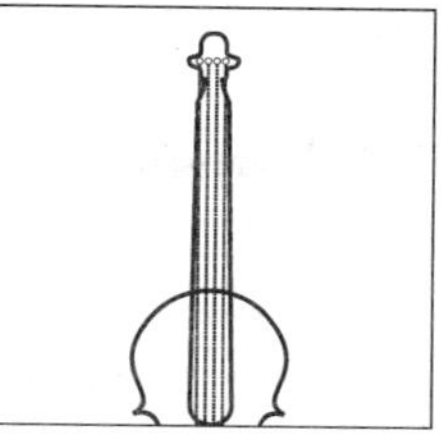
复制虚线组

图5.75

16. 选择菜单“选择”>“现有画板上的全部对象”，再选择菜单“对象”>“编组”。

17. 在控制面板中，将描边粗细改为1pt。

18. 选择工具箱中的缩放工具，并单击虚线组底部三次。

19. 选择工具箱中的矩形工具，单击图稿的任何地方。在打开的“矩形”对话框中，将宽度改为0.5 in，将高度改为0.18 in，再单击“确定”按钮。

20. 在选择了矩形的情况下，按D将其填充和描边色设置为默认值。

21. 使用选择工具将矩形拖曳到虚线组断开的地方，如图5.76所示。

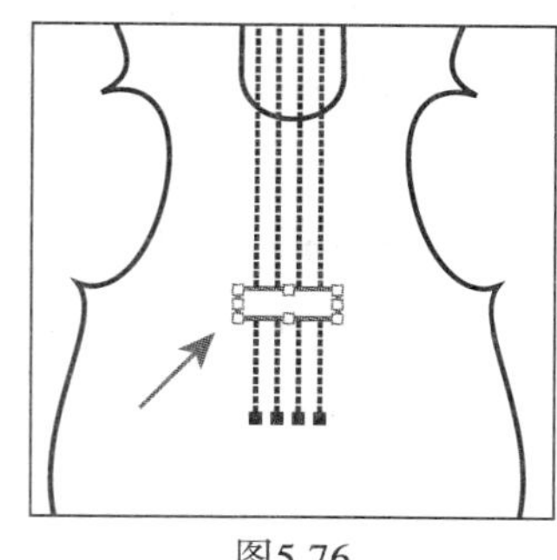

图5.76

> Ai **注意：**您可能需要调整该矩形的高度，使其与虚线之间的间隙更一致。

22. 选择菜单“视图”>“画板适合窗口大小”。

23. 选择菜单“对象”>“全部解锁”，再选择菜单“选择”>“现用画板上的全部对象”。

24. 在控制面板中，单击“对齐”按钮并选择“对齐画板”（），再单击“水平居中对齐”按钮（）。

> Ai **注意：**如果控制面板中没有对齐选项，请单击字样“对齐”或选择菜单“窗口”>“对齐”打开“对齐”面板。

25. 选择菜单“选择”>“取消选择”，再选择菜单“文件”>“存储”。

5.8.2 给图稿上色

在笔者提供的彩色插图中，使用了自定义颜色 Violin、Neck 和 Gray 进行了上色，这些颜色可在“色板”面板中找到。有关 Illustrator 上色选项的更详细信息，请参阅第 6 课。

1. 使用选择工具选择对象，再单击控制面板中的填色框，使用色板 Violin 给小提琴形状上色、使用色板 Gray 给矩形和曲线形状上色，并使用色板 Neck 给琴颈形状上色。

> Ai | **注意**：要修改曲线形状的颜色，可双击它进入隔离模式并修改其颜色，再按 Esc 键退出隔离模式。

2. 选择菜单“文件”>“存储”，再选择菜单“文件”>“关闭”。

5.9 练 习

为进一步练习使用钢笔工具，尝试在图像上进行描摹。通过练习使用钢笔工具，将能够更熟练地绘制所需的曲线和形状。

1. 打开复制到硬盘中的文件夹 Lessons\Lesson05 中的文件 practice.ai。
2. 选择钢笔工具并使用本课学到的方法绘制 S 形状，绘制时请参考灰色形状。
3. 创建该形状的副本，并将其粘贴到小提琴上。然后，创建其镜像：选择它，再双击工具箱中旋转工具组中的镜像工具（ ）。
4. 选择菜单“文件”>“存储”，再选择菜单“文件”>“关闭”。

复习

复习题

1. 如何使用钢笔工具绘制垂直、水平或 45° 的直线？
2. 如何使用钢笔工具绘制曲线？
3. 如何在曲线上创建角点？
4. 指出两种将曲线上的平滑点转换为角点的方法？
5. 哪种工具用于编辑曲线段？
6. 如何修改铅笔工具的工作方式？

复习题答案

1. 要绘制直线，可使用钢笔工具单击两次：第一次单击设置直线的起始锚点，第二次单击设置直线的终止锚点。要将直线限定为垂直、水平或 45° 的，可在使用钢笔工具单击时按住 Shift 键。
2. 要使用钢笔工具绘制曲线，可单击鼠标并拖曳以创建曲线的起始锚点并设置曲线的方向，然后单击以结束曲线的绘制。
3. 要在曲线上创建角点，可按住 Alt（Windows）或 Option（Mac OS）并拖曳曲线终点的方向手柄，以修改路径的方向，然后继续拖曳以绘制路径的下一条曲线段。
4. 使用直接选择工具选择锚点，再使用转换锚点工具拖曳方向手柄以修改方向。另一种方法是，使用直接选择工具选择一个或多个锚点，再单击控制面板中的“将所选锚点转换为尖角”按钮（ ）。
5. 要编辑曲线的一段，可使用直接选择工具拖曳以移动它，也可拖曳锚点的方向手柄以调整曲线段的长度和形状。
6. 双击铅笔工具打开“铅笔工具选项”对话框，并在其中修改平滑度、保真度等。

第6课 颜色和上色

在本课中，读者将学习如何执行如下操作：

- 使用颜色模式和颜色控件；
- 使用控制面板和快捷方式给对象上色以及创建和编辑颜色；
- 给颜色命名并存储它，以及创建颜色组和调色板；
- 使用“颜色参考”面板和“编辑颜色”/“重新着色图稿”功能；
- 将上色和外观属性从一个对象复制到另一个对象；
- 创建图案并使用它上色；
- 使用实时上色。

学习本课需要大约 1.5 小时。如果必要，从硬盘中删除前一课的文件夹，并将文件夹 Lesson06 复制到硬盘中。

使用 Illustrator CS5 的颜色功能给插图上色；探索如何使用颜色参考、颜色组指定填色和描边以及如何给图稿重新着色、创建图案等。

6.1 简 介

在本课中，读者将学习有关颜色的基本知识，还将使用颜色面板、色板面板等创建和编辑颜色。

1. 为确保工具和面板像本课描述的那样，请删除或重命名 Adobe Illustrator CS5 首选项文件，详情请参阅“前言”中的“恢复默认首选项”。
2. 启动 Adobe Illustrator CS5。

> Ai **注意：**如果还没有从配套光盘的文件夹 Lesson06 中将本课的资源文件复制到硬盘，现在就这样做，详情请参阅“前言”中的“复制课程文件”。

3. 选择菜单“文件”>“打开”，打开硬盘中文件夹 Lessons\Lesson06 中的文件 L6end_1.ai，以查看标签的最终版本，如图 6.1 所示。让它打开以供参考。

图6.1

4. 选择菜单“文件”>“打开”。在“打开”对话框中，切换到文件夹 Lessons\Lesson06，并打开文件 L6start_1.ai。

该文件包含一些对象（如图 6.2 所示），您将根据需要创建并应用颜色，以完成该标签的制作。

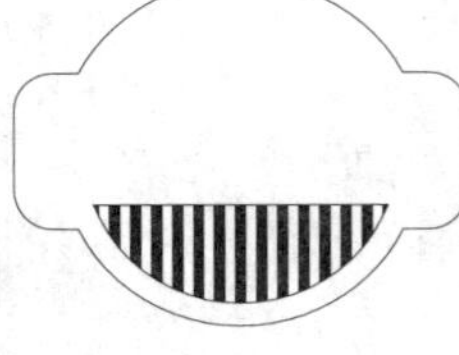

图6.2

5. 选择菜单“文件”>“存储为”。在“存储为”对话框中，切换到文件夹 Lesson06，将文件重命名为 label.ai。保留“保存类型”为 Adobe Illustrator（*.AI）（Windows）或“格式”为 Adobe Illustrator（ai）（Mac OS），并单击“保存”按钮。在“Illustrator 选项”对话框中，保留默认设置并单击“确定”按钮。

6.2 理解颜色

要在 Illustrator 中使用颜色，必须理解颜色模式（也叫颜色模型）。将颜色应用于图稿时，务必考虑最终将通过什么介质发布图稿（如打印还是 Web），以便使用正确的颜色模型和颜色定义。下面首先介绍颜色模式，然后介绍基本的颜色控件。

6.2.1 颜色模式

新建插图时，必须确定图像应使用哪种颜色模式：CMYK 还是 RGB。

- **CMYK：**指的是四色印刷中使用的青色、洋红色、黄色和黑色。这 4 种颜色以网屏方式组合成大量其他的颜色。打印时应选择这种模式。
- **RGB：**指的是红色、绿色和蓝色光以不同的方式组合成一系列颜色。如果图像需要用于屏幕显示或上传到 Internet，应使用这种颜色模式。

选择菜单“文件”>“新建”来创建新文档时，需要指定合适的新建文档配置文件，这决定了将使用的颜色模式。例如，如果将文档配置文件设置为“打印”，将使用颜色模式 CMYK，但这是可以修改的，为此可单击“高级”左边的箭头并选择一种颜色模式，如图 6.3 所示。

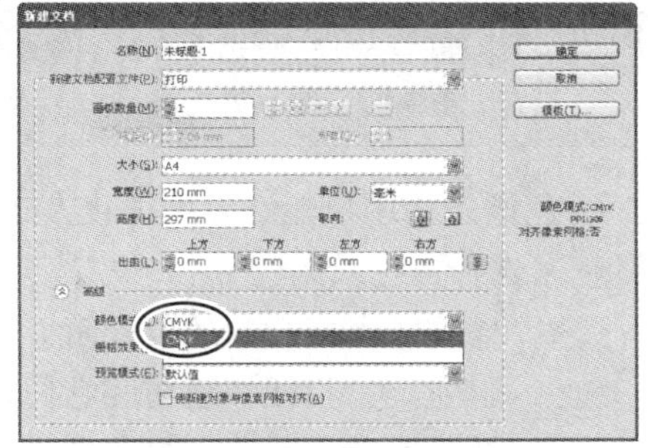
图6.3

选择颜色模式后，面板将以 CMYK 或 RGB 模式显示颜色。创建文件后，可从菜单“文件”>“文档颜色模式”中选择“CMYK 颜色”或“RGB 颜色”来修改文档的颜色模式。

6.2.2 理解颜色控件

在本节中，读者将学习在 Illustrator 中给对象着色的传统方法，这包括使用颜色和图案给对象上色，这是通过结合使用面板和工具（控制面板、颜色面板、色板面板、渐变面板、描边面板、颜色参考面板、拾色器和工具箱中的上色按钮）实现的。下面先来看一下上色后的最终图稿。

1. 单击文档窗口顶部的文档标签 16end_1.ai。
2. 从文档窗口左下角的“画板导航”下拉列表中选择 1，让该画板适合文档窗口的大小。
3. 选择工具箱中的选择工具，单击文本 Pizza Sauce 后面的绿色形状。

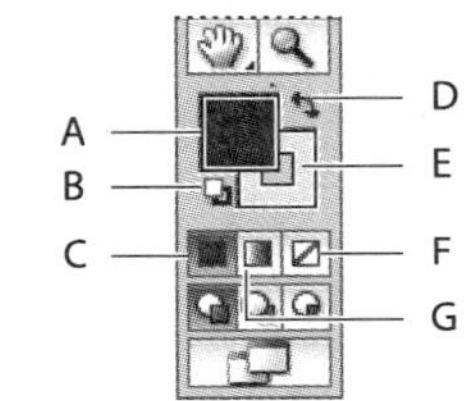

A. 填色框
B. 默认填色和描边按钮
C. 颜色按钮
D. 互换填色和描边按钮
E. 描边框
F. 无
G. 渐变按钮

图6.4

在 Illustrator 中，对象可以有填色、描边或两者都有。注意到工具箱中的填色框位于前面，这表明它被选中，这是默认设置。该对象的填色为绿色。填色框后面是描边框，其轮廓为黄色，如图 6.4 所示。

Ai **注意**：根据屏幕分辨率，读者的工具箱可能是单栏的，而不是双栏的。

4. 单击工作区右边的外观面板图标（ ）。

选定对象的填色属性和描边属性也显示在外观面板中，如图 6.5 所示。可编辑和删除外观属性，也可将其存储为图形样式以便将其应用于其他对象、图层和对象组。在本课后面，读者将使用该面板。

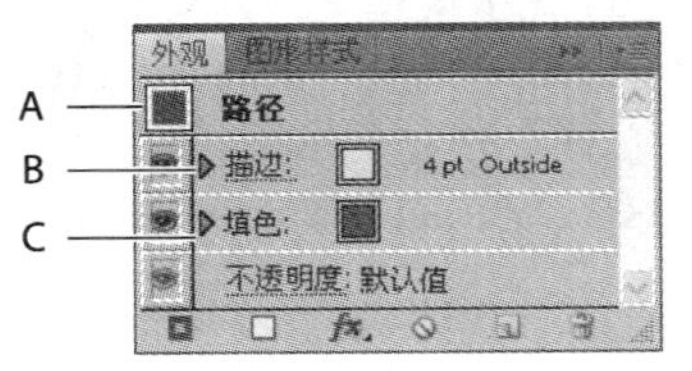

A. 选定的对象
B. 描边
C. 填色

图6.5

5. 单击工具箱右边的颜色面板图标（ ）。颜色面板显示了当前的填色和描边颜色，CMYK 滑块显示了青色、洋红、黄色和黑色的百分比。颜色面板底部是色谱条，如图 6.6 所示。

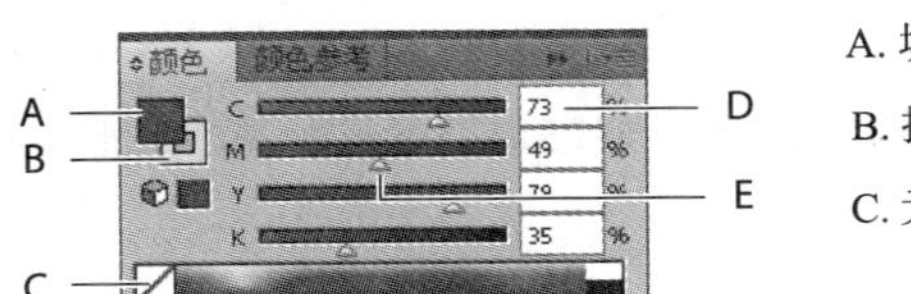

A. 填色框
B. 描边框
C. 无
D. 颜色值
E. 颜色滑块
F. 色谱条

图6.6

> **提示**：按住 Shift 键并单击颜色面板底部的色谱条可在不同颜色模式（如 CMYK 和 RGB）之间切换。

色谱条让用户能够以可视化方式快速选择填色或描边色，用户还可通过单击色谱条右端相应的框来选择白色或黑色。

6. 单击工作区右边的色板面板图标（ ）。在色板面板中，可给颜色、渐变和图案命名并存储它们，以便快速访问它们，如图 6.7 所示。在色板面板中，应用于选定对象的填色或描边的颜色、渐变、图案或色调呈高亮显示。

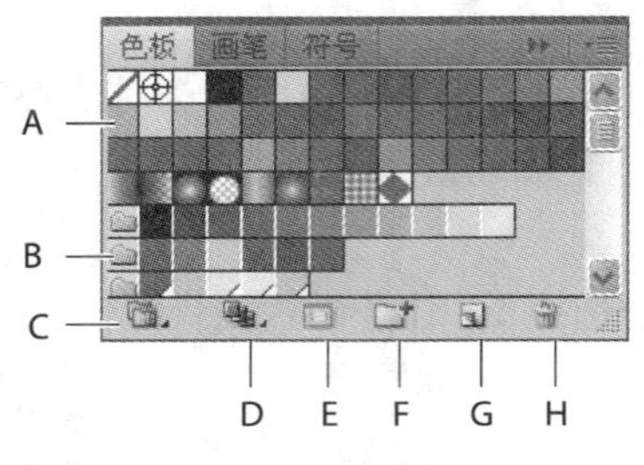

A. 色板
B. 颜色组
C. 色板库菜单
D. 显示色板类型菜单
E. 色板选项
F. 新建颜色组
G. 新建色板
H. 删除色板

图6.7

7. 单击工作区右边的颜色参考面板图标（ ）。单击该面板左上角的绿色色板（如图 6.8 中的 A 点），将基色设置为选定对象的颜色，单击下拉列表"协调规则"并选择"互补色 2"。

制作图稿时，颜色参考面板提供了色彩方面的灵感，可帮助您选择颜色色调、近似色等；通过该面板还可使用编辑或应用颜色功能，让您能够编辑和创建颜色。

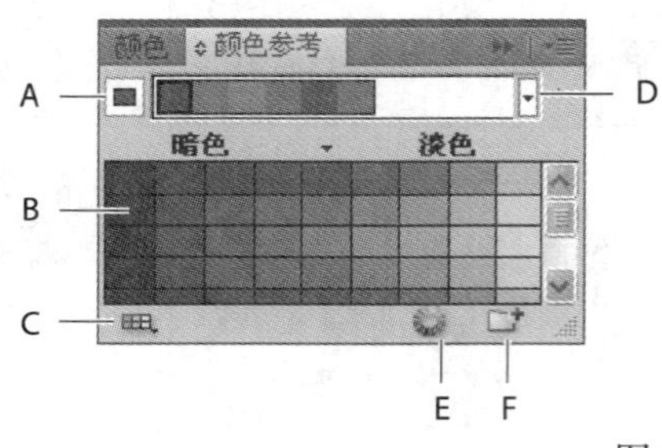

A. 将基色设置为当前颜色
B. 色板
C. 将颜色限制为指定色板库中的颜色
D. 协调规则和活动颜色组
E. 编辑或应用颜色
F. 将颜色组保存到色板面板中

图6.8

8. 单击颜色面板图标（ ），并使用选择工具单击文件 L6end_1.ai 中的各个形状，该面板将显示它们的上色属性。
9. 让文件 L6end_1.ai 打开以便参考，也可选择菜单"文件">"关闭"将其关闭，但不保存所做的修改。
10. 如果没有关闭文档 L6end_1.ai，请单击文档窗口顶部的文档标签 label.ai。

6.3 创建颜色

读者当前处理的图稿使用的是 CMYK 颜色模式，这意味着您可使用任何青色、洋红色、黄色和黑色组合创建自定义颜色。可以各种方式创建颜色，这取决于处理的图稿。例如，如果要创建公司专用的颜色，可使用色板库；如果要匹配图稿中的颜色，可使用吸管工具采集颜色样本，也可使用拾色器输入精确的颜色值。下面使用各种不同的方法创建颜色并将其应用于对象。

6.3.1 创建并存储自定义颜色

下面使用颜色色板创建一种颜色，然后将其作为色板存储到色板面板中。

1. 选择菜单“选择”>“取消选择”，确保没有选择任何对象。
2. 从文档窗口左下角的“画板导航”下拉列表中选择 1，让第一个画板适合文档窗口的大小。

> Ai **注意：**如果创建颜色时选定了对象，该颜色将应用于选定对象。

3. 如果颜色面板没有打开，单击颜色色板图标（）。如果颜色面板中没有显示 CMYK 滑块，从颜色面板菜单中选择“CMYK”。

单击描边框，并在 CMYK 文本框中输入如下值：C=19、M=88、Y=78、K=22，如图 6.9 所示。

4. 单击色板面板图标（），再从色板面板菜单中选择“新建色板”。
5. 在“新建色板”对话框中，将该色板命名为 label background，保留其他设置不变，并单击“确定”按钮。注意到该色板在色板面板中呈高亮显示，如图 6.10 所示。

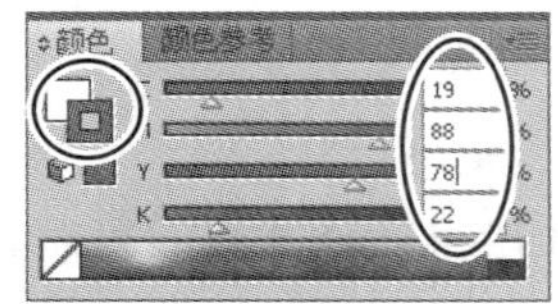

图6.9

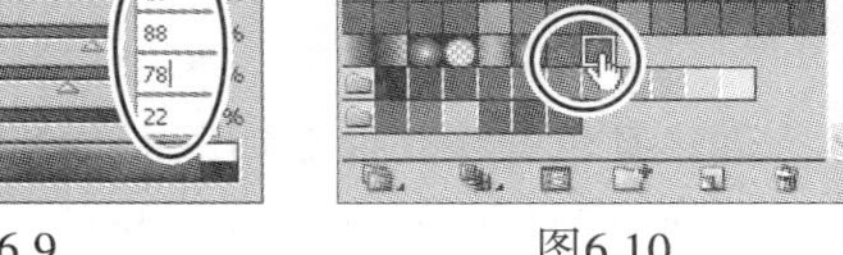

图6.10

> Ai **提示：**要存储在颜色面板中创建的颜色，也可单击色板面板中的“新建色板”按钮来打开“新建色板”对话框。

添加到色板面板中的新颜色只随当前文件一起存储，打开新的图稿文件时，将显示 Adobe Illustrator CS5 自带的一组默认色板。

> Ai **提示：**如果要载入其他文件中的色板，可单击“色板库菜单”按钮（）并选择“其他库”，再找到要从其中导入色板的文档。

6. 使用选择工具单击用白色填充的背景形状以选择它，再单击工具箱底部的填色框。如果色板面板没有打开，单击其图标，并选择色板 label background。选择菜单“选择”>“取消选择”，结果如图 6.11 所示。

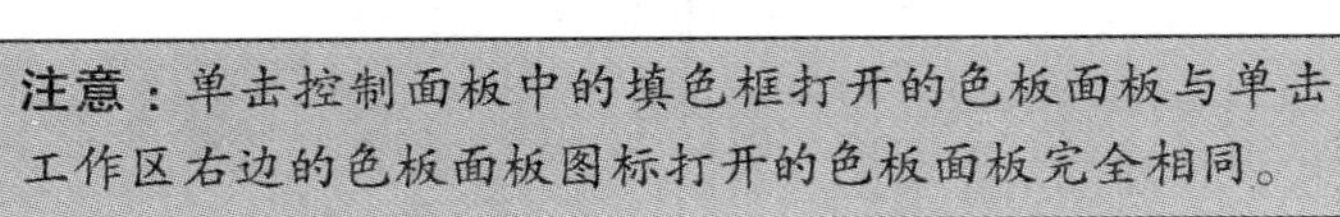

> Ai **注意：**单击控制面板中的填色框打开的色板面板与单击工作区右边的色板面板图标打开的色板面板完全相同。

图6.11

下面使用一种类似的方法再创建一个色板。

7. 在色板面板中，单击其底部的“新建色板”按钮（ ），这将创建选定色板的拷贝并打开“新建色板”对话框。

8. 在“新建色板”对话框中，将名称改为 label background stroke，将颜色值改为 C=19、M=46、Y=60、K=0，再单击“确定”按钮，如图 6.12 所示。

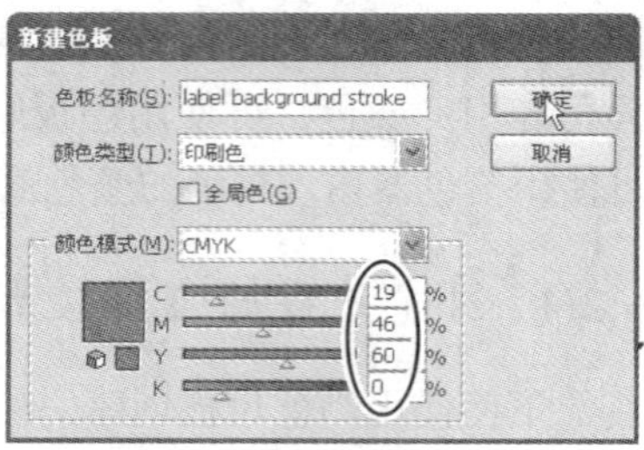

图6.12

> **注意**：如果仍选择了背景形状，将使用新创建的颜色填充它。

9. 使用选择工具单击背景形状以选择它，单击控制面板中的描边颜色框，在打开的色板面板中选择色板 label background stroke。

10. 在控制面板中，将描边粗细改为 7pt，结果如图 6.13 所示。不要折叠色板面板。

图6.13

6.3.2 编辑色板

创建颜色并将其存储到色板面板中后，可对其进行编辑。

下面对刚创建的色板 label background stroke 进行编辑。

1. 单击工具箱中的描边框，这将展开颜色面板；单击工作区右边的色板面板图标，打开该面板。

2. 在仍选择了形状的情况下，双击色板面板中的色板 label background stroke，如图 6.14 所示。在“色板选项”对话框中做如下修改：C=2、M=15、Y=71、K=20。选中复选框“预览”以便能够在背景形状中看到修改效果。将 K 值改为 0，再单击“确定”按钮。

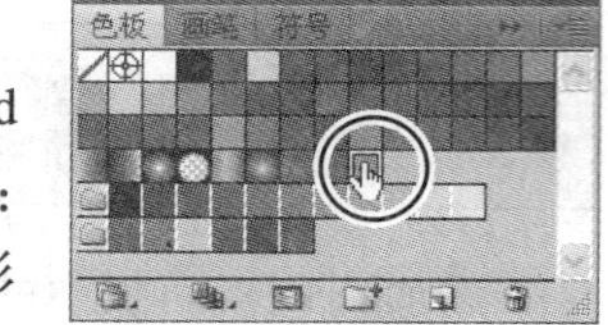

图6.14

> **提示**：将鼠标指向色板面板中的色板时，将出现工具提示，它指出了该色板的名称。

创建色板后对其进行编辑时，要让应用了该色板的对象相应变化，必须选择它。

下面将 label background 色板设置为全局色。当您编辑全局色时，图稿中所有应用该颜色的对象都将相应变化，而不管是否选择了这些对象。

3. 在仍选择了背景形状的情况下，单击工具箱中的填色框。

4. 双击色板面板中的色板 label background，打开“色板选项”对话框。选中复选框“全局色”并单击“确定”按钮，如图 6.15 所示。

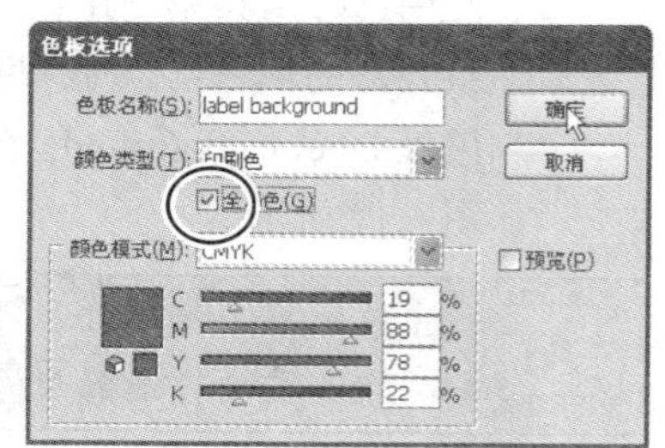

图6.15

> **注意**：在色板面板中，全局色的色板图标的右下角有一个白色三角形，如图 6.16 所示。

5. 选择菜单“选择”>“取消选择”。
6. 再次双击色板面板中的色板 label background，打开“色板选项”对话框。将 K 值（黑色）该为 70，选中复选框“预览”以查看修改效果。注意到虽然没有选择背景形状，其填充色也发生了变化。单击“取消”按钮以免修改颜色。
7. 选择菜单“文件”>“存储”。

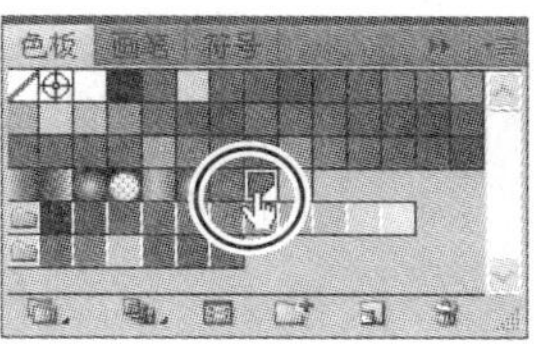

图6.16

6.3.3 使用 Illustrator 色板库

色板库是一组预设的颜色，如 PANTONE、TOYO 以及诸如“大地色调”和“冰淇淋”等主题库。色板库出现在一个独立的面板中，不能对其进行编辑。将色板库中的颜色应用于图稿时，该颜色将加入到随当前文档一起存储的色板面板中。创建颜色时以色板库为基础是非常不错的选择。

> **注意**：Illustrator 自带的大部分（但不是全部）色板库都是 CMYK 颜色。

下面使用 PANTONE Solid Coated 库创建一种黄色专色，供标签中的另一个形状使用。定义这种颜色时，它可能是一种暖和、较深或较浅的黄色，这就是大多数印刷人员和设计人员依赖于颜色匹配系统（如 PANTONE 系统）来帮助确保颜色一致性以及在有些情况下提供更多颜色的原因。下面使用 PANTONE solid coated 色板库创建一种专色。

专色和印刷色

可将颜色指定为专色或印刷色，这对应于商业印刷中使用的两种主要的油墨类型。

- 印刷色是组合使用 4 种标准印刷油墨（青色、洋红色、黄色和黑色）印刷的。
- 专色是一种预先混合好的油墨，用于替代 CMYK 印刷油墨，而不是作为其补充。在印刷机中，专色需要一个专门的印版。

6.3.4 创建专色

在本节中，读者将学习如何载入颜色库（如 PANTONE 颜色系统）以及如何将 PANTONE（PMS）颜色加入到色板面板中。

1. 在色板面板中，单击“色板库菜单”按钮（![]），并选择“色标簿”>“PANTONE solid coated”，PANTONE solid coated 库将出现在一个独立的面板中。

> **Ai** | **注意：**退出并重新启动 Illustrator 时，该 PANTONE 库面板将不会打开。要让该面板在 Illustrator 重新启动后自动打开，请从面板菜单中选择“保持”。

2. 从面板 PANTONE solid coated 的面板菜单中选择“显示查找栏位”。在“查找”文本框中输入 100，色板 PANTONE 100 C 将呈高亮显示。单击该色板将其加入到色板面板中，再关闭面板 PANTONE solid coated。该 PANTONE 颜色将出现在色板面板中，如图 6.17 所示。

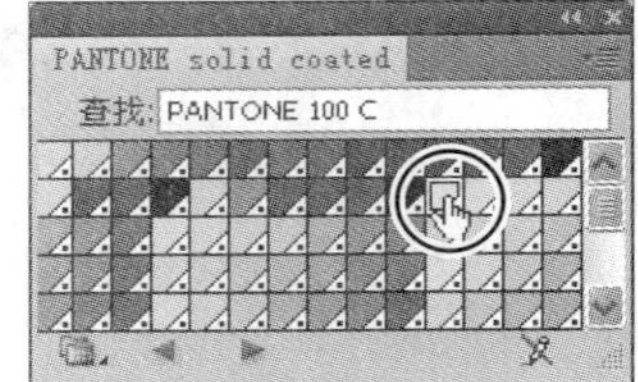

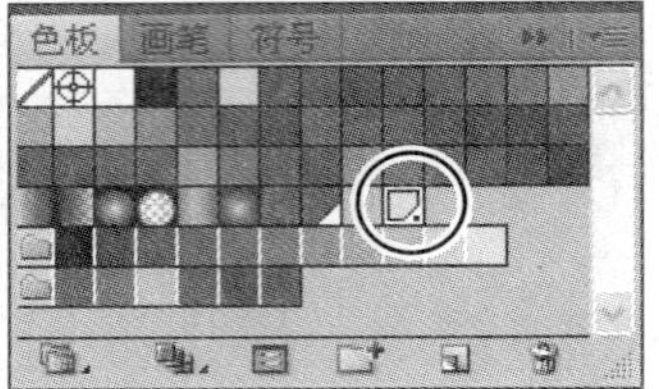

图6.17

3. 将鼠标指向画板，按住空格键并向右拖曳，以便能够同时看到左边用白色填充的形状以及第一个画板的内容。
4. 使用选择工具单击第一个画板左边用白色填充的形状以选择它。在控制面板的“填色”下拉列表中选择颜色 PANTONE 100 C，以使用它填充该形状。将描边颜色设置为“无”，结果如图 6.18 所示。
5. 在仍选择了该形状的情况下，按住 Shift 键并单击第一个画板中的背景形状，这将同时选择这两个形状。
6. 选择菜单“视图”>“画板适合窗口大小”。
7. 使用选择工具再次单击红色背景形状，将其设置为关键对象。
8. 单击控制面板中的“水平居中对齐”按钮（ ）和“垂直居中对齐”按钮（ ），让黄色形状与红色背景形状对齐，如图 6.19 所示。

图6.18

图6.19

> **Ai** | **注意：**有关关键对象以及如何使用它们的更详细信息，请参阅第 2 课。

> **Ai** | **注意：**如果在控制面板中看不到对齐选项，请单击控制面板中的字样“对齐”打开对齐面板。

9. 选择菜单“选择”>“取消选择”。
10. 选择菜单“文件”>“存储”，但不要关闭文件。

为何色板面板中的PANTONE色板看起来不同于其他色板

在色板面板中，可通过颜色名旁边的图标识别颜色类型。在列表视图中，可通过专色图标（▣）识别专色色板，在缩览图视图中，专色色板的缩览图右下角有一个点（◳）；而印刷色没有专色图标或点。

默认情况下，PANTONE solid coated色板被定义为专色，因此有一个黑点；专色并非使用CMYK油墨组合而成的，而使用自己的纯色油墨。印刷工在印刷中使用预先混合的PMS（PANTONE匹配系统）颜色，以确保颜色的一致性。

三角形表示颜色是全局的，如果对其进行了编辑，插图中使用的该颜色都将更新。任何颜色都可以是全局的，而不仅仅是PANTONE颜色。有关专色的更详细信息，请选择菜单“帮助”>“Illustrator帮助”并搜索“专色”。

6.3.5 使用拾色器

在拾色器中，可输入数字来指定颜色，也可单击色板来指定颜色。下面使用拾色器创建一种颜色，并将其作为色板存储到色板面板中。

图6.20

1. 使用选择工具单击标签形状下半部分的白色条之一，以选择后面的白色形状。
2. 双击工具箱中的填色框（如图 6.20 所示）以打开拾色器。

> **Ai** | **提示**：要打开拾色器，可双击工具箱或颜色面板中的填色框或描边框。

> **Ai** | **提示**：如果读者使用过 Adobe Photoshop，可能熟悉拾色器，因为 Photoshop 也提供了拾色器。

3. 在“拾色器”对话框中，在 CMYK 文本框中输入如下值：C=0、M=11、Y=54 和 K=0。

当您输入 CMYK 值时，色谱条中的滑块和色域中的圆圈将相应地移动。色谱条显示了色相，而色域显示了饱和度（水平方向）和亮度（垂直方向）。

4. 选中单选按钮“S”（饱和度）以修改拾色器显示的色谱条，色谱条将显示橙色的饱和度。向上拖曳色谱条滑块直到 S 值变成 90%，再单击“确定”按钮，如图 6.21 所示。

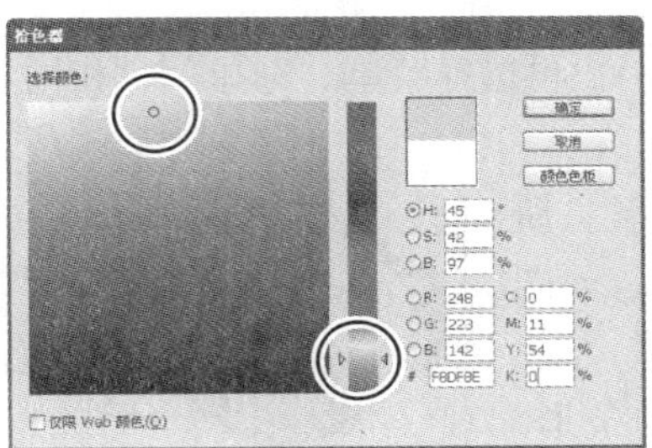

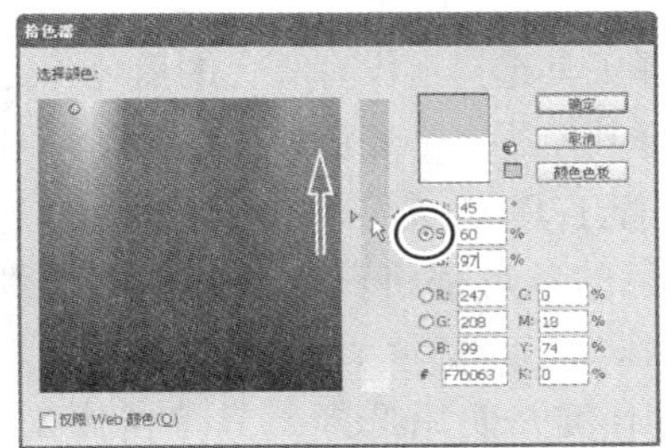

图6.21

使用通过拾色器选择的黄色 / 橙色填充白色形状。

> **Ai** **注意：**通过单击拾色器中的“颜色色板”按钮，将显示色板面板中的色板，让您能够从中进行选择。然后，可单击“颜色模型”按钮返回颜色模型视图，并对色板的颜色值进行编辑。

5. 在控制面板中将描边颜色改为“无”。

下面将该颜色存储到色板面板中。

6. 单击工具箱底部的填色框，这确保基于选定形状的填充色新建颜色。
7. 单击色板面板图标打开该面板。
8. 单击色板面板底部的“新建色板”按钮（ ），并在“新建色板”对话框中将该颜色命名为 yellow/orange。选中复选框“全局色”，并单击“确定”按钮。该颜色将作为色板出现色板面板中。
9. 选择菜单“选择” > “取消选择”，再选择菜单“文件” > “存储”。

图6.22

6.3.6 创建并存储色调

色调是较淡的颜色版本。可基于全局印刷色创建色调，也可基于专色创建色调。

下面创建色板 yellow/orange 的一种色调。

1. 使用选择工具单击画板底部的黑色条之一，在控制面板中，将填充色改为刚创建的颜色 yellow/orange。
2. 单击颜色面板图标展开该面板。
3. 在颜色面板中确保选择了填充框，再向左拖曳色调滑块到 20% 处，如图 6.23 所示。
4. 单击工作区右边的色板面板图标。单击色板面板底部的“新建色板”按钮（ ），注意到该色调色板出现在色板面板中。将鼠标指向该色板，将显示名称 yellow/orange 20%。
5. 选择菜单“文件” > “存储”。

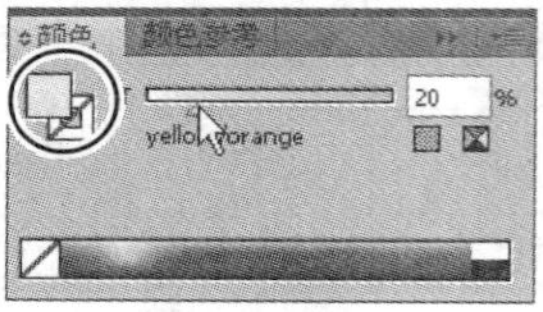

图6.23

6.3.7 复制属性

1. 使用选择工具选择还没有着色的黑色条之一，再选择菜单“选择” > “相同” > “填充颜色”，这将选择其他所有未着色的黑色条。
2. 使用吸管工具（ ）单击已上色的条形。所有未上色的条形都将获得该条形的属性，如图 6.24 所示。
3. 按住 Shift 键并使用选择工具单击原来的条形，以选择所有条形。

图6.24

4. 选择菜单“对象”>“编组”。
5. 选择菜单“选择”>“取消选择”，再选择菜单“文件”>“存储”。

6.3.8 创建颜色组

在 Illustrator 中，可将颜色存储到颜色组中。在色板面板中，颜色组包含一系列相关的颜色色板。根据用途来组织颜色（如将所有用于标签的颜色编组）很有帮助。颜色组只能包含专色、印刷色和全局色。

下面创建一个颜色组，它包含您在前面创建的用于标签的颜色。

1. 在色板面板中单击空白区域，以取消选择色板。单击选择色板 label background，再按住 Shift 键并单击色板 yellow/orange，这将选择 4 个色板。

> **提示：**要在色板面板中选择多个不相邻的色板，可按住 Ctrl（Windows）或 Command（Mac OS）并单击要选择的色板。

2. 单击色板面板底部的“新建颜色组”按钮（），打开“新建颜色组”对话框。将名称改为 label base 并单击“确定”按钮，如图 6.25 所示。

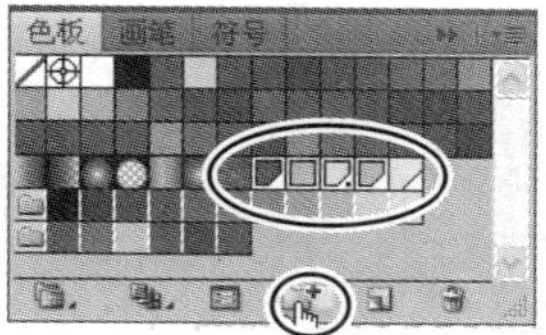

图6.25

> **注意：**如果单击“新建颜色组”按钮时选择了对象，将出现一个扩展的“新建颜色组”对话框。在该对话框中，可使用图稿中的颜色创建颜色组并将这些颜色转换为全局色。

下面编辑该颜色组中的一种颜色，并添加一种颜色。

3. 使用选择工具单击色板面板的空白区域，确保没有选择刚创建的颜色组。
4. 在色板面板中，双击颜色组 label base 中的颜色 yellow/orange，打开“色板选项”对话框。做如下修改：C=0、M=12、Y=54、K=0，再单击“确定”按钮，如图 6.26 所示。

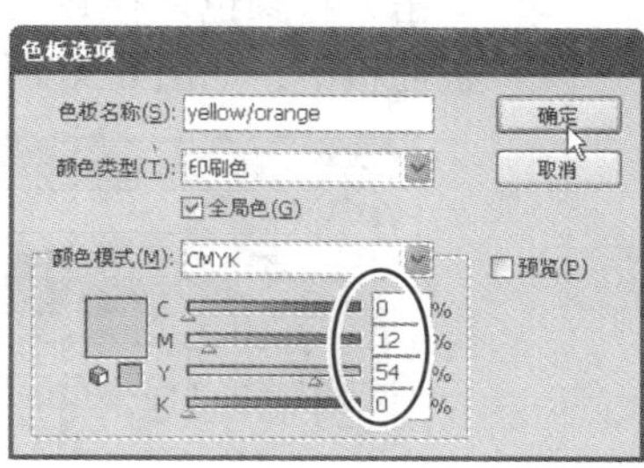

图6.26

5. 将名为 yellow/orange 20% 的色板拖放到颜色组 label base 中，并将其放在色板 PANTONE 100 C 和 yellow/orange 之间，如图 6.27 所示。

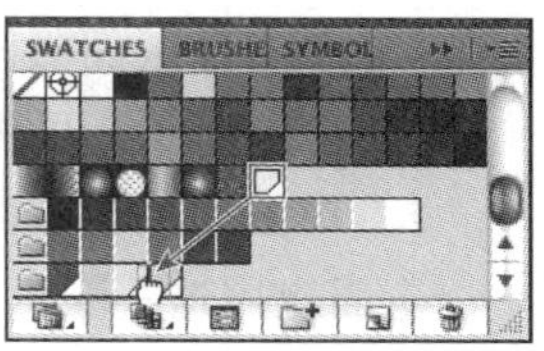

图6.27

可通过拖放调整颜色组中色板的排列顺序。请尝试将色板 PANTONE 100 C 拖曳到色板 yellow/orange 的右边。

> Ai | **注意：**如果将色板PANTONE 100 C拖得太远，可能将其拖出颜色组。在这种情况下，可将其拖回颜色组。

6. 选择菜单“文件”>“存储”。

现在，用于标签的颜色作为一个颜色组随文档一起存储了。本课后面将介绍如何编辑颜色组。

6.3.9 使用颜色参考面板

制作图稿时，颜色参考面板可提供使用颜色的灵感，让您能够选择颜色色调、近似色等协调规则。通过该面板还可使用“编辑颜色”/“重新着色图稿”功能，这让您能够编辑和创建颜色。

下面使用颜色参考面板给第二个标签选择不同的颜色，再将这些颜色作为颜色组存储到色板面板中。

1. 从文档窗口左下角的“画板导航”下拉列表中选择2。
2. 使用选择工具单击标签的红色背景形状，并确保选择了工具箱底部的填色框。
3. 单击工作区右边的颜色参考面板图标（），打开该面板，再单击“将基色设置为当前颜色”按钮（）。

> Ai | **注意：**您在颜色参考面板中看到的颜色可能与图6.28所示的颜色不同，这没有关系。

这让颜色参考面板根据“将基色设置为当前颜色”按钮的颜色推荐颜色。

下面尝试给标签应用不同的颜色。

4. 在颜色参考面板中，从“将基色设置为当前颜色”按钮右边的下拉列表“协调规则”中选择“互补色2”。
5. 单击“将颜色保存到色板面板”按钮（），将协调规则“互补色2”中的颜色保存到色板面板中，如图6.30所示。

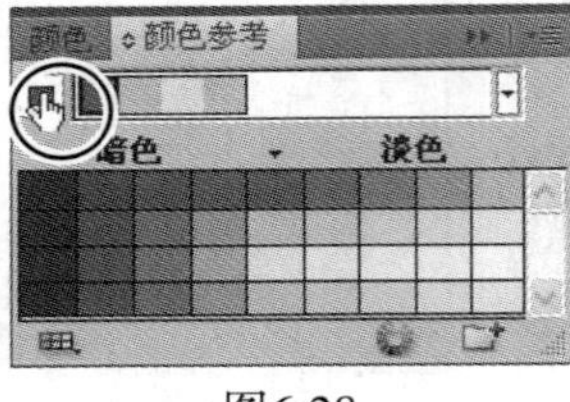

图6.28

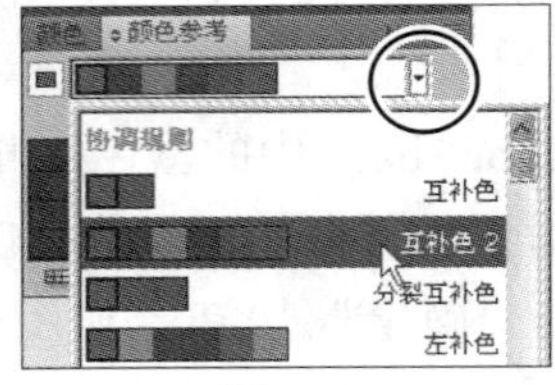

图6.29

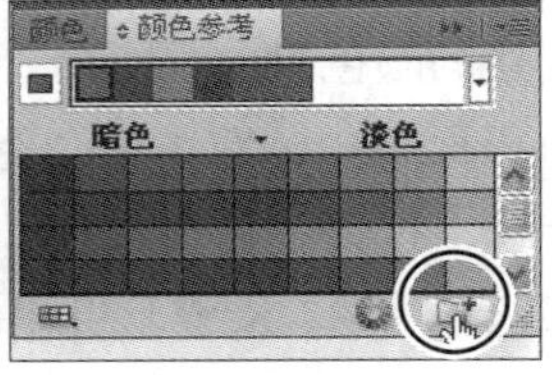

图6.30

6. 单击色板面板图标。向下滚动以便能够看到新增的颜色组，如图6.31所示。可将这些颜色应用于图稿，也可对其进行编辑。
7. 单击颜色参考面板图标打开该面板。

下面应用这些颜色。

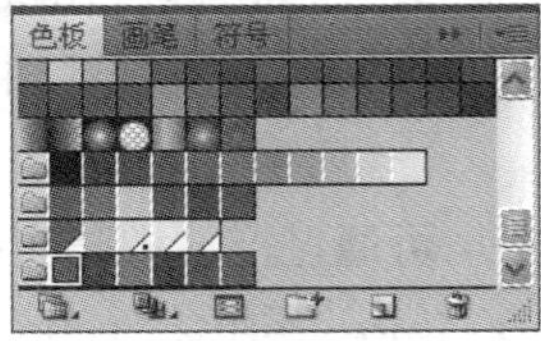

图6.31

8. 在颜色参考面板的颜色变体部分，选择第二行左数第五种颜色，注意到复制的标签颜色将发生变化。单击“将基色设置为当前颜色”按钮（）以尝试一组使用协调规则“互补色 2”的新颜色。单击“将颜色保存到色板面板”按钮（）将这些颜色保存到色板面板中，如图 6.32 所示。

> **Ai** | **注意：**如果选择其他的颜色变体，本节后面使用的颜色将不同。

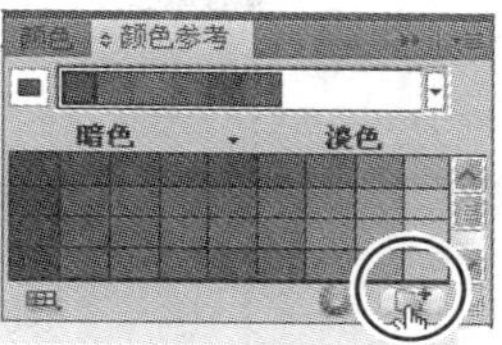

图6.32

9. 选择菜单“文件”>“存储”。

6.3.10 编辑颜色组

Illustrator 提供了很多处理颜色的工具。在色板面板或颜色参考面板中创建颜色组后，可在“编辑颜色”对话框中编辑各个颜色或整个颜色组。还可将颜色组重命名、调整其中的颜色排列顺序、添加或删除颜色等。本节将介绍如何使用“编辑颜色”对话框编辑颜色组中的颜色。

1. 选择菜单“选择”>“取消选择”，再单击色板面板图标。
2. 单击最后一个颜色组左边的文件夹图标以选择该颜色组（可能需要在色板面板中向下滚动），注意到“色板选项”按钮（）变成了“编辑颜色组”按钮（），如图 6.33 所示。

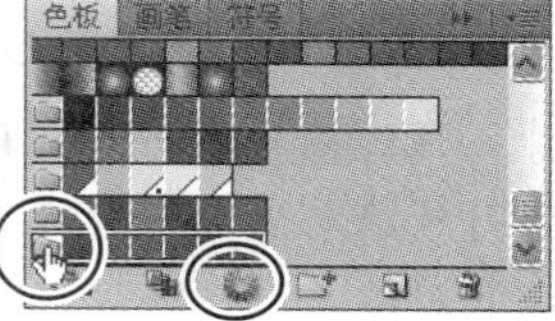

图6.33

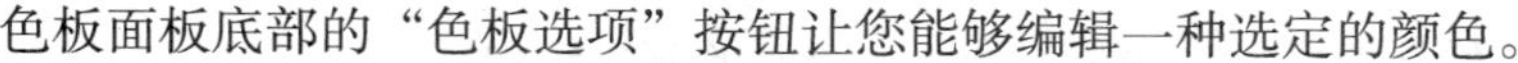

色板面板底部的“色板选项”按钮让您能够编辑一种选定的颜色。

> **Ai** | **提示：**要编辑颜色组，也可在色板面板中双击颜色组左边的文件夹图标。

3. 单击色板面板底部的“编辑颜色组”按钮（），打开“编辑颜色”对话框。
4. 在“编辑颜色”对话框中，“颜色组”下列出了色板面板中所有的颜色组；在该对话框左边，可编辑每个颜色组的颜色：对整组颜色进行编辑或分别编辑每种颜色。

> **Ai** | **注意：**如果单击色板面板中的“编辑颜色组”按钮时选择了对象，颜色组将应用于选定对象。在这种情况下，将打开“重新着色图稿”对话框，让您能够编辑颜色并将其应用于选定对象。

下面编辑该颜色组的颜色。

5. 在“编辑颜色组”对话框中，左上角显示了要编辑的颜色组。选择按钮“指定”上方的名称“颜色组 2”，将其重命名为 label 2，这将是本课后面您将存储的新颜色组的名称。

6. 在色轮中，有表示该颜色组中每种颜色的标记（圆圈）。将色轮右边的大红色圆圈向右拖曳到色轮的右边缘上。

> Ai **注意：**色轮中较大的标记（双圆圈）表示颜色组中的基色。

7. 向右拖曳“调整亮度”滑块以同时加亮所有的颜色，如图 6.34 所示。不要关闭“编辑颜色”对话框。

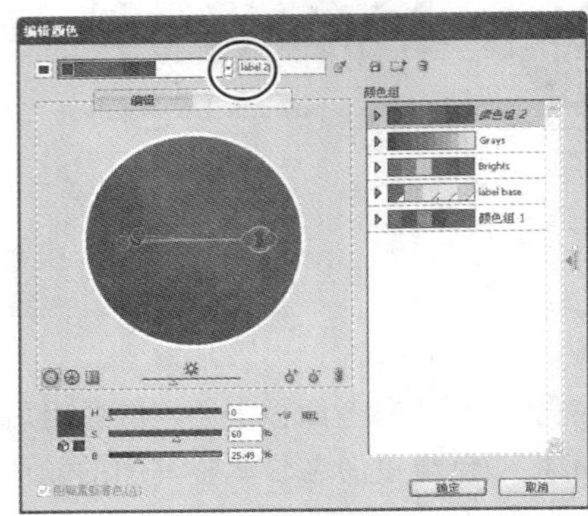

重命名颜色组

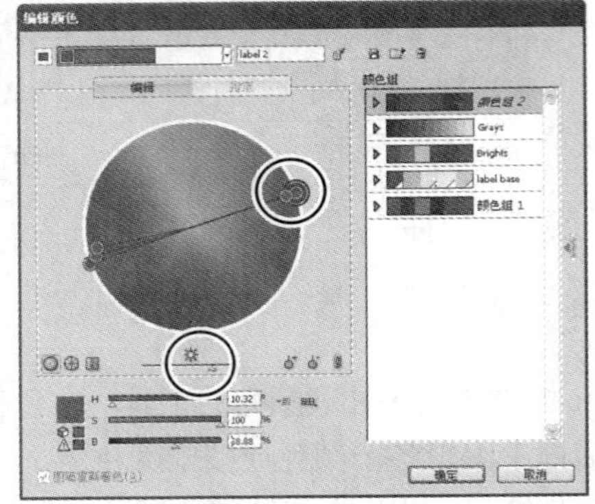

编辑颜色饱和度和亮度

图6.34

在“编辑颜色”对话框底部，复选框“图稿重新着色”呈灰色，因为没有选择任何对象。如果打开该对话框前选择了对象，该对话框将名为“重新着色图稿”，您所做的任何编辑都将修改选定的对象。

下面编辑该颜色组中的颜色，再将这些颜色存储到一个新的颜色组中。

8. 单击“编辑颜色”对话框中的“取消链接协调颜色”按钮（ ），以便能够独立地编辑颜色，该按钮将变为“链接协调颜色”（ ）。

颜色标记（圆圈）与色轮中心之间的线条将变成虚线，这表明可独立地编辑颜色。

9. 将大红标记向左下方拖曳到绿色标记下方，其颜色将变成蓝色。

将颜色标记向色轮边缘移动将提高饱和度；将颜色标记向色轮中央移动将降低饱和度。选择颜色标记后，可使用色轮下方的 HSB（色相、饱和度和亮度）滑块编辑颜色。

10. 单击“颜色模式”按钮（ ）并从下拉列表中选择“CMYK”。单击色轮中的绿色标记之一以选择它，将 CMYK 值改为 C=65、M=0、Y=80、K=0，注意到该绿色标记向内移动，如图 6.35 所示。

> Ai **注意：**在您的“编辑颜色”对话框中，颜色标记可能与图 6.35 不同，这没有关系。

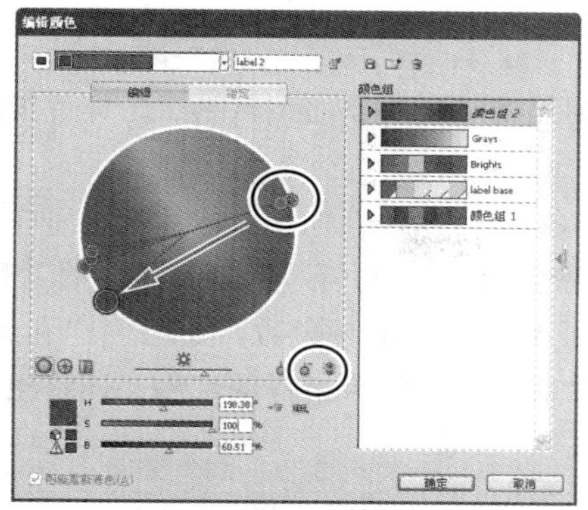

编辑一种颜色

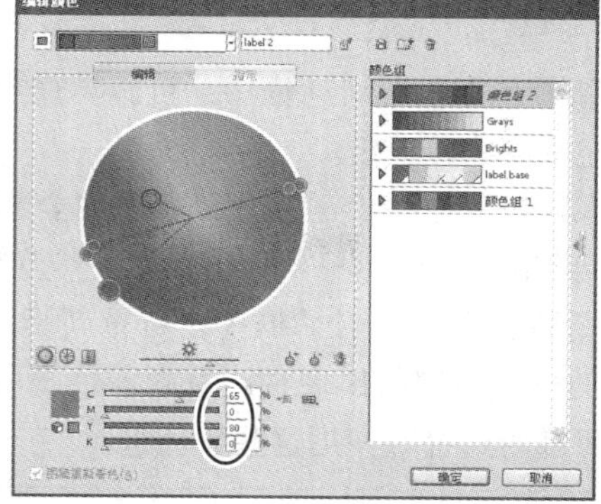

编辑另一种颜色

图6.35

11. 单击“颜色模式”按钮（ ）并从下拉列表中选择“HSB”以便能够使用 HSB 滑块来编辑颜色。

12. 单击“编辑颜色”对话框顶部的“新建颜色组”按钮（ ），将编辑后的颜色存储在颜色组 label 2 中。“编辑颜色”对话框的右边列出了当前文档中的所有颜色组。

> **提示：**编辑颜色组后，要保存所做的修改而不将其存储到新的颜色组中，可单击“将更改保存到颜色组”按钮（ ）。

13. 单击“确定”按钮关闭“编辑颜色”对话框并将颜色组 label 2 保存到色板面板中。如果出现对话框，单击“是”将对颜色组所做的修改保存到色板面板中。

14. 选择菜单“文件”>“存储”。

编辑颜色选项

可使用“编辑颜色”对话框下半部分的选项来编辑颜色，图6.36简要地描述了这些选项。

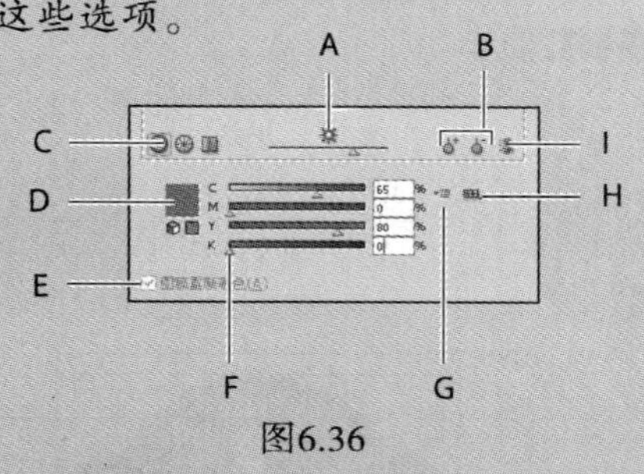

图6.36

A. 在色轮中显示饱和度和色相

B. 添加和删除颜色标记工具

C. 颜色显示选项（平滑的色轮、分段的色轮、颜色条）

D. 选定颜色标记或颜色条的颜色

E. 选中该复选框将给选定对象重新着色（如果没有选定任何对象，将呈灰色）

F. 颜色滑块

G. 颜色模式按钮

H. 取消链接协调颜色

I. 将颜色组限制为指定色板库中的颜色

6.3.11 编辑图稿中的颜色

在“重新着色图稿”对话框中，可编辑选定图稿的颜色。下面编辑第二个标签的颜色，并将编辑后的颜色保存为颜色组。

1. 选择菜单“选择”>“现用画板上的全部对象”。
2. 选择菜单“编辑”>“编辑颜色”>“重新着色图稿”，打开“重新着色图稿”对话框。

在“重新着色图稿”对话框中，可重新指定或减少图稿的颜色数，还可创建和编辑颜色组。文档中所有的颜色组都将出现在“重新着色图稿”对话框的颜色组存储区中，还将出现在色板面板中，用户可随时选择并使用这些颜色组。

> **Ai** **提示：** 也可这样打开“重新着色图稿”对话框：选择对象后单击控制面板中的“重新着色图稿”按钮（ ）。

3. 在“重新着色图稿”对话框中，单击右边的“隐藏颜色组存储区”图标（ ）。
4. 单击“编辑”标签以便使用色轮来编辑图稿中的颜色。
5. 单击“链接协调颜色”图标（ ）以便同时编辑所有的颜色，该图标将变成“取消链接协调颜色”（ ）。
6. 按住 Shift 键并将大红色标记向向拖曳到色轮的紫色区域，再依次松开鼠标和 Shift 键。拖曳时按住 Shift 键让您能够只调整颜色，而不会调整饱和度。

> **Ai** **提示：** 如果要恢复到原始标签颜色，可单击“从所选图稿获取颜色”按钮（ ）。

> **Ai** **提示：** 要将编辑后的颜色存储为颜色组，可单击对话框右边的“显示颜色组存储区”按钮，再单击“新建颜色组”按钮（ ）。

7. 向左拖曳“调整亮度”滑块，让颜色更暗，如图 6.37 所示。

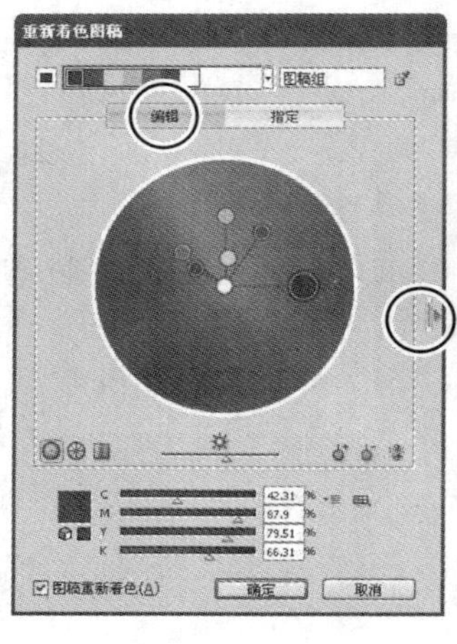

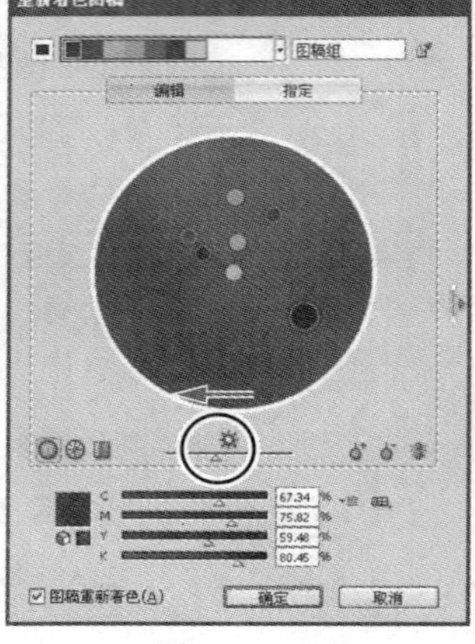

图6.37

“重新着色图稿”对话框与“编辑颜色”对话框中的编辑选项相同，但在该对话框中可动态地编辑图稿的颜色，而不是编辑并创建颜色组供以后再应用。请注意该对话框左下角的复选框“图稿重新着色”，如果选中了它，将编辑选定图稿的颜色。

8. 单击“确定”按钮。
9. 选择菜单“文件”>“存储”。

下面使用 Kuler 面板从用户社区获取一个颜色组。

6.3.12 使用 Kuler 面板

Kuler 面板是通往在线设计师社区创建的主题颜色组（如“冰淇淋”）的入口。用户可浏览大量的颜色组并下载主题以便编辑或使用它们；还可创建主题颜色组以便与他人分享。

下面下载一个主题颜色组并将颜色应用于第三个标签。

1. 选择菜单“选择”>“取消选择”。
2. 从文档窗口左下角的“画板导航”下拉列表中选择 3 Artboard 3。
3. 选择菜单“窗口”>“扩展功能”>“Kuler”。

> **注意**：需要有 Internet 连接才能访问 Kuler 主题。

4. 在 Kuler 面板中，单击“最高评级”按钮并从下拉列表中选择“最受欢迎”，如图 6.38 所示。在 Kuler 面板中，可列出最新的主题、最高评级的主题等。

> **注意**：由于主题在不断更新，且通过 Internet 连接加载到 Kuler 面板中，因此您的 Kuler 面板中显示的主题可能与这里不同。

5. 为搜索主题，在“搜索”文本框中输入 Italian restaurant 并按回车键，这将下载与 Italian restaurant 相关的主题。
6. 在“搜索”文本框下方的“浏览器”面板中单击主题 Italian restaurant。如果找不到该主题，可选择其他主题。单击“将所选主题添加到色板”按钮（），将该主题加入到当前文档的色板面板中，如图 6.39 所示。

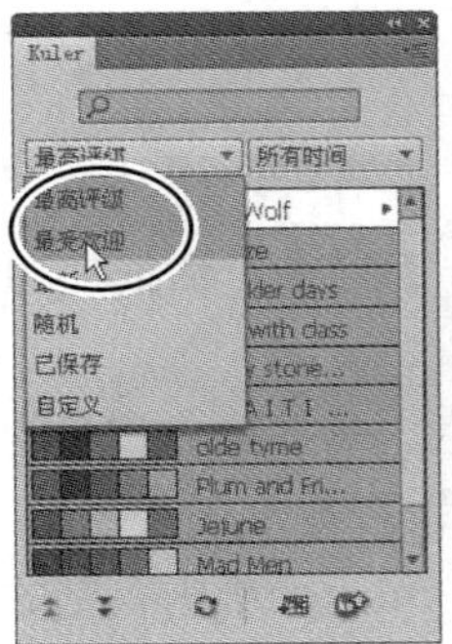

图6.38

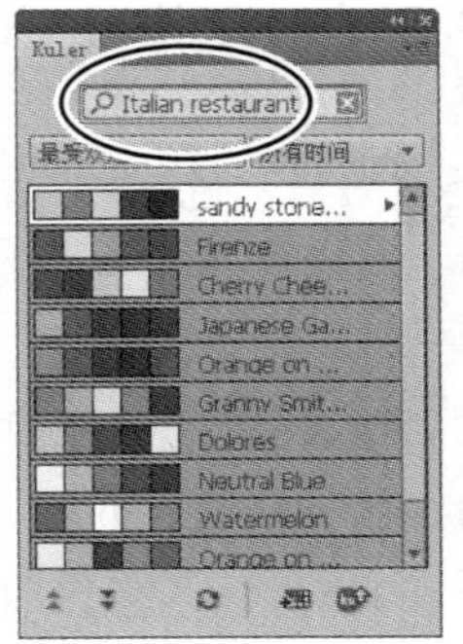

图6.39

7. 关闭 Kuler 面板。
8. 单击色板面板图标打开该面板，注意到色板列表末尾新增了一个名为 Italian restaurant 的颜色组（如果必要，请向下滚动）。
9. 选择菜单“文件”>“存储”。

Kuler面板选项

Kuler面板是进入在线设计师社区创建的颜色组和主题的门户，您可使用它浏览数以千计的主题，将其下载以便进行编辑或用于自己的项目中。您还可使用Kuler面板上传主题，以便与Kuler社区分享。Adobe Photoshop CS5、Adobe Flash Professional CS5、Adobe InDesign CS5、Adobe Illustrator CS5和Adobe Fireworks CS5都有Kuler面板，但法文版除外。

下面是Kuler面板提供的其他一些功能。

在线查看主题

1. 在浏览器面板中选择搜索结果中的一个主题。
2. 单击主题右边的三角形并选择“在 Kuler 中在线查看”。

保存常用的搜索结果

1. 从“搜索结果”下拉列表中选择“自定义”。
2. 在打开的对话框中输入搜索词，并单击“保存”按钮。

以后要使用相同的关键字搜索时，可从“搜索结果”下拉列表中选择该关键字。

要删除保存的搜索结果，可从“搜索结果”下拉列表中选择“自定义”，然后删除搜索关键字。

——摘自Illustrator帮助文件

6.3.13 给图稿指定颜色

在“重新着色图稿”对话框的“指定”选项卡中，可将颜色组中的颜色指定给图稿。指定颜色的方式有多种，其中包括从下拉列表“协调规则”中选择一个颜色组。下面给第三个标签指定颜色。

1. 选择菜单“选择”>“现用画板上的全部对象”。
2. 选择菜单“编辑”>“编辑颜色”>“重新着色图稿”。
3. 单击对话框右边的“显示颜色组存储区”图标以显示颜色组，确保在对话框左边选择了“指定”按钮。

在“重新着色图稿”对话框中，“当前颜色”栏显示了标签中的颜色，这些颜色按色轮中的顺序排列，即从上到下依次为红色、桔色、黄色、绿色、蓝色、靛蓝色和紫色。

4. 在“重新着色图稿”对话框的“颜色组”列表中，选择前面在 Kuler 面板中存储的颜色组 Italian restaurant。

Ai **注意**：如果前面您在 Kuler 面板中选择的颜色组不同，您在这里看到的颜色也将稍有不同，这是正常的。

在“重新着色图稿”对话框中，注意到将标签的颜色映射到了颜色组 Italian Restaurant 中的颜色。“当前颜色”栏显示的是标签颜色，而“新建”栏显示了标签颜色将变成什么样的。另外，注意到标签中的两种黄色放在一行中，它们映射到同一种颜色（如图 6.40 所示），这是因为颜色组 Italian Restaurant 只有 5 种颜色，而标签有 6 种颜色。

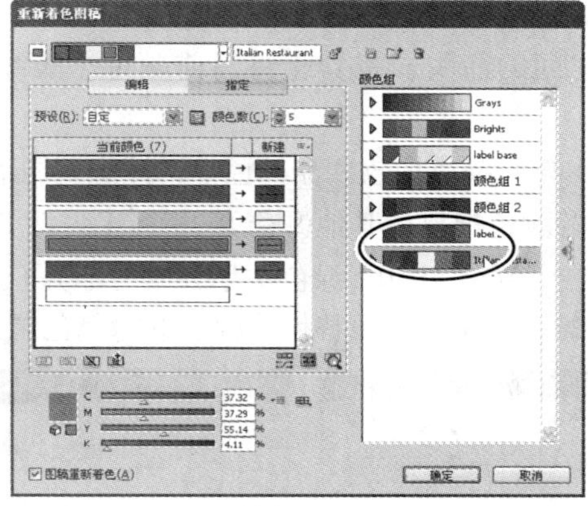

图6.40

5. 单击“隐藏颜色组存储区”图标以隐藏颜色组。
6. 在“重新着色图稿”对话框中，将“新建”栏中的红色拖曳到下方的绿色上面。这将交换图稿中的绿色和红色。
7. 将颜色恢复到原来的顺序。

“新建”栏显示了您将在图稿中看到的颜色。如果单击其中一种颜色，将发现可通过对话框底部的 HSB 滑块编辑它。

8. 双击“新建”栏末尾的深棕色。
9. 在“拾色器”对话框中，单击“颜色色板”按钮以显示当前文档中的色板。在“颜色色板”列表中选择 label background，如图 6.41 所示。单击“确定”按钮返回“重新着色图稿”对话框。

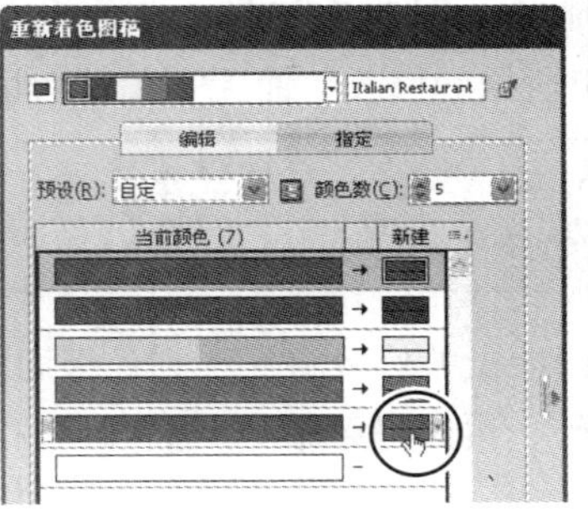

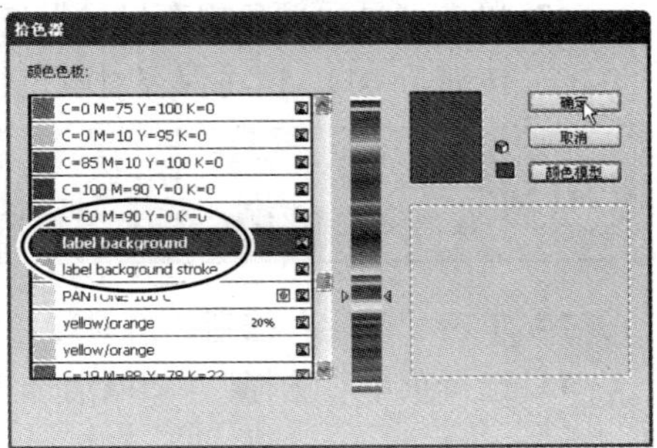

图6.41

10. 如果必要，将“重新着色图稿”对话框拖到一边以便能够看到图稿，如图6.42 所示。

下面对标签的颜色做进一步的修改，并将修改保存到颜色组 Italian Restaurant 中。

11. 单击“当前颜色”栏的淡绿色和“新建”栏的淡棕色之间的箭头，如图6.43 所示。在图稿中，标签的颜色将发生细微变化。

图6.42

图6.43

单击当前颜色和新颜色之间的箭头，将禁止将当前颜色（淡绿色）重新着色为新颜色（淡棕色）。

12. 在“当前颜色”栏中，将淡绿色拖放到深棕色上，注意到图稿将再次发生变化。

通过将“当前颜色”栏中的颜色拖放到其他颜色上，相当于告诉 Illustrator 用同一种新颜色（这里是绿色）替换这两种颜色。在“新建”栏中，绿色被划分成三部分（ ），这表示最深的颜色（深棕色）将替换为绿色，而较淡的绿色将相应地替换为较淡的绿色色调。

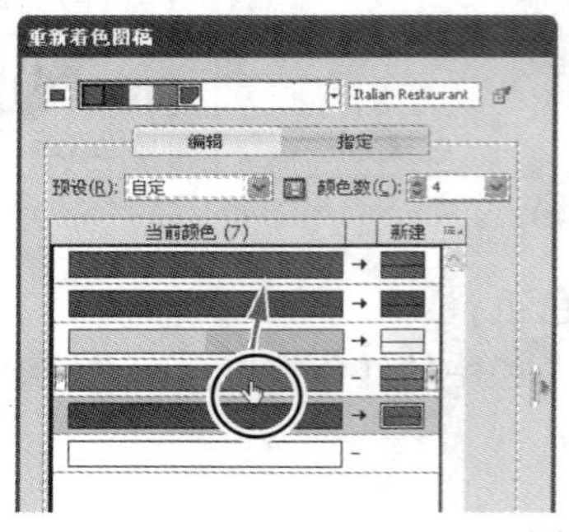

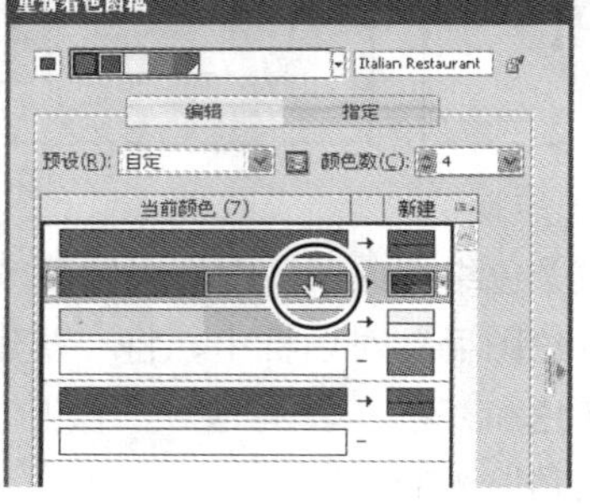

图6.44

> **注意：** 如果要将一种颜色应用于选定图稿，可在“重新着色图稿”对话框的“颜色数”下拉列表中选择 1，该下拉列表位于“新建”栏上方。但尝试这种操作前，务必仔细地完成本课的步骤。

13. 单击“显示颜色组存储区”图标在对话框右边显示颜色组。单击“将更高保存到颜色组”按钮（ ），这将保存对颜色组所做的修改，而无需关闭对话框。

> **注意：** 在“重新着色图稿”对话框中，可对选定图稿做众多颜色编辑，更详细的信息请参阅 Illustrator 帮助中的“使用颜色组”。

14. 单击“确定”按钮。您对颜色组所做的修改将保存到色板面板中。

15. 选择菜单“选择”>“取消选择”，再选择菜单“文件”>“存储”。

重新指定选定图稿的颜色

执行下述任何操作以重新指定选定图稿的颜色。

- 要将当前颜色指定为不同的颜色，请将当前颜色在“当前颜色”栏中向上或向下拖曳，直至与所需的新颜色相邻。
- 要将新颜色指定给其他行的当前颜色，请在“新建”栏中将新颜色向上或向下拖曳。要在“新建”栏中添加或删除颜色，可在该栏中单击鼠标右键并选择“添加新颜色”或“移去颜色”。
- 要修改“新建”栏中的颜色，在该颜色上单击鼠标右键并选择“拾色器”以设置新颜色。
- 要将当前颜色行排除在重新指定操作外，请单击栏间的箭头。要重新指定，请单击短划线。
- 要将单个当前颜色排除在重新指定操作外，请选择该颜色并单击“排除选定的颜色以便不会将它们重新着色”按钮，也可在该颜色上单击鼠标右键并选择“排除颜色”。
- 要随机重新指定颜色，请单击“随机更改颜色顺序”按钮。“新建”颜色将随机移到当前颜色的不同行。
- 要向“当前颜色”列添加一行，可单击“新建行”按钮，也可单击鼠标右键并选择“添加新行”。

——摘自Illustrator帮助文件

6.3.14 调整颜色

下面修改第一个画板中的原始标签，使其只使用CMYK颜色。为此需要将专色PANTONE 100 C转换为CMYK颜色。

1. 从文档窗口左下角的“画板导航”下拉列表中选择1。
2. 选择菜单“编辑”>“现用画板上的全部对象”。
3. 选择菜单“编辑”>“编辑颜色”>“转换为CMYK”，选定标签的颜色（包括PANTONE 100 C）都为CMYK颜色，如图6.45所示。

图6.45

菜单“编辑”>“编辑颜色”包含很多用于转换颜色的选项，其中包括“使用预设值重新着色”。该命令让用户能够使用一系列选择的颜色、颜色库、特定的颜色协调（如补色）给选定图稿重新着色。有关以这种方式调整颜色的更详细信息，请在Illustrator帮助中搜索“减少图稿中的颜色”。

> **注意**：使用这种方法将专色颜色转换为 CMYK 颜色时，不会影响色板面板中的色板，而只将选定图稿的颜色转换为 CMYK 颜色。

4. 选择菜单“选择”>“取消选择”，再选择菜单“文件”>“存储”。

6.4 使用渐变和图案上色

除印刷色和专色外，色板面板还可包含图案和渐变色板。默认情况下，Illustrator 在该面板中提供了每种类型的示例色板，并允许用户创建自定义图案和渐变。

> **注意**：有关如何使用渐变的更详细信息，请参阅第 10 课。

6.4.1 应用现有图案

图案是存储在色板面板中的图稿，可将其应用于对象的填充和描边。可定制现有图案，还可使用 Illustrator 工具从空白开始设计图案。所有图案都是在形状内平铺单个拼贴形成的，平铺时从原点出发，并向右延伸。下面将现有图案应用于形状。

1. 选择菜单“窗口”>“工作区”>“基本功能”。
2. 单击图层面板图标展开该面板。
3. 在图层面板中，单击图层 pattern 左边的可视性栏以显示该图层，如图 6.46 所示。

图6.46

4. 单击色板面板图标。在色板面板中，单击底部的“色板库菜单”按钮（），并选择“图案”>“装饰 _ 古典”打开该图案库。
5. 使用选择工具选择画板顶部的白色形状。
6. 在控制面板中将描边颜色设置为“无”。
7. 在工具箱中确保选择了填色框。

> **注意**：最后一步很重要。应用图案色板时，它应用于描边还是填色取决于当前选择的是哪个。

8. 在面板“装饰 _ 古典”中，选择图案色板“花纹格子 3”，使用该色板填充选定对象，如图 6.47 所示。

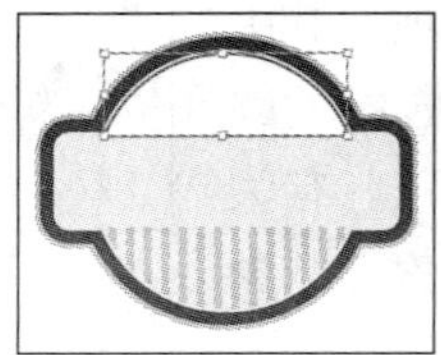
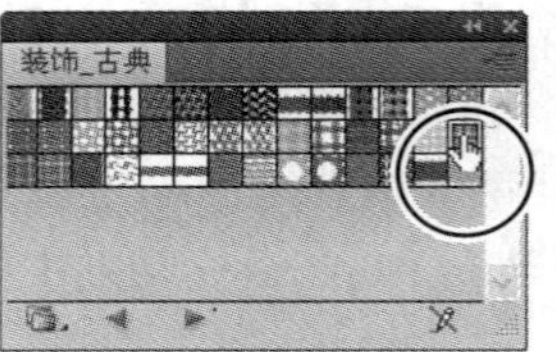

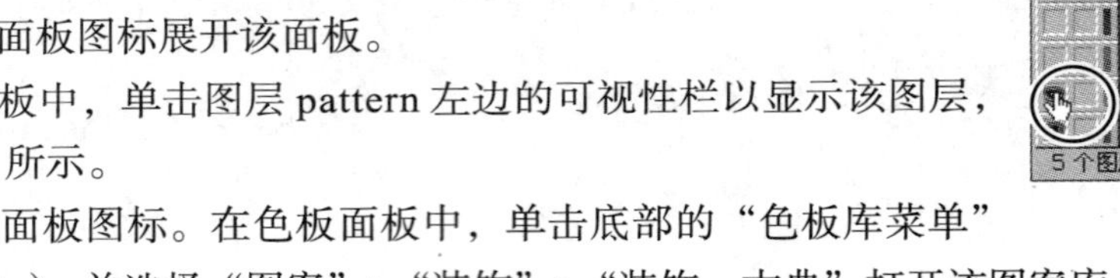

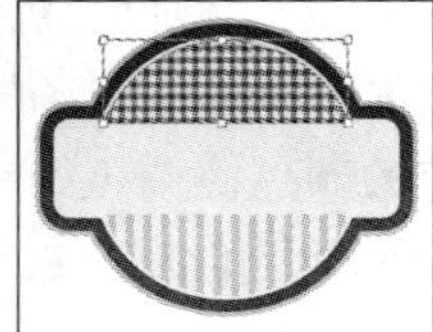

图6.47

提示：由于有些图案的背景是透明的，因此可使用“外观”面板给对象指定第二种填色。有关这方面的更详细信息，请参阅第 13 课。

9. 关闭面板“装饰 _ 古典”。
10. 在仍选择了该形状的情况下，双击工具箱中的比例缩放工具，以便放大图案而不影响形状。在“比例缩放”对话框中，取消选中复选框“比例缩放描边和效果”和“对象”，这将自动选中复选框“图案”。在“比例缩放”文本框中输入 150，选择复选框“预览”以查看结果，再单击“确定”按钮。只有图案被放大，如图 6.48 所示。

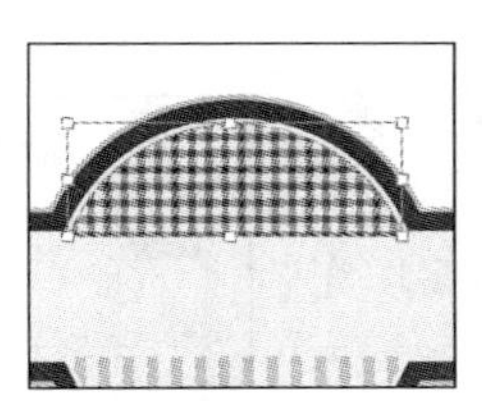
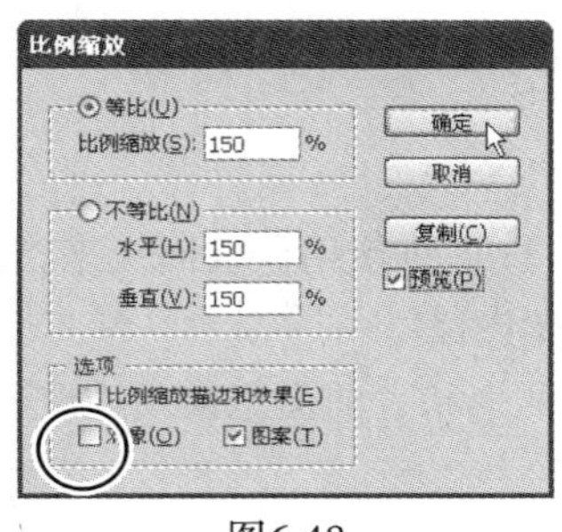

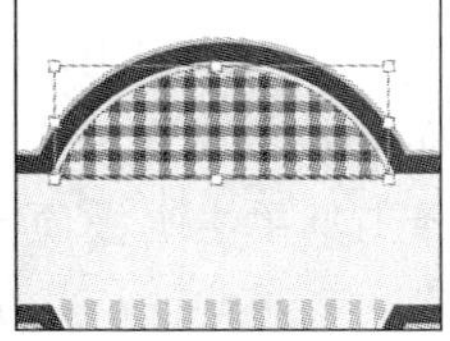

图6.48

11. 单击色板面板图标将该面板折叠起来。
12. 选择菜单“选择”>“取消选择”，再选择菜单“文件”>“存储”。

6.4.2 创建自定义图案

在本节中，读者将创建自定义图案并将其加入到色板面板中。

1. 选择工具箱中的矩形工具（ ），在画板的空白区域单击打开“矩形”对话框。将宽度改为 0.4 in，高度改为 0.4 in，再单击“确定”按钮，如图 6.49 所示。

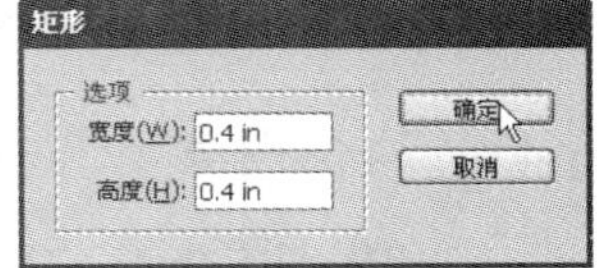

图6.49

注意到新矩形的填充图案与前面的形状相同。

2. 在选择了矩形的情况下，按 D 将其磨边和填色都设置为默认值（分别是黑色和白色）。
3. 在仍选择了矩形的情况下，双击工具箱中的旋转工具（ ）。在“旋转”对话框中，将角度值改为 45，并确保选择了复选框“对象”，但没有选择复选框“图案”，再单击“确定”按钮，如图 6.50 所示。

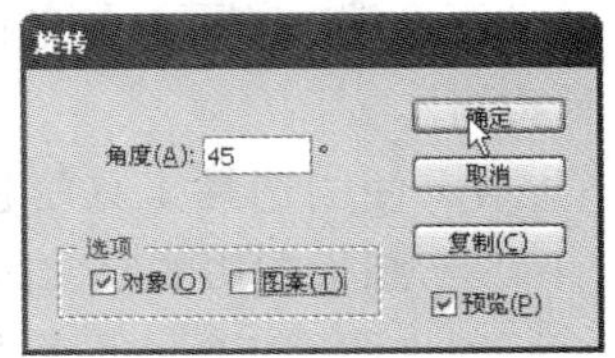

图6.50

4. 切换到选择工具，并确保仍选择了矩形。
5. 单击色板面板图标以显示该面板，并确保能够看到色板列表的开头。使用选择工具将选定形状拖曳到色板面板中，这便创建了一个新图案，如图 6.51 所示。

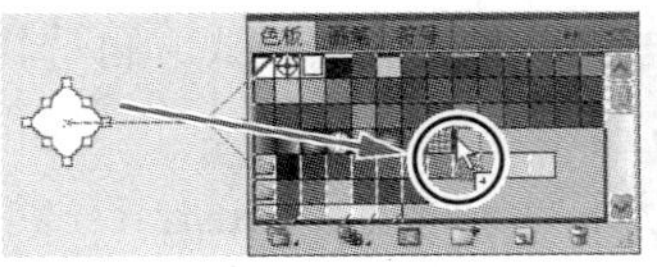
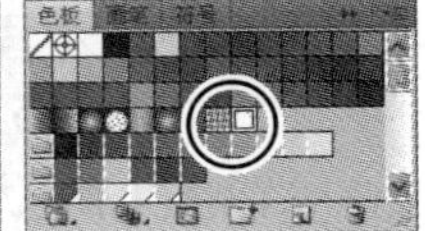

图6.51

注意： 图案色板可由多个形状组成。例如，要创建用于衬衫的法兰绒图案，可创建三个彼此重叠的矩形或直线，它们的颜色各不相同。然后，选择这三个形状并将其拖放到色板面板中。

6. 双击新创建的图案色板，将其名称指定为 checker 并单击“确定”按钮，如图 6.52 所示。
7. 使用选择工具选择画板上用于制作图案色板的菱形，再将其删除。
8. 选择菜单“文件”>“存储”。

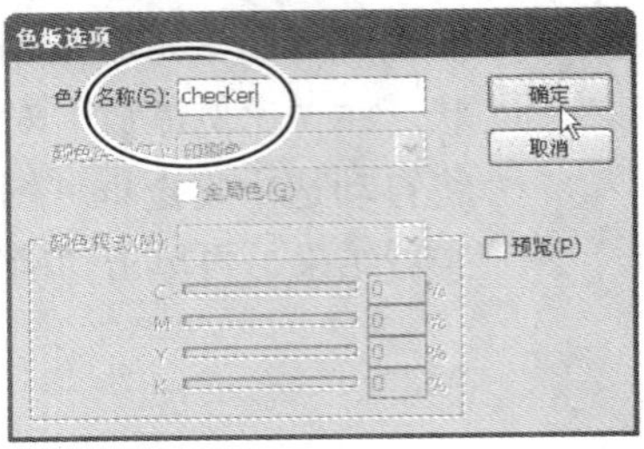

图6.52

6.4.3 应用图案

可以使用很多方法来指定图案，这里将使用色板面板来指定图案，但也可使用控制面板中的填色框来应用图案。

1. 使用选择工具单击画板顶部的形状，前面您使用现成图案填充了该形状。
2. 在控制面板中，将填色设置为 checker，结果如图 6.53 所示。

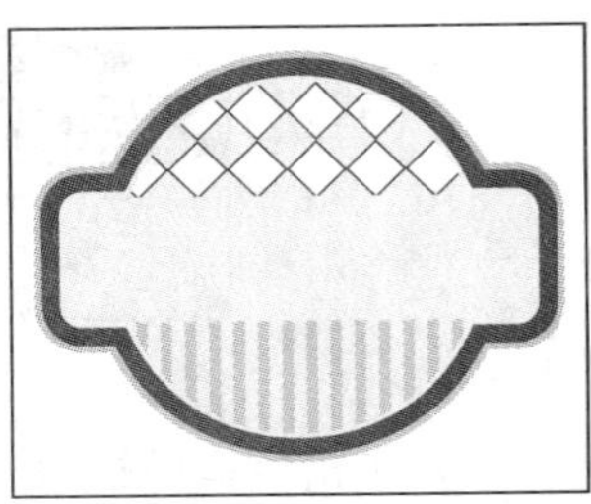

图6.53

提示： 随着添加越来越多的自定义色板，您可能想以色板名视图显示色板面板。要修改成这种视图，可从色板面板菜单中选择一种列表视图。

3. 选择菜单“选择”>“取消选择”，再选择菜单“文件”>“存储”。

6.4.4 编辑图案

可编辑图案色板，需要有用于创建色板的图稿；如果将它删除了，可将图案色板拖曳到画板上。

下面编辑前面存储的图案，再更新图稿中该图案的所有实例。

1. 使用选择工具将色板 checker 从色板面板拖曳到画板右边的空白区域，如图 6.54 所示。

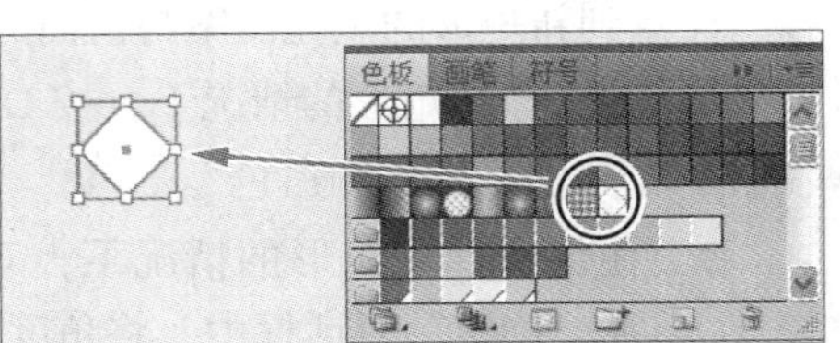

图6.54

这将您用于制作图案的形状放到画板或画布上。

2. 在选择了该形状的情况下，注意到控制面板左端有字样“编组”。双击菱形进入隔离模式，再选择菜单“视图”>“轮廓”，如图 6.55 所示。

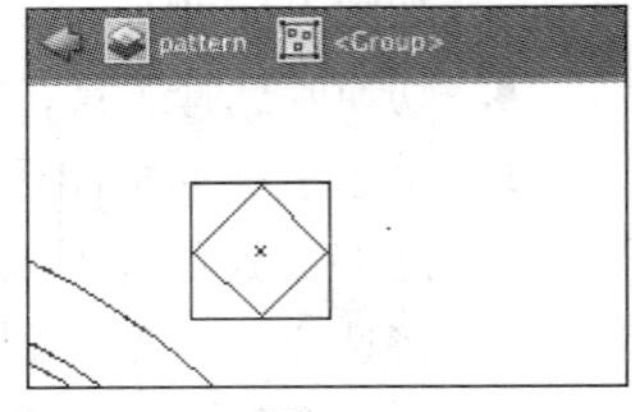

图6.55

当创建的形状不是矩形时，Illustrator 将显示一个环绕它的矩形，以创建矩形拼贴。

3. 通过单击选择矩形，并在控制面板中将填色设置为白色，这将让图案中菱形之间的区域变成不透明的。

> **Ai** **注意：**您可能需要放大视图，或按住空格键并将画板向下拖曳，以便能够看清编组。

4. 选择菜单“视图”>“预览”。
5. 使用选择工具单击菱形以选择它。在控制面板中，将填充色改为红色（C=15、M=100、Y=90、K = 10），将描边改成“无”，再按 Esc 键隐藏色板面板，结果如图 6.56 所示。
6. 按 Esc 键退出隔离模式。

下面更新图案色板。

7. 选择菜单“选择”>“取消选择”，再使用选择工具单击菱形以选择该编组。
8. 双击工具箱中的比例缩放工具，将“比例缩放”设置为 35%，确保只选择了复选框“对象”，再单击“确定”按钮，如图 6.57 所示。

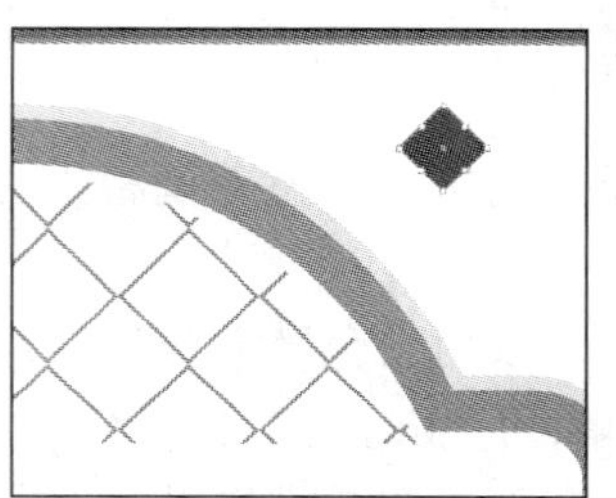

图6.56

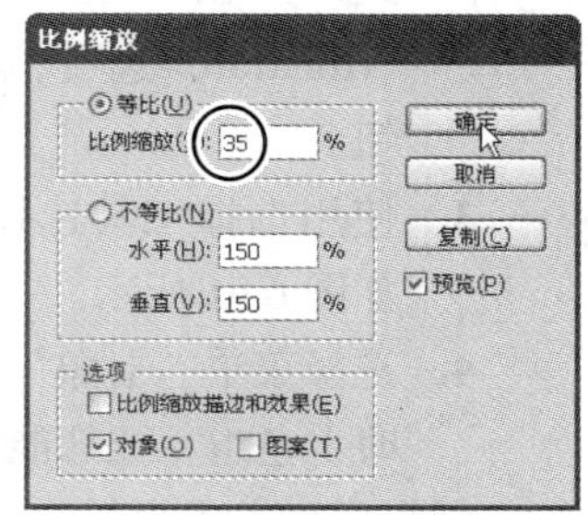

图6.57

9. 使用选择工具选择菱形编组，按住 Alt（Windows）或 Option（Mac OS）键并将其拖放到原来的图案色板（checker）上，如图 6.58 所示。该色板将更新，使用它填充的图稿也将更新。

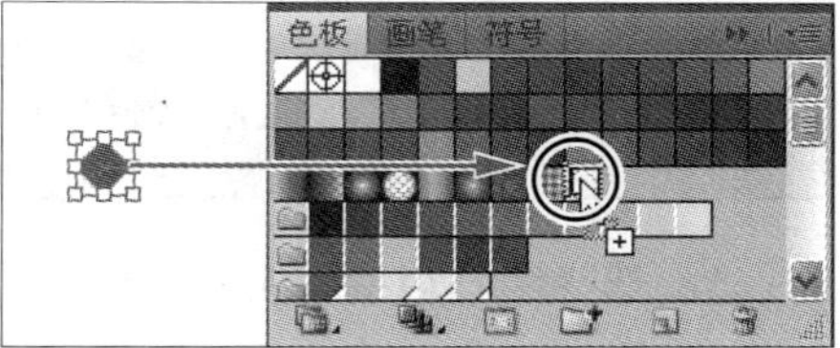

图6.58

10. 在画板中，选择并删除创建用于更新图案的菱形。
11. 打开图层面板，单击图层 tomato 和 top shapes 左边的可视性栏，让所有图层都可见，如图 6.59 所示。
12. 选择菜单“选择”>“取消选择”，再选择“文件”>“存储”，最后选择“文件”>“关闭”。

图6.59

6.5 使用实时上色

实时上色能够自动检测并校正原本将影响如何应用填色和描边的缝隙，让用户能够直观地给矢量图形上色。路径将绘画表面分割成不同的区域，其中每个区域都可着色，而不管该区域的边界是一条路径还是多条路径构成。给对象上色就像填充色标簿或使用水彩给铅笔素描上色。

实时上色不同于形状生成器工具，因为实时上色是实时的，且形状生成器工具会编辑底层形状，而实时上色不会。有关形状生成器工具的更详细信息，请参阅第 3 课。

6.5.1 创建实时上色组

下面打开一个文件并使用实时上色工具给其中的对象上色。

图6.60

1. 选择菜单“文件”>“打开”，打开文件夹 Lesson06 中的文件 L6start_2.ai，如图 6.60 所示。
2. 选择菜单“文件”>“存储为”。在“存储为”对话框中，将文件重命名为 greetingcard，并切换到文件夹 Lesson06。保留“保存类型”为 Adobe Illustrator（*.AI）（Windows）或“格式”为 Illustrator（ai）（Mac OS），并单击“保存”按钮。在“Illustrator 选项”对话框中，接受默认设置并单击“确定”按钮。
3. 使用选择工具选择拖曳出一个覆盖画板上三朵白花的选框，如图 6.61 所示。

图6.61

4. 选择菜单“对象”>“实时上色”>“建立”，这将创建一个实时上色组，让您能够使用实时上色工具（ ）给它们上色。

创建实时上色组后，每条路径仍是可编辑的。当您移动路径或调整其形状时，将自动把颜色重新应用于编辑后的路径形成的区域。

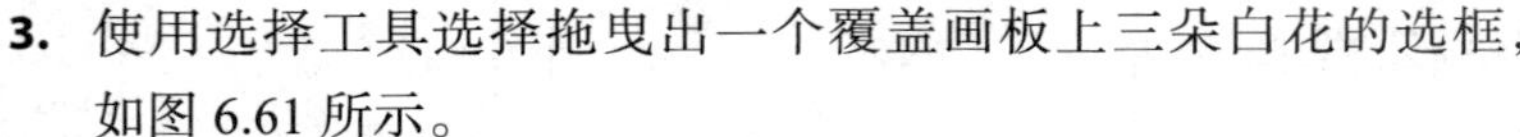

提示：根据这三个形状周围的特殊定界框，可知道这是一个实时上色组。

5. 选择工具箱中的实时上色工具（ ），它与形状生成器工具位于同一组。在上色前，单击控制面板中的填色框，并从色板面板中选择色板 yellow/orange。
6. 将鼠标移动到实时上色组中央。当您在将鼠标指向实时上色对象时，它们将呈高亮显示，而鼠标上面出现了三个色板。这是色板面板中三个相邻的色板，而中间那个是最后选择的色板。当中央的花朵形状呈高亮显示时单击鼠标，如图 6.62 所示。

图6.62

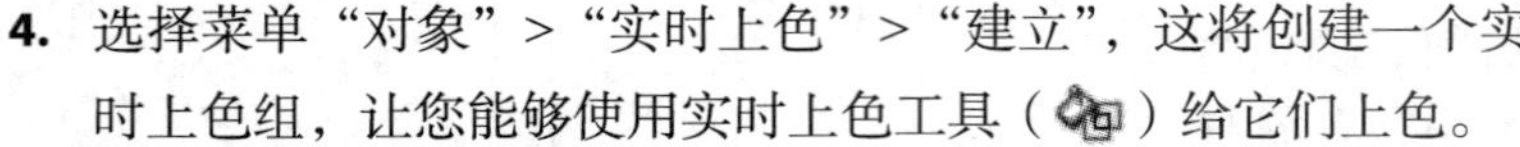

提示：也可拖曳鼠标以跨越多个形状，这将把颜色应用于所有这些对象。

7. 将鼠标指向左边两朵花重叠的区域，按左箭头键两次，在鼠标上方的三个色板中选择淡黄色（如图 6.63 所示），再单击鼠标将这种颜色应用于该形状。

重复上述步骤给其他花朵形状上色。

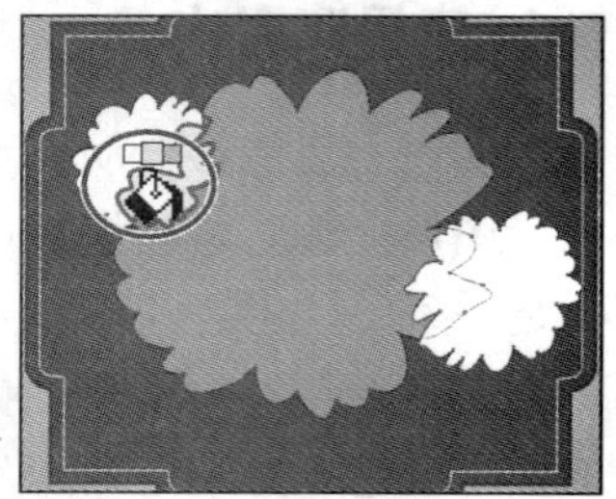

图6.63

注意：也可单击色板面板中的颜色，以切换到其他颜色。

8. 分别使用黄色（yellow）、粉红色（pink）和深粉红色（dark pink）按从左到右的顺序给余下的三个花朵形状着色，如图 6.64 所示。

使用实时上色工具指定描边颜色与指定填充色一样容易，但需要启用描边上色功能。

9. 双击工具箱中的实时上色功能，这将打开“实时上色工具选项”对话框。

选择复选框“描边上色”，再单击“确定”按钮，如图 6.65 所示。

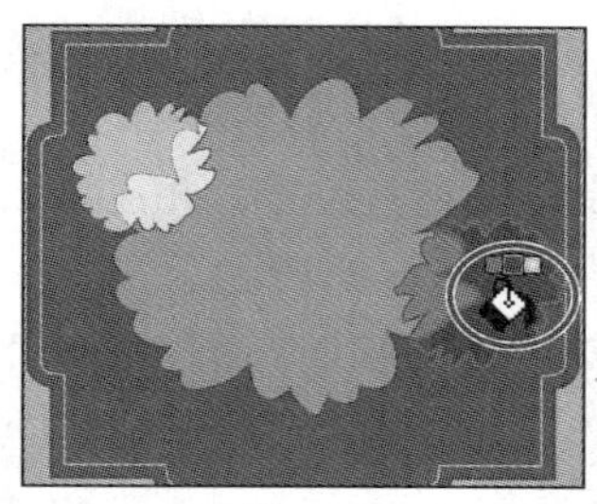

图6.64

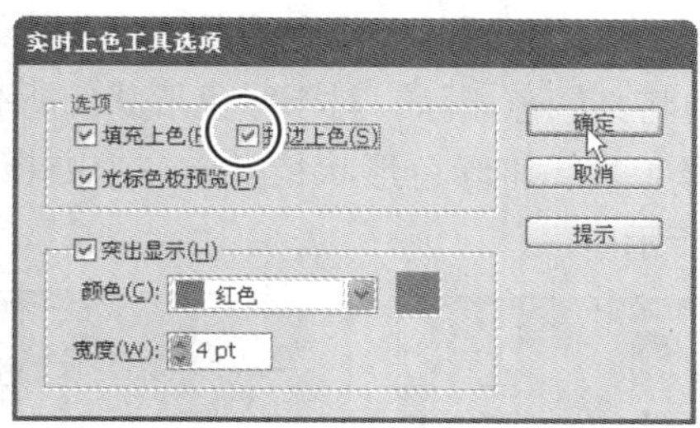

图6.65

> **注意**：有关“实时上色工具选项”对话框中选项的更详细信息，如“光标色板预览”（实时上色图标上方的色板）以及“颜色”和“宽度”等突出显示选项，请在 Illustrator 帮助中搜索“使用实时上色工具上色”。

下面删除形状的内部黑色描边，但保留外部的黑色描边。

10. 将鼠标指向中央形状与淡黄色形状之间的描边，出现描边图标（ ）后按左箭头键选择“无”，再单击描边将其颜色删除，如图 6.66 所示。

11. 将鼠标指向中央形状与淡粉色形状之间的描边，出现描边图标（ ）后按左箭头键选择“无”，再单击描边将其颜色删除，如图 6.67 所示。

图6.66

图6.67

12. 选择菜单“选择”>“取消选择”，看看描边现在是什么样的，再选择菜单“文件”>“存储”。

6.5.2 编辑实时上色区域

建立实时上色组后，其中的每条路径仍是可编辑的。移动或调整路径时，以前填充的颜色并不会像在油画或图像编辑程序中那样保持不动，相反，Illustrator 将自动把颜色重新应用于编辑后的路径构成的新区域。

下面编辑路径并添加一个形状。

1. 选择工具箱中的选择工具，再按住空格键并向右拖曳画板，以显示画板左边的花朵形状。

2. 选择该花朵形状，再选择菜单“编辑”>“复制”。

3. 双击抓手工具让画板适合文档窗口的大小。

4. 使用选择工具双击实时上色组，这将进入隔离模式，让您能够独立地编辑每个形状。
5. 选择菜单“编辑”>“粘贴”。将粘贴而来的花朵向左下方拖曳，使其与中央的花朵重叠，如图 6.68 所示。
6. 选择工具箱中的实时上色工具（ ），并分别使用淡绿色（light green）和深绿色（dark green）给花朵的内半部分和外半部分上色，如图 6.69 所示。
7. 将鼠标指向中央桔色形状和绿色形状之间的描边，出现描边图标后按左箭头键选择“无”，再单击描边将其颜色删除。对于绿色形状的所有内部描边，都这样处理。
8. 切换到选择工具，将绿色形状稍微向左上方拖曳以调整其位置，并注意颜色将如何变化，如图 6.70 所示。

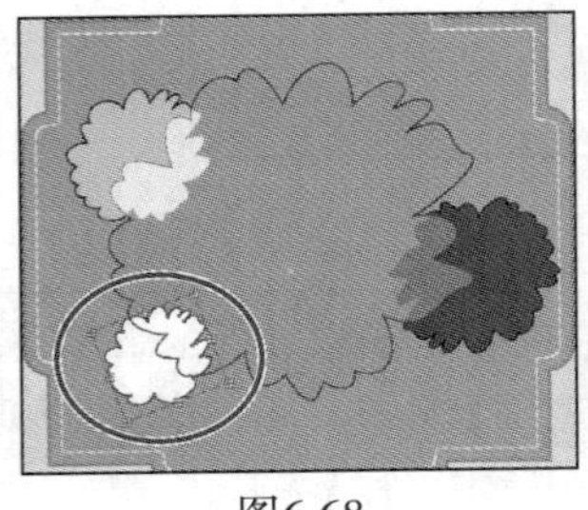
图6.68

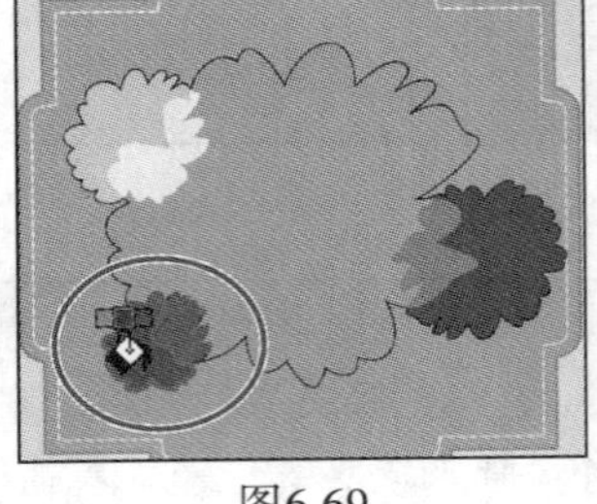
图6.69

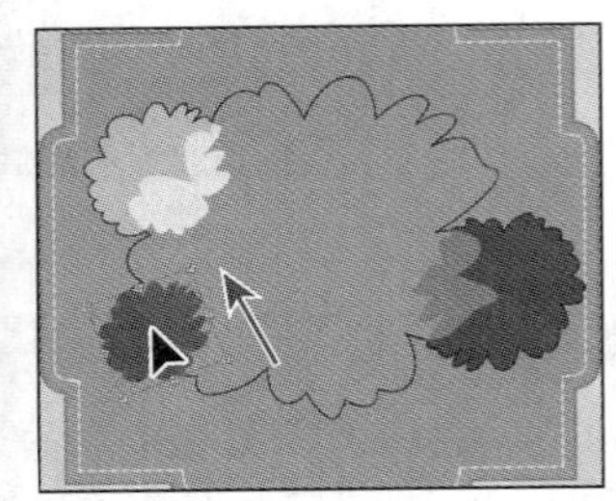
图6.70

> **注意：**移动或编辑实时上色组中的形状时，可能出现意外的结果。例如，在原本没有描边的地方可能出现描边。务必检查形状，确保其外观未出现异常。

9. 选择工具箱中的直接选择工具，将鼠标指向左上角的黄色花朵，单击中央花朵边缘（位于黄色花朵中央）上的锚点，并拖曳以调整其位置，如图 6.71 所示。

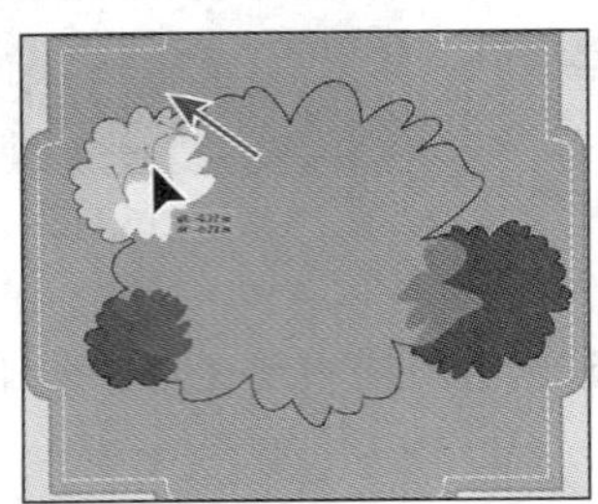
图6.71

注意到路径仍是可编辑的，而颜色将自动重新应用于编辑后的路径形状的区域。

> **注意：**选择工具将选择整个实时上色组，而直接选择工具将选择实时上色组中的路径。例如，使用选择工具单击将选择整个实时上色组，而使用直接选择工具或组选择工具单击将选择实时上色组中的路径。

下面在中央大型花朵中添加一种白色，以便能够添加文本且看得清文本。

10. 按 Ctrl + =（Windows）或 Command + =（Mac OS）两次以放大视图。

11. 按 Esc 键退出隔离模式，再选择菜单“选择”>“取消选择”。

12. 单击工作区右边的图层面板图标展开该面板，单击图层 text 的可视性栏（图层 live paint 的眼睛图标的上方），如图 6.72 所示。

图6.72

13. 选择工具箱中的选择工具，并双击花朵形状进入隔离模式。

14. 选择工具箱中的直线段工具，在控制面板中将描边颜色改为白色。

15. 按住 Shift 键，单击小黄色花朵的右边缘，拖曳到中央花朵的右边缘以绘制一条直线。接近（但还未到达）右边缘后依次松开鼠标和 Shift 键，让直线右端点与花朵右边缘之间有一定的间隙。

16. 按住 Shift 键，单击绿色花朵的右边缘，向右拖曳到与淡粉红色形状的左边缘对齐。智能参考线可帮助您对齐线段和形状。

17. 选择工具箱中的实时上色工具，将鼠标指向中央的大型桔色花朵，且位于前面绘制的两条直线之间。注意到下面的线段处出现了红色轮廓线，因为它与花朵形状相连了，而上面的线段没有与花朵形状相连，因此没有出现红色轮廓线，如图 6.73 所示。这种间隙是个问题，下面将修复它。

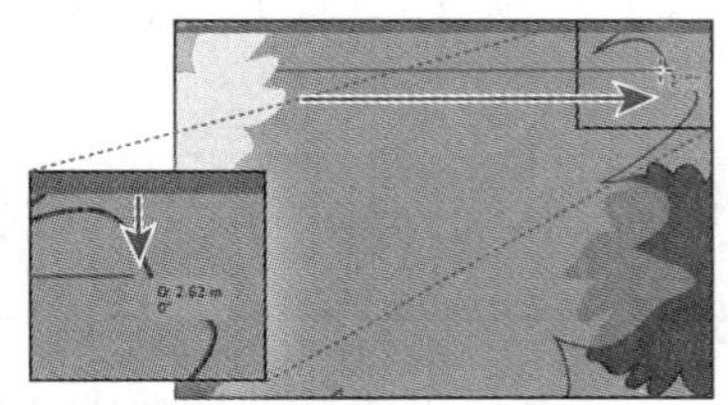
绘制上面的线段

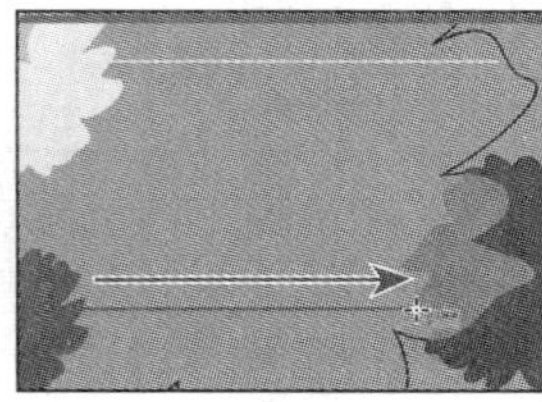
绘制下面的线段

查看上色区域

图6.73

6.5.3 使用间隙选项

下面使用“间隙选项”对话框。

1. 选择菜单“选择”>“全部”。

2. 选择菜单“对象”>“实时上色”>“间隙选项”。在“间隙选项”对话框中，选择复选框“间隙检测”。间隙预览颜色用于突出显示检测到的间隙，这里为红色。

3. 从下拉列表“上色停止在”中选择“中等间隙”，这将禁止颜料从某些间隙泄露出去。观看图稿，看其中是否有用红色突出显示的间隙，注意到上面的线段和花朵形状右边缘之间的间隙封闭了。单击“确定”按钮，如图 6.74 所示。

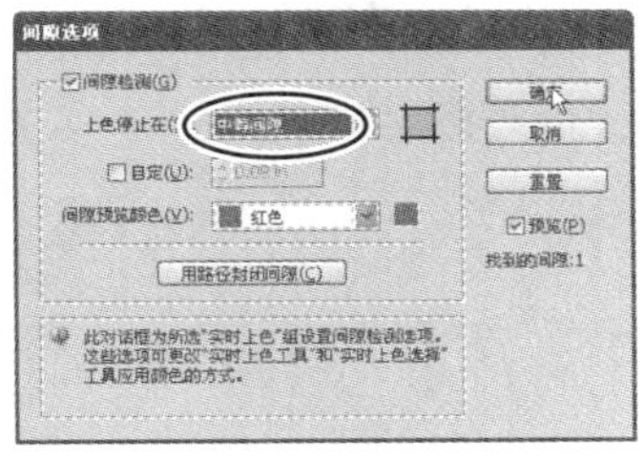

图6.74

注意：如果间隙未能封闭，在“间隙选项”对话框中尝试从“上色停止在”下拉列表中选择“小间隙”或“大间隙”，也可尝试调整上面线段的长度，使其与花朵右边缘对齐。

4. 选择实时上色工具（），并将鼠标指向您绘制的两条线段之间，确保鼠标上方显示的色板为白色，再单击鼠标给这个区域上色，如果 6.75 所示。

图6.75

5. 选择隐藏在实时上色工具后面的实时上色选择工具（），单击顶部的橘色形状，再按住 Shift 键并单击底部的橘色形状，如图 6.75 所示。在控制面板中，单击填色框并选择渐变 background。

注意：在实时上色组中，也可使用实时上色选择工具拖曳来选择内容。

6. 选择工具箱中的渐变工具，从大型花朵形状中央向右下方拖曳，创建跨越两个形状的渐变。
7. 切换到选择工具，按 Esc 键退出隔离模式，并查看画板上的文本 Happy Birthday，如图 6.76 所示。选择菜单“视图”>“画板适合窗口大小”。

选择两部分

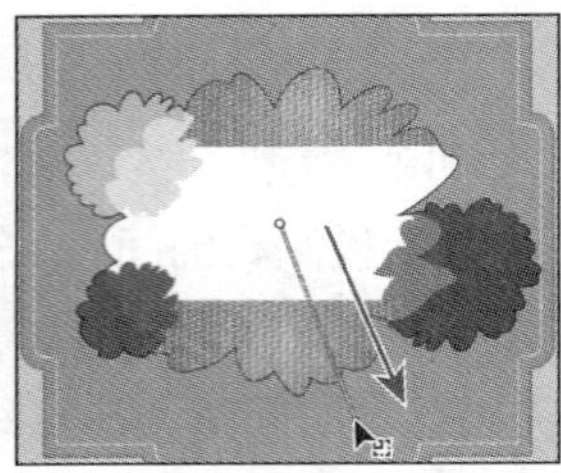

使用渐变工具拖曳

最终结果

图6.76

8. 选择菜单“文件”>“存储”，再选择菜单“文件”>“关闭”。

6.6 练 习

1. 选择菜单“文件”>“打开”。在“打开”对话框中，切换到文件夹 Lessons\Lesson06，并打开文件 color.ai。
2. 使用选择工具选择标签中央的字母。
3. 在控制面板中，从“填色”下拉列表中选择一种颜色以填充这些字母，然后在色板面板中按住 Ctrl（Windows）或 Command（Mac OS）并单击“新建色板”按钮，将该颜色作为色板存储到色板面板中，并将该色板命名为 text。
4. 基于用于填充文本的色板创建一种色调，并将其存储到色板面板中。
5. 对文本应用 3pt 的描边，并将描边颜色设置为存储的色调。确保文本的填色为 text，而不是其色调。
6. 选择工具箱中的椭圆工具，并在画板中创建一个圆形，再在控制面板中从“填色”下拉列表中选择一个色板。使用刚绘制的圆创建一个图案。
7. 将该图案应用于文本后面的星形。
8. 双击比例缩放工具以调整用于填充星形的图案的大小。
9. 选择菜单“文件”>“关闭”，但不保存所做的修改。

复习

复习题

1. 指出至少 3 种使用颜色填充对象的方法。
2. 如何存储颜色?
3. 如何给颜色命名?
4. 如何给对象指定透明色?
5. 如果指定颜色的协调规则?
6. 指出使用“编辑颜色”/“重新着色图稿”对话框可完成的两项任务。
7. 如何在色板面板中添加图案色板?
8. 阐述实时上色能够让您完成哪些任务。

复习题答案

1. 要使用颜色填充对象，可选择该对象和工具箱中的填色框，然后执行如下操作之一。
   - 双击工具箱中的填色框打开拾色器，再选择一种颜色。
   - 在颜色面板中拖曳颜色滑块或在文本框中输入值。
   - 在色板面板中单击一种色板。
   - 选择吸管工具，再单击图稿中的颜色。
   - 选择菜单“窗口”>“色板库”打开另一个颜色库，然后单击该颜色库面板中的色板。
2. 可将颜色添加到色板面板以存储它，以便使用它给图稿中的其他对象上色。选择要存储的颜色，并执行以下操作之一。
   - 将其从填色框拖放到色板面板中。
   - 单击色板面板的底部“新建色板”按钮。
   - 从色板面板菜单中选择“新建色板”。

   还可将其他颜色库中的颜色添加到色板面板中，其方法是在颜色库面板中选择要添加的颜色，然后从面板菜单中选择“添加到色板”。
3. 要给颜色命令，可在色板面板中双击该色板；也可先选择它，然后从色板面板菜单中选择“色板选项”，再在“色板选项”对话框中输入名称。

4. 要使用半透明颜色给形状上色，可选择该形状并用任何颜色填充，再在透明度面板或控制面板中将不透明度设置为小于 100%。
5. 在您制作图稿时，颜色参考面板提供了颜色使用灵感。该面板根据工具箱中的当前颜色提供有关颜色协调的建议。
6. 可使用“编辑颜色”/“重新着色图稿”对话框来创建和编辑颜色组，还可使用它来指定图稿的颜色或减少图稿的颜色数。
7. 先创建一个图案，再将它拖放到色板面板中。
8. 实时上色能够自动检测并校正原本将影响如何应用填色和描边的缝隙，让用户能够直观地给矢量图形上色。路径将绘画表面分割成不同的区域，其中每个区域都可着色，而不管该区域的边界是由一条路径还是多条路径构成。给对象上色就像填充色标簿或使用水彩给铅笔素描上色。

第7课 处理文字

在本课中，读者将学习如何执行如下操作：

- 导入文本；
- 创建多列文本；
- 修改文本属性；
- 使用和存储样式；
- 采集文本属性；
- 沿图形绕排文本；
- 使用变形调整文本的形状；
- 沿路径和形状创建文本；
- 创建文字轮廓。

学习本课需要大约1小时。如果必要，从硬盘中删除前一课的文件夹，并将文件夹Lesson07复制到硬盘中。

作为一种设计元素，文字在插图中扮演了非常重要的角色。和其他对象一样，也可以给文字上色，对其进行缩放、旋转等。本课将探索如何在 Illustrator CS5 中创建基本文字和有趣的文字效果。

7.1 简 介

在本课中,读者将处理一个图稿文件,但在此之前需要恢复 Adobe Illustrator CS5 的默认首选项,并打开本课最终的图稿文件以查看其中的插图。

1. 为确保工具和面板像本课描述的那样,请删除或重命名 Adobe Illustrator CS5 首选项文件,详情请参阅“前言”中的“恢复默认首选项”。
2. 启动 Adobe Illustrator CS5。

> **Ai** | **注意:** 如果还没有从配套光盘的文件夹 Lesson07 中将本课的资源文件复制到硬盘,现在就这样做,详情请参阅“前言”中的“复制课程文件”。

3. 选择菜单“文件”>“打开”,打开复制到硬盘中文件夹 Lessons\Lesson07 中的文件 L7end_1.ai 文件,如图 7.1 所示。您将在本课中创建该海报中的文字。可打开它以供参考,也可选择菜单“文件”>“关闭”将其关闭,但不保存所做的修改。

图7.1

4. 选择菜单“文件”>“打开”。在“打开”对话框中,切换到文件夹 Lessons\Lesson07,并打开文件 L7start_1.ai,如图 7.2 所示。

该文件包含一些非文本内容,读者将创建所需的文本元素以完成该海报。

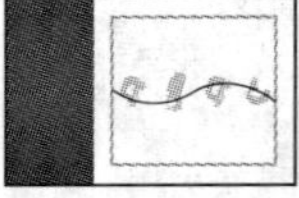

图7.2

5. 选择菜单“文件”>“存储为”。在“存储为”对话框中,切换到文件夹 Lesson07 并将该文件重命名为 yoga.ai。保留“保存类型”为 Adobe Illustrator(*.AI)(Windows)或“格式”为 Adobe Illustrator(ai)(Mac OS),并单击“保存”按钮。在“Illustrator 选项”对话框中,接受默认设置并单击“确定”按钮。
6. 选择菜单“视图”>“智能参考线”以禁用智能参考线。
7. 选择菜单“窗口”>“工作区”>“基本功能”。

7.2 使用文字

文字功能是 Illustrator 最强大的方面之一。就像在 Adobe InDesign 中一样,用户可以在图稿中添加单行文字、创建多列和多行文件、将文字排入形状或沿路径排列文字以及像使用图形对象那样使用文字。

可以以 3 种不同的方式创建文本:点文字、区域文字和路径文字。下面简要地介绍了这些类型的文字。

- 点文字是一行或一列文字，它从鼠标单击的位置开始，并随用户输入字符而不断延伸。每行文本都是独立的，用户编辑时它将扩大或收缩，但不会换行。在图稿中添加标题或为数不多的几个单词时，可以这种方式输入文字。
- 区域文字使用对象的边界来控制字符的排列方式，可水平排列，也可垂直排列。文字到达边界时，将自动换行以限定在指定区域内。在需要创建一个或多个段落（如创建小说明手册）时，可以这种方式输入文本。
- 路径文字沿闭合或非闭合路径的边缘排列。水平输入文字时，字符将与基线平行；而垂直输入文字时，字符将与基线垂直。无论在哪种情况下，文本都将沿锚点加入到路径的顺序排列。

下面创建点文字，然后创建区域文字。本课后面还将创建路径文字。

7.2.1 创建点文字

要直接在文档中输入文字，可选择文字工具并单击希望文字出现的地方，等光标出现后便可开始输入了。

下面在第一个画板中输入子标题。

1. 选择工具箱中的缩放工具，单击左下角的瑜伽形体三次。
2. 选择文字工具（T），单击左下角瑜伽形体的左上方，光标将出现在画板中，如图 7.3 所示。输入 info@transformyyoga.com。

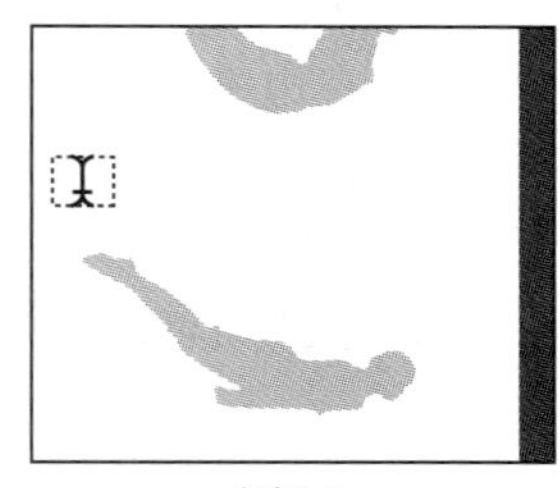

图7.3

通过使用文字工具单击，可创建点文字。点文字是单行文字，它将不断向右延伸，直到用户停止输入或按回车键。对创建标题来说，这很有用。

3. 选择工具箱中的选择工具，注意到文字周围出现了定界框。单击定界框右边的手柄并向右拖曳，注意到文字扩大了，如图 7.4 所示。
4. 选择菜单“编辑”>“还原缩放”。

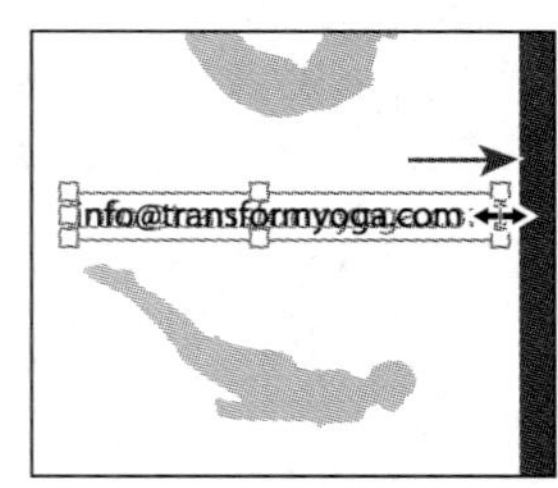

图7.4

> Ai | **注意：**像第 3 步那样缩放点文字后，它仍是可打印的，但字体大小可能不是整数（如 12pt）。

7.2.2 区域文字

要创建区域文字，可以使用文字工具在希望文字出现的位置单击并拖曳，以创建一个区域文字对象。光标出现后，便可输入了。也可将现有形状或对象转换为文字对象，方法是使用文字工具单击对象的边缘或内部。

下面创建区域文字并输入地址。

1. 在仍选择了选择工具的情况下，按住空格键并向下拖曳画板，以平移到画板左上角的瑜伽形体。

2. 选择文字工具，在该瑜伽形体的上方，从左上角拖曳到右下角以创建一个矩形，如图 7.5 所示。光标将出现在新建的文字对象中。

3. 输入文字“1000 Lombard Ave. Central, Washington”，这些文本将在文字对象内换行，如图 7.6 所示。

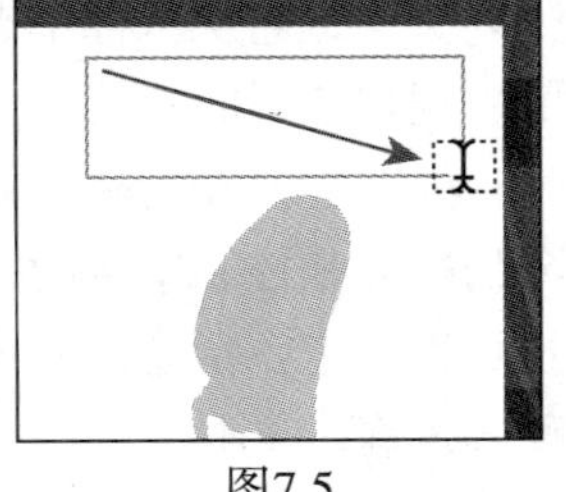

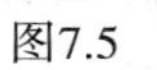

图7.5

图7.6

下面调整文本的换行位置。

> **注意**：现在暂时保留文字的默认格式不变。

4. 切换到选择工具，注意到地址周围出现了定界框。单击定界框右边中央的手柄并左右拖曳（如图 7.7 所示），注意到换行位置将发生变化。向左拖曳到只有文本“1000 Lombard Ave.”出现在第一行。

5. 选择菜单“选择”>“取消选择”，再选择菜单“文件”>“存储”。

图7.7

> **注意**：如果文本已在正确的位置换行，请尝试拖曳定界框的边缘以查看效果。

区域文字和点文字

Illustrator提供了视觉线索，用来帮助您了解点文字和区域文字之间的差别。使用选择工具单击文本以选择文本及其定界框。

区域文字的定界框上多了两个方框，它们被称为连接点。连接点用于将文本从一个文字区域串接到另一个文字区域。本课后面将介绍如何使用连接点和串接文字。被选中时，点文字的定界框上没有连接点，但在第一个字符前面有一个点，如图7.8所示。

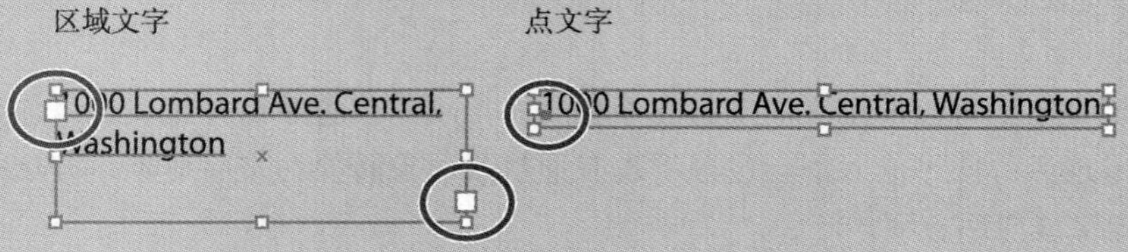

区域文字　　点文字

1000 Lombard Ave. Central, Washington　　1000 Lombard Ave. Central, Washington

图7.8

7.2.3 导入文本文件

可将使用其他应用程序创建的文件中的文本导入到图稿中，在 Illustrator 中，可导入如下格式的文本。

- Microsoft Word 97、98、2000、2002、2003 和 2007。
- 用于 OS X、2004 和 2008 的 Microsoft Word。
- RTF（富文本格式）。
- 使用 ANSI、Unicode、Shift JIS、GB2312、Chinese Big 5、Cyrillic、GB18030、Greek、Turkish、Baltic 和 Central European 编码的纯文本（ASCII）。

也可复制并粘贴文本，但格式可能在粘贴过程中丢失。与复制并粘贴文本相比，从文件中导入文本的优点之一是，导入的文本将保留其字符和段落格式。例如，在 Illustrator 中，来自 RTF 文件的文本将保留其字体和样式。

下面置入一个纯文本文件中的文本。

1. 双击抓手工具让画板适合窗口大小。选择菜单“视图”>“智能参考线”以启用智能参考线。
2. 在导入文本前，需要创建一个文字区域：使用文字工具（**T**）单击参考框的左上角并拖曳到其右下角，如图 7.9 所示。

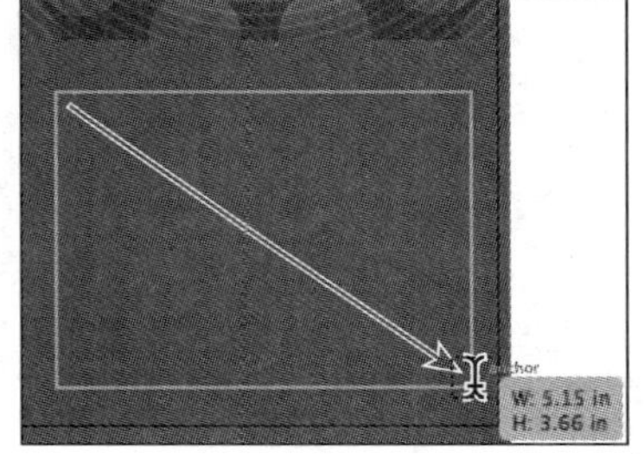

图7.9

> **Ai** | **注意**：如果置入文本前没有选择文字区域，文本将置入到一个自动创建的文字区域中。默认情况下，文字区域将横跨画板的大部分区域。

3. 选择菜单“文件”>“置入”，切换到文件夹 Lessons\Lesson07，选择 L7copy.txt 文件，并单击“置入”按钮。
4. “文本导入选项”对话框提供了用户可在导入文本前设置的选项，如图 7.10 所示。保留默认设置并单击“确定”按钮。

图7.10

文本被置入到文字对象中。本课后面将介绍如何设置属性。另外，如果在文字对象的右下角看到红色加号（⊞），则表明文字对象不能容纳所有文本，本课后面将修复这种问题。

5. 选择菜单“文件”>“存储”，但不要关闭该文件。

7.2.4 创建多列文本

通过使用“区域文字选项”可很容易地创建多列和多行文本。

1. 如果没有选择文字对象，使用选择工具选择它。

注意：如果光标在文字对象内，则无需使用选择工具选择文字区域就可访问“文字区域选项”。

2. 选择菜单“文字”>“区域文字选项”。
3. 在“区域文字选项”对话框中，选中复选框“预览”。在“列”部分将“数量”改为 2，再单击“确定”按钮，如图 7.11 所示。

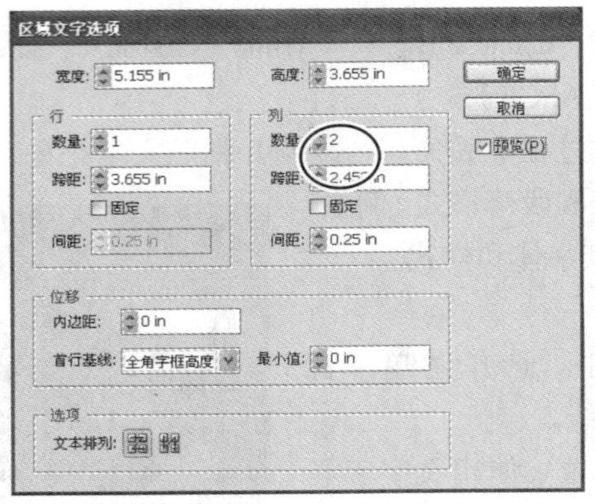

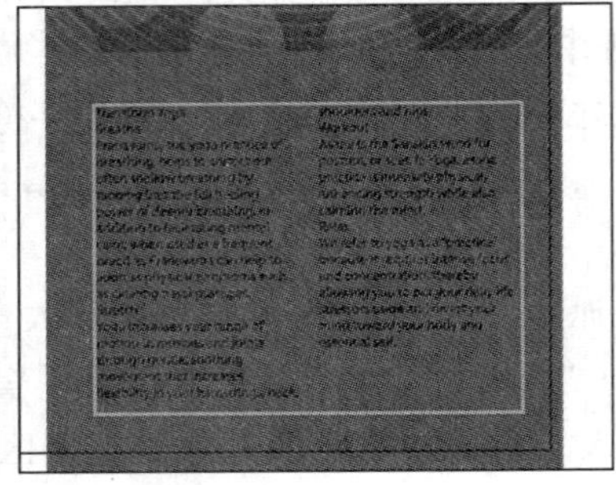

图7.11

4. 选择菜单“选择”>“取消选择”。
5. 选择菜单“文件”>“存储”，但不要关闭该文档。

文字区域选项

在“区域文字选项”对话框中，可设置文本的行数和列数。下面是其他一些选项。

- 数量：指定希望对象包含的行数和列数。
- 跨距：指定单行高度和单列宽度。
- 固定：指定用户调整文字区域大小时，将如何调整行高和列宽。如果选中了该复选框，则调整区域大小时将修改行数和列数，而不会修改列宽；如果希望列宽随文字区域大小而变化，则不要选中该复选框。
- 间距：指定行间距或列间距。
- 内边距：指定文本和定界框之间的距离，这被称为内边距。
- 首行基线：指定首行文本同对象上边缘的对齐方式。
- 文本排列：指定如何在行和列之间排列文本。

——摘自Illustrator帮助文件

7.3 理解文本排列

在本节中，读者将在当前打开的文件 yoga.ai 的第二个画板中创建一个矩形形状，并置入一个 Microsoft Word 文档以创建区域文字。第二个画板是与海报配套的明信片。

1. 在文档窗口左下角的状态栏中，单击“下一项”按钮以切换到第二个画板。如果没有显示整张明信片，选择菜单“视图”>“画板适合窗口大小”。
2. 选择工具箱中的矩形工具。
3. 按 D 键将填色和描边设置为默认值（分别为白色和黑色）。
4. 在画板中央的参考框的左上角单击，向右下方拖曳以创建一个高约 1 英寸的矩形。当鼠标与参考线对齐时，将出现字样“路径”，如图 7.12 所示。

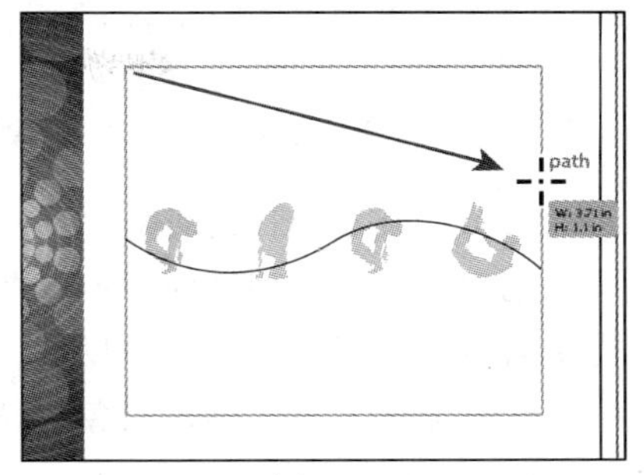

图7.12

> **注意**：通过拖曳创建的矩形可能有黑色填色和 / 或描边，这将覆盖内容。但将矩形转换为文字区域后，填色和描边将变成“无”。

5. 选择文字工具，将鼠标指向矩形形状的边框。当鼠标离矩形的边框足够近时，将出现字样“路径”，且文本插入光标将位于括号内（），这表明如果此时单击鼠标，光标将出现在形状内，如图 7.13 所示。
6. 在光标位于矩形内的情况下，选择菜单“文件”>“置入”，切换到硬盘中的文件夹 Lessons\Lesson07，选择文件 yoga_pc.doc，再单击“置入”按钮。由于导入的是 Microsoft Word 文档，因此有更多的选项可供选择。

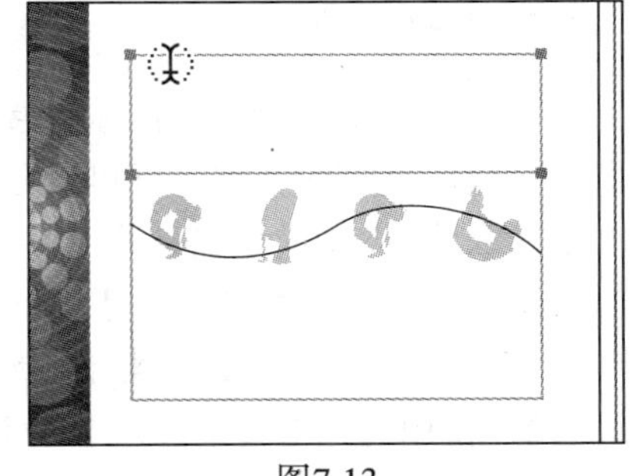
图7.13

> **注意**：如果在工具箱的文字工具上按住鼠标，将看到区域文字工具。区域文字工具将对象转换为文字区域。没有必要切换到该工具。

7. 在“Microsoft Word 选项”对话框中，确保没有选中复选框“移去文本格式”以保留 Word 格式。保留其他默认设置并单击“确定”按钮。文本将出现在矩形中，如图 7.14 所示。

> **注意**：在您的计算机中，文字区域中出现的文本可能更多或更少，这没有关系，因为本课后面将调整文字区域的大小。

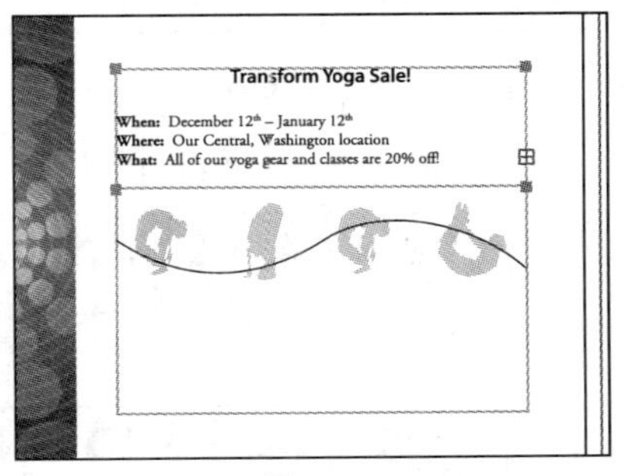

图7.14

注意到文字区域右下角有个红色加号，这表明该文字区域不能容纳所有文本。下一节将修复这种问题。

> **注意**：置入 Word 文档时，如果没有选中复选框“移去文本格式”，则在 Word 中应用的段落样式将带入 Illustrator。段落样式将在本课后面讨论。

7.3.1 处理溢流文本和文本重排

每个区域文字对象都包含一个输入连接点和一个输出连接点，这让用户能够链接到其他对象以及创建文字对象的链接副本。空连接点表示所有文本都是可见的，且对象尚未链接。输出连接点中的红色加号（ ⊞ ）表示对象包含额外文本，这些不可见的文本称为溢流文本，如图 7.15 所示。

图7.15

消除溢流文本的主要方法有以下两种。

- 将文本串接到另一个文字区域。
- 调整文字区域的大小。

7.3.2 串接文本

要将文本从一个文字区域串接到另一个文字区域，必须链接文字区域。链接的文字区域可以是任何形状，但文字必须是路径文字或区域文字，而不能是点文字。

下面将溢流文本串接到另一个文字区域中。

1. 使用选择工具选择文字区域。

2. 使用选择工具单击选定文字区域的输出连接点，鼠标将变成加载文本图标（ ），如图 7.16 所示。

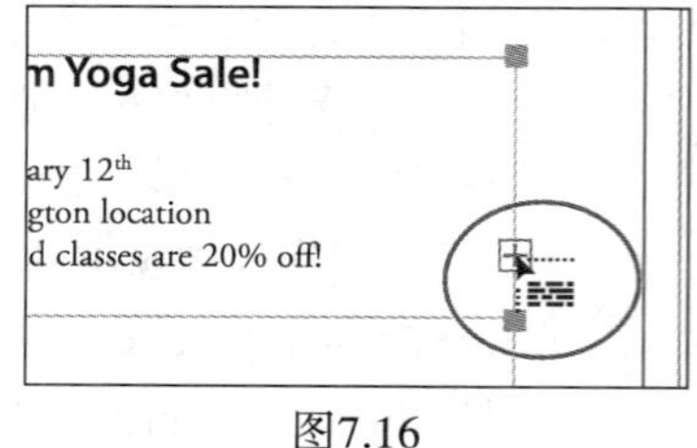

图7.16

> **注意**：如果双击输出连接点，将新建一个文字区域。在这种情况下，可将新文字区域拖放到正确的位置，也可选择菜单“编辑”>“还原链接串接文本”，这样将重新出现加载文本图标。

3. 单击瑜伽形体下方的参考框左边缘，并拖曳到参考框的右下角，如图 7.17 所示。松开鼠标后，结果将如图 7.18 所示。

> **注意**：在对象之间串接文本的另一种方法是，先选择存在溢流文本的文字区域，再选择一个或多个要链接到的对象，然后选择菜单“文字”>“串接文本”>“创建”。

> **注意**：在鼠标为加载文本图标时，可在画板中单击（而不通过拖曳）来创建文字对象。这样创建的文字区域将大得多。

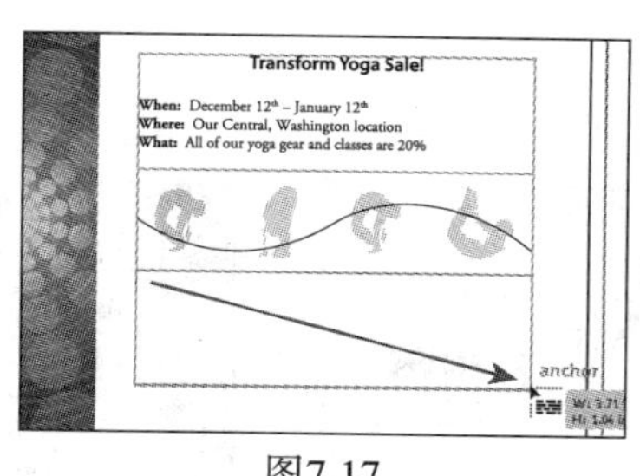

图7.17

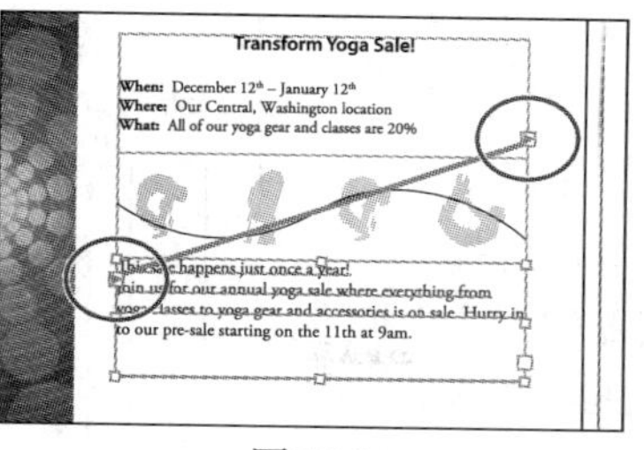

图7.18

注意：您的文本可能不与图 7.18 完全相同，这没有关系，本课后面将调整这些文字区域的大小。

4. 选择菜单“文件” > “存储”。

在仍选择了下面的文字区域的情况下，注意到两个文字区域之间有一条直线，它表明两个文字区域是相连的。请注意上面的文字区域的输出连接点（ ▶ ）和下面的文字区域的输入连接点（ ▶ ）。这种箭头表明文字区域链接到了另一个文字区域。

注意：如果删除第 3 步创建的文字区域，文字将返回到原来的文字区域并成为溢流文本。溢流文本虽然不可见，但并没有被删除。

7.3.3 调整文字区域的大小

下面介绍如何调整文字区域的大小，以便能容纳多余的文本。

1. 使用选择工具单击上面的文字区域中的文本。
2. 双击该文字区域右下角的输出连接点（ ▶ ），如图 7.19 所示。

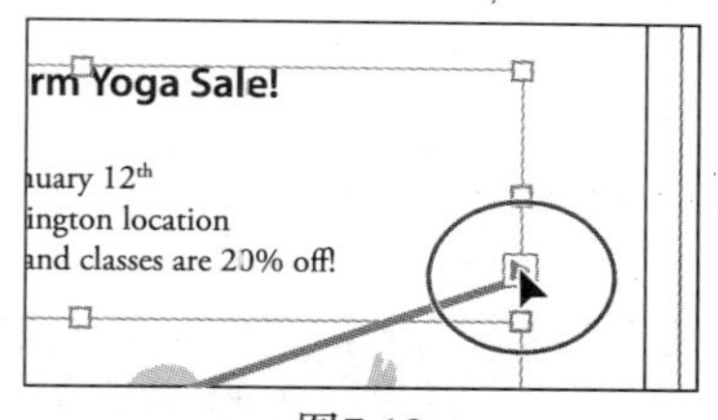

图7.19

由于文字区域被串接，双击输出连接点或输入连接点将断开它们之间的连接。串接到第二个文字区域的所有文本都将返回到第一个文字区域中。下面的文字区域还在，但填色和描边都为“无”。

3. 选择菜单“视图” > “智能参考线”以禁用智能参考线。
4. 使用选择工具单击定界框底部中央的手柄，并将其向下拖曳到瑜伽形体上，如图 7.20 所示。该文字区域的高度将改变，注意到向下拖曳得越远，显示的文本越多。

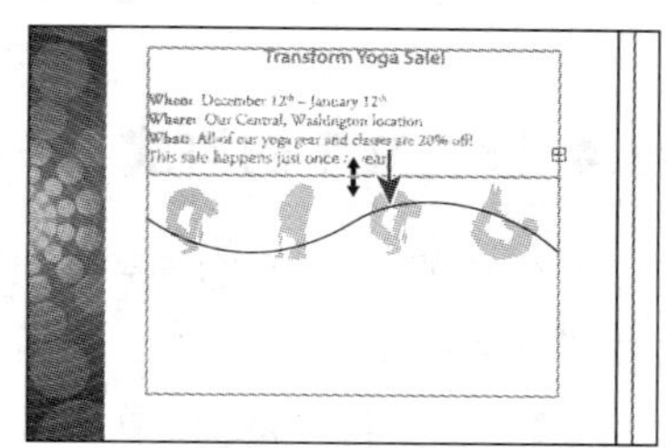

图7.20

5. 使用选择工具单击上面文字区域右下角的输出连接点（ ⊞ ），鼠标将变成载入文本图标。
6. 选择菜单“视图” > “轮廓”以显示下面的文字区域。
7. 将鼠标指向下面文字区域的边缘，鼠标将变成 。单击鼠标串接这两个文字区域，如图 7.21 所示。

8. 选择菜单“视图”>“预览”。

9. 选择菜单“选择”>“取消选择”。

10. 使用选择工具单击上面的文字区域以选择它。向上拖曳底部中央的手柄直到文本“This sale happens just once a year!”不再呈蓝色高亮显示，如图 7.22 所示。这表明如果此时松开鼠标，这些文本将移到下一个文字区域。松开鼠标以查看结果。

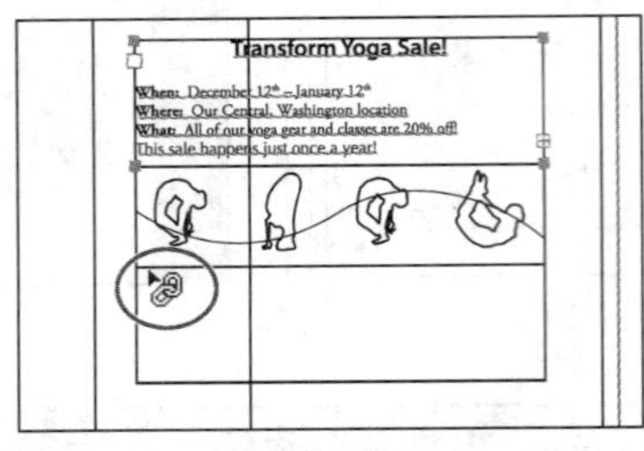

图7.21

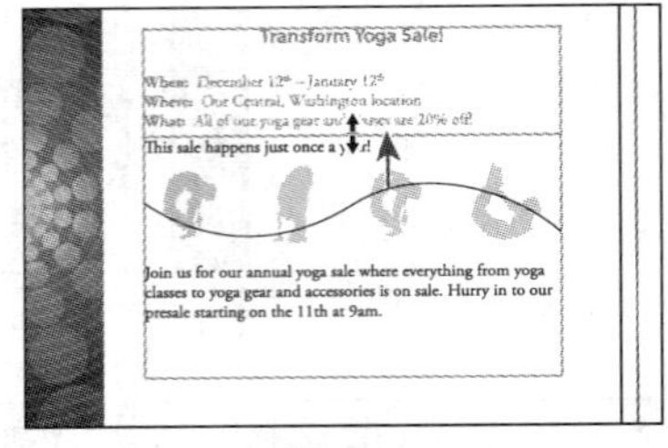

图7.22

文字区域被串接在一起时，可将它们移到任何地方，它们之间的连接将保留。甚至可以将两个画板串接起来。调整文字区域（尤其是开头的文字区域）的大小后，文本可能重排。

11. 选择菜单“文件”>“存储”。

> **提示：**要创建不规则的文字区域，可取消选择文字区域，再使用直接选择工具选择它。然后，单击并拖曳文字区域的边或角以调整路径的形状，如图 7.23 所示。如果选择了“视图”>“隐藏定界框”，这种方法使用起来将更容易。处于轮廓视图（选择菜单“视图”>“轮廓”）时，调整文字路径最为容易。

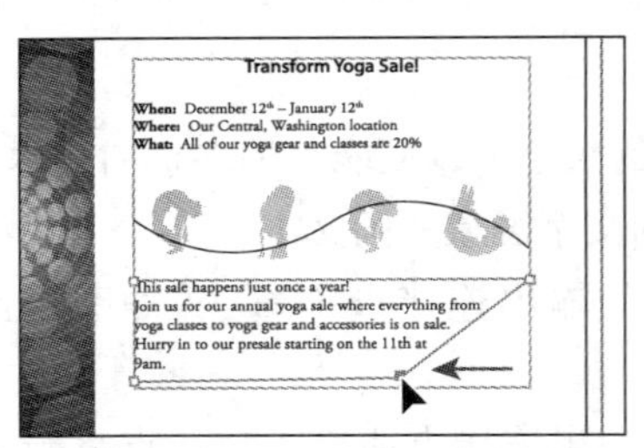

图7.23

> **注意：**如果按前面的提示编辑了文字区域，请选择菜单“编辑”>“还原”。

7.4 设置文字的格式

在本节中，读者将探索如何修改文本属性，如大小、字体和样式。通过控制面板可快速修改大部分文本属性。

1. 在文件 yoga.ai 中，单击状态栏中的“上一项”按钮（◀）返回到第一个画板（海报）。

2. 如果不能在窗口中看到整个海报，选择菜单“视图”>“画板适合窗口大小”。

3. 选择工具箱中的文字工具，并将光标插入到前面创建的两列文字区域中的任何位置。

> **提示：**如果使用选择工具或直接选择工具双击文本，将切换到文字工具。

4. 选择菜单“选择”>“全选”，选择该文字区域中的所有文本，也可按 Ctrl + A（Windows）或 Command + A（Mas OS）。

本节将介绍两种选择字体的方法。

首先通过控制面板中的“字体”下拉列表来修改选定文本的字体。

5. 单击“字体”下拉列表右边的箭头，并向下滚动到字体 Adobe Garamond Pro 并选择它，如图 7.24 所示。

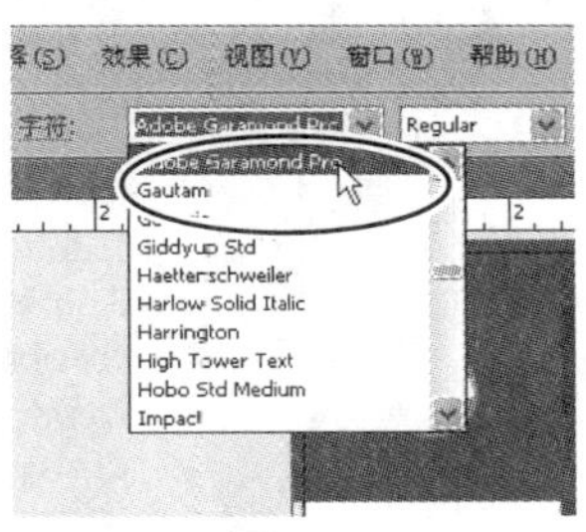

图7.24

> **注意：**在该下拉列表中，字体 Adobe Garamond Pro 位于“G”部分。另外，根据屏幕分辨率，控制面板中可能没有“字体”下拉列表，但包含字样“字符”。在这种情况下，可单击字样“字符”打开字符面板。

6. 在仍选择了文本的情况下，选择菜单“文字”>“字体”，将出现一个字体列表。选择“Myriad Pro”>“Regular”，如图 7.25 所示。如果字体列表很长，向下滚动以找到这种字体可能需要些时间。

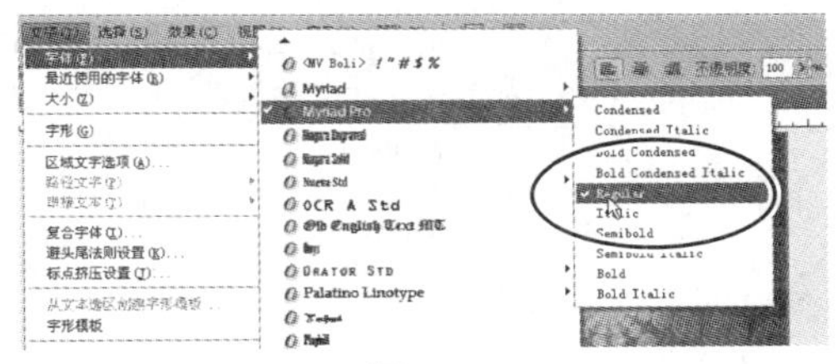

图7.25

> **注意：**可能需要单击字体列表末尾的箭头以向下滚动列表。

7. 下面这种选择字体的方法是最灵活的。确保仍选择了文本，并执行如下操作。
   - 在控制面板中，单击字样“字符”以显示字符面板。
   - 在字符面板中，在选择了当前字体名的情况下，开始输入字体名 Minion Pro。Illustrator 将在列表中筛选，并选择正确的字体，如图 7.26 所示。
   - 按回车键接受该字体。

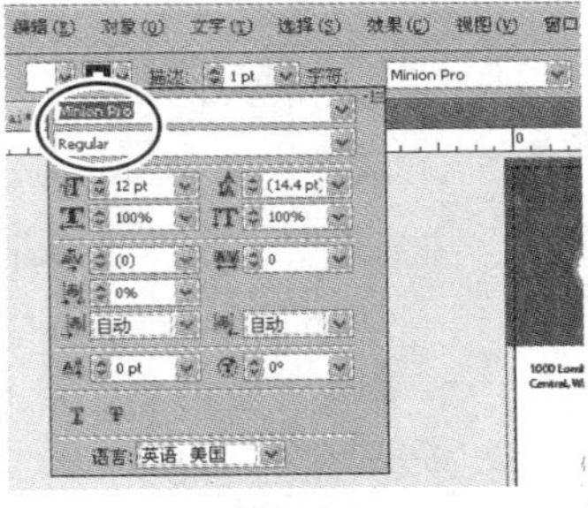

图7.26

> **提示：**要让字符面板一直打开，可选择菜单“窗口”>“文字”>“字符”。

8. 单击“字体样式”下拉列表右边的箭头，以查看 Minion Pro 的字体样式，并确保选择了 Regular。

字体样式随字体系列而异。虽然您的计算机可能安装了 Myriad Pro 字体，但可能没有该字体的 bold 和 italic 样式。

Illustrator CS5安装盘中的字体

下面的字体和配套文档不会自动安装，但包含在Illustrator CS5安装DVD（如果是从Adobe Store下载Illustrator CS5安装包，则在该下载包中）的文件夹Documention中。试用用户仅在购买后才能获得这些字体。

Adobe® Caslon® Pro	Blackoak Std
Adobe® Garamond® Pro	Brush Script Std
Adobe Gothic Std	Chaparral Pro
Birch Std	CHARLEMAGNE STD
Cooper Black Std	Adobe Fangsong Std
Giddyup Std	Hobo Std
Letter Gothic Std	LITHOS PRO
MESQUITE STD	Myriad Pro
Minion Pro	Nueva Std
OCRA Std	ORATOR STD
Prestige Elite Std	Poplar Std
ROSEWOOD STD	STENCIL STD
Tekton Pro	TRAJAN PRO
Kozzuka Gothic Pro	Adobe Hebrew
Kozuka Mincho Pro	Adobe Kaiti Std
Adobe Arabic	Adobe Ming Std
Adobe Myungjo Std	Adobe Song Std
Adobe Heiti Std	

什么是OpenType?

如果经常在不同平台之间传输文件，文本文件应使用OpenType格式。

OpenType是Adobe和Microsoft联合开发的一种跨平台的字体文件格式。Adobe已经将整个Adobe文字库转换为这种格式，它当前提供数千种OpenType字体。

OpenType格式有两个主要优点：一是跨平台兼容性（相同的字体文件可用于Macintosh和Windows计算机）；二是支持广泛扩展字符集和布局功能，这提供了更丰富的语言支持和更高级的排版控制。

OpenType格式是TrueType SFNT格式的扩展，它支持Adobe PostScript字体数据和新的排版功能。对于包含PostScript数据的OpenType字体（如Adobe Type Library中的OpenType字体），其文件名后缀为.otf，而对于基于TrueType的OpenType字体，其文件名后缀为.ttf。

OpenType字体可包含扩展字符集和布局功能，从而提供了更广泛的语言支持和更精确的排版控制。可通过Pro识别功能丰富的Adobe OpenType字体，该单词是字体名的一部分，且出现在应用程序字体菜单中。OpenType字体可同PostScript Type1和TrueType字体一起安装使用。

——摘自Adobe.com/type/opentype

7.4.1 修改字体大小

1. 如果两列文本没有处于活动状态，使用文字工具将光标插入该文字区域，再选择菜单“选择” > “全部”。
2. 在控制面板的“字体大小”框中输入 13pt 并按回车键，注意到文本发生了变化。从下拉列表“字体大小”中选择 12pt，如图 7.27 所示。

图7.27

根据屏幕分辨率，控制面板中可能没有“字体大小”下拉列表，但包含字样“字符”。在这种情况下，可单击字样“字符”打开字符面板。

“字体大小”下拉列表中包含一些预设值。如果要指定自定义的字体大小，可选择“字体大小”文本框中的值，再输入新值（其单位为 pt）并按回车键。

> **提示：**可使用快捷键快速修改选定文本的字体大小。使用 Ctrl + Shift + >(Windows) 或 Command + Shift + > (Mas OS) 可以每次 2pt 的方式增大字体；使用 Ctrl + Shift + < (Windows) 或 Command + Shift + < (Mas OS) 可以每次 2pt 的方式缩小字体。

7.4.2 修改字体颜色

可以修改选定文本的填色和描边，这里只修改填色。

1. 在仍选择了文本的情况下，单击控制面板中的填色框，并在出现的色板面板中选择 White，如图 7.28 所示。文本的填色将变成白色。
2. 使用文字工具单击并拖曳以选择文本区域中的第一行文本：“Transform Yoga”；也可在这些文本中三击来选择它们。

图7.28

> **提示：**双击将选择一个单词，三击将选择整个段落，段落的末尾为输入的硬回车。

3. 在控制面板中将填色改为 Aqua。
4. 在仍选择了第一行文本的情况下，选中控制面板中“字体大小”框中的文本，输入 13 并按回车键。
5. 在控制面板中，从下拉列表“字体样式”中选择 Bold，以修改选定文本的字体样式，结果如图 7.29 所示。
6. 选择菜单“选择” > “取消选择”。
7. 选择菜单“文件” > “存储”。

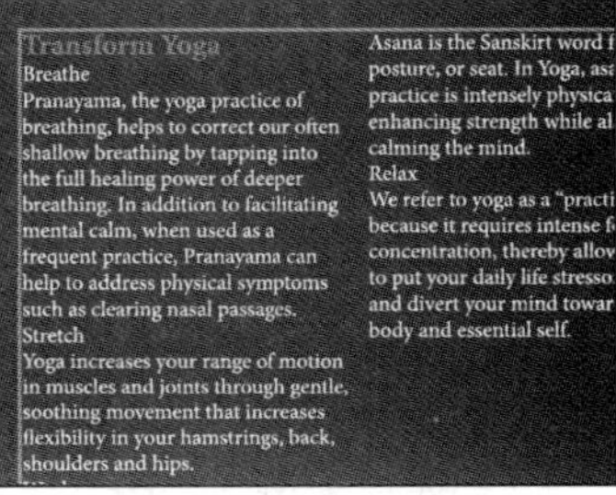

图7.29

7.4.3 修改其他文本属性

通过单击控制面板中带下划线的蓝色字样“字符”可打开字符面板，并在该面板中修改众多其他的文本属性，如图 7.30 所示。这里将应用其中的一些属性，以尝试各种设置文本格式的方式。

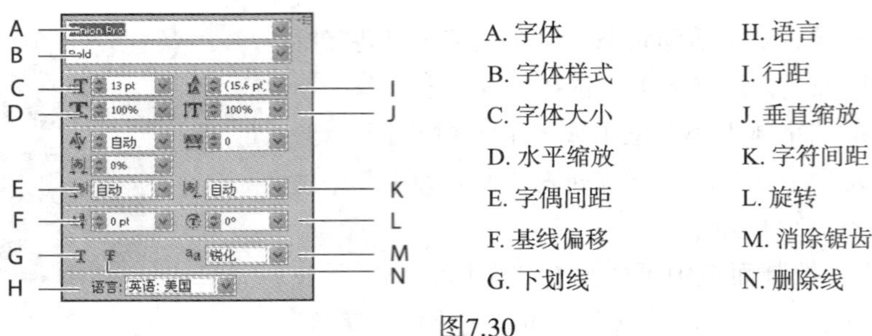

图7.30

1. 使用文字工具单击画板左边瑜伽形体上方的地址。将光标放到这些文本中后，三击以选择整个段落，如图 7.31 所示。
2. 选择缩放工具，单击选定文本多次以放大它们。
3. 在控制面板中，单击字样“字符”打开字符面板。单击“设置行距”下拉列表左边的上箭头多次将行距增大到 16pt，如图 7.32 所示。行距指的是相邻行之间的垂直距离。不要关闭字符面板。

注意到行之间的垂直距离发生了变化。为让文本适合文字区域的大小，调整行距很有用。

图7.31

图7.32

提示：要将行距恢复到默认值，可从“设置行距”下拉列表中选择“自动”。

下面修改字符之间的间距。

4. 在仍选择了文本的情况下，单击字符面板中的字符间距图标以选中“字符间距”框中的内容。输入 60 并按回车，如图 7.33 所示。

注意：如果出现了溢流文本（红色加号指出了这一点），可降低字符间距或使用选择工具调整文字区域的大小，让文字区域能够容纳所有文本。

图7.33

字符间距指的是字符之间的间距。将其设置为正值将沿水平方向分开字母，将其设置为负值将把字母拉得更近。

5. 双击工具箱中的抓手工具让画板适合窗口大小。
6. 选择工具箱中的缩放工具，拖曳一个环绕第一栏开头的标题 Transform Yoga 的选框。
7. 选择工具箱中的文字工具，通过单击将光标放在标题 Transform Yoga 末尾。
8. 选择菜单“文字”>“字形”打开字形面板。

字形面板用于插入诸如商标符号或列表项目符号等字符。它显示了指定字体中的所有字符（字形）。

下面插入一个版权符号。

9. 在字形面板中，向下滚动到能够看到版权符号（©）为止。双击该符号将其插入到光标处，如图 7.34 所示。关闭字形面板。

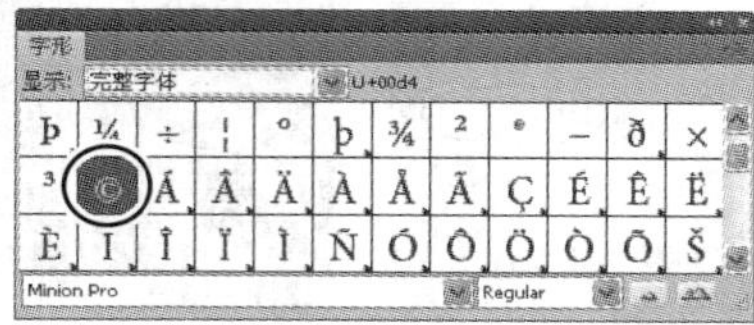

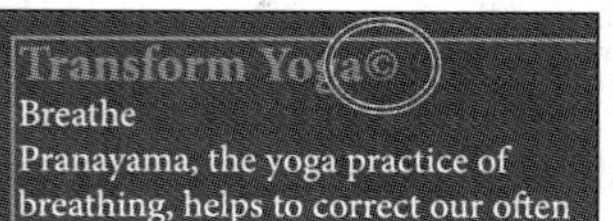

图7.34

> **Ai** **提示**：在字形面板底部可选择其他字体。另外，通过单击字形面板右下角的“放大”图标（）和“缩小”图标（）可放大和缩小字形。

10. 使用文字工具选择刚插入的版权符号（©）。
11. 选择菜单“窗口”>“文字”>“字符”打开字符面板。
12. 从字符面板菜单中选择“上标”，结果如图 7.35 所示。
13. 使用文字工具在 Yoga 和版权符号之间单击，将光标插入到这里。

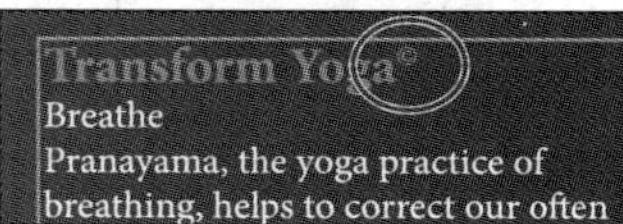

图7.35

14. 在字符面板中，从“字偶间距”下拉列表中选择 75，如图 7.36 所示。

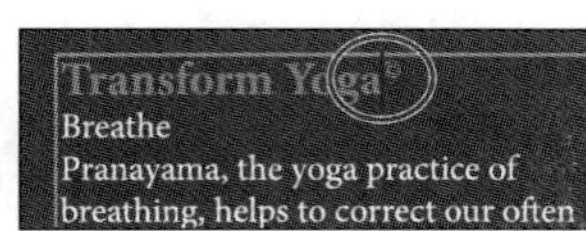

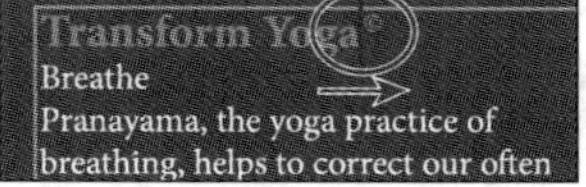

图7.36

> **Ai** **提示**：要撤销对字偶间距的修改，将光标放到文本中，并从“字偶间距”下拉列表中选择“自动”。

字偶间距类似于字符间距，可增大或缩小两个字符之间的间距。在像这里那样使用字形时，调整字偶间距很有帮助。

7.4.4 修改段落属性

和字符属性一样，可以在输入新文字前设置段落属性（如对齐和缩进），还可修改现有文本的段落属性。如果选择了多个文字路径和文字容器，可一次性设置它们的属性。

下面增大分栏文本中所有段落的段后间距。

1. 选择菜单“视图”>“画板适合窗口大小”。

2. 使用文字工具将光标插入到任何一栏的文本中，再选择菜单“选择”>“全部”。
3. 单击控制面板中的“段落”字样打开段落面板。
4. 在“段后间距”文本框（位于面板右下角）中输入 5 并按回车，如图 7.37 所示。创建大型文字区域时，建议调整段后间距，而不是按回车键。

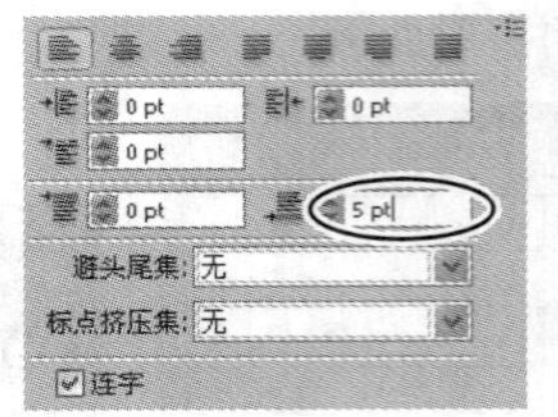

图7.37

5. 选择菜单“选择”>“取消选择”。

> **注意**：您的文本看起来可能不与图 7.37 完全相同，这没有关系。

6. 使用文字工具单击画板左边的瑜伽形体上方的地址，将光标插入到其中。
7. 单击控制面板中的“居中对齐”按钮（![]），结果如图 7.38 所示。

图7.38

> **注意**：如果在控制面板中没有看到对齐选项，单击带下划线的蓝色字样“段落”打开段落面板。

8. 选择菜单“选择”>“取消选择”。
9. 选择菜单“文件”>“存储”。

文档设置选项

通过选择菜单“文件”>“文档设置”可打开“文档设置”对话框。在该对话框中有很多文本选项，其中包括“突出显示替代的字体”和“突出显示替代的字形”，它们位于“出血和视图选项”部分。

在该对话框底部的“文字选项”部分，可设置文档语言，修改单引号和双引号，编辑下标字、上标字、小型大写字母等。

7.5 存储和使用样式

样式可确保文本格式的一致性，且在需要全局更新文本属性时很有帮助。创建样式后，只需编辑存储的样式，应用了该样式的所有文本都将更新。

在 Illustrator 中有下面两种样式。

- 段落样式：这种样式包含文本和段落属性，应用于整个段落。
- 字符样式：这种样式包含文字属性，只应用于选定文本。

7.5.1 创建和使用段落样式

1. 使用文字工具选择子标题 Breathe。在控制面板中，从"字体样式"下拉列表中选择 Bold。

> **Ai** | **注意：**根据屏幕分辨率，控制面板中可能没有"字体样式"下拉列表，但有字样"字符"。在这种情况下，请单击字样"字符"打开字符面板。

2. 使用文字工具单击，将光标放到文本 Breathe 中。创建段落样式时无需选定文本，但必须将文本插入点放在这样的文本行中，即它包含要存储的属性。
3. 选择菜单"窗口" > "文字" > "段落样式"，从面板菜单中选择"新建段落样式"。
4. 在"新建段落样式"对话框中，在"样式名称"文本框中输入 Subhead 并单击"确定"按钮。该段落的属性将存储到段落样式 Subhead 中。
5. 选择文本 Breathe，再在段落样式面板中选择样式 Subhead，从而将该段落样式的文本属性应用于选定文本，如图 7.40 所示。

图7.39

图7.40

> **Ai** | **注意：**如果样式名右边有一个加号（+），则表示选定文字应用了不属于该样式的其他属性。通过按住 Alt 键（Windows）或 Option 键（Mas OS）并单击样式，可覆盖以前应用的所有属性。

注意到段落样式面板中还有样式 Normal，该样式是前面置入 Word 文档时，从 Word 带入 Illustrator 文档的。

6. 选择文本 Stretch，按住 Alt 键（Windows）或 Option 键（Mas OS）并单击段落样式面板中的样式 Subhead；重复上述操作，将该样式应用于文本 Workout 和 Relax。

7.5.2 创建和使用字符样式

段落样式将属性应用于整个段落，而字符样式只能应用于选定文本。

1. 使用文字工具选择第一栏中的第一个 Pranayama，如图 7.41 所示。
2. 在控制面板中，从"字体样式"下拉列表选择 Bold。

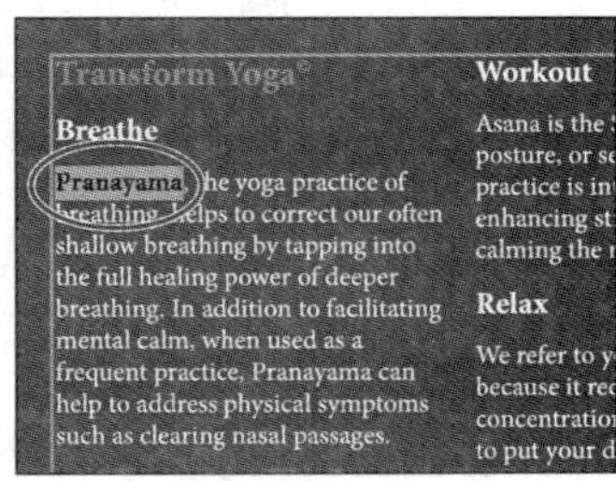

图7.41

> **Ai** | **注意：**根据屏幕分辨率，控制面板中可能没有"字体样式"下拉列表，但有字样"字符"。在这种情况下，请单击字样"字符"打开字符面板。

下面将这些属性存储为字符样式，并将其应用于其他的 Pranayama。

3. 在段落样式面板组中，单击面板标签“字符样式”。
4. 按住 Alt 键（Windows）或 Option 键（Mas OS），并单击字符样式面板底部的“新建字符样式”按钮（），这样可在创建新样式的同时给它命名。还可双击样式名以便对其进行重命名和编辑。
5. 将该样式命名为 Bold 并单击“确定”按钮。该样式将记录应用于选定文本的属性。

下面将该字符样式应用于其他文本。

6. 在仍选择了文本 Pranayama 的情况下，按住 Alt 键（Windows）或 Option 键（Mas OS）并单击字符样式面板中的样式 Bold，将该样式应用于选定文本。应用样式时，通过按住 Alt 键（Windows）或 Option 键（Mas OS）并单击，可覆盖原来的属性。
7. 选择下一个 Pranayama，并将样式 Bold 应用于它。

> Ai **注意**：必须选择整个单词，而不能将光标放在这些文本中。

8. 选择菜单“选择”>“取消选择”。

> Ai **提示**：您可能想修改所有使用字符样式 Bold 的文本的颜色。使用样式时，只需修改样式中的文本颜色，所有使用该样式的文本都将更新。

下面修改字符样式 Bold 的颜色。

9. 双击字符样式面板中的样式 Bold，在“字符样式选项”对话框中，单击左边的“字符颜色”并确保选择了填色框，再单击色板面板中的 Mustard，如图 7.42 所示。

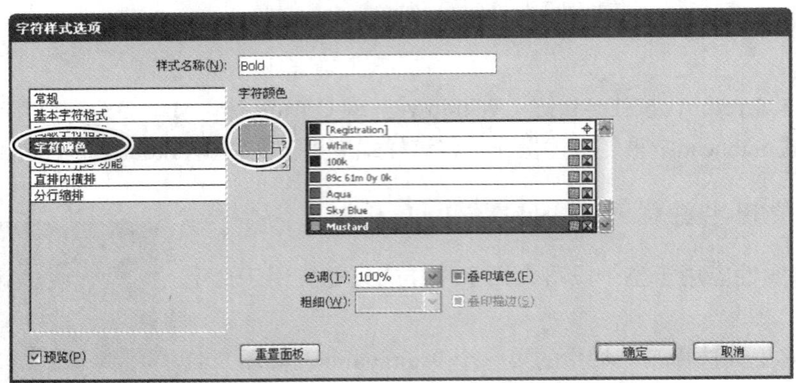

图7.42

10. 确保选中了“字符样式选项”对话框左下角的复选框“预览”。当您修改样式 Bold 的格式时，使用该样式的文本将自动修改。
11. 单击“确定”按钮，并关闭字符样式面板组。
12. 选择菜单“文件”>“存储”，但不要关闭文件。

7.5.3 采集文本的属性

可使用吸管工具采集文本的属性，并将其应用于文本，而无需创建样式。

1. 选择菜单“视图”>“画板适合窗口大小”。
2. 使用缩放工具单击并拖曳出一个环绕文本“1000 Lombard Ave. Central, Washington”的选框，这些文本位于左边的瑜伽形体上方。
3. 使用文字工具通过三击选择这个段落。
4. 在控制面板，将填色设置为蓝色（C=89、M=61、Y=0、K=0），将字体设置为 Myriad Pro，并将字体样式设置为 Condensed，结果如图 7.43 所示。

图7.43

> **注意**：如果 Central 出现在第一行，使用文字工具将光标放在 Central 前面，按 Shift 和回车键添加一个软回车，从而将这些文本放到下一行。

5. 双击抓手工具让画板适合窗口大小。
6. 选择菜单“视图”>“智能参考线”，以启用智能参考线。
7. 使用文字工具选择文本 info@transformyoga.com，这些文本位于画板左边最下面的瑜伽形体上方。
8. 选择工具箱中的吸管工具（ ）并单击文本“1000 Lombard Ave. Central，Washington”中的任何地方，鼠标上方将出现字母 T。其属性将立刻应用于选定文本，如图 7.44 所示。如果电子邮件地址向左移动，使用选择工具将其移到原来的地方。

图7.44

> **注意**：如果启用了智能参考线，在将吸管工具指向文本时，文本下方将出现一条线，这表明此时单击将采集该文本的格式。

9. 选择菜单“选择”>“取消选择”。
10. 选择菜单“文件”>“存储”，但不要关闭文件。

7.5.4 使用封套变形调整文本的形状

文本变形很有趣，它让用户能够给文本指定更有趣的形状。封套变形让用户能够将文本调整为现有形状或创建的形状。封套是一个对象，它扭曲选定对象或调整其形状。可将预设的变形形状或网格用作封套，也可使用画板中的对象创建和编辑封套。

1. 选择工具箱中的文字工具。输入文本前，在控制面板中将字体设置为 Myriad Pro，将字符样式设置为 Bold Condensed，将字体大小为 48pt。
2. 使用文字工具单击两栏文本的下方，单击的位置无关紧要，将出现一个光标。

> **注意**：可能需要放大视图。

3. 输入单词 transform。
4. 切换到选择工具。如果输入的文本与两栏文本重叠，将其向下拖曳到不再重叠。在控制面板中，将填色改为白色，结果如图 7.45 所示。

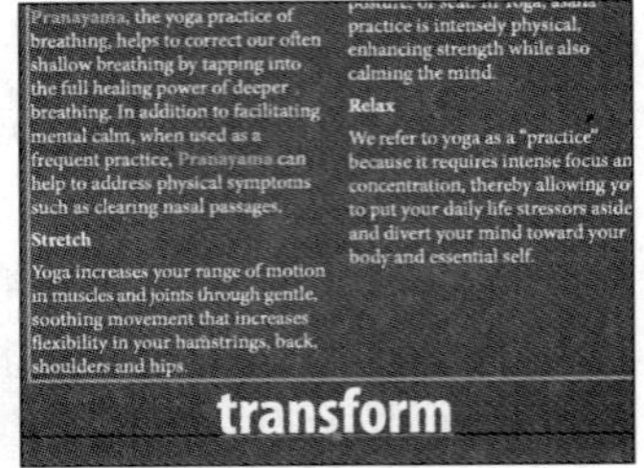

图7.45

> **提示**：在选择了文字工具的情况下，可通过按住 Ctrl（Windows）或 Command（Mac OS）暂时切换到选择工具。

5. 在使用选择工具选择了文本的情况下，单击控制面板中的"制作封套"按钮（）。在"变形选项"对话框中，选中复选框"预览"，文本将呈弧形。
6. 从下拉列表"样式"选择"上弧形"，将"弯曲"滑块向右拖曳，以让文本进一步向上弯曲。可尝试众多不同的组合：拖曳滑块"水平"和"垂直"，并查看对文本的影响。尝试完毕后，滑块"水平"和"垂直"拖曳到 0，并单击"确定"按钮，如图 7.46 所示。

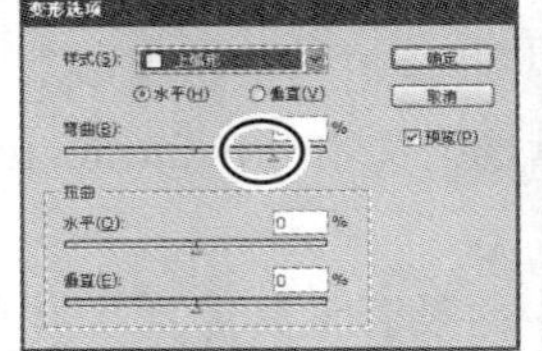

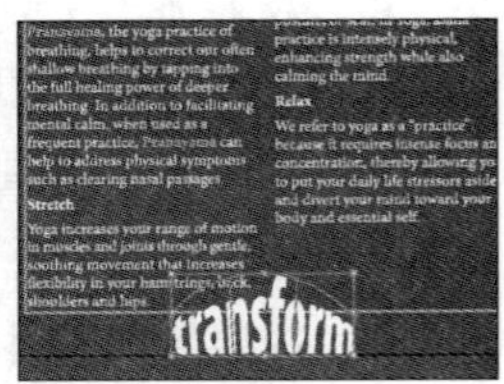

图7.46

> **注意**：单击"制作封套"按钮（）并不会应用效果，而只是将文本转换为封套对象；选择菜单"效果">"变形">"上弧形"将获得相同的效果。有关封套的更详细信息，请参阅 Illustrator 帮助中的"使用封套改变形状"。

7. 使用选择工具移动封套对象（变形的文本），使其底部大概与两栏文本的底部对齐。

可分别编辑文本和形状。下面编辑文本 transform，再改变形状。

8. 在仍选择了变形文本的情况下，单击控制面板中的"编辑内容"按钮（），这样可编辑变形形状中的文本。
9. 选择文字工具并将鼠标指向变形文本，注意到出现了蓝色线条和蓝色文本 transform，如图 7.47 所示。智能参考线显示了原始文本。单击 transform 将光标插入其中，然后双击以选择该文本。

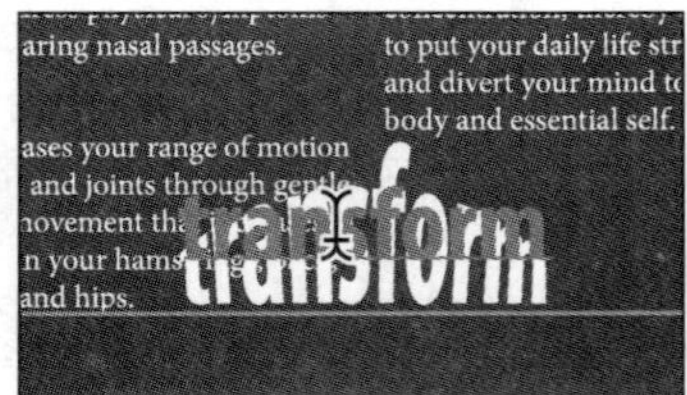

图7.47

> **注意**：如果使用选择工具而不是文字工具双击，将进入隔离模式。按 Esc 键可退出隔离模式。

10. 输入 workout，注意到文本将在上弧形内自动变形。选择菜单"编辑">"还原键入"以恢复原始文本。

> **注意：**令人奇怪的是，编辑的文本看起来好像漂浮在变形形状内。这表明文本将限定在形状内，但仍是可编辑的。

11. 在控制面板中，将描边粗细改为 0.75pt，将描边颜色改为 Mustard，并按 Esc 键关闭色板面板。结果如图 7.48 所示。

注意到这些属性被应用于变形文本。下面编辑变形形状。

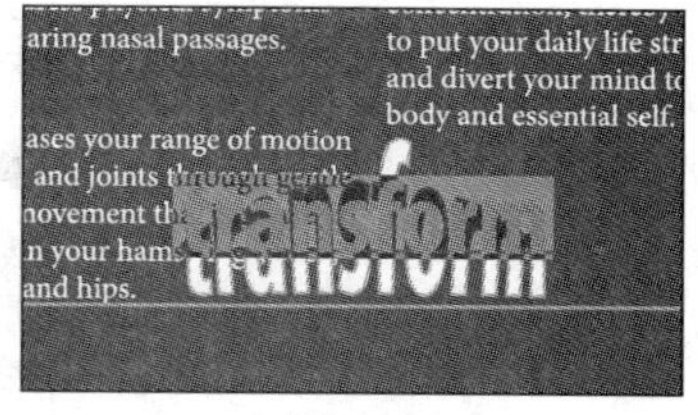

图7.48

12. 切换到选择工具，并确保仍选择了变形文本。单击控制面板中的“编辑封套”按钮（ ）。

13. 在控制面板中，从“选择变形样式”下拉列表中选择“凸出”，如图 7.49 所示。请注意控制面板中的其他选项，如“水平”、“垂直”和“弯曲”。选择“上弧形”恢复到上弧形。

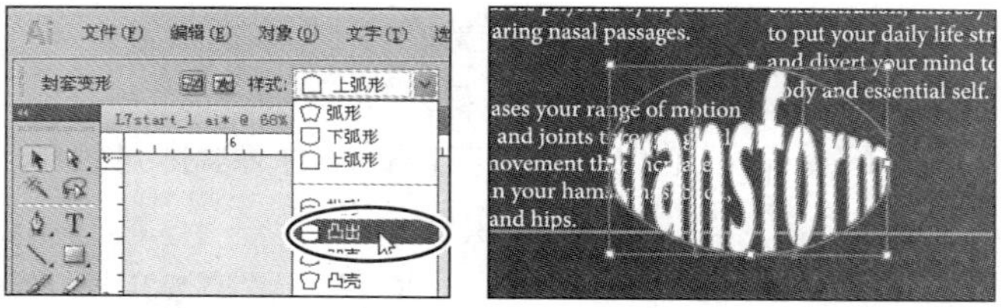

图7.49

> **注意：**可能需要调整变形文本的位置，使其与两栏文本的底部对齐，这是因为修改变形样式可能在画板中移动文本。

14. 选择工具箱中的直接选择工具，注意到变形形状周围出现了锚点。首先，通过单击选择 transform 中 n 上方的锚点，然后向上拖曳选定锚点以调整变形形状，如图 7.50 所示。

15. 选择菜单“编辑”>“还原移动”，将形状恢复到上弧形。

下面给变形文本添加投影效果。

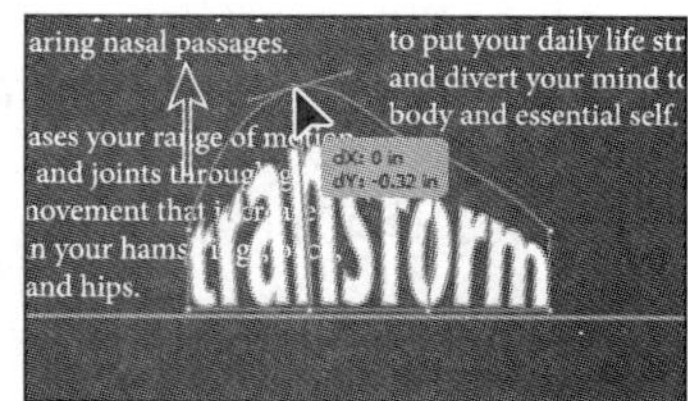

图7.50

16. 切换到选择工具并单击 transform。

> **提示：**要将文本移出变形形状，可使用选择工具选择文本，再选择菜单“对象”>“封套扭曲”>“释放”。这将得到两个对象：文本和上弧形形状。

17. 打开菜单“效果”，并从“Illustrator 效果”部分选择“风格化”>“投影”。在“投影”对话框中，将不透明度设置为 30%，将 X 位移、Y 位移和模糊都设置为 3pt，再单击“确定”按钮。结果如图 7.51 所示。

18. 选择菜单“选择”>“取消选择”，再选择菜单“文件”>“存储”，但不要关闭文件。

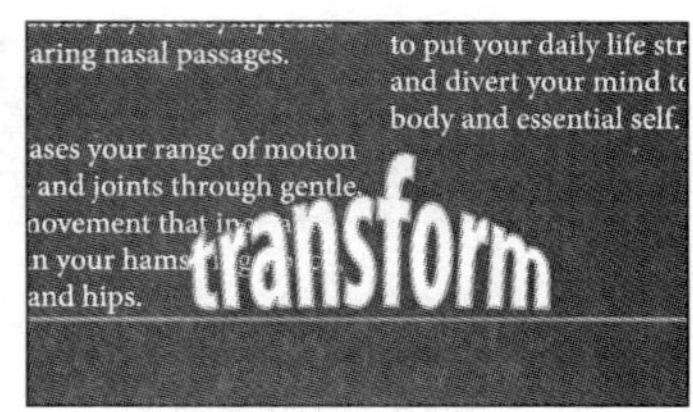

图7.51

7.5.5 沿对象绕排文本

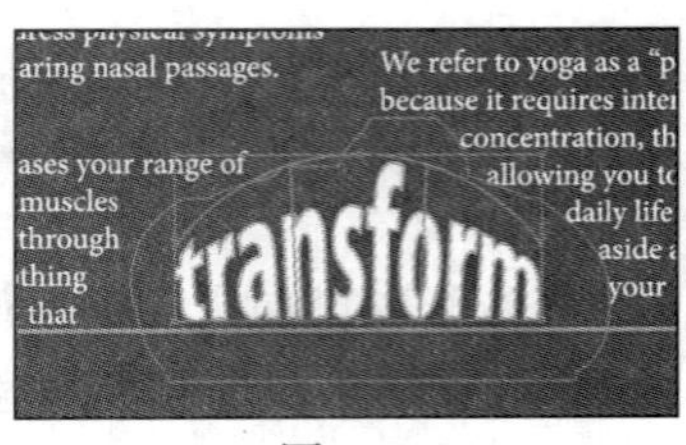

图7.52

通过沿对象绕排文本可创建有趣和颇具创意的效果。

下面沿变形文本绕排文本。

1. 使用选择工具单击变形文本 transform 以选择它。
2. 选择菜单“对象”>“文本绕排”>“建立”，两栏文本将沿变形文本 transform 绕排，如图 7.52 所示。

> **Ai** | **注意：**要让文本沿对象绕排，对象必须与文本位于同一个图层中，且位于文本前面。

3. 使用选择工具单击并拖曳文本 transform，并查看这种操作对两栏文本的影响。
4. 如果有文本出现在不希望出现的地方，可选择菜单“对象”>“文本绕排”>“文本绕排选项”。在“文本绕排选项”对话框中，在“位移”文本框中输入 4，并选中复选框“预览”以查看结果，再单击“确定”按钮，如图 7.53 所示。
5. 使用选择工具调整 transform 的位置，以获得更佳的文本排列效果。就这里而言，如果出现溢流文本也没有关系。

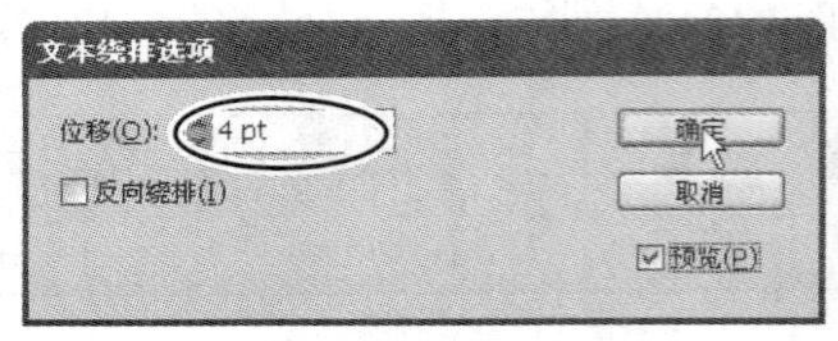

图7.53

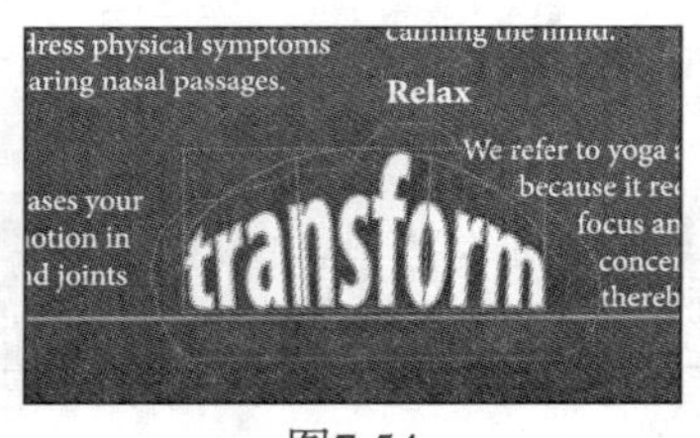

图7.54

6. 选择菜单“选择”>“取消选择”。
7. 选择菜单“文件”>“存储”，但不要关闭该文件。

7.5.6 沿路径和形状创建文本

可使用文字工具在路径和形状上输入文本，从而沿闭合或非闭合路径的边缘排列文本。

1. 单击文档窗口左下角的状态栏中的“下一项”按钮（▶）切换到第二个画板。
2. 如果没有显示整个明信片，选择菜单“视图”>“画板适合窗口大小”。
3. 使用选择工具穿越瑜伽形体的波浪路径。

> **Ai** | **提示：**要在选择工具和文字工具之间快速切换，可按住 Ctrl 键（Windows）或 Command 键（Mas OS）。

4. 切换到文字工具，将鼠标指向路径的左端点，等鼠标将变成带波浪路径的插入点（ ）后单击，描边将被设置为“无”，且出现光标。现在暂时不要输入文本。
5. 在控制面板中将字体大小设置为 20pt，并将填色设置为蓝色（C=89、M=62、Y=0、K=0）。

确保字体为 Myriad Pro，并将字体样式改为 Condensed。

6. 输入文本 breathe 并按空格键添加一个空格，注意到输入的文本将沿路径排列。
7. 选择菜单“文字”>“字形”，在字形面板中找到项目符号并双击以插入它。不要关闭字形面板。在项目符号后面插入一个空格。
8. 使用上述方法插入 stretch • relax • transform yourself。务必在项目符号前面和后面添加空格，如图 7.56 所示。

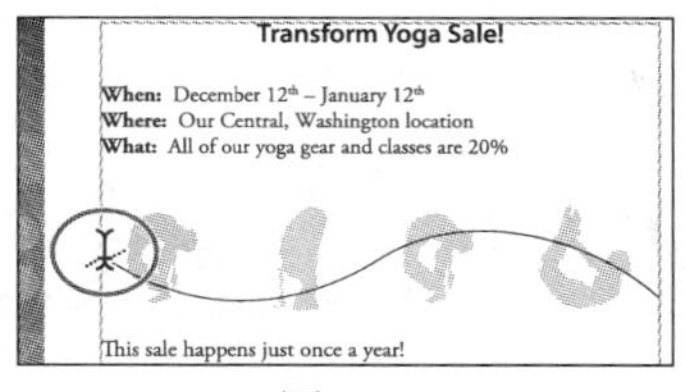

图7.55

图7.56

9. 关闭字形面板。

> Ai | **注意**：如果出现溢流文本，定界框底部将出现一个加号。在这种情况下，可缩小字体大小，也可延长路径。

10. 选择菜单“选择”>“取消选择”。
11. 使用文字工具单击刚输入的文本。在控制面板中，确保按下了“居中对齐”按钮（），让文本在路径上居中。

> Ai | **注意**：如果没有看到对齐选项，请单击字样“段落”打开段落面板。

> Ai | **注意**：如果愿意，可对路径文字应用任何字符格式和段落格式。

12. 切换到选择工具，并确保仍选择了路径文字。在控制面板中，将不透明度改为 60%，使文本变成半透明的。

> Ai | **注意**：如果在控制面板中没有看到不透明度设置，可选择菜单“窗口”>“透明度”打开透明度面板。

13. 选择菜单“选择”>“取消选择”，再选择菜单“文件”>“存储”。

7.5.7 在闭合路径上创建文本

下面在一条闭合路径上输入文本。

1. 在文档窗口左下角的状态栏中单击“上一项”按钮切换到第一个画板。
2. 如果没有显示整个海报，选择菜单“视图”>“画板适合窗口大小”。选择工具箱中的缩放工具，单击海报左上角包含瑜伽形体的蓝色圆圈三次以放大它。
3. 使用选择工具选择瑜伽形体后面的蓝色圆圈。

下面复制该蓝色圆圈，以便能够在它上面输入文本。这里之所以复制该蓝色圆圈，是因为在圆圈上输入文本时，将删除圆圈的描边和填色。请记住，在路径上输入文本将删除路径的描边和填色。

4. 双击工具箱中的比例缩放工具，打开“比例缩放”对话框。在该对话框中，将比例缩放改为 130%，再单击“复制”按钮创建圆圈的拷贝，如图 7.57 所示。拷贝的大小为原件的 130%。

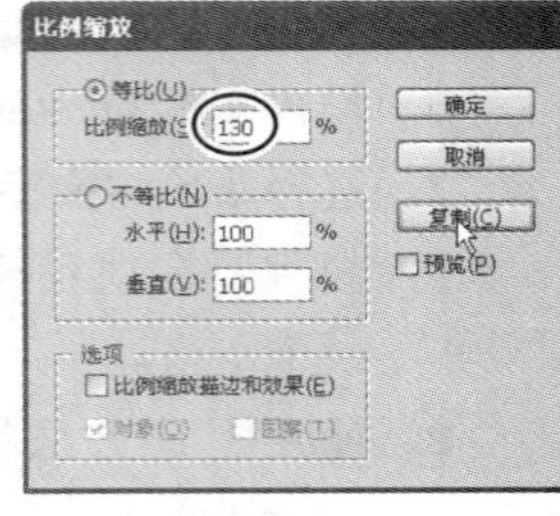

图7.57

> Ai | 注意：有关变换对象的更详细信息，请参阅第 4 课。

5. 切换到文字工具，按住 Alt 键（Windows）或 Option 键（Mas OS）并鼠标指向圆圈的左边缘，等鼠标变成带波浪路径的光标（⌶）后单击，但不要输入文本。圆圈的填色和描边都将变成“无”（但输入的文本将使用黑色填充），且路径上出现了光标。

> Ai | 注意：如果不想使用 Alt/Option，也可在工具箱中的文字工具上按住鼠标并选择路径文字工具。

6. 在控制面板中，将字体大小改为 30pt，将字体设置为 Myriad Pro，将字体样式设置为 Condensed，并将填色设置为白色。
7. 单击控制面板中的“左对齐”按钮（![]）。
8. 输入 transfrom yoga，这些文本将沿圆圈路径排列，如图 7.58 所示。
9. 为调整文本在路径上的位置，切换到选择工具。这将选择文字对象，文本的起点、路径的终点将出现标记，另外在这两个标记之间的中点也将出现一个标记，如图 7.59 所示。

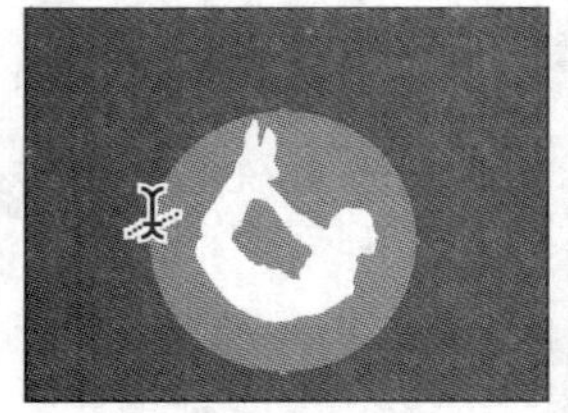
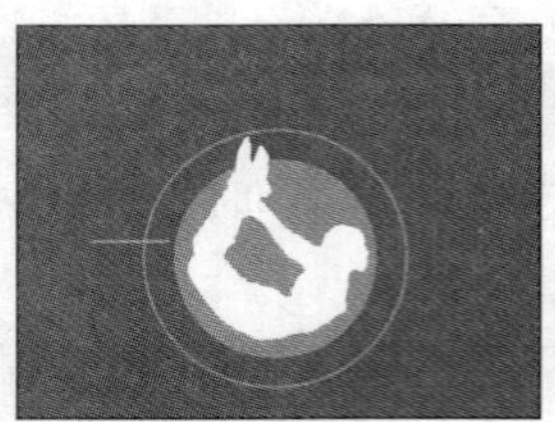

图7.58

图7.59

> Ai | 注意：看起来好像只有两个标记，这是因为起点标记和终点标记都位于圆圈左边，且靠在一起。

10. 将鼠标指向中央的标记，等鼠标旁边出现小图标（▶⊥）后沿路径拖曳该标记。拖曳时按住 Ctrl 键（Windows）或 Command 键（Mas OS）以防文本翻转到路径的另一边。将文本放置到圆圈顶部并居中，如图 7.60 所示。

图7.60

11. 在使用选择工具选择了路径文字对象的情况下，选择菜单“文字”>“路径文字”>“路径文字选项”。在“路径文字选项”对话框中，选中复选框“预览”，再从下拉列表“效果”中选择“倾斜”。从该下拉列表中选择其他选项，再改为“彩虹效果”。从下拉列表“对齐路径”中选择“字母下缘”，再单击“确定”按钮，如图 7.61 所示。

图7.61

> **注意：**有关路径文字选项的更详细信息，请在 Illustrator 帮助中搜索“创建路径文字”。

12. 选择菜单“选择” > “取消选择”，结果如图 7.62 所示。
13. 选择菜单“文件” > “存储”，但不要关闭文件。

图7.62

7.5.8 创建文字轮廓

创建多用途图稿时，最好将文本转换为轮廓，这样接收方不需要安装相应的字体就能够打开并使用该文件。请务必保留图稿的原件，因为不能将轮廓文本转换为可编辑的文本。

1. 单击文档窗口左下角的状态栏中的“下一项”按钮切换到第二个画板。
2. 如果没有显示整个明信片，选择菜单“视图” > “画板适合窗口大小”。
3. 选择工具箱中的文字工具，单击画板左边缘外面的画布。
4. 在控制面板中将填色改为蓝色（C = 89、M=61、Y=0、K=0）。
5. 输入 transform yourself，如图 7.63 所示。
6. 双击工具箱中的旋转工具（ ）。在“旋转”对话框中，在“角度”文本框中输入 90，再单击“确定”按钮，如图 7.64 所示。文本将逆时针旋转 90° 。
7. 使用选择工具将文本移到左边的蓝色背景图像的右下角，如图 7.65 所示。

图7.63

图7.64

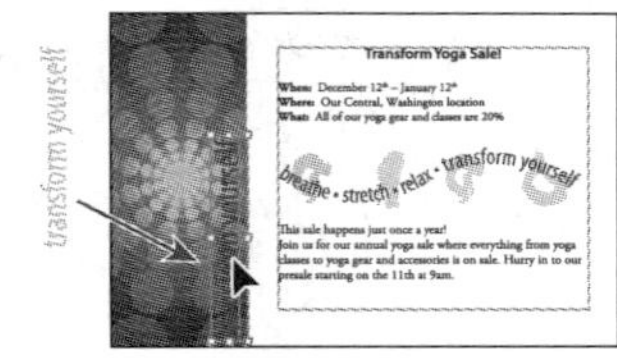

图7.65

8. 按住 Shift 键，使用选择工具单击并拖曳定界框的右上角，将文本按比例放大到同海报等高，如图 7.66 所示。

> **注意：**如果字母的下缘出现在右边的白色区域，请将文本往左拖曳。

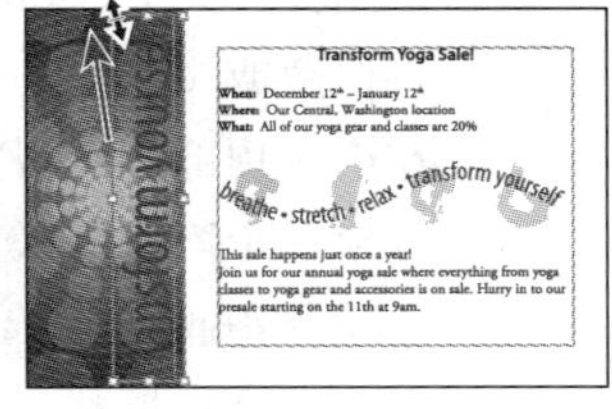

图7.66

9. 单击控制面板中的字样“不透明度”打开透明度面板，从“混合模式”下拉列表中选择“滤色”，如图 7.67 所示。
10. 在仍选择了该文字区域的情况下，选择菜单“文字” > “创建轮廓”，文本将不再关联到特定字体，而变成了图形，就像插图中的其他矢量图形一样。选择菜单“文件”>“取消选择”，结果如图 7.68 所示。

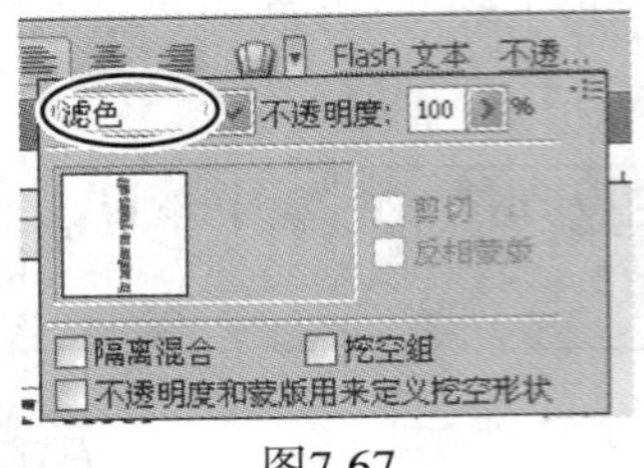

图7.67

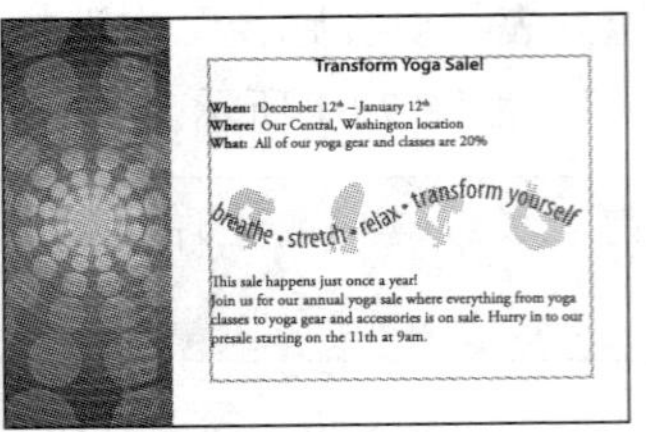

图7.68

> **Ai** **提示：**将文本转换为轮廓的优点之一是，可使用渐变来填充它。如果要使用渐变填充文本，同时使其可编辑，可使用选择工具选择文本，再选择菜单“效果”>“路径”>“轮廓化对象”。

11. 选择菜单“文件”>“存储”。

7.6 练 习

通过结合使用路径和插图来尝试 Illustrator CS5 的文本功能。请使用文件夹 Lesson07 提供的剪贴画来尝试如下文本技术。

- coffe.ai：使用钢笔工具创建路径，用于表示从咖啡杯冒出的热气，再沿这些路径创建文本，并尝试不同的透明度设置，如图 7.69 所示。
- airplane.ai：在机尾的横幅中输入文本，如图 7.70 所示。

图7.69

图7.70

创建一幅单页的促销广告，其中包含上述图形及如下文本元素。

- 使用文件夹 Lesson07 中的文件 placeholder.txt 创建一个包含 3 栏的文字区域。
- 将比萨或飞机作为文本绕图的对象。
- 在广告顶部创建报头，该报头由位于曲线上的文本组成。
- 创建一个段落样式。
- 在瑜伽海报中，选择菜单“视图”>“轮廓”以显示页面中的所有路径。注意到页面顶部有一个光晕形状。尝试在该光晕路径上添加文本，并选择菜单“文字”>“路径文字”>“路径文字选项”以修改属性。

复习

复习题

1. 指出两种在 Adobe Illustrator CS5 中创建文字区域的方法。
2. 使用 OpenType 字体有哪两个优点？
3. 字符样式和段落样式之间有何不同？
4. 将文本转换为轮廓有何优点和缺点？

复习题答案

1. 可使用下面 3 种方法来创建文字区域。
   - 使用文字工具在画板中单击，出现光标后开始输入文本。这将自动创建一个大小适合文本的文字区域。
   - 使用文字工具单击并拖曳以创建一个文字区域。等输入光标出现后再输入文本。
   - 使用文字工具单击路径或闭合形状，将其转换为路径文字或文字区域。按住 Alt（Windows）或 Option（Mac OS）键并单击闭合路径的描边可沿路径排列文本。
2. OpenType 字体有两个主要优点：一是跨平台兼容性（相同的字体文件可用于 Macintosh 和 Windows 计算机）；二是支持广泛的扩展字符集和布局功能，这提供了更丰富的语言支持和更高级的排版控制。
3. 字符样式只能应用于选定文本，而段落样式应用于整个段落。段落样式最适合用于存储缩进、边距和行距等属性。
4. 将文字转换为轮廓的优点之一是，与他人共享文件时，无需发送使用的字体。还可使用渐变来填充文字以及为每个字母创建有趣的效果。然而，将文字转换为轮廓时必须考虑如下因素。
   - 文本将不再是可编辑的，不能修改轮廓化文本的内容和字体。因此，最好保留原始文本或使用“轮廓化对象”效果。
   - 不能将位图字体和不支持轮廓化的字体转换为轮廓。
   - 建议不要将小于 10 点的文本转换为轮廓。将文字转换为轮廓后，文字将丢失提示（hint）——轮廓字体内置的说明，用于调整字体的形状，让系统能够以最优的方式显示或打印字体。因此，如果打算要缩放文字，应在将其转换为轮廓前调整字体大小。
   - 必须将文字区域中的所有文字转换为轮廓，而不能转换其中的单个字母。如果要将单个字母转换为轮廓，必须创建一个只包含该字母的文字区域。

第8课 使用图层

在本课中，读者将学习如何执行如下操作：

- 使用图层面板；
- 创建、重新排列和锁定图层，嵌套图层和图层组；
- 在图层之间移动对象；
- 将图层从一个文件粘贴到另一个文件；
- 将多个图层合并成一个；
- 将投影应用于图层；
- 创建图层剪切蒙版；
- 将外观属性应用于对象和图层；
- 隔离图层中的内容。

学习本课需要大约 45 分钟。如果必要，从硬盘中删除前一课的文件夹，并将文件夹 Lesson08 复制到硬盘中。

图层让用户能够将图稿组织成可独立编辑和查看的单元。每个 Illustrator 文档都至少包含一个图层。通过在图稿中创建多个图层，可轻松地控制图稿的打印、显示和编辑方式。

8.1 简 介

在本课中，读者将处理一个挂钟图稿，并在此过程中探索各种使用图层面板的方法。

1. 为确保工具和面板像本课描述的那样，请删除或重命名 Adobe Illustrator CS5 首选项文件，详情请参阅“前言”中的“恢复默认首选项”。
2. 启动 Adobe Illustrator CS5。

> **Ai** | **注意：**如果还没有从配套光盘的文件夹 Lesson08 中将本课的资源文件复制到硬盘，现在就这样做，详情请参阅“前言”中的“复制课程文件”。

3. 选择菜单“文件” > “打开”，打开复制到硬盘中的文件夹 Lessons\Lesson08 中的文件 L8end_1.ai 文件。

图8.1

使用了不同的图层来存储对象，这些对象构成了时钟的框架、钟面、指针和数字，如图 8.1 所示。图 8.2 是该图稿的图层面板（可选择菜单“窗口” > “图层”来打开该面板）。

> **Ai** | **注意：**如果在您的工作区中，图层面板与图 8.2 不完全相同，也没有关系。就现在而言，您只需熟悉该面板即可。

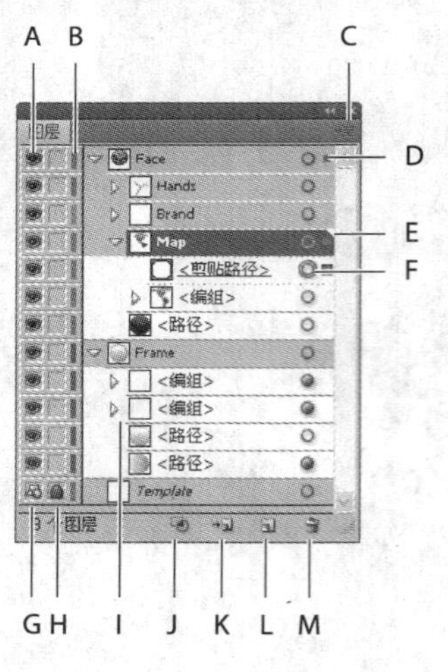

A. 可视性栏
B. 图层颜色
C. 图层面板菜单按钮
D. 选择栏
E. 当前图层指示器
F. 目标栏
G. 模板图层图标
H. 编辑栏（锁定 / 解除锁定）
I. 展开 / 折叠三角形
J. 建立 / 释放剪切蒙版
K. “创建新子图层”按钮
L. “创建新图层”按钮
M. “删除”按钮

图8.2

4. 选择菜单“视图” > “画板适合窗口大小”。如果愿意，可让该文件打开以便参考；如果不想让该文件打开，可选择菜单“文件” > “关闭”。

为开始工作，将打开一个未完成的图稿文件。

5. 选择菜单“文件” > “打开”，打开硬盘中文件夹 Lessons\Lesson08 中的文件 L8start_1.ai 文件。
6. 选择菜单“文件” > “存储为”。将文件命名为 clock，选择文件夹 Lesson08，保留“保存类型”为 Adobe Illustrator（*.AI）（Windows）或“格式”为 Adobe Illustrator（ai）（Mac OS），并单击“保存”按钮。在“Illustrator 选项”对话框中，接受默认设置并单击“确定”按钮。

图层简介

创建复杂图稿时，要跟踪文档窗口中的所有项目绝非易事。有些较小的项目隐藏于较大的项目后面，这增加了选择图稿的难度。图层提供了一种有效的方式来管理组成图稿的所有项目，如图8.3所示。可将图层视为包含图稿的透明文件夹。如果重新排列文件夹，将改变图稿中项目的堆叠顺序。可在文件夹之间移动项目，也可在文件夹中创建子文件夹。

文档的图层结构可能很简单，也可能很复杂，这由您决定。默认情况下，所有项目都放在单个父图层中。然而，用户可创建新图层，并将项目移动到这些图层中，还可随时将项目从一个图层移到另一个图层。图层面板让您能够轻松地选择、隐藏和锁定图稿以及修改图稿的外观属性。用户还可创建模板图层（用于描摹图稿）以及与Photoshop交换图层。

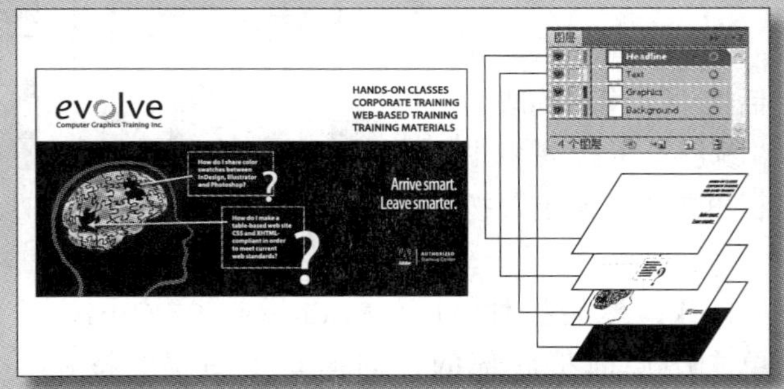

图8.3　一个图稿及其各个图层

——摘自Illustrator帮助文件

8.2 创建图层

默认情况下，每个文档开始都只有一个图层，用户创建图稿时可重命名该图层，还可随时添加图层。通过将对象放在独立的图层中，可轻松地选择和编辑它们。例如，通过将文字放在独立的图层中，可同时修改所有的文字，而不影响图稿的其他部分。

下面修改默认的图层名，然后创建一个图层和一个子图层，并了解这两者之间的差别。

1. 如果图层面板不可见，请单击工作区右边的图层面板图标（）或选择菜单“窗口”>“图层”。

Layer 1（第 1 个图层的默认名称）呈高亮显示，这表明它处于活动状态。该图层的右上角还有个三角形（ ◥ ），这表明其中的对象是可编辑的。

2. 在图层面板中，双击图层名打开“图层选项”对话框，在“名称”文本框中输入 Clock，再单击“确定”按钮，如图 8.4 所示。

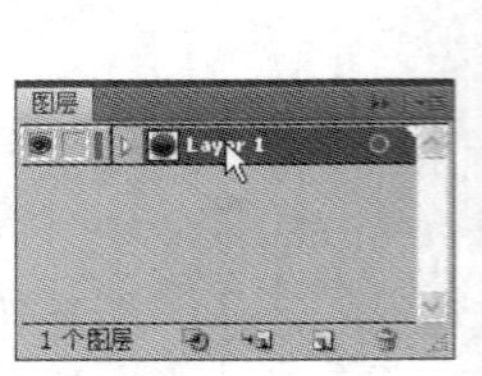

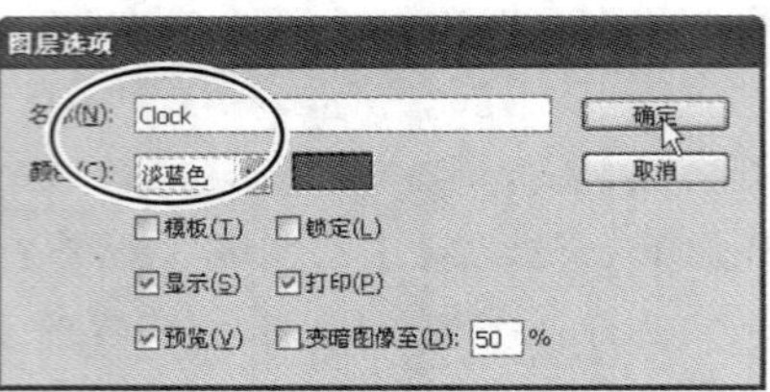

图8.4

下面创建一个图层和一个子图层，分别用于放置钟面元素和数字。通过使用子图层，有助于组织图层中的内容。

3. 单击图层面板底部的“创建新图层”按钮（ ），如图 8.5 所示；也可从图层面板菜单中选择“新建图层”。

新图层位于图层 Clock 上面，且为活动图层。

图8.5

图8.6

4. 双击“图层 2”，如图 8.6 所示。在“图层选项”对话框中，将名称改为 Face，确保从“颜色”下拉列表中选择了“红色”，再单击“确定”按钮。

5. 单击图层图层 Clock，然后按住 Alt（Windows）或 Option（Mac OS）并单击图层面板底部的“创建新子图层”按钮（ ）以新建一个子图层，如图 8.7 所示。这将打开“图层选项”对话框；另外，创建新的子图层时，将展开图层以显示现有子图层。

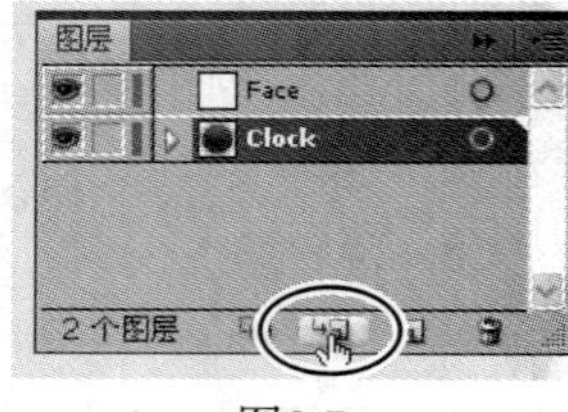

图8.7

> Ai **注意：**如果新建子图层时不想设置其选项，也不想给它指定名称，则可单击“创建新子图层”按钮，而不按住 Alt（Windows）或 Option（Mac OS）键。以这种方式创建的子图层将使用序列号作为名称，如“图层 2”。

子图层是位于另一个图层中的图层，用于组织图层中的内容，而无需将内容编组或取消编组。

6. 在“图层选项”对话框中，将名称改为 Numbers 并单击“确定”按钮。新的子图层将出现其父图层（Clock）的下方且被选中，如图 8.8 所示。

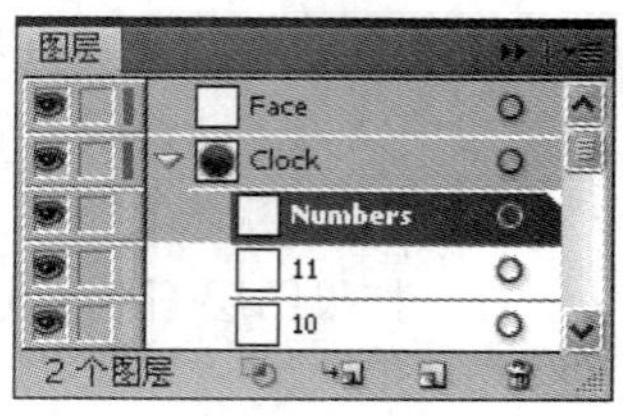

图8.8

图层和颜色

默认情况下，Illustrator给图层面板中的每个图层指定一种独特的颜色。在图层面板中，该颜色显示在图层名左边，如图8.9所示。在文档窗口中，选定图像的定界框、路径、锚点和中心点也将显示为其所属图层的颜色。用户通过颜色可快速获悉选定对象所属的图层，还可根据需求修改图层的颜色。

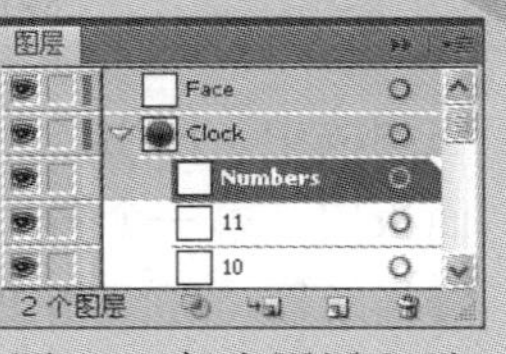

图8.9　每个图层和子图层都有独特的颜色

——摘自Illustrator帮助文件

移动对象和图层

通过重新排列图层面板中的图层，可修改图稿中对象的堆叠顺序。还可将选定对象从一个图层或子图层移到另一个图层或子图层。在图层面板列表中，位于上面图层中的对象在位于下面图层中对象的前面。

下面首先将数字移到独立的子图层中。

1. 在图层面板中，将对象 11 所属的子图层拖放到图层 Numbers 上，当图层 Numbers 的两端出现大型黑色三角形后松开鼠标（大三角形表明将在图层中添加内容），如图 8.10 所示。松开鼠标后，注意到子图层 Numbers 左边有一个箭头，这表明该子图层有内容。

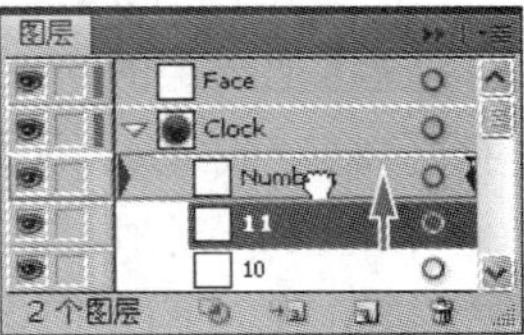

图8.10

2. 单击子图层 Numbers 左边的三角形将该图层展开以看到其内容，如图 8.11 所示。

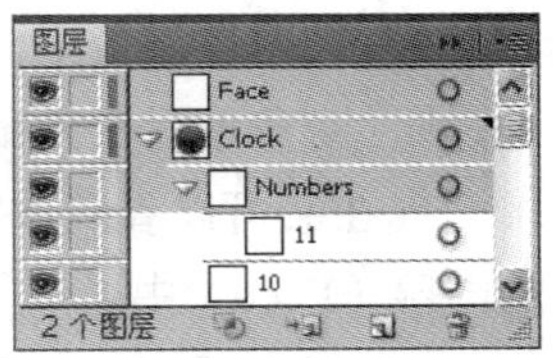

图8.11

3. 在图层面板中，对其他 11 个数字重复第 1 步。这将更好地组织图层面板，使得以后查找内容更容易。

Ai | **提示：**可按 Shift 键并选择多个子图层，然后一次性将其拖曳到子图层 Numbers 中。

4. 单击子图层 Numbers 左边的三角形隐藏其内容。通过隐藏图层 / 子图层的内容，使得在使用图层面板时更方便。

Ai | **提示：**通过将图层和子图层折叠，可方便在图层面板中导航。

5. 选择菜单“文件” > “存储”。

下面将钟面移到图层 Face 中，后面还将在该图层中添加地图、指针和商标名；还将重命名图层 Clock 以反映该图层包含的图稿。

> **提示：**要快速选择多个图层或子图层，可选择一个图层，然后按住 Shift 键并单击其他图层。

6. 在图稿中，使用选择工具单击数字后面的钟面以选择它。在图层面板中，第一个名为 < 路径 > 的对象将处于活动状态，其右边选择指示器（■）指出了这一点，如图 8.12 所示。

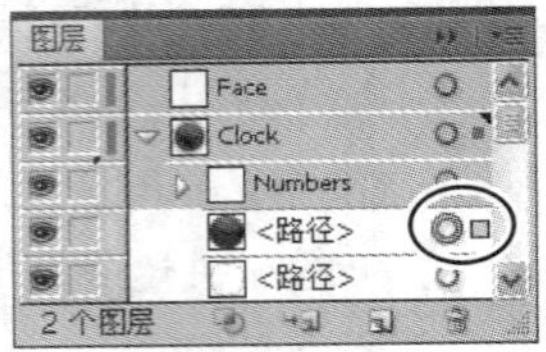

图8.12

> **提示：**要选择其他对象后面的对象，也可按住 Ctrl（Windows）或 Command（Mac OS）键，并单击对象重叠的区域多次。有关如何选择后面的对象的更详细信息，请参阅第 2 课。

7. 在图层面板中，将子图层"< 路径 >"的选择指示器（■）拖放到图层 Face 的目标图标（○）右边，如图 8.13 所示。

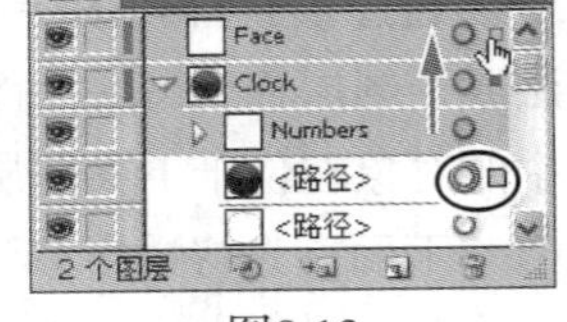

图8.13

这将把选定的"< 路径 >"对象移到图层 Face 中。在图稿中，定界框的颜色将变成 Face 图层的颜色（这里为红色）。

由于 Face 图层位于图层 Clock 和子图层 Numbers 的上面，因此时钟数字被覆盖。下面将子图层 Numbers 移到另一个图层中，并重命名图层 Clock。

8. 选择菜单"选择">"取消选择"。
9. 在图层面板中，将子图层 Numbers 拖曳到 Face 图层上，看到 Face 图层两端出现大型黑色三角形后松开鼠标，如图 8.14 所示。

现在又可以看到数字了，因为它位于最上面的图层（Face）中。

10. 双击图层 Clock 打开"图层选项"对话框，将图层名改为 Frame 并单击"确定"按钮，结果如图 8.15 所示。
11. 选择菜单"文件">"存储"。

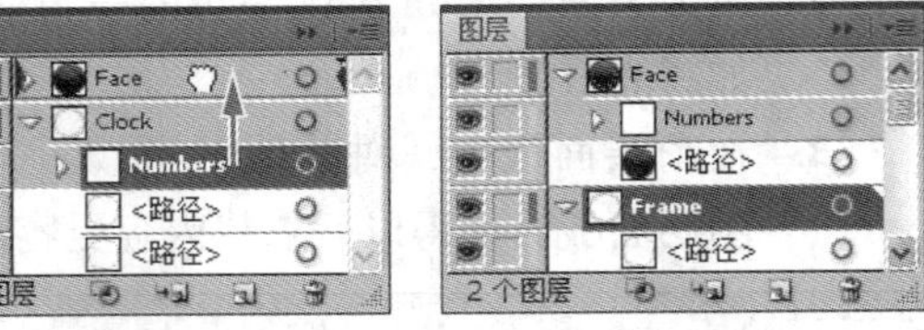

图8.14　图8.15

8.3 锁定图层

编辑图层中的对象时，可使用图层面板锁定其他图层，以防选择或修改图稿的其他部分。

下面锁定除子图层 Numbers 外的所有图层，以便能够轻松地编辑时钟数字，而不会影响其他图层中的对象。不能以任何方式选择或编辑锁定的图层。

1. 单击图层 Frame 左边的三角形折叠该图层。
2. 单击 Frame 图层眼睛图标右边的编辑栏以锁定该图层，如图 8.16 所示。挂锁图标（🔒）表明该图层及其所有的对象都被锁定。

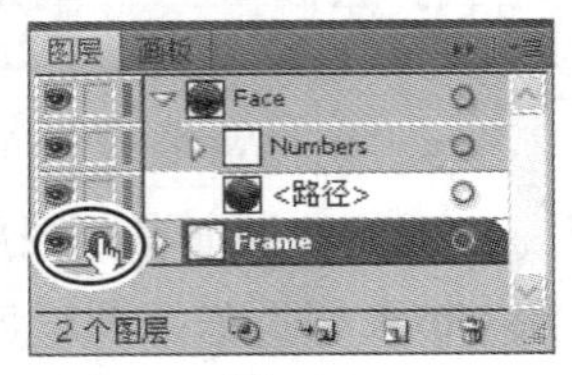

图8.16

3. 对子图层 Numbers 下面的子图层“< 路径 >”重复第 2 步。

要解除对图层的锁定，可单击编辑栏中的挂锁图标；在编辑栏中再次单击将重新锁定图层。如果在单击编辑栏时按住 Alt 键（Windows）或 Option 键（Mas OS），将切换其他所有图层的锁定状态。

图8.17

下面修改时钟数字的大小和字体。

4. 在图层面板中，单击图层 Numbers 右边的选择栏以选择该图层的所有内容，如图 8.17 所示。

现在，子图层 Numbers 右边有一个大型绿色框，这表明该子图层中的所有对象都都被选中。在画板中，将发现所有数字都被选中。

下面修改选定数字的字体、字体样式和字体大小。

5. 在控制面板中，从“字体”下拉列表中选择 Myriad Pro，从“字体样式”下拉列表中选择 Semibold，并在“字体大小”框中输入 28，结果如图 8.18 所示。

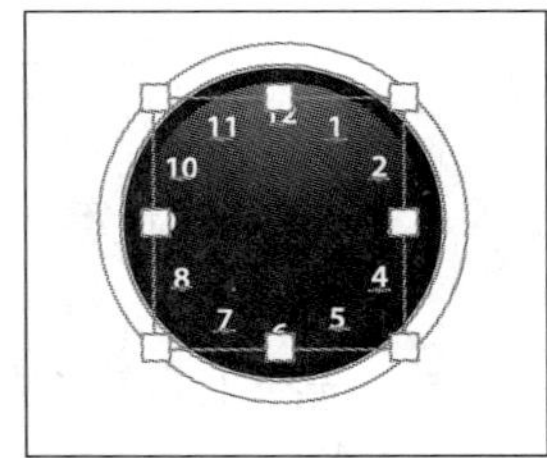

图8.18

> **注意**：Myriad Pro 是 Illustrator CS5 自带的一种 OpenType 字体。

6. 如果愿意，可使用颜色面板（ ）修改选定数字的颜色。
7. 在图层面板中，单击图层“< 路径 >”和 Frame 的挂锁图标，解除对它们的锁定。
8. 选择菜单“选择” > “取消选择”。
9. 选择菜单“文件” > “存储”。

8.4 查看图层

通过图层面板可隐藏图层、子图层或各个对象。图层被隐藏时，其中的对象将被锁定，无法选择或打印它们。用户还可使用图层面板在预览或轮廓模式下查看图层或对象。

下面编辑时钟框架：使用上色技术创建三维效果。

1. 在图层面板中，单击 Frame 图层以选择它，再按住 Alt 键（Windows）或 Option 键（Mas OS）并单击图层 Frame 旁边的眼睛图标，以隐藏其他所有图层，如图 8.19 所示。

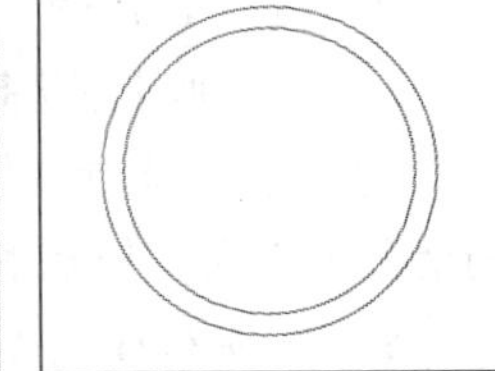
图8.19　按住Alt/Option键并单击眼睛图标以隐藏其他所有图层

> **提示**：按住 Alt（Windows）或 Option 键（Mas OS）并单击眼睛图标将显示 / 隐藏其他所有图层。通过隐藏图层，可防止修改它们。

2. 使用选择工具单击框架最内面的圆圈以选择它，再按住 Shift 键并单击另一个圆圈，从而同时选择这两个圆圈，如图 8.20 所示。

3. 在选择了两个圆圈的情况下，单击控制面板中的填色框，再在出现的色板面板中选择色板 clock.frame，使用这种自定义渐变给这两个圆圈上色，如图 8.21 所示。

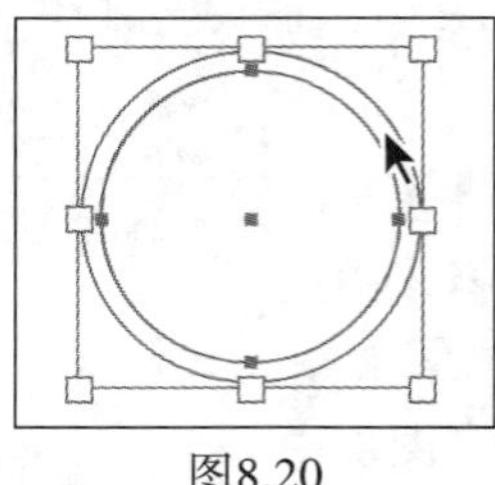

图8.20

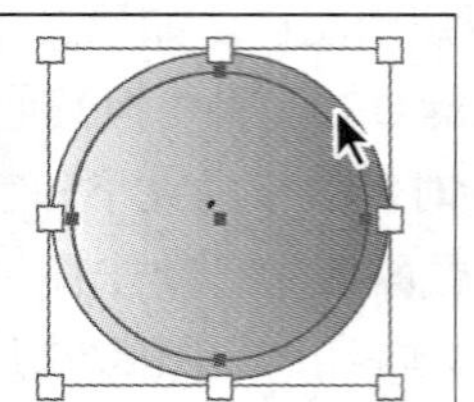

图8.21

4. 按住 Shift 键并单击外面的圆圈以取消选择它，但让内面的圆圈处于选中状态。

5. 选择工具箱中的渐变工具（ ），选定的圆圈内将出现一条水平线条。沿垂直方向从该圆圈顶部向下拖曳到底部，以修改渐变的方向，如图 8.22 所示。

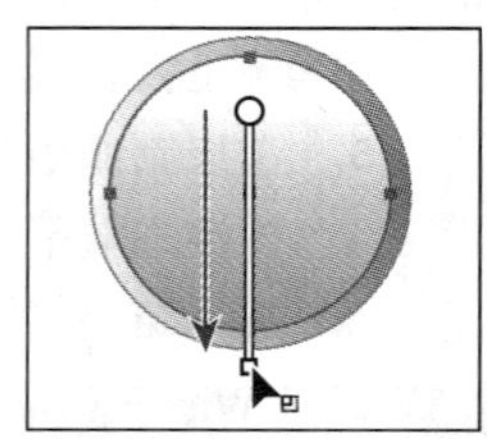

图8.22

渐变工具只影响使用渐变填充的选定对象。有关如何使用渐变工具的更详细信息，请参阅第 10 课。

> Ai | **注意**：选择渐变工具后，选定的圆圈中将出现一条水平线，这是默认的渐变填充方向。

6. 选择菜单“选择”>“取消选择”，再选择菜单“文件”>“存储”。尝试选择外面的圆圈，并使用渐变工具修改渐变的方向。

7. 从图层面板菜单中选择“显示所有图层”，结果如图 8.23 所示。

图8.23

编辑包含多个图层的图稿时，可在轮廓模式下显示某些图层，同时在预览模式下显示其他图层。

8. 按住 Ctrl 键（Windows）或 Command 键（Mas OS）并单击 Face 图层的眼睛图标，将该图层切换到轮廓模式，如图 8.24 所示。

这让您能够看到钟面后面用渐变填充的圆圈。通过在轮廓模式下显示图层，可在不选择对象的情况下查看其锚点和中心点。

9. 按住 Ctrl 键（Windows）或 Command 键（Mas OS）并单击 Face 图层的眼睛图标，将该图层重新切换到预览模式。选择菜单“选择”>“取消选择”。

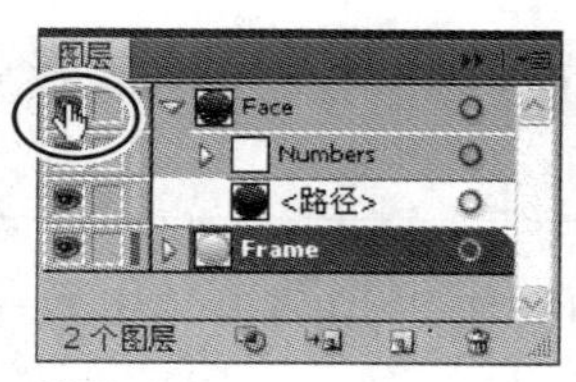

图8.24　按住Ctrl/Command键并单击眼睛图标以切换到轮廓模式

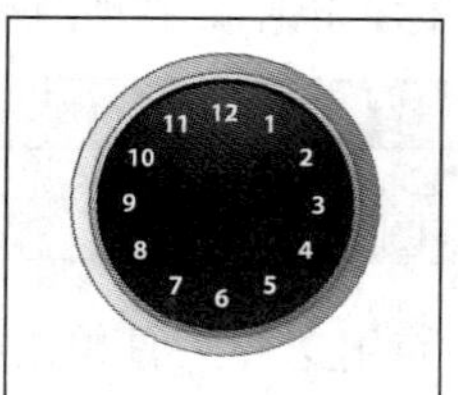

图8.25

8.5 粘贴图层

为完成时钟的创建，下面从另一个文件中复制并粘贴其他图稿部分。可将包含多个图层的文件粘贴到另一个文件中，并保留所有图层原封不动。

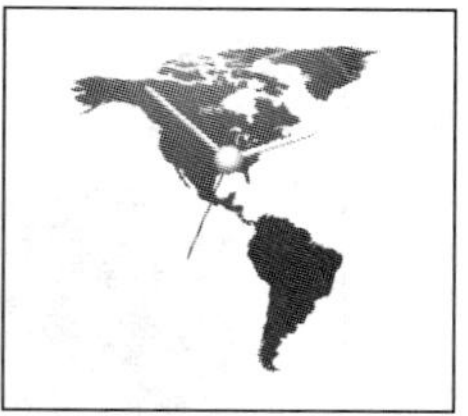

图8.26

1. 选择菜单“文件”>“打开”，打开硬盘中文件夹 Lessons\Lesson08 中的文件 Details.ai，如图 8.26 所示。
2. 要查看各个图层包含的对象，可按住 Alt（Windows）或 Option（Mac OS）键，并单击图层面板中的眼睛图标，以依次显示每个图层并隐藏其他图层。还可单击图层名左边的三角形在展开和折叠图层之间切换，以更详细了解图层。查看完毕后，确保所有图层都可见且是折叠的，如图 8.27 所示。

图8.27

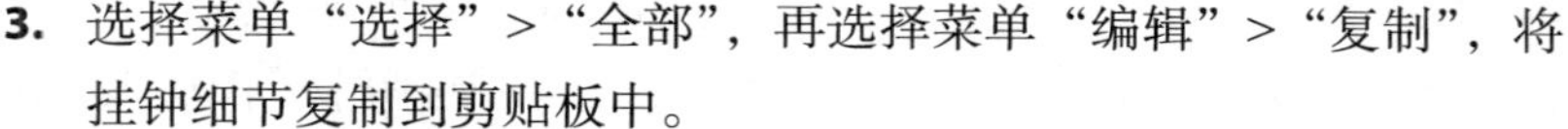

3. 选择菜单“选择”>“全部”，再选择菜单“编辑”>“复制”，将挂钟细节复制到剪贴板中。

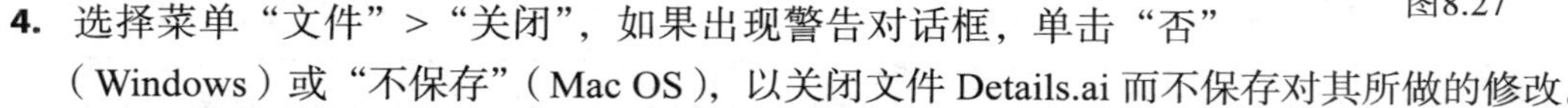

4. 选择菜单“文件”>“关闭”，如果出现警告对话框，单击“否”（Windows）或“不保存”（Mac OS），以关闭文件 Details.ai 而不保存对其所做的修改。
5. 在文件 clock.ai 中，从图层面板菜单中选择“粘贴时记住图层”（如果该选项左边有勾号，则说明已选择它）。

通过选择“粘贴时记住图层”选项，在图稿中粘贴来自另一个文件的多个图层时，将把它们作为独立的图层添加到图层面板中。如果没有选择该选项，所有对象都将粘贴到活动图层中。

6. 选择菜单“编辑”>“贴在前面”，将细节粘贴到时钟中。选择菜单“选择”>“取消选择”，结果如图 8.28 所示。

图8.28

“贴在前面”命令将剪贴板中的对象粘贴时保留其在文件 Details.ai 中的相对位置，而选项“粘贴时记住图层”导致将 Details.ai 作为 4 个独立的图层（Highlight、Hands、Brand、Map）粘贴，并使这些图层位于图层面板的顶部。

下面调整一些图层的位置。

7. 对于任何展开的图层，单击其左边的三角形将其折叠。将图层 Frame 移到图层 Highlight 的上面，再将图层 Face 移到图层 Frame 的上面，如图 8.29 所示。如果必要，向下拖曳图层面板的下边缘以便能够看到所有图层。

图8.29

> Ai **提示：**在图层面板中拖曳图层时，图层面板将自动上下滚动。还可拖曳图层面板的下边缘或右下角，以增大图层面板。

调整图层的位置时，在图层 Highlight 和 Frame 上方的指示条包含黑色三角形时松开鼠标，因为您要调整图层的位置，而不是创建子图层。如果在画板中选择了内容，选择菜单“选择”>“取消选择”，结果如图 8.30 所示。

下面将图层 Hands 和 Brand 移到图层 Face 中，并将图层 Hightlight 移到图层 Frame 的上面。

8. 在图层面板中，选择图层 Hightlight，并将其向上拖放到图层 Face 和 Frame 之间，如图 8.31 所示。

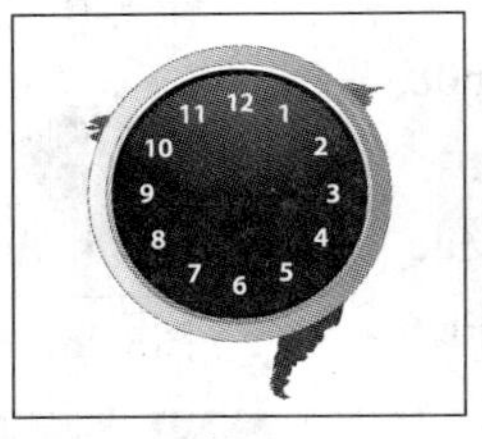

图8.30

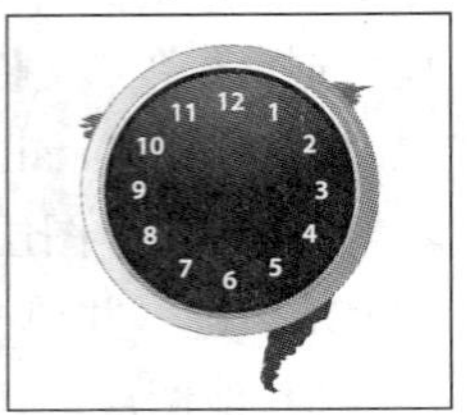

图8.31

9. 单击图层 Face 左边的箭头以显示其子图层。

10. 单击图层 Hands，再按住 Shift 键并单击图层 Brand，以同时选择这两个图层。

11. 将选定图层向上拖曳到子图层 Numbers 和 “< 路径 >” 之间，在这两个子图层之间出现插入条时松开鼠标，让图层 Hands 和 Brand 成为图层 Face 的子图层，如图 8.32 所示。

> Ai | **注意**：为看到所有的图层，可能需要单击并拖曳图层面板的下边缘以增大该面板。

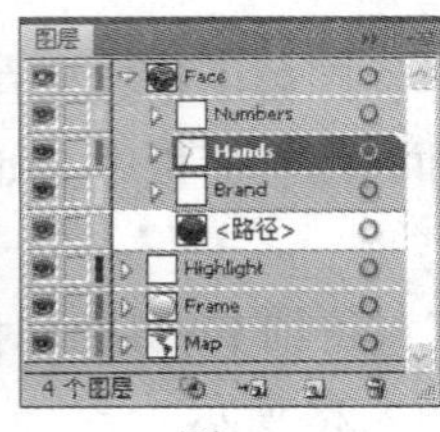

图8.32

12. 选择菜单 “文件” > “存储”。

8.6 创建剪切蒙版

使用图层面板可创建剪切蒙版，以控制显示还是隐藏图层（或图层组中）的图稿。剪切蒙版是一个或一组对象，它给下面的图稿添加蒙版，使得只有位于其形状内部的部分可见。

下面使用图层 Face 中的圆圈创建一个剪切蒙版。将把该图层与子图层 Map 编组，从而只让地图透过该圆圈显示出来。

1. 向下拖曳图层面板的下边缘以便能够看到所有图层。

2. 在图层面板中，向上拖曳图层 Map，直到双线插入条出现在图层 Face 的子图层 “< 路径 >” 的上方，再松开鼠标，如图 8.33 所示。

图8.33

在图层面板中，蒙版对象必须位于它要遮住的对象上面。由于只想对地图进行遮盖处理，因此在创建剪切蒙版前，需要将圆圈对象“< 路径 >”移到子图层 Map 的最上面。

3. 在图层面板中，单击子图层“< 路径 >”右边的选择栏。注意到在画板中选择了该路径。
4. 按住 Alt（Windows）或 Option（Mac OS）键，单击子图层“< 路径 >”的选择指示器（■）并将其拖放到子图层 Map 的目标图标（○）右边。

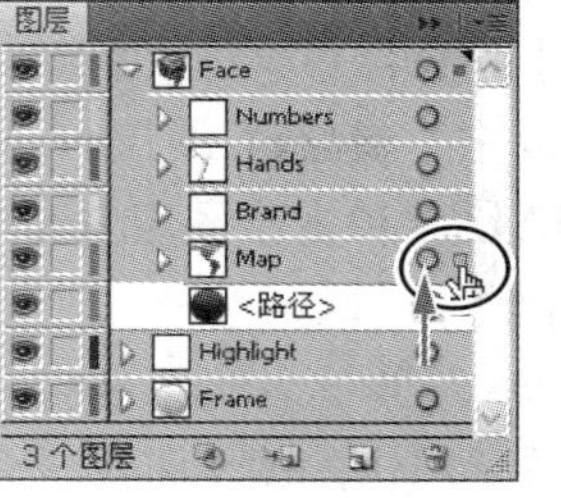

图8.34

5. 选择菜单“选择”>“取消选择”。
6. 在图层面板中，单击 Map 图层左边的三角形展开该图层。
7. 确保子图层“< 路径 >”位于子图层 Map 的最上面（在子图层“< 编组 >”的上面），必要时移动它（剪切蒙版必须是图层或图层组中的第一个对象）。

> **Ai** **注意：**为完成后面的步骤，并非必须要取消选择，但这有助于查看图稿。

8. 在图层面板中选择子图层 Map。
9. 单击图层面板底部的“建立 / 释放剪切蒙版”按钮。注意到所有子图层之间的分隔线都变成了虚线，且第一个“< 路径 >”图层的名称变成了“< 剪贴路径 >”；同时名称“< 剪贴路径 >”带下划线，这表示它是一个蒙版形状。在画板中，子图层“< 路径 >”将位于钟面外的地图剪切掉了，如图 8.35 所示。

> **Ai** **注意：**在图层面板中，可能看不到完整名称“< 剪贴蒙版 >”。

图8.35

10. 单击图层名 Map 左边的三角形将该图层折叠起来。
11. 选择菜单“文件”>“存储”。

8.7 合并图层

为简化图稿，可合并图层。合并图层将所有选定图层的内容合并为一个图层。

注意：只能合并图层面板中位于同一层级的图层。同样，只能合并位于同一个图层且层级相同的子图层。不能将对象合并。

1. 在图层面板中，单击子图层 Numbers，再按住 Shift 键并单击子图层 Hands，如图 8.36 所示。

当前图层指示器（ ）表明，最后单击的图层为活动图层。最后单击的图层将决定合并后的图层的名称和颜色。

2. 从图层面板菜单中选择“合并所选图层”，将子图层 Numbers 合并到子图层 Hands 中，如图 8.37 所示。

图8.36

图8.37

被合并图层中的对象的堆叠顺序保持不变，并被添加到目标图层中的对象上面。

3. 单击图层 Highlight 选择它，再按住 Shift 键并单击图层 Frame。
4. 从图层面板菜单中选择“合并所选图层”，将图层 Highlight 中的对象合并到图层 Frame 中，如图 8.38 所示。

图8.38

5. 选择菜单“文件”>“存储”。

合并图层和组

合并图层与拼合图层类似，都可将对象、组和子图层合并为单个图层或组。使用合并功能时，可选择要合并哪些项目；使用拼合功能时，将图稿中的所有可见项目都合并到一个图层中。无论使用哪种功能，图稿的堆叠顺序都将保持不变，但其他的图层级属性（如剪切蒙版属性）将不会保留。

- 要拼合图层，单击要将图稿合并到其中的图层，然后从图层面板菜单中选择“拼合图稿”。

——摘自Illustrator帮助文件

8.8 将外观属性应用于图层

在图层面板中，可将外观属性（如样式、效果和透明度）应用于图层、图层组和对象。将外观属性应用于图层时，该属性将应用于图层中所有的对象。将属性应用于图层中特定的对象时，将只影响该对象而不是整个图层。有关外观属性的更详细信息，请参阅第 13 课。

下面首先将效果应用于图层中的一个对象，然后将效果复制到另一个图层，以修改该图层中所有的对象。

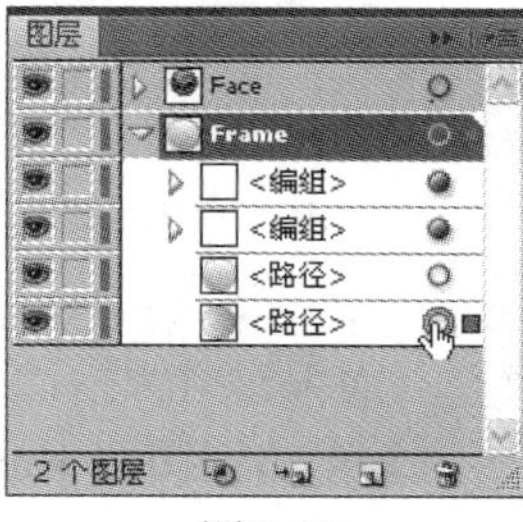

图8.39

1. 在图层面板中，折叠 Face 图层，并展开 Frame 图层以显示其所有内容。
2. 通过单击选择 Frame 图层中最下面的子图层“< 路径 >”。
3. 单击该子图层名称右边的目标图标（○）。单击目标图标表示想要应用效果、样式或修改透明度，如图 8.39 所示。

> Ai | **注意**：单击目标图标也将选择画板中的对象。

4. 打开菜单“效果”，并从“Illustrator 效果”部分选择“风格化”>“投影”。在“投影”对话框中，保留默认设置并单击“确定”按钮，时钟的外边缘将出现投影，如图 8.40 所示。

> Ai | **注意**：菜单“效果”中有两个“风格化”命令，请选择第一个“风格化”命令，即“Illustrator 效果”中的“风格化”。

注意到最下面的子图层“< 路径 >”的目标图标带填充（◉），这表明为对象应用了外观属性。

图8.40

图8.41

5. 单击工作区右边的外观面板图标（◉）打开该面板，注意到投影效果已添加到选定对象的外观属性列表中，如图 8.41 所示。
6. 在控制面板中，将描边粗细改为 0pt。
7. 选择菜单“选择”>“取消选择”。

下面使用图层面板将外观属性复制到图层，再对其进行编辑。

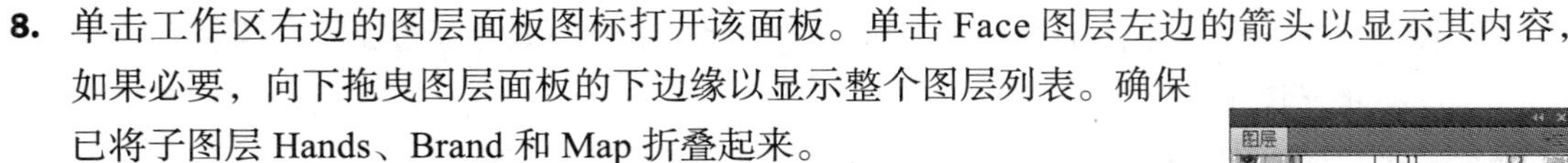

8. 单击工作区右边的图层面板图标打开该面板。单击 Face 图层左边的箭头以显示其内容，如果必要，向下拖曳图层面板的下边缘以显示整个图层列表。确保已将子图层 Hands、Brand 和 Map 折叠起来。
9. 使用选择工具单击画板中的时钟指针以选择它们。
10. 从图层面板菜单中选择“定位对象”，这将在图层面板中滚动到包含指针的对象组（子图层“< 编组 >”）。为完成下一步，可能需要在图层面板中滚动。
11. 按住 Alt 键（Windows）或 Option 键（Mas OS），并将最下面的子图层“< 路径 >”的目标图标拖曳到包含指针的子图层“< 编组 >”的目标图标上，但不要松开鼠标，如图 8.42 所示。带加号的手形鼠标表明将复制外观属性。

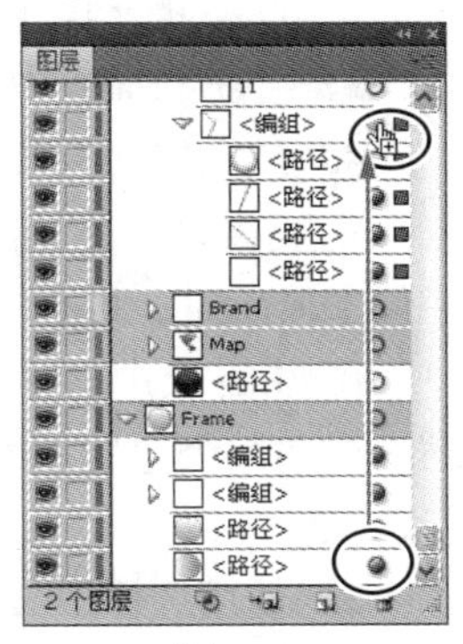

图8.42

> **Ai** **注意：**可将带填充的目标图标拖放到任何图层或子图层的目标图标上，这将复制出现在外观面板中的所有属性。

图8.43

12. 当子图层“< 编组 >”的目标图标变成淡灰色后松开鼠标，再松开 Alt/Option 键。这将把投影效果应用于整个子图层“< 编组 >”，带填充的目标图标表明了这一点。结果如图 8.43 所示。

下面编辑时钟指针的投影属性，以减弱该效果。

13. 单击子图层 Hands 中的子图层“< 编组 >”左边的三角形，将该子图层折叠起来。
14. 在图层面板中，单击包含指针的子图层“< 编组 >”的目标图标，这将自动选择该子图层中的对象，并取消选择图层 Frame 中的对象。
15. 单击工作区右边的外观面板图标（◉）打开该面板，再单击该面板中的字样“投影”（如果必要，请向下滚动），如图 8.44 所示。

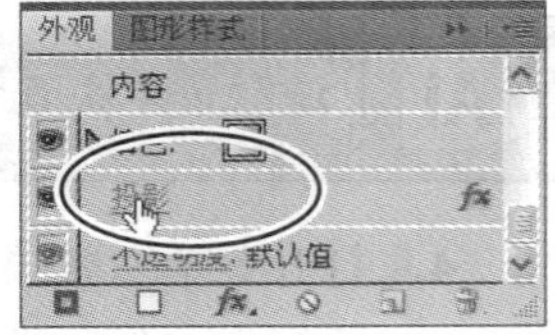

图8.44

16. 在“投影”对话框中，将“X 位移”、“Y 位移”和“模糊”都设置为 3pt，再单击“确定”按钮，如图 8.45 所示。

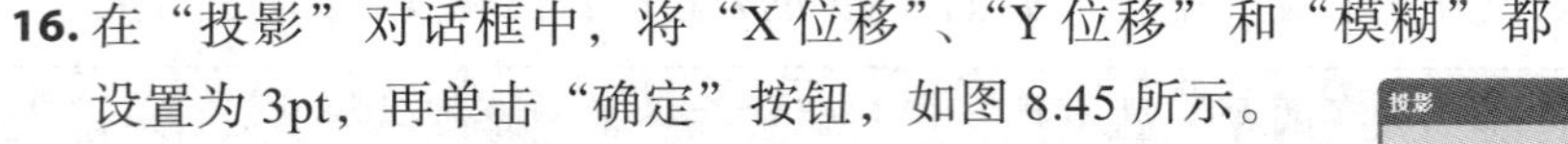

17. 选择菜单“选择”>“取消选择”。

18. 选择菜单“文件”>“存储”。

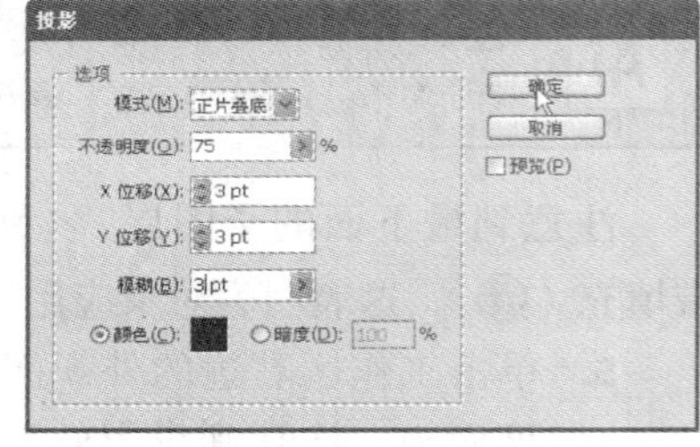

图8.45

有关如何在 Illustrator 中打开包含多个图层的 Photoshop 文件，以及如何在 Photoshop 中处理包含多个图层的 Illustrator 文件，请参阅第 15 课。

隔离图层

图层处于隔离模式时，该图层中的对象将被隔离，以使用户能够轻松地编辑它们，而不影响其他图层。下面将一个图层置为隔离模式并进行一些简单编辑。

1. 单击图层面板图标，打开图层面板。
2. 在图层面板中，单击子图层左边的三角形将所有子图层都折叠起来，并确保显示了图层 Face 的子图层。
3. 在图层面板中，通过单击选择子图层 Map，如图 8.46 所示。
4. 从图层面板菜单中选择“进入隔离模式”。

在隔离模式下，子图层 Map 的内容在画板中位于最前面，其他内容呈灰色并被锁定。

图层面板中显示了一个名为“隔离模式”的图层和一个包含地图内容的子图层，如图 8.47 所示。

图8.46

图8.47

5. 使用选择工具单击画板中的地图以选择它。
6. 选择菜单“视图”>“智能参考线”以禁用智能参考线。

7. 将地图向上拖曳使其上边缘与黑色圆圈对齐，如图 8.48 所示。
8. 按 Esc 键退出隔离模式。注意到内容不再被锁定，且图层面板显示了所有的图层和子图层。
9. 选择菜单“选择”>“取消选择”，结果如图 8.49 所示。

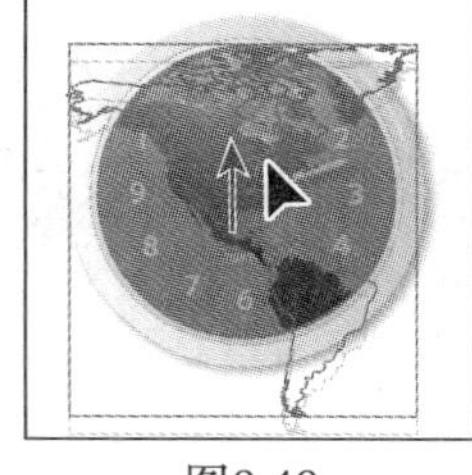

图8.48

图8.49

完成图稿后，您可能想将所有图层合并成一个图层，并删除空图层，这称为拼合图稿。通过只包含一个图层的文件交付完成的图稿可避免意外，如隐藏了图层以及没有打印图稿的全部内容。

> **提示**：要拼合特定的图层而不删除隐藏的图层，可选择要拼合的图层，再从图层面板菜单中选择“拼合所选图层”。

有关使用图层面板的快捷键完整列表，请参阅 Illustrator 帮助中的“键盘快捷键”。

10. 选择菜单“文件”>“存储”。
11. 选择菜单“文件”>“关闭”。

8.9 练 习

打印包含多个图层的文件时，将只打印可见的图层（其顺序与图层面板中显示的相同），但不会打印模板图层，即使它们是可见的。模板图层被锁定、呈灰色且为非打印图层。模板图层中的对象不能打印，也不能导出。

鉴于读者学习了如何使用图层，请通过描摹模板图层中的一幅图像来创建包含多个图层的图稿。笔者提供了一幅位图格式的金鱼照片，读者可使用它来练习，也可使用自己的图稿或照片。

1. 选择菜单“文件”>“新建”以新建一个文件。
2. 选择菜单“文件”>“置入”。在“置入”对话框中，选择硬盘中文件夹 Lessons\Lesson08 中的文件 goldfish.ai（或要用作模板的其他图稿或图像），再单击“置入”按钮将该文件添加到“图层 1”中。
3. 为将该图层设置为模板图层，可从图层面板菜单中选择“模板”；也可从图层面板菜单中选择“图层 1 的选项”，再在“图层选项”对话框中选中复选框“模板”。
4. 单击“创建新图层”按钮创建一个新图层，以便在其中绘制。
5. 在“图层 2”处于活动状态的情况下，使用任何绘图工具描摹模板以创建新图稿。
6. 创建更多的图层，用于隔离和编辑图稿的不同部分。
7. 如果愿意，在创建完图稿后删除模板以缩小文件。

> **提示**：有关自定义视图的更详细信息，请参阅 Illustrator 帮助中的“使用多个窗口和视图”。

复习

复习题

1. 指出创建图稿时使用图层的两个好处。
2. 如何隐藏图层？如何显示各个图层？
3. 如何调整文件中图层的排列顺序？
4. 如何锁定图层？
5. 修改图层的颜色有何用途？
6. 将分层文件粘贴到另一个文件中将发生什么？为什么“粘贴时记住图层”选项很有用？
7. 如何将对象从一个图层移到另一个图层？
8. 如何创建图层剪切蒙版？
9. 如何将效果应用于图层？如何编辑该效果？
10. 进入隔离模式的目的是什么？

复习题答案

1. 创建图稿时使用图层的好处包括可保护不想修改的图稿；可隐藏不想处理的图稿，以免它们分散注意力；还可控制要打印哪些内容。
2. 要隐藏图层，可单击图层名左边的眼睛图标；要重新显示图层，可单击最左边一栏（可视性栏）的空白处。
3. 要调整图层的排列顺序，可在图层面板中单击图层名并将其拖放到新位置。图层面板中的图层顺序决定了文档中图层的显示顺序：面板顶部的图层会位于文档的最前面。
4. 可通过以下几种方式锁定图层。
   - 可单击图层名左边的编辑栏，将出现一个挂锁图标，表明图层被锁定。
   - 可从图层面板菜单中选择“锁定其他图层”，这将锁定除活动图层外的其他所有图层。
   - 可隐藏图层以保护它。
5. 图层颜色决定了图层中选定锚点及其方向线的显示颜色，还有助于识别文档中不同的图层。
6. 默认情况下，粘贴命令将包含多个图层的文件或从其他图层复制而来的对象粘贴到活动图层中，而“粘贴时记住图层”选项用于保留原始图层。

7. 在图层面板中，选择要移动的对象并将选择指示器（位于目标图标右边）拖曳到另一个图层。
8. 要使用图层创建剪切蒙版，可选择图层并单击“建立 / 释放剪切蒙版”按钮。在该图层中，位于最上方的对象将成为剪切蒙版。
9. 单击要对其应用效果的图层的目标图标，再从“效果”菜单中选择一种效果。要编辑效果，首先确保选择了相应的图层，再在外观面板中单击效果名。这将打开该效果的对话框，然后便可修改其中的设置。
10. 隔离模式将对象隔离，以便用户轻松选择和编辑一个层或子层上的内容。

第9课 处理透视画

在本课中，读者将学习如下内容：

- 理解透视画；
- 使用和编辑网格预设；
- 在透视中绘制和编辑对象；
- 编辑网格平面和内容；
- 在透视中创建和编辑文本；
- 在透视下处理符号。

学习本课需要大约 1.5 小时。如果必要，从硬盘中删除前一课的文件夹，并将文件夹 Lesson09 复制到硬盘中。

在 Adobe Illustrator CS5 中，用户可使用透视网格在透视下轻松地绘制或渲染图稿。透视网格让您能够在平面上呈现场景，就像肉眼看到的那样自然。例如，绘制公路或铁轨时，它们看起来在视线中消失或交汇。

9.1 简 介

在本课中，读者将探索如何使用透视网格以及如何在透视网格中添加和编辑内容。

在此之前，需要恢复 Adobe Illustrator 的默认首选项，然后打开本课的最终图稿文件，查看您将创建的插图。

1. 为确保工具和面板像本课描述的那样，请删除或重命名 Adobe Illustrator CS5 首选项文件，详情请参阅“前言”中的“恢复默认首选项”。
2. 启动 Adobe Illustrator CS5。

> Ai **注意：**如果还没有从配套光盘的文件夹 Lesson09 中将本课的资源文件复制到硬盘，现在就这样做，详情请参阅“前言”中的“复制课程文件”。

3. 选择菜单“文件”>“打开”，打开复制到硬盘中的文件夹 Lessons\Lesson09 中的文件 L9end_1.ai 文件，如图 9.1 所示。

图9.1

4. 如果愿意，可选择菜单“视图”>“缩小”缩小最终图稿，并让它打开（工作时使用抓手工具将图稿移到要参考的地方）。如果不想让该图像打开，可选择菜单“文件”>“关闭”。
5. 选择菜单“文件”>“打开”，打开硬盘中文件夹 Lessons\Lesson09 中的文件 L9start_1.ai，如图 9.2 所示。

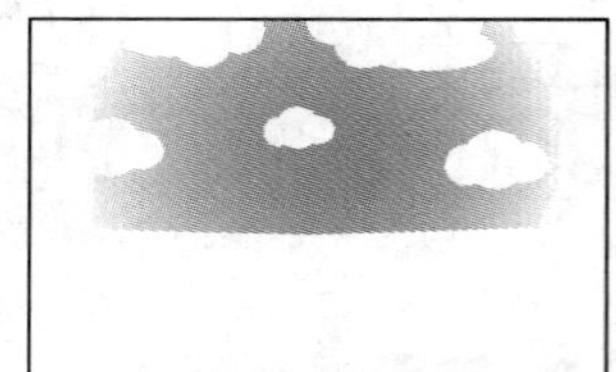

图9.2

6. 选择菜单“文件”>“存储为”，将文件重命名为 city.ai，从下拉列表“保存在”中选择文件夹 Lesson09。保留“保存类型”Adobe Illustrator（*.AI）（Windows）或“格式”，Adobe Illustrator（ai）（Mac OS），并单击“保存”按钮。在“Illustrator 选项”对话框中，保留默认设置并单击“确定”按钮。

理解透视

在 Illustrator CS5 中，有一组基于透视绘画规则进行工作的功能，让您能够轻松地在透视下绘制或渲染图稿。透视绘画指的是在平面上以接近于肉眼观察的方式呈现场景，在透视下绘制的对象具有如下主要特征，如图 9.3 所示。

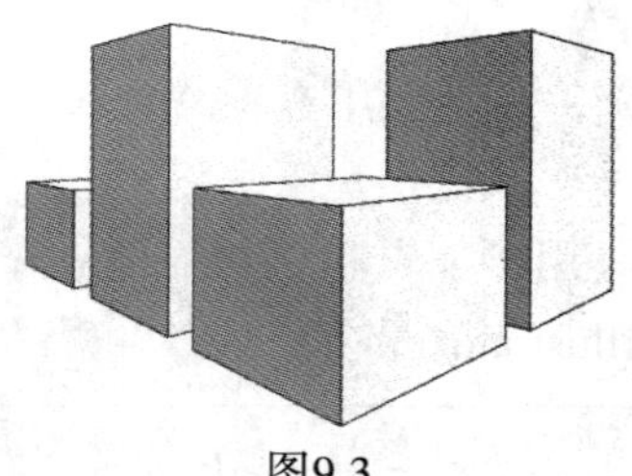

图9.3

- 离观察者越远，对象显得越小。
- 对象因透视而缩短，即对象或距离看起来比实际短，因为它与观察者呈一定的角度。

9.2 理解透视网格

透视网格让您能够以接近于肉眼观察的方式在平面上呈现场景。例如，渲染公路或铁轨时，它们看起来在视线中消失或交汇。透视网格让您能够以透视方式创建和渲染图稿。

1. 在应用程序栏中，从工作区切换下拉列表中选择“基本功能”。
2. 选择菜单“视图”>“画板适合窗口大小”。
3. 选择工具箱中的透视网格工具（![icon]），这将在画板上显示默认的两点透视网格。

图 9.4 显示了透视网格及其组成部分，本课将介绍每个部分。

> **注意**：在阅读本课的过程中，回过头来参考该图显示的透视网格选项将会有所帮助。

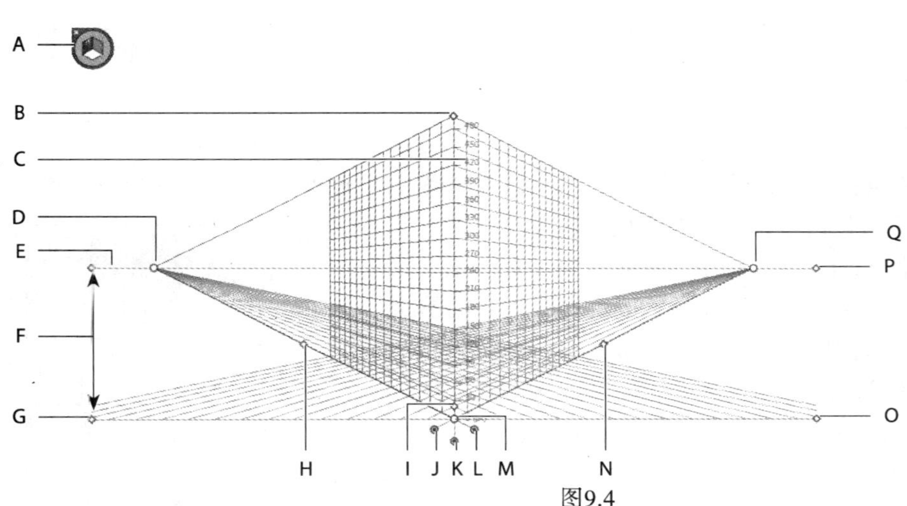

A. 平面切换构件
B. 垂直网格范围
C. 透视网格标尺
D. 左侧消失点
E. 视平线
F. 视高
G. 地平面
H. 网格范围
I. 网格单元格大小
J. 右侧网格平面控制点
K. 水平网格平面控制点
L. 左侧网格平面控制点
M. 原点
N. 网格范围
O. 地平面
P. 视平面
Q. 右侧消失点

图9.4

9.3 使用透视网格

要在透视下绘制内容，了解透视网格并以所需的方式进行设置将很有帮助。

9.3.1 使用预设网格

下面使用透视网格，首先使用 Illustrator 的一些预设网格。

默认情况下，以两点透视的方式设置透视网格，但使用预设很容易改变这一点。透视网格工具用于编辑和移动网格；您使用透视网格在透视下绘制和对齐内容，但这种网格不会打印出来。Illustrator 最多支持三点透视。

> **提示**：在没有选择透视网格工具的情况下也可显示透视网格，方法是选择菜单“视图”>“透视网格”>“显示网格”。

1. 选择菜单“视图”>“透视网格”>“一点透视”>“[一点 - 正常视图]”。注意到网格变成了一点透视的，如图 9.5 所示。

绘制正对着观察者的公路、铁轨或建筑时，一点透视很有用。

2. 选择菜单“视图”>“透视网格”>“三点透视”>“[三点 - 正常视图]”，注意到网格变成了三点透视的，如图 9.6 所示。

三点透视通常用于绘制从上面或下面观看的建筑。除显示每堵墙的消失点外，还在地下或高空显示了这些墙的消失点。

3. 要返回到两点透视，选择菜单“视图”>“透视网格”>“两点透视”>“[两点 - 正常视图]”，如图 9.7 所示。

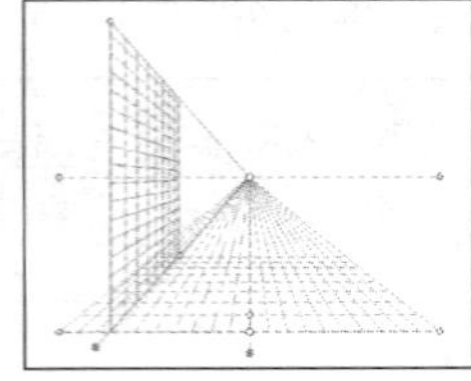
图9.5

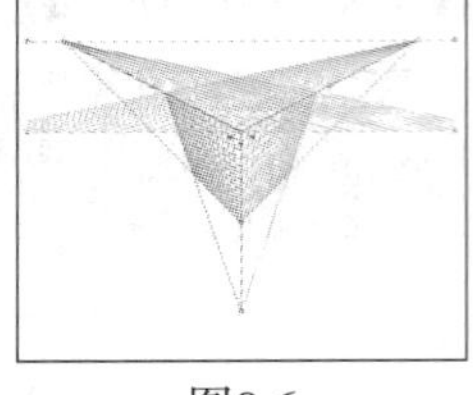
图9.6

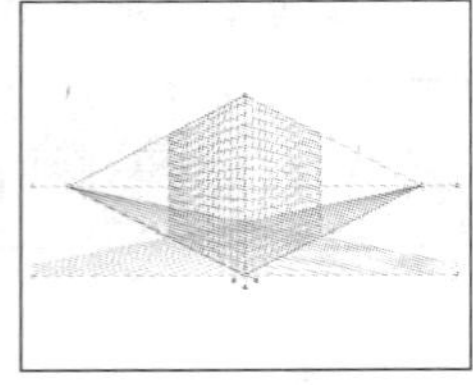
图9.7

9.3.2 编辑透视网格

下面介绍如何编辑透视网格。要编辑网格，可选择透视网格工具，也可使用菜单项“定义网格”。即使网格上有内容，也可修改网格，但在添加内容前指定网格设置将更容易。在每个 Illustrator 文档中，只能创建一个网格。

1. 在显示的是两点透视网格且选择了透视网格工具的情况下，将水平线控制点（译者注：原文为 horizon line，被汉化成水平线，实际应为视平线）向下拖曳到蓝色天空区域下方，如图 9.8 所示。等测量标签显示大约 147pt 时松开鼠标。

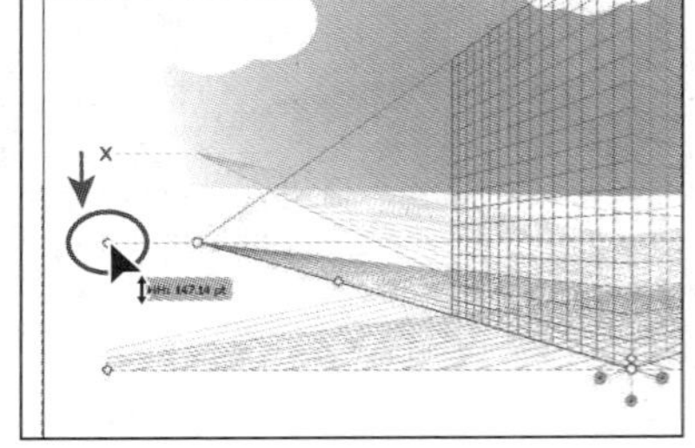
图9.8

水平线的位置指出了观察者眼睛的高度。

> **注意**：在本节的示意图中，粉红色 X 表示原始位置。

> **注意**：在本节的有些示意图中，灰色线表示透视网格在调整前的初始位置。

2. 使用透视网格工具向上拖曳左边的地平面控制点，以移动整个透视网格。等前面调整的水平线与蓝色天空区域底部对齐后松开鼠标，如图 9.9 所示。

地平面控制点让您能够将透视网格拖曳到画板的其他地方甚至其他画板。

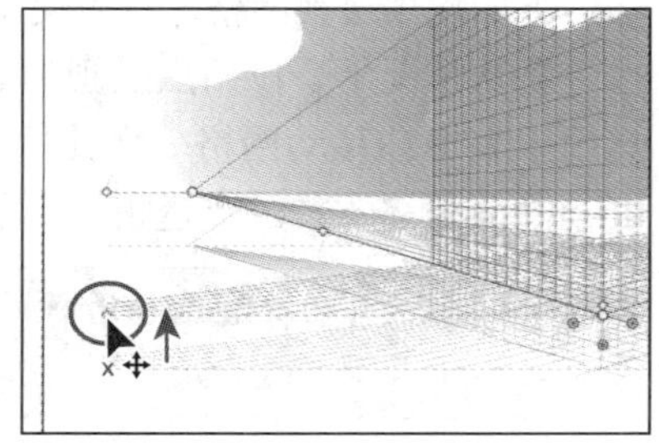
图9.9

> **注意**：通过拖曳地平面控制点来移动透视网格时，可沿任何方向移动。务必确保透视网格在画板中大概水平居中。

3. 使用透视网格工具将水平网格平面控制点向上拖曳到大约 68pt 处，使其离水平线更近，如图 9.10 所示。

> **Ai** **提示：**地平面相对于水平线的位置决定了观察者眼睛所处位置的高低。

4. 使用透视网格工具单击垂直网格范围控制点，并向下拖曳以缩小垂直网格范围，如图 9.11 所示。

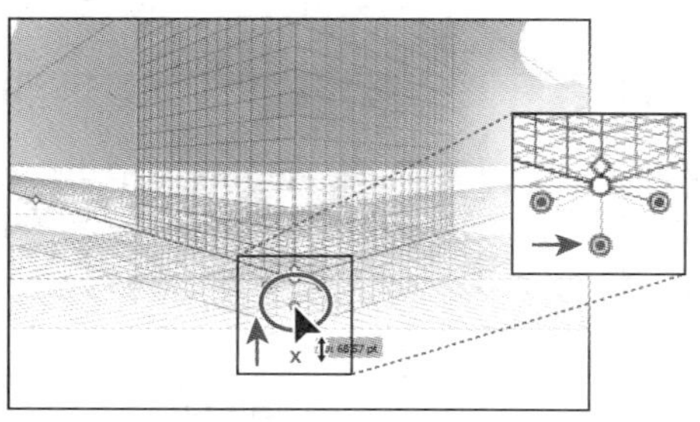

图9.10

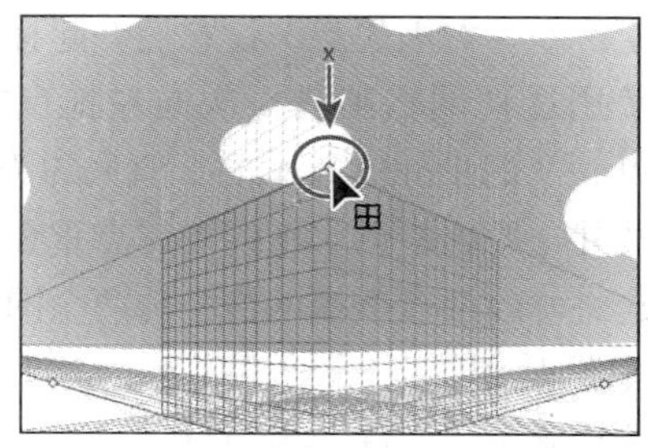

图9.11

正如您在本课后面将看到的，如果绘制的对象不那么精确，可通过缩小垂直网格范围来缩小网格。

5. 选择菜单“文件”>“存储”。您对透视网格所做的修改只随当前文档保存。

设置透视网格是重要的一步，下面使用菜单项“定义网格”来设置网格。

6. 选择菜单“视图”>“透视网格”>“定义网格”。
7. 在“定义透视网格”对话框中，将单位改为英寸，将网格线间隔改为 0.3 in，将视距改为 7 英寸。视距指的是观察者和场景之间的距离。

注意到可修改网格的缩放比例，如果涉及测量，您可能应修改它。还可编辑诸如水平高度和视角等设置，这些设置也可使用透视网格工具在画板中修改。保留网格颜色和不透明度设置为默认值。完成修改后，单击“确定”按钮，如图 9.12 所示。

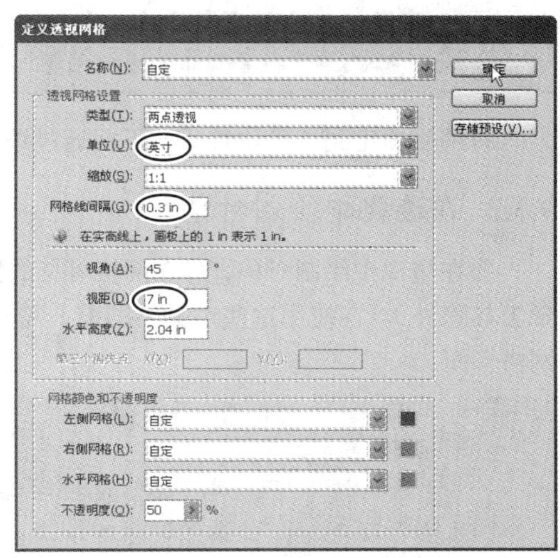

图9.12

> **Ai** **提示：**在“定义透视网格”对话框中指定好设置后，可将其存储为预设供以后使用。为此，可在修改完“定义透视网格”对话框中的设置后，单击“存储预设”按钮。

> **Ai** **提示：**有关“定义透视网格”对话框的更详细信息，请在 Illustrator 帮助中搜索“定义网格预设”。

8. 使用透视网格工具向左拖曳左侧消失点，使测量标签显示的 x 值大约为 –0.75 英寸（如图 9.13 所示），并与原始左侧水平线控制点重叠。注意到这只修改了两点透视网格中的左侧（蓝色）网格。

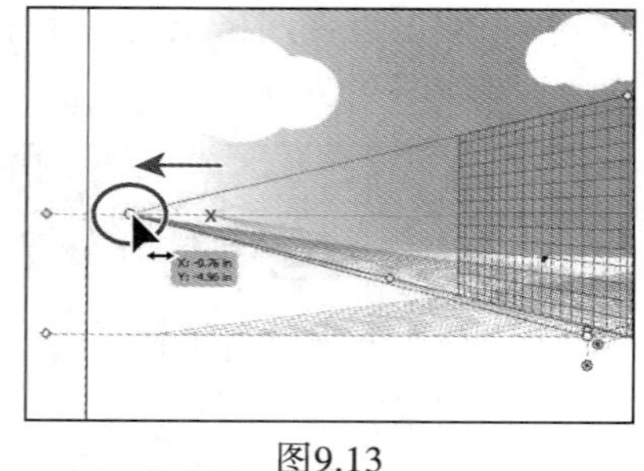

图9.13

9. 选择菜单“编辑”>“还原透视网格编辑”。对透视网格所做的大部分修改都是可以撤销的。
10. 选择菜单“视图”>“透视网格”>“锁定站点”，这锁定了左、右消失点，让它们一起移动。
11. 使用透视网格工具再次向左拖曳左侧消失点，使测量标签显示的 x 值大约为 –0.75 英寸并与原始左侧水平线控制点重叠。注意到这将修改两点透视网格中的两个网格，如图 9.14 所示。

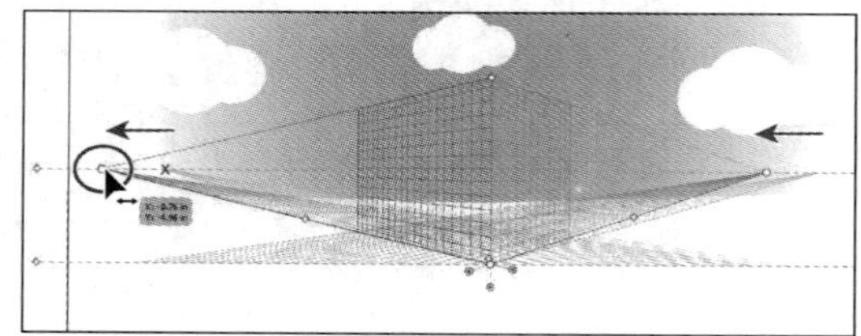

图9.14

12. 选择菜单“文件”>“存储”。
13. 选择菜单“视图”>“透视网格”>“锁定网格”，这禁止使用透视网格工具移动和编辑网格，您只能修改网格的可视性和网格平面的位置——您将在本课后面这样做。

> Ai **注意**：选择其他工具后，便不能编辑透视网格。另外，对于锁定的透视网格，可选择菜单“视图”>“透视网格”>“定义网格”来编辑它。

将网格锁定到正确位置后，下面通过添加内容来创建都市风景。

9.3.3 在透视中绘制对象

要在透视中绘制对象，可在网格可见的情况下，使用直线段工具组和矩形工具组中的工具（光晕工具除外）。在使用这些工具绘图前，需要使用平面切换构件或键盘快捷键选择内容要关联到的网格平面。

平面切换构件

默认情况下，用户显示透视网格后，平面切换构件将出现在文档窗口左上角（如图9.15所示），可使用它来指定活动的网格平面。

在透视网格中，活动网格平面指的是这样的平面：当您绘制对象时，观察者看到的该对象将投射到该平面。

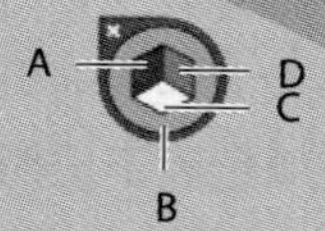

A. 左侧网格（1）
B. 无现用网格（4）
C. 水平网格（2）
D. 右侧网格（3）

图9.15

——摘自Illustrator帮助文件

> **注意**：括号内的数字指的是切换到相应网格的键盘快捷键。

下面在透视中绘制多个对象。

1. 单击图层面板图标（）展开图层面板；单击图层 Background 左边的眼睛图标隐藏其内容；通过单击选择图层 Left face，这样创建的新内容将放在该图层中。
2. 单击图层面板图标（）折叠图层面板。
3. 选择工具箱中的矩形工具（）。
4. 单击平面切换构件中的左侧网格，如图 9.16 所示。

图9.16

在平面切换构件中选择了哪个网格，内容就将加入到哪个网格。

> **注意**：经过一段时间的锻炼后，您将养成这样的习惯，即在绘制或添加内容前检查哪个网格平面处于活动状态。

5. 将鼠标指向透视网格顶部两个平面交汇的地方。注意到鼠标图标中包含一个指向左边的箭头（），这表明您将在左侧网格平面上绘图。单击并向左下方拖曳到底部的正交线，如图 9.17 所示。如果测量值与该图显示的值稍有不同，也没有关系。

> **提示**：在透视下绘图时，也可使用正常绘图时使用的快捷键，如按住 Shift 或 Alt/Option 键并拖曳。

6. 在选择了该矩形的情况下，在控制面板中将填色改为中灰色（C=0、M=0、Y=0、K=40），如图 9.17 所示。

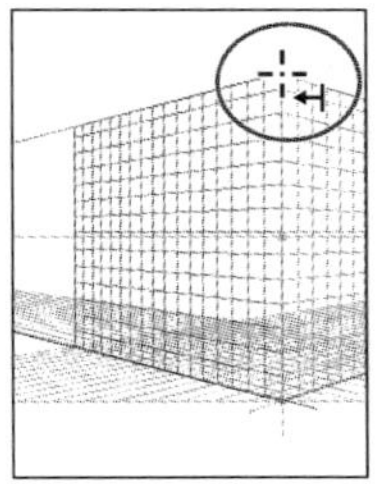
开始绘图

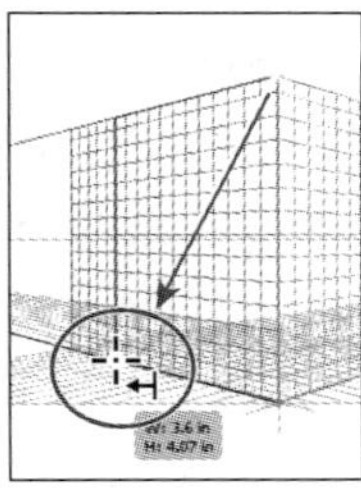

创建矩形

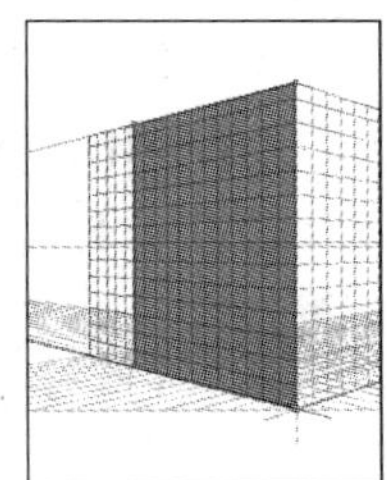
修改填色

图9.17

下面在绘制一个矩形，用于表示建筑物的另一面，但这次让矩形与透视网格对齐。

7. 选择菜单“视图”>“透视网格”>“对齐网格”。
8. 按 Ctrl + =（Windows）或 Command + =（Mac OS）两次放大透视网格。如果视图的缩放比例太小，对齐到网格将不起作用。
9. 单击图层面板图标（）展开图层面板。通过单击选择图层 Right face，让新内容位于该图层中。

> **注意**：有关如何使用图层的更详细信息，请参阅第 8 课。

10. 在仍选择了矩形工具的情况下，单击平面切换构件中的“右侧网格（3）”。注意到鼠标图标中包含一个指向右边的箭头（），这表明将在右侧网格平面上绘图。单击透视网格顶部两个平面交汇的地方，并向右下方拖曳。等测量标签指出宽度大约为 3.3 英寸且鼠标到达右侧网格平面底部后松开鼠标，如图 9.18 所示。

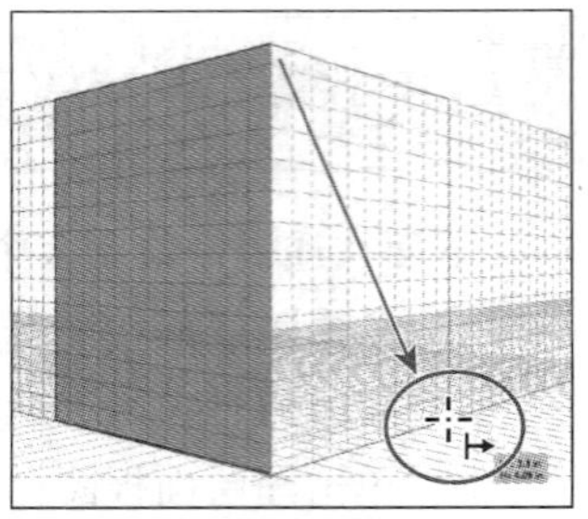
图9.18

11. 在选择了该矩形的情况下，在控制面板中将填色改为淡灰色（C=0、M=0、Y=0、K=10）。

12. 单击平面切换构件左上角的 X 将透视网格隐藏，以方便查看图稿。

> **Ai** | **提示：** 也可选择菜单“视图”>“透视网格”>“隐藏网格”来隐藏透视网格。

下面绘制一个表示建筑物窗户的矩形，但在此之前必须显示透视网格，以便继续在透视下绘图。

13. 按 Shift + Ctrl + I（Windows）或 Shift + Command + I（Mac OS）显示透视网格。

> **Ai** | **提示：** 要显示透视网格，还可选择透视网格工具或选择菜单“视图”>“透视网格”>“显示网格”。

14. 选择工具箱中隐藏在矩形工具后面的圆角矩形工具（ ），将鼠标指向刚创建的矩形中央。单击鼠标打开“圆角矩形”对话框，将宽度、高度和圆角半径分别改为 1.5、0.9 和 0.1 英寸，再单击“确定”按钮，如图 9.19 所示。该圆角矩形表示建筑物的窗户。

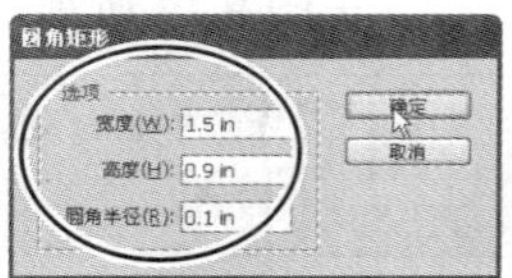

图9.19

15. 按 Ctrl + =（Windows）或 Command + =（Mac OS）三次放大视图。

16. 使用选择工具向左下方拖曳该圆角矩形，将其放到淡灰色矩形的左下角附近。

使用选择工具拖曳在透视下绘制的对象时，它将保持原来的透视，而不会调整到与透视网格匹配。

17. 选择菜单“编辑”>“还原移动”将圆角矩形恢复到原来的位置。

9.3.4 在透视下选择和变换对象

可使用透视选区工具（ ）在透视下选择对象，它使用活动平面的设置来选择对象。

下面移动刚绘制的圆角矩形的位置并调整其大小。

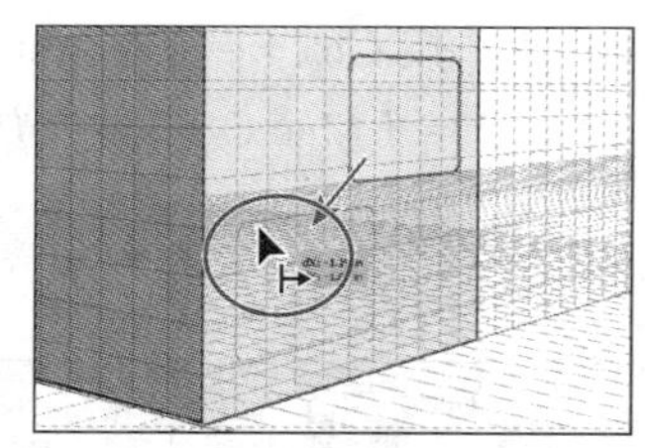
图9.20

1. 选择工具箱中的透视选区工具（ ），它与透视网格工具位于同一组。向左下方拖曳圆角矩形，将其放到淡灰色矩形的左下角附近，如图 9.20 所示。

当您拖曳时，注意到它与网格对齐了。

2. 在仍选择了圆角矩形的情况下，单击控制面板中的填色框并选择渐变 window。

3. 在仍选择了透视选区工具的情况下，单击左侧网格平面中的中灰色矩形以选择它，注意到现在选择了平面切换构件中的左侧网格平面，如图 9.21 所示。

图9.21

4. 选择工具箱中的缩放工具，拖曳出一个覆盖左侧网格平面中中灰色矩形左下角的选框。

5. 选择透视选区工具，向左上方拖曳左下角（沿左侧网格平面底部通往左侧消失点的线条拖曳），等测量标签显示的宽度大约为4.5英寸后松开鼠标，如图9.22所示。

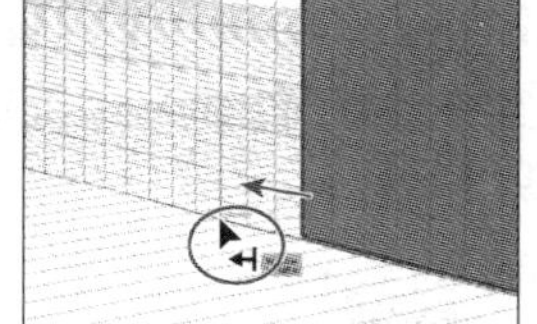
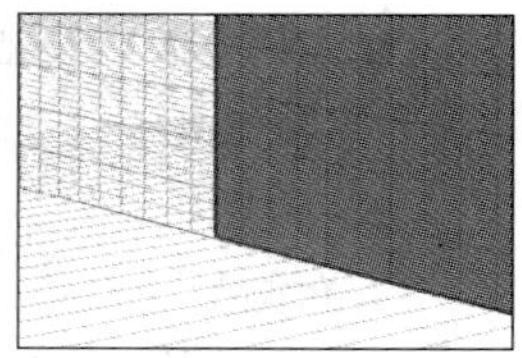

图9.22

> **Ai** **注意**：尺寸不必与这里指定的完全一致，只要形状与透视网格对齐即可。您绘制的矩形的高度可能与图9.22显示的不同。

在透视中缩放对象

可使用透视选区工具在透视中缩放对象。在透视中缩放对象时，应用以下规则。

- 缩放在对象所在的平面上完成。缩放对象时，基于对象所在的平面而非当前平面或活动平面缩放高度或距离。
- 如果选择了多个对象，将只缩放位于同一个平面的对象。例如，如果选择了多个分别位于右侧平面和左侧平面的对象，将只缩放所有这样的对象，即它们与用于缩放的定界框所属的对象位于同一个平面。
- 对于垂直移动过的对象，将在各自所在的平面而非当前平面或活动平面上缩放。

——摘自Illustrator帮助文件

下面在透视下复制一个对象，还将沿与现有对象垂直的方向移动对象。

6. 选择菜单“视图”>“画板适合窗口大小”。

7. 在选择了透视选区工具的情况下，按住Alt + Shift（Windows）或Option + Shift（Mac OS），并向右拖曳右侧网格平面上的淡灰色矩形，当测量标签显示的距离（dX）为4.75 in后松开鼠标依次松开鼠标和按键，如图9.23所示。

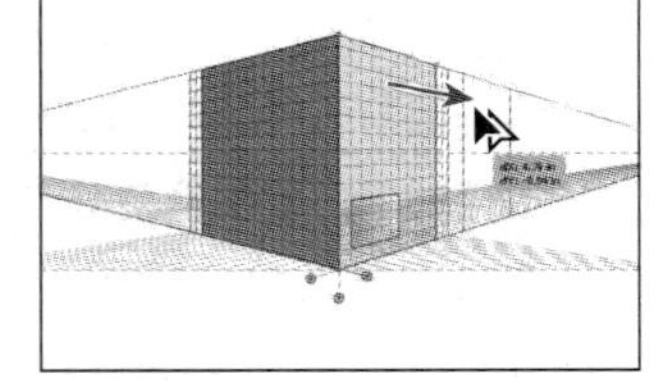

图9.23

您将把这个拷贝作为另一座建筑物的立面。与其他类型的绘画一样，按住Alt/Option键可复制对象，而按住Shift键可限制移动的方向。

复制矩形后，下面调整透视网格，使其覆盖新形状。为此，您将调整网格范围。

8. 选择工具箱中的透视网格工具（）。

9. 按Ctrl + =（Windows）或Command + =（Mac OS）两次放大视图。

注意到透视网格向左右延伸了。

> **Ai** **注意**：仅当间距超过一个屏幕像素时，网格线才会显示出来；当您逐渐放大视图时，将出现越来越多的网格线。

10. 选择菜单“视图”>“透视网格”>“解锁网格”，这让您能够编辑网格。

11. 在选择了透视网格工具的情况下，将鼠标指向右侧网格范围控制点并向左拖曳，使其与复制矩形的右边缘对齐，如图 9.24 所示。在该图中，粉红色 x 指出了右侧网格范围控制点的原始位置。

下面调整网格单元格的大小。

12. 稍微向下拖曳网格单元格大小控制点，让网格单元格稍小些，如图 9.24 所示。

如果拖曳得太远，网格的左右边界将离相应的消失点更远。向上拖曳将增大网格单元格。

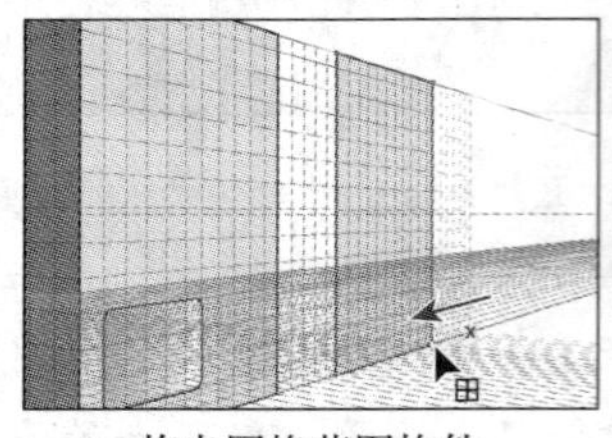

拖曳网格范围构件　　调整网格单元格大小

图9.24

13. 切换到选择工具，通过单击选择左侧网格平面中的中灰色矩形。单击控制面板中的填色框，并选择色板 building face 1。通过单击选择您创建的第二个矩形（建筑物的另一面），并在控制面板中将填色改为 building face 2。

14. 选择菜单“文件”>“存储”。

至此，复制了矩形并正确地显示了网格单元格，下面复制左侧网格平面上的矩形，将其用做另一座建筑的左立面。再次过程中，您将明白如何平行地移动对象。

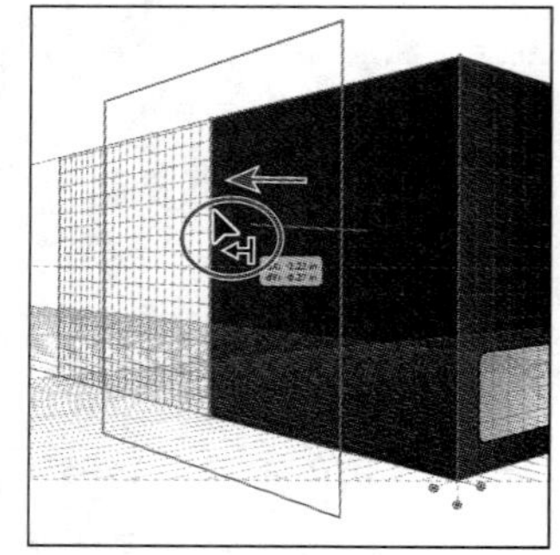

图9.25

1. 选择工具箱中的透视选区工具（ ）。通过单击选择左侧网格平面中的红色矩形，按住数字键 5 并向左拖曳，再依次松开鼠标和按键，如图 9.25 所示。

这种操作将对象移到与原来平行的位置。

2. 选择菜单“编辑”>“还原透视移动”。

3. 在仍选择了透视选区工具的情况下，按住 Alt + 5（Windows）或 Option + 5（Mac OS），并将该矩形向右拖曳，以便将其用做第二座建筑的左立面，如图 9.26 所示。到达正确的位置后，依次松开鼠标和按键。

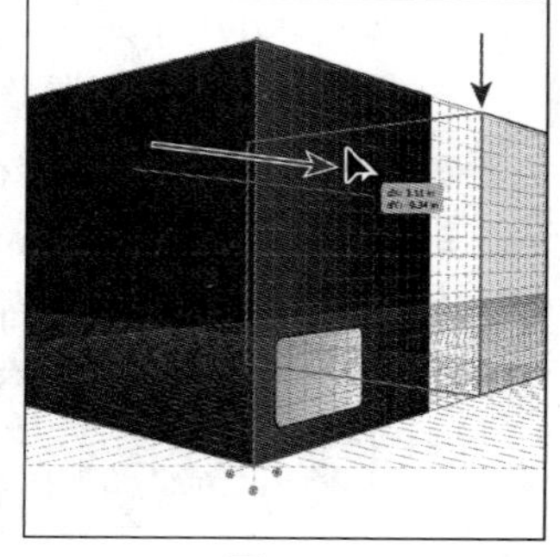

图9.26

这种操作复制对象并将其放到新位置，而不影响原始对象。在背面绘图模式下，这种操作将在原始对象后面创建新对象。

4. 在仍选择了新拷贝的情况下，选择菜单“对象”>“排列”>“置于底层”，再单击控制面板中的填色框，并选择中灰色。

下面复制用于表示窗户的圆角矩形，再将其移到红色建筑的左立面，并在拖曳时按键盘快捷键切换网格平面。

5. 在仍选择了网格选区工具的情况下，选择红色建筑右立面上的窗户。选择菜单“编辑”>“复制”，再选择菜单“编辑”>“贴在前面”。

6. 使用透视选区工具向左拖曳复制的圆角矩形。拖曳时按下并松开数字键 1，将圆角矩形与左侧网格平面相关联，然后将它拖曳到红色建筑左立面的左下角。

> **注意**：拖曳时可能需要按数字键 1 多次。

7. 选择菜单“编辑”>“剪切”。

8. 单击图层面板图标（ ）展开图层面板。在图层面板中，确保选择了图层 Left face，如图 9.27 所示。单击图层面板图标折叠该面板。

9. 选择菜单“编辑”>“贴在前面”。

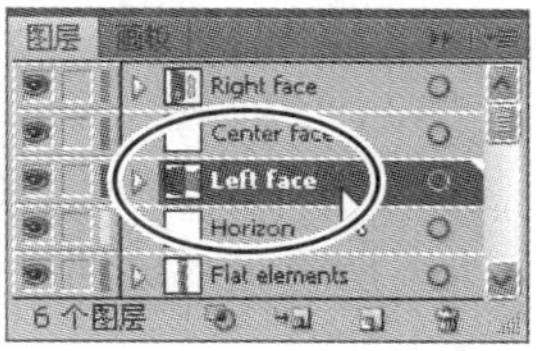

图9.27

> **注意**：如果圆角矩形未能出现在其他所有对象上面，选择菜单“对象”>“排列”>“置于顶层”。

10. 在仍选择了圆角矩形的情况下，按右箭头键再按上箭头键。按箭头键可让圆角矩形与透视网格对齐。使用箭头键调整窗户在红色矩形左下角的位置，如图 9.28 所示。

> **注意**：网格单元格大小决定了按箭头键时对象移动的距离。

11. 通过单击选择右侧网格平面中的原始圆角矩形，这样将只选择它。使用箭头键移动它，使其与网格对齐，且相对位置与复制的圆角矩形相同，如图 9.28 所示。

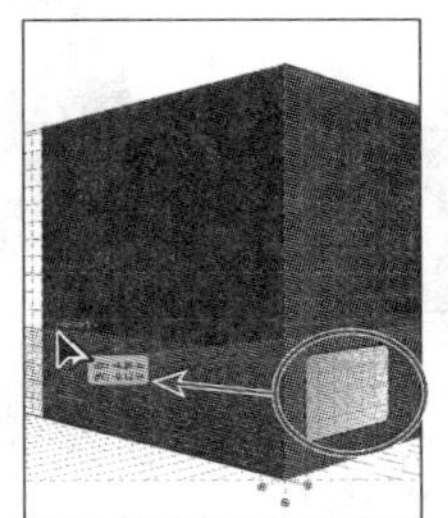

复制圆角矩形并调整其位置

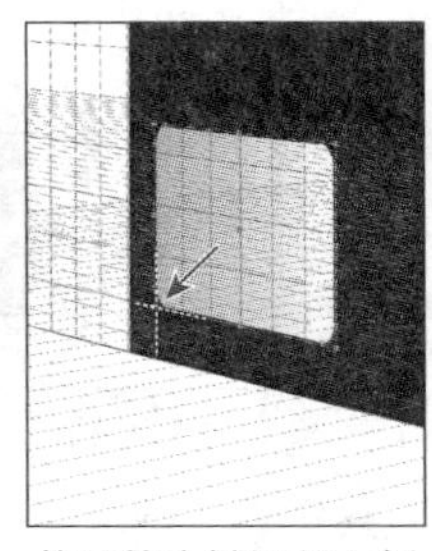

使用箭头键调整左侧圆角矩形的位置

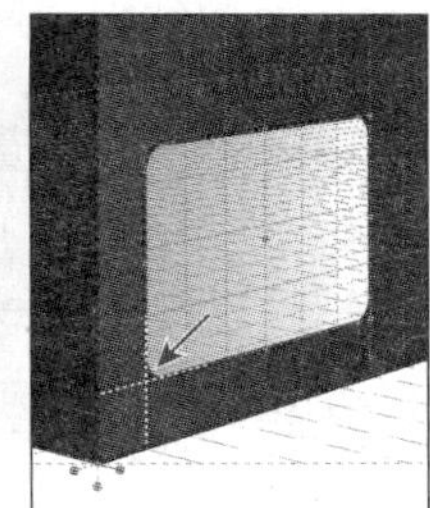

使用箭头键调整右侧圆角矩形的位置

图9.28

12. 按 Ctrl + Shift + I（Windows）或 Command + Shift + I（Mac OS）暂时隐藏透视网格。

13. 选择菜单“选择”>“取消选择”，结果如图 9.29 所示，再选择菜单“文件”>“存储”。

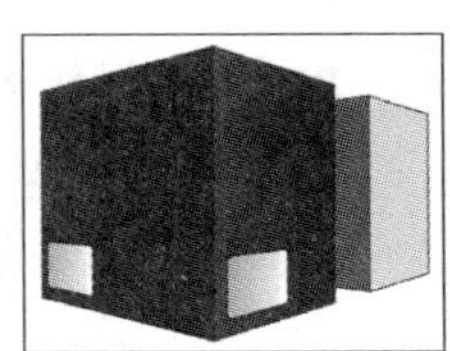

图9.29

9.3.5 将对象与网格平面关联起来

如果对象已经创建好了，可在 Illustrator 中将其与透视网格中的活动网格平面关联起来。下面将咖啡馆招牌加入到建筑立面上。

1. 选择菜单“视图”>“透视网格”>“显示网格”以显示网格。
2. 选择菜单“视图”>“全部适合窗口大小”以便能够同时看到两个图稿。
3. 切换到选择工具，选择右边画板上的招牌 Coffee，并将其拖曳到在透视下创建的灰色建筑右边。然后，单击包含透视网格的主画板的空白区域，这将切换到包含透视网格的画板。
4. 选择菜单“视图”>“画板适合窗口大小”。
5. 按 Ctrl + =（Windows）或 Command + =（Mac OS）两次放大透视网格和画板。

下面将招牌放到红色建筑的右立面上，并使其与主画板中的其他画板处于相同的透视下。

图9.30

6. 选择工具箱中的透视选区工具，单击平面切换构件中的“左侧网格（1）”以确保招牌将加入到左侧网格平面，如图 9.30 所示。

> **注意：**这一步很重要，但很容易忘记。

> **提示：**也可使用键盘快捷键来指定活动网格平面：1 为左侧网格；2 为水平网格；3 为右侧网格；4 为无现用网格。

7. 使用透视选区工具拖曳招牌，使其上边缘与垂直网格上边界对齐，如图 9.31 所示。

图稿将加入到在平面切换构件中选择的网格平面中。

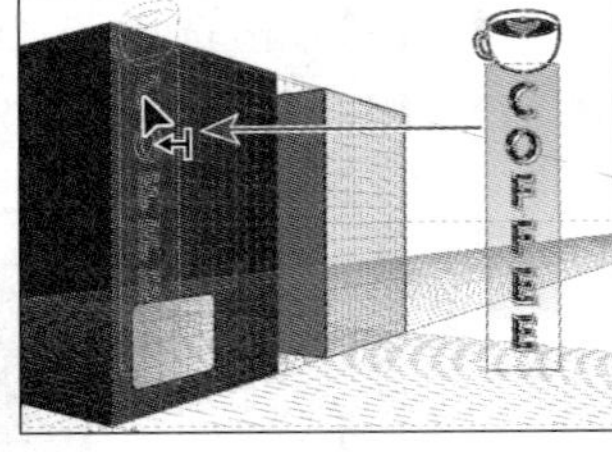

图9.31

> **注意：**这个招牌是一个对象编组，但将单个对象与透视网格关联起来一样容易。

> **提示：**除使用透视选区工具将对象拖曳到平面上外，还可使用透视选区工具选择对象，使用平面切换构件选择网格平面，再选择菜单“对象”>“透视”>“附加到现用平面”。

8. 在仍选择了招牌的情况下，选择菜单“编辑”>“剪切”。
9. 单击工作区右边的图层面板图标展开该面板，再通过单击选择图层 Right face，如图 9.32 所示。选择菜单“编辑”>“就地粘贴”，将招牌粘贴到图层 Right face 中。
10. 单击图层面板图标，折叠图层面板。

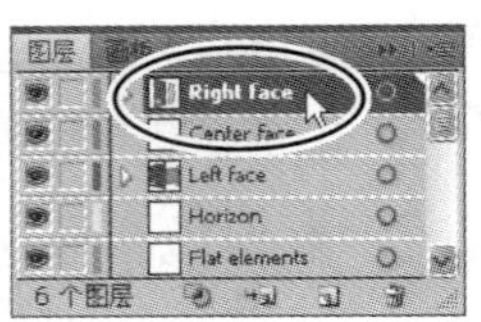

图9.32

将招牌与左侧网格平面关联后，下面相对于当前位置平行移动它，使其位于红色建筑的右边缘。

11. 按住数字键 5，并使用透视选区工具将其移到红色矩形的右边缘，再依次松开鼠标和按键，如图 9.33 所示。

12. 按住 Shift 键，使用透视选区工具向上拖曳招牌下边缘中央的手柄，当测量标签显示的高度大约为 2.4~2.5 英寸时，依次松开鼠标和 Shift 键，如图 9.33 所示。

将照片拖曳到正确的位置

缩小招牌

图9.33

> **Ai** **注意：**如果招牌缩小后离红色建筑太近或太远，可使用透视选区工具拖曳它，使其位置更合适。

13. 选择菜单“选择”>“取消选择”，再选择菜单“文件”>“存储”。

9.3.6 同时编辑网格平面和对象

可在网格平面中没有图稿时编辑它，也可在有图稿后进行编辑。可通过拖曳垂直地移动对象，也可使用网格平面控制点移动网格平面，进而垂直地移动对象。

下面编辑网格平面和图稿。

1. 在仍选择了透视选区工具的情况下，向右拖曳右侧网格平面控制点，直到测量标签显示“D: 1in”。这移动右侧网格平面，但不移动其中的对象，如图 9.34 所示。

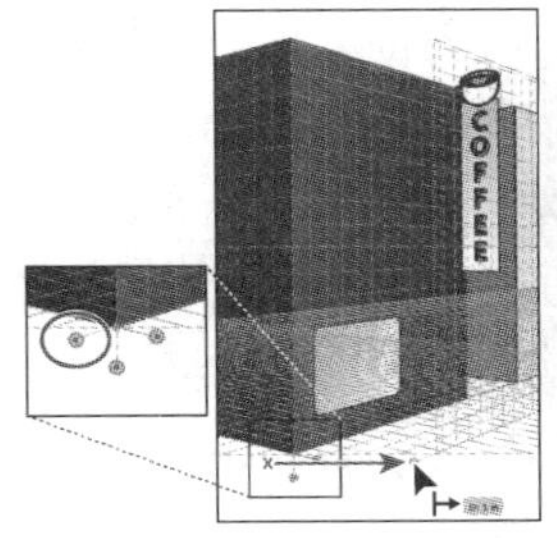

图9.34

> **Ai** **注意：**在本节中，示意图中的粉红色 X 都表示从这里开始拖曳。

2. 选择菜单“编辑”>“还原透视网格编辑”，将网格平面恢复到原来的位置。

3. 在仍选择了透视选区工具的情况下，按住 Shift 键并向右拖曳右侧网格平面控制点，直到测量标签显示的拖曳距离大约为 1 英寸，再依次松开鼠标和 Shift 键，如图 9.35 所示。

按住 Shift 键将同时垂直移动网格平面及其中的图稿。

> **Ai** **提示：**如果选择了活动网格平面中的对象，再按住 Shift 键并拖曳该网格平面的控制点，将只移动网格平面和选定的对象。

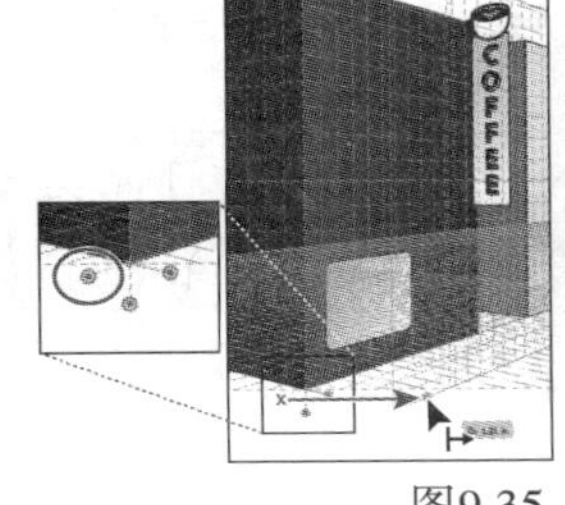

图9.35

> **提示：**拖曳网格平面的控制点时，如果按住 Shift + Alt（Windows）或 Shift + Option（Mac OS），将移动对象的拷贝和网格平面。

拖曳网格平面控制点不能很精确地移动。要更精确地移动，可通过输入值来移动右侧网格平面控制点，下面就这样做。

4. 双击刚才拖曳的右侧网格平面控制点，在"位置"文本框中输入 0.5 in，选择"移动所有对象"，再单击"确定"按钮，如图 9.36 所示。

在"右侧消失平面"对话框中，选项"不移动"让您只移动网格平面，而不移动其中的对象。"复制所有对象"让您移动网格平面及网格平面中对象的拷贝。

起始位置为站点，其对应的值为 0。站点用绿色小菱形标识，它位于水平网格平面控制点上方。在如图 9.36 中，用箭头指向了它。

下面使用相同的方法移动左侧网格平面。

5. 双击左侧网格平面控制点，在"位置"文本框中输入 -0.4 in，选择"移动所有对象"，再单击"确定"按钮，如图 9.37 所示。

如果指定的值为正，将向右移动网格平面；如果指定的值为负，将向左移动。

至此，网格平面处于正确的位置，而在所有的对象中，只有咖啡馆招牌和灰色建筑的左立面的位置不正确，将在后面移动它们。下面在红色建筑中添加一个矩形。

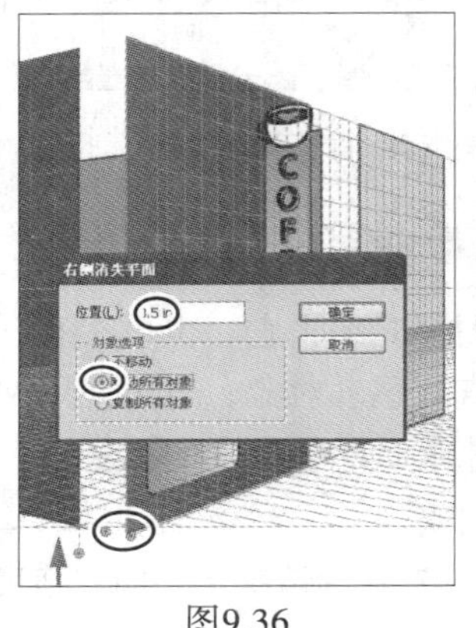

图9.36

图9.37

6. 单击工作区右边的图层面板图标展开图层面板，再选择图层 Center face，如图 9.38 所示。

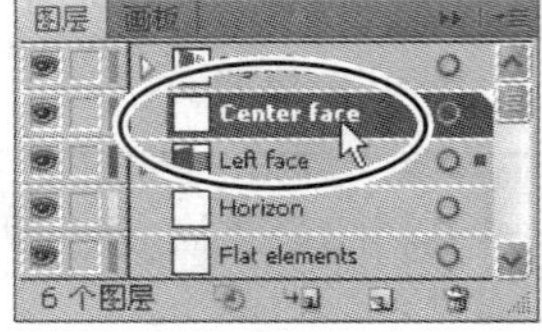

图9.38

7. 单击图层面板图标将该面板折叠起来。

8. 在工具箱中，选择隐藏在圆角矩形工具后面的矩形工具（ ）。单击平面切换构件中的"无现用网格"（如图 9.39 所示），这让您在非透视模式下绘图。

图9.39

9. 单击左侧网格平面中的红色矩形的右上角，并向右下方拖曳到右侧网格平面中的红色矩形的左下角，如图 9.40 所示。

> **注意：**这两个红色矩形的角可能没有完全对齐。要确保它们是完全对齐的，可选择使用透视选区工具选择每个矩形，再启用智能参考线，并让它们与网格对齐。

10. 在仍选择了该矩形的情况下，单击控制面板中的填色框，并将颜色改为 building corner。

11. 选择菜单“选择”>“取消选择”（结果如图 9.41 所示），再选择菜单“文件”>“存储”。

至此，红色建筑已初步成形，下面调整咖啡馆招牌的位置，并绘制一些将招牌固定在建筑立面上的矩形。这将要求您移动一个网格平面，使其与咖啡馆招牌匹配。

1. 选择工具箱中的透视选区工具，通过单击选择咖啡馆招牌，再选择菜单“对象”>“透视”>“移动平面以匹配对象”。

这将移动左侧网格平面，使其与招牌的透视匹配，如图 9.41 所示。这让您能够在招牌所处的平面中绘制或添加内容。

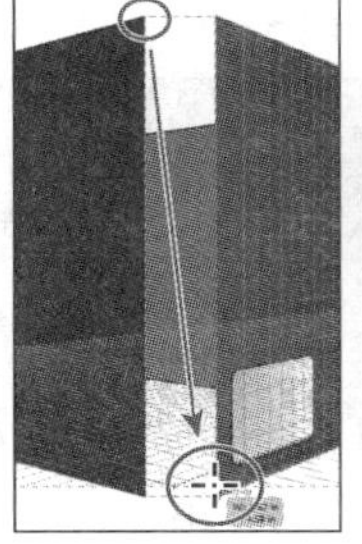

图9.40

图9.41

> **注意：**如果只想使用透视选区工具在透视下移动咖啡馆招牌，则无需移动网格平面使其与之匹配。

2. 选择菜单“选择”>“取消选择”，再选择工具箱中的缩放工具，并拖曳一个环绕咖啡馆招牌的选框以放大它。

3. 确保在平面切换构件中选择了左侧网格，再选择工具箱中的矩形工具。

> **提示：**可隐藏平面切换构件或调整其位置，方法是双击工具箱中的透视网格工具或透视选区工具，再在“透视网格选项”对话框中修改相应的选项。

4. 从咖啡馆招牌的左边缘开始向左下方拖曳以创建一个矩形，如图 9.42 所示，该矩形充当招牌的一个连接点。

5. 在选择了该矩形工具的情况下，单击控制面板中的填色框并将颜色改为淡蓝色（light blue）。

6. 选择工具箱中的透视选区工具，按住 Shift + Alt（Windows）或 Shift + Option（Mac OS）并将新矩形向下拖曳，在招牌底端附近创建一个拷贝，再依次松开鼠标和按键，如图 9.42 所示。您可能需要进一步放大视图。

7. 在选择了新拷贝的情况下，按住 Shift 键并单击刚才绘制的第一个矩形以及咖啡馆招牌，再选择菜单“对象”>“编组”。

图9.42

8. 按住 Shift 键，将招牌编组向右拖曳使其看起来像固定在建筑上，如图 9.42 所示。招牌的位置不必与该图所示的完全一致。

> **提示：**可在透视下将效果应用于对象。例如，可选择菜单“效果”>“3D”>“凸出和斜角”将 3D 凸出效果应用于咖啡馆招牌。

9. 选择菜单“视图”>“画板适合窗口大小”。

10. 使用透视选区工具单击表示建筑左立面的红色矩形以选择它，再选择菜单“对象”>“透视”>“移动平面以匹配对象”。

> **提示：**要让左侧网格平面与建筑左立面匹配，也可双击左侧网格平面控制点，再在“位置”文本框中输入 −0.4 in，选择“不移动”，并单击“确定”按钮。

11. 选择菜单“选择”>“取消选择”。

下面将表示第二座建筑左立面的中灰色矩形移动正确的位置。要在移动该矩形时看到网格平面，可暂时让左侧网格平面与该对象匹配。

12. 按 Ctrl + =（Windows）或 Command + =（Mac OS）两次放大透视网格和图稿。

13. 使用透视选区工具单击咖啡馆招牌后面的中灰色矩形以选择它。

> **注意：**如果难以选择咖啡馆招牌后面的中灰色矩形，可选择菜单“视图”>“轮廓”，再通过边缘选择该矩形，然后选择菜单“视图”>“预览”。

14. 按住 Shift 键，将鼠标移动到中灰色矩形的右下角再松开 Shift 键。

左侧网格平面将暂时与中灰色矩形对齐（如图 9.43 所示），这意味着您在该网格平面中绘制或添加内容。在按住了 Shift 键的情况下，将鼠标指向中灰色矩形的任何一个角都将获得这样的结果。

> **注意：**要使用 Shift 键自动调整网格平面的位置，必须启用智能参考线（选择菜单“视图”>“智能参考线”）。

15. 向右拖曳中灰色矩形右边缘中间的手柄，使其与淡灰色矩形的左边缘对齐，如图 9.43 所示。

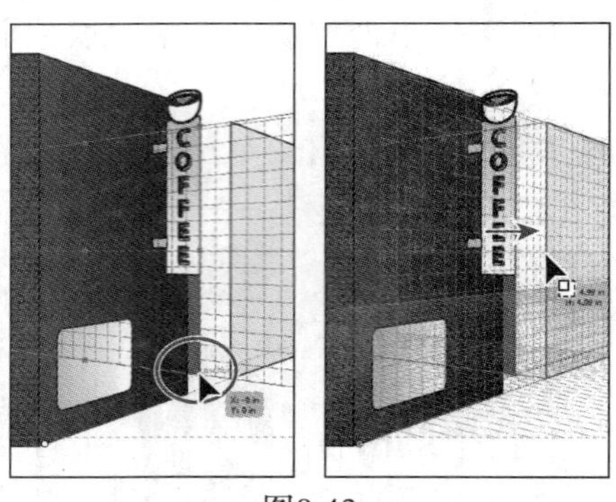

图9.43

> **注意：**要使用透视选区工具在透视下调整对象的位置或大小，并非一定要让网格平面与该对象对齐。

调整该矩形的大小后，注意到左侧网格平面回到了原来的位置。这是一种暂时调整网格平面位置的方法。

16. 选择菜单“选择”>“取消选择”，再选择菜单“文件”>“存储”。

平面自动定位

使用如图9.44所示的自动平面定位选项，可在按住Shift键并将鼠标指向锚点或网格线交点时，暂时自动移动活动网格平面。

自动平面定位选项位于“透视网格选项”对话框中，要打开该对话框，可双击工具箱中的透视网格工具或透视选区工具。

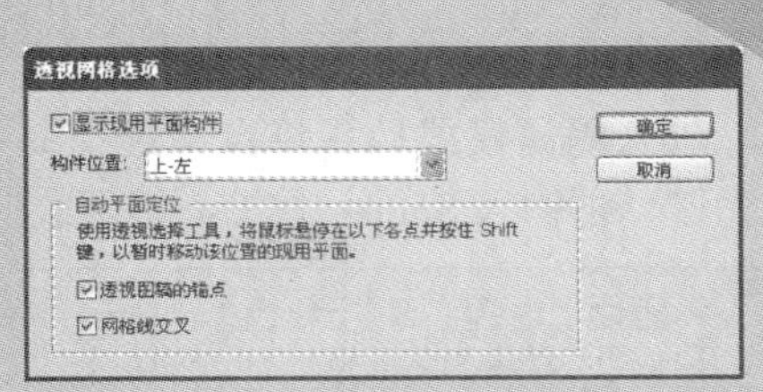

图9.44

9.4 在透视下添加和编辑文本

在透视网格可见的情况下，您不能直接将文本加入到透视平面中，但可在正常模式下创建文本，然后将其加入到透视平面中。下面在一扇窗户上方添加标志。

图9.45

1. 单击图层面板图标（◆）展开图层面板。在图层面板中，确保选择了图层 Left face，如图 9.45 所示。单击图层面板图标将该面板折叠起来。

> **Ai** **注意：**您可能想按 Ctrl + =（Windows）或 Command + =（Mac OS）两次来放大图稿。

2. 选择工具箱中的文字工具（**T**）。
3. 单击画板的空白区域并输入 Coffee。
4. 使用文字工具选择这些文本。在控制面板中，将字体改为 Myriad Pro，字体大小改为 48pt，字体样式改为 Bold。

> **Ai** **注意：**如果在控制面板中没有看到设置文本格式的选项，可单击控制面板中的字样“字符”打开字符面板。

5. 选择工具箱中的透视选区工具，按数字键 1 选择左侧网格，再将文本拖曳到左立面上的圆角矩形上方，如图 9.46 所示。

创建文本 Coffee

将文本拖曳到透视平面中

图9.46

下面在透视下编辑这些文本。

6. 在仍选择了这些文本的情况下，使用透视选区工具双击它们。这将进入隔离模式，让您能够编辑文本而不是透视对象。

提示：要进入隔离模式以编辑文本，也可单击控制面板中的“编辑文本”按钮（）。

7. 进入隔离模式后，将自动选择文字工具（T）。将光标放在文本 Coffee 的后面，按空格键，再输入 Shop。按 Esc 键两次退出隔离模式并返回到透视对象。

提示：要退出隔离模式，也可单击灰色箭头两次，该箭头位于文档窗口顶端的文档标签下方。

8. 按住 Shift 键，并使用透视选区工具向右上方拖曳文本对象的右上角，使文本对象稍大些（这里将其宽度设置为大约 3.8 英寸），再依次松开鼠标和 Shift 键，如图 9.47 所示。

编辑文本 Coffee

调整文本的大小

图9.47

9. 单击工作区右边的图形样式面板图标（）。在选择了文本对象的情况下，单击图形样式面板中的图形样式 Text，如图 9.48 所示。单击图形样式面板图标，将该面板折叠起来。

图9.48

注意：有关如何使用图形样式的更详细信息，请参阅第 13 课。

这将 3D 凸出效果应用于文本对象，还将描边、填色和投影效果应用于它。在透视下，可将很多效果、描边、填色等应用于文本。

10. 选择菜单“视图” > “画板适合窗口大小”。

11. 按 Ctrl + Shift + I（Windows）或 Command + Shift + I（Mac OS）暂时隐藏透视网格。

12. 选择菜单“选择” > “取消选择”（结果如图 9.49 所示），再选择菜单“文件” > “存储”。

图9.49

9.5 在透视下使用符号

在网格可见的情况下，将符号加入到透视平面中是一种不错的添加重复内容（如窗户）的方式。与文本一样，可在正常模式下创建符号，再将其加入到透视平面中。下面使用一个窗户符号在红色建筑上添加一些窗户，该符号已创建好。

注意：有关符号的更详细信息，请参阅第 14 课。

9.5.1 将符号加入到透视网格中

1. 按 Ctrl + Shift + I（Windows）或 Command + Shift + I（Mac OS）显示透视网格，再按 Ctrl + =（Windows）或 Command + =（Mac OS）两次，放大透视网格和图稿。
2. 选择透视选区工具，再单击红色建筑的左立面。

> **注意：** 单击红色建筑左立面有两个作用：在平面切换构件中选择左侧网格平面；在图层面板中选择图层 Left face（因为这个红色矩形位于该图层中）。

下面将一扇窗户与左侧网格平面相关联，并将其加入到图层 Left face 中。

3. 单击工作区右边的符号面板图表（♣）展开符号面板，再将符号面板中的符号 window1 拖曳到红色建筑的左立面上，注意到它未处于透视模式。
4. 使用透视选区工具将窗户拖曳到文本 Coffee Shop 上方，将其与左侧网格平面相关联。然后，将窗户拖曳到红色建筑左立面的左上角，并让它与网格对齐，如图 9.50 所示。

将符号拖曳到画板中

在透视下拖曳

图9.50

> **注意：** 确保窗户离建筑顶端不远，因为将在这扇窗户下面再添加一行窗户。请参阅图 9.50 调整窗户的位置。

9.5.2 在透视下变换符号

1. 使用透视选区工具双击左侧网格平面中的窗户，将出现一个对话框，指出您将编辑符号定义。这意味着如果您编辑该窗户，画板上的其他所有窗户符号（被称为实例）都将相应改变。单击"确定"按钮。
2. 选择工具箱中的选择工具，再选择菜单"选择">"现用画板上的全部对象"。按住 Shift 键，向左上方拖曳窗户的右下角以缩小它。等测量标签显示的宽度大约为 0.6 英寸时，依次松开鼠标和 Shift 键。
3. 按 Esc 键退出隔离模式，注意到窗户更小了，如图 9.51 所示。

图9.51

该窗户应与建筑立面底部的圆角矩形对齐。为此，您将调整网格的原点。调整原点时，将影响水平平面的 x 和 y 坐标，还将影响垂直平面的 x 坐标。在网格可见的情况下，当您选择透视下的对象时，变换面板和信息面板显示的 x 和 y 坐标都将随原点的移动而变化。

4. 选择工具箱中的透视选区工具，通过单击选择红色建筑左立面上的圆角矩形，它位于文本

Coffee Shop 下方。选择菜单“窗口”>“变换”打开变换面板，并查看其中的 x 和 y 坐标。

5. 选择工具箱中的透视网格工具，将鼠标指向原点，它位于红色砖墙底部中央，如图 9.52 所示。鼠标图标旁边将出现一个小圆圈（![]），将原点拖曳到左侧网格平面中的红色矩形的左下角处。

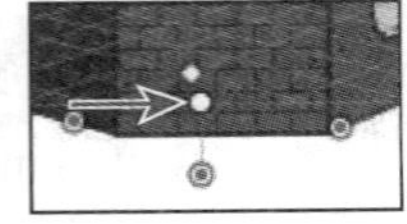
图9.52

这让水平平面的 x 和 y 轴的原点位于指定位置，同时让垂直平面的 x 轴的原点位于指定位置。

提示：可在透视网格中显示标尺，为此可选择菜单“视图”>“透视网格”>“显示标尺”。这将在每个网格平面中显示一个标尺，其单位是在“定义网格”对话框中设置的。

6. 选择工具箱中的透视选区工具，通过单击选择圆角矩形。在变换面板中单击左下角的参考点（![]），再将 X 值改为 0.3 in。

7. 选择圆角矩形上方的窗户，并将 X 值改为 0.3 in，如图 9.53 所示。这将对齐这两个对象的左边缘，它们离原点的距离是由您指定的。

拖曳原点

调整窗户的位置

调整另一扇窗户的位置

图9.53

注意：要重置原点，可选择工具箱中的透视网格工具，再双击原点。

8. 关闭变换面板。

9. 按住 Shift + Alt（Windows）或 Shift + Option（Mac OS），向右拖曳该窗户，当测量标签显示的 dX 值大约为 1 英寸后依次松开鼠标和按键，这将在透视下创建窗户的一个拷贝。

10. 选择菜单“对象”>“变换”>“再次变换”重复前面的变换，再按 Ctrl + D（Windows）或 Command + D（Mac OS）再次重复该变换。注意到拷贝处于透视下。

11. 按住 Shift 键并使用透视选区工具单击整行窗户，将它们都选中。

注意：按住 Shift 键并单击窗户时，可能无意间移动了它们。如果发生这种情况，请选择菜单“编辑”>“还原透视移动”，并重新尝试。

12. 按住 Shift + Alt（Windows）或 Shift + Option（Mac OS），将选定的窗户向下拖曳到文本

Coffee Shop 上方，再依次松开鼠标和按键。这将在透视下创建这些窗户的拷贝，总共得到 8 扇窗户，如图 9.54 所示。

13. 选择菜单“选择”>“取消选择”。

14. 使用透视选区工具拖曳一个覆盖单词 Shop 上方 4 扇窗户的选框，按住 Shift 键并单击左侧网格平面以取消选择它，如图 9.55 所示。

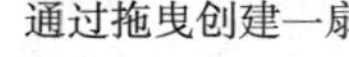
通过拖曳创建一扇窗户的拷贝

重复前面的变换

拖曳创建多扇窗户的拷贝

图9.54

通过拖曳选择窗户

按住 Shift 键并单击以取消选择

图9.55

下一步要求以精确的顺序按下多个按键，务必仔细阅读。

15. 在选择了 4 扇窗户的情况下，将它们向右拖曳。在没有松开鼠标的情况下，按数字键 3 切换到右侧网格平面。按住 Shift + Alt（Windows）或 Shift + Option（Mac OS），继续将窗户拖曳到红色建筑右立面的左上角附近，并尽可能让窗户的左边缘与右侧网格平面中的圆角矩形的左边缘对齐，如图 9.56 所示。将窗户移动到正确的位置后，依次松开鼠标和按键。不要取消选择这些窗户。

拖曳窗户并切换网格平面

拖曳窗户的拷贝

图9.56

复制的窗户位于位于图层 Left face 中，需要将其移到建筑右立面中的圆角矩形所属的图层中。

16. 选择菜单“编辑”>“剪切”。

17. 单击工作区右边的图层面板图标（）展开图层面板，再通过单击选择图层 Right face，如图 9.57 所示。

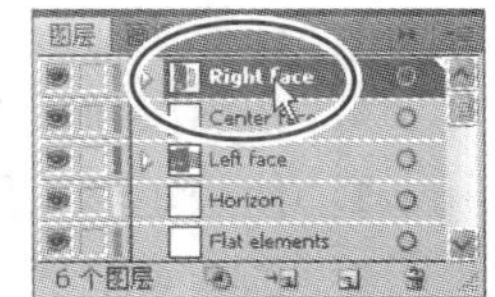

图9.57

18. 选择菜单“编辑”>“就地粘贴”。

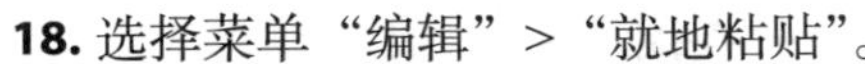

19. 选择菜单“选择”>“取消选择”。

20. 选择菜单“视图”>“画板适合窗口大小”，再选择菜单“文件”>“存储”。

9.6 释放透视

有时候需要将当前处于透视下的对象用于其他地方，还有些时候需要解除对象和网格平面之间的关联。在 Illustrator 中，可以解除对象与透视平面之间的关联，使其成为正常图稿，下面就这样做。

1. 使用透视选区工具单击红色建筑左立面上的文本 Coffee Shop，以选择它们。
2. 选择菜单“对象” > “透视” > “通过透视释放”。
3. 选择菜单“选择” > “取消选择”。
4. 按住 Shift 键，并使用透视选区工具向左拖曳左侧网格平面控制点，当测量标签显示的距离大约为 –1 英寸时依次松开鼠标和按键。文本 Coffee Shop 并未随网格一起移动，因为它们不再与该网格相关联，如图 9.58 所示。

图9.58

5. 选择菜单“编辑” > “还原透视网格编辑”，再选择菜单“编辑” > “还原通过透视释放”。
6. 在图层面板中，单击图层 Background 的可视性栏以显示该图层，结果如图 9.59 所示。
7. 选择菜单“选择” > “取消选择”，再选择菜单“文件” > “存储”。

图9.59

9.7 练 习

下面通过创建人行道和门做更深入的探索。

1. 单击图层面板图标（ ）展开该面板，再单击图层 Horizon 以选择它。
2. 选择矩形工具，并按数字键 2 切换到水平网格。将鼠标指向红色建筑的砖墙下边缘下方大约 1 英寸的地方，再单击并拖曳到水平线，这将创建人行道。选择透视选区工具，并拖曳该矩形的各个角，使其类似于如图 9.60 中建筑物下方的灰色形状。

图9.60

3. 在控制面板中，将人行道的填充色改为灰色。
4. 在图层面板中，通过单击选择图层 Left face。
5. 使用矩形工具在左侧网格平面中给红色建筑添加一扇门。
6. 选择菜单“文件” > “存储”，再选择菜单“文件” > “关闭”。

复习

复习题

1. 有三种透视网格预设，请简要描述每种预设的用途。
2. 如何显示 / 隐藏透视网格？
3. 为确保对象位于正确的网格平面中，必须在绘制内容前如何做？
4. 描述将对象从一个网格平面移到另一个网格平面的步骤。
5. 双击网格平面控制点有何作用？
6. 如何沿垂直网格平面的方向移动物体？

复习题答案

1. 绘制正对观察者的公路、铁路或建筑时，一点透视很有用；两点透视在绘制立方体（如建筑）或两条逐渐远离的公路时很有用，这种透视通常有两个透视点。三点透视通常用于绘制从上面或下面观看的建筑；除显示每堵墙的消失点外，它还在地下或高空显示了这些墙的消失点。
2. 要隐藏 / 显示透视网格，可选择工具箱中的透视工具，可打开菜单“视图”>“透视网格”并选择“显示网格”或“隐藏网格”，还可按 Ctrl + Shift + I（Windows）或 Command + Shift + I（Mac OS）。
3. 必须选择正确的网格平面，为此可在平面切换构件中选择网格平面，可使用键盘快捷键（1 为左侧网格，2 为水平网格，3 为右侧网格，4 为无现用网格），还可使用透视选区工具选择所需网格平面中的内容。
4. 选择对象并拖曳它；在没有松开鼠标的情况下，按数字键 1、2 或 3 切换到所需的网格平面，具体按哪个数字键取决于要将对象关联到哪个网格平面。
5. 双击网格平面控制点让您能够移动该网格平面。您可指定是否移动与网格平面相关联的内容以及是否复制对象并随网格平面一起移动它们。
6. 按住数字键 5 并使用透视选区工具拖曳对象，这将沿与网格平面垂直的方向移动它。

第10课 混合形状和颜色

在本课中，读者将学习如何执行如下操作：

- 创建和保存渐变；
- 在渐变中添加颜色；
- 调整渐变混合的方向；
- 调整渐变混合中颜色的不透明度；
- 在对象之间创建平滑的颜色混合；
- 以指定步数的方式混合对象的形状；
- 修改混合及其路径、形状和颜色。

学习本课需要大约 1 小时。如果必要，从硬盘中删除前一课的文件夹，并将文件夹 Lesson10 复制到硬盘中。

渐变填充是两种或多种颜色逐渐混合，用户可使用渐变面板来创建或修改渐变填充。混合工具用于将对象的形状和颜色进行混合，以生成新的混合对象或一系列中间形状。

10.1 简 介

读者将探索使用渐变面板和混合工具创建颜色渐变以及混合形状和颜色的各种方法。

在此之前，需要恢复 Adobe Illustrator 的默认首选项，并打开本课最终的图稿文件以查看将创建的插图。

1. 为确保工具和面板像本课描述的那样，请删除或重命名 Adobe Illustrator CS5 首选项文件，详情请参阅“前言”中的“恢复默认首选项”。
2. 启动 Adobe Illustrator CS5。

> **注意**：如果还没有从配套光盘的文件夹 Lesson10 中将本课的资源文件复制到硬盘，现在就这样做，详情请参阅“前言”中的“复制课程文件”。

3. 选择菜单“文件”>“打开”，打开硬盘中文件夹 Lessons\Lesson10 中的文件 L10end_1.ai 文件，如图 10.1 所示。

图10.1

该图稿中的文本、背景、水汽和咖啡都使用了渐变进行填充。咖啡杯上的彩色豆子以及咖啡杯左边的咖啡豆都是通过混合创建的。

4. 如果愿意，可选择菜单“视图”>“缩小”缩小最终图稿，并让它打开（工作时使用抓手工具将图稿移到要参考的地方）。如果不想让该图像打开，可选择菜单“文件”>“关闭”。

为了开始工作，打开一个现有的图稿文件。

5. 选择菜单“文件”>“打开”，打开硬盘中文件夹 Lessons\Lesson10 中的文件 L10start_1.ai，如图 10.2 所示。
6. 选择菜单“文件”>“存储为”，将文件重命名为 coffee.ai，从下拉列表“保存在”中选择文件夹 Lesson10。保留“保存类型”Adobe Illustrator（*.AI）（Windows）或“格式”，Adobe Illustrator（ai）（Mac OS），并单击“保存”按钮。在“Illustrator 选项”对话框中，保留默认设置并单击“确定”按钮。

图10.2

10.2 使用渐变

渐变填充是两种或多种颜色之间的逐渐混合。用户可创建渐变，也可使用 Adobe Illustrator 提供的渐变，对其进行编辑并将其存储为色板供以后使用。

可使用渐变面板（可选择菜单“窗口”>“渐变”打开它）或渐变工具（）来应用、创建和编辑渐变。在渐变面板（如图 10.3 所示）中，渐变填色框显示了当前的渐变颜色和渐变类型。用户单击渐变填色框时，将使用当前渐变填充选定对象。“渐变”下拉列表（）列出了默认渐变和存储的渐变。

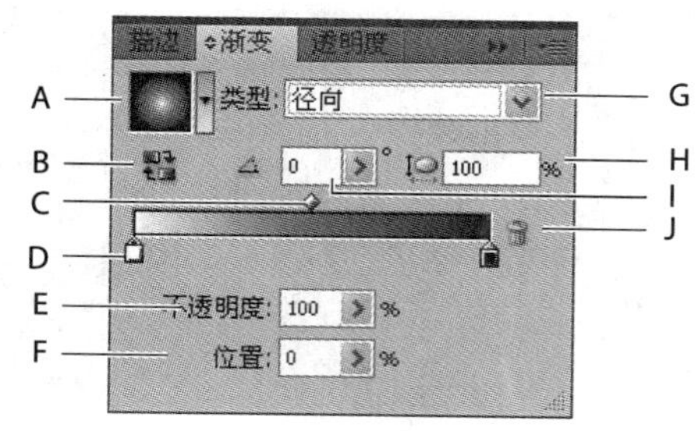

A. 渐变填色框　　F. 位置
B. 反向渐变　　G. 渐变类型
C. 渐变滑块　　H. 长宽比
D. 色标　　I. 角度
E. 不透明度　　J. 删除色标

图10.3

默认情况下，该面板包含一个起始色标和一个结束色标。可通过在渐变滑块下方单击来添加色标。双击色标将打开一个面板，让用户能够选择色板，使用颜色滑块指定颜色或使用吸管选择颜色。

在渐变面板中，左边的渐变色标表示起始颜色，而右边的渐变色标表示终止颜色。渐变色标是从一种颜色变成另一种颜色的位置。

10.2.1 创建并应用线性渐变

在本课中，将首先创建一种用于填充背景的渐变。

1. 在应用程序栏中，从工作区切换下拉列表中选择“基本功能”。
2. 选择菜单“视图”>“画板适合窗口大小”。
3. 使用选择工具单击背景中较大的圆角矩形以选择它。

从工具箱底部的填色框和描边框可知，背景使用了棕色填充和红色描边，如图 10.4 所示；填色框和描边框下方的“渐变”按钮指出了最后一次使用的渐变。默认渐变填充为“黑 - 白”渐变。用户选择使用渐变填充的对象或在色板面板中选择一种渐变色板后，工具箱中的渐变填充将变成选定对象的填色或选定的色板。

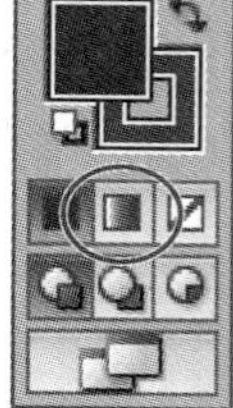

图10.4

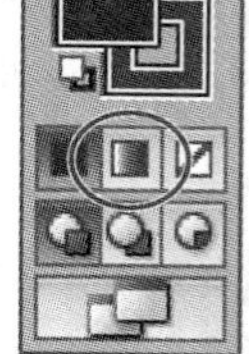

图10.5

4. 单击工具箱底部的“渐变”按钮（ ）。

默认的黑白渐变将出现在填色框中，并用于填充选定的背景形状，如图 10.5 所示。

5. 如果渐变面板没有出现在工作区右边，选择菜单“窗口”>“渐变”。
6. 在渐变面板中，双击左边的色标以选择渐变的起始颜色。该色标的尖端将变暗，以指出它被选中。

双击色标将打开一个新的面板，如图 10.6 所示。在该面板中，可使用色板或颜色面板修改色标的颜色。

图10.6

7. 在出现在渐变面板下面的面板中，单击“色板”按钮（ ）。通过单击选择名为 Light Brown 的色板（如图 10.7 所示），注意到画板中的渐变发生了变化。按 Esc 键或单击渐变面板的空白区域，以返回渐变面板。

8. 双击渐变面板中的黑色色标以编辑其颜色。

9. 在渐变面板下方出现的面板中，单击“颜色”按钮（）打开颜色面板。从面板菜单中选择“CMYK”，并将值改为C=45、M=62、Y=82和K=44，如图10.8所示。按Esc键或单击渐变面板的空白区域，以返回渐变面板。

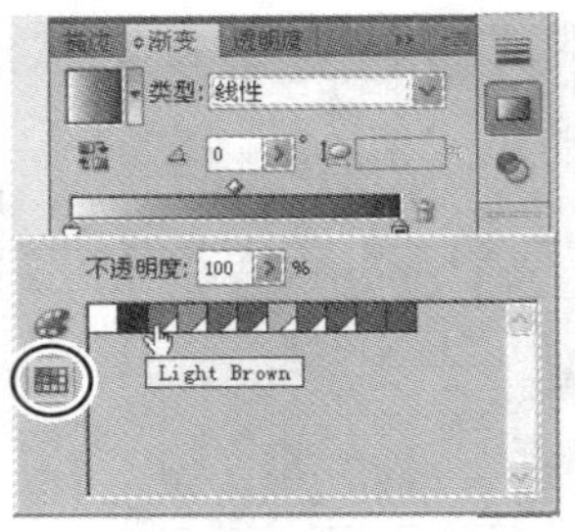

图10.7

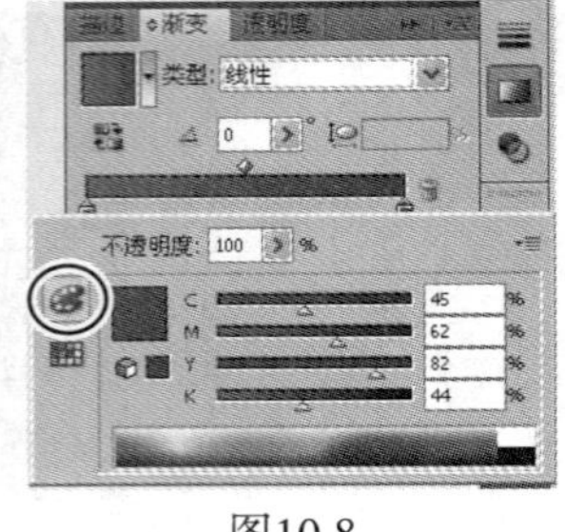
图10.8

提示：要在文本框之间移动，可按Tab键。要让最后输入的值生效，可按回车键。

下面将该渐变存储到色板面板中。

10. 为存储该渐变，单击“渐变”下拉列表按钮（），并单击下拉列表底部的“添加到色板库”按钮（），如图10.9所示。

图10.9

提示：要存储渐变，还可选择该渐变填充的对象，单击工具箱中的填色框，再单击色板面板底部的“新建色板”按钮（）。

“渐变”下拉列表列出了所有默认渐变和存储的渐变，用户可从中选择。

下面在色板面板中重命名该渐变色板。

11. 单击工作区右边的色板面板图标打开色板面板。在色板面板中，双击色板“新建渐变色板1”（如图10.10所示），打开“色板选项”对话框。在“色板名称”文本框中输入Background并单击“确定”按钮。

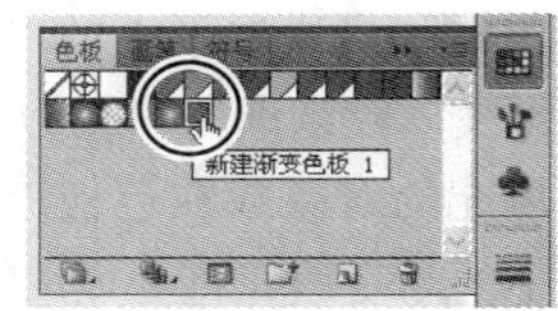

图10.10

12. 要在色板面板中只显示渐变色板，可单击色板面板底部的“显示色板类型菜单”按钮（），并从菜单中选择“显示渐变色板”，如图10.11所示。

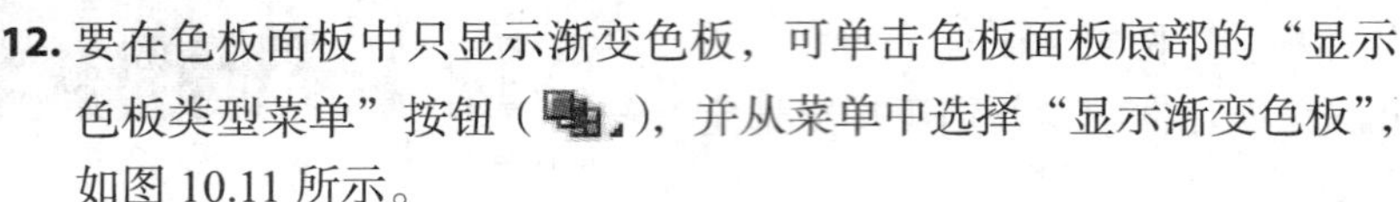

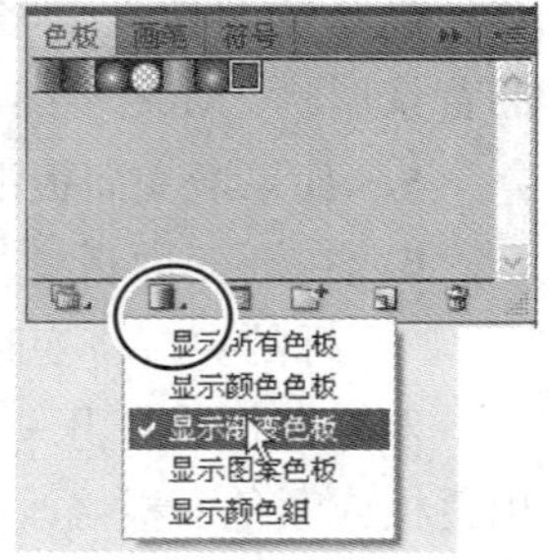

图10.11

13. 在仍选择了圆角矩形的情况下，在色板面板中单击其他渐变以尝试它们。进入下一步前，单击刚存储的渐变Background以应用它。

注意到有些渐变有多种颜色。在本课后面，将介绍如何使用多种颜色来创建渐变。

14. 单击色板面板底部的“显示色板类型菜单”按钮（），并从菜单中选择“显示所有色板”。

15. 选择菜单“选择”>“取消选择”。

16. 选择菜单“文件”>“存储”。

10.2.2 调整渐变混合的方向和角度

使用渐变填充对象后，便可使用渐变工具调整渐变的方向、起点和终点。

下面将调整背景形状的渐变填充。

1. 使用选择工具选择前面选择的圆角矩形。

2. 选择工具箱中的渐变工具（ ）。

渐变工具只影响用渐变填充的选定对象。注意到矩形中央出现了一个水平渐变条。渐变条指出了渐变的方向，大圆圈指出了渐变的起点，而小圆圈指出了渐变的终点，如图 10.12 所示。

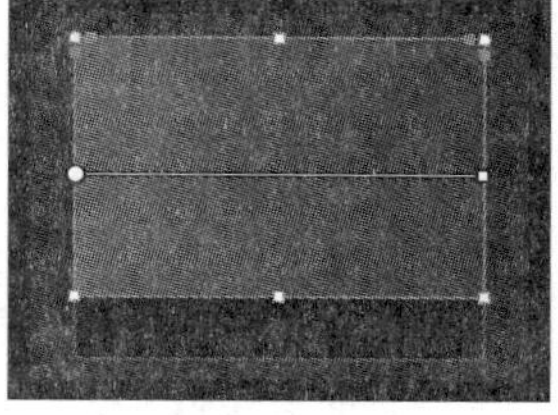

图10.12

> **提示：**可将渐变条隐藏起来，方法是选择菜单“视图”>“隐藏渐变批注者”；要重新显示渐变条，可选择菜单“视图”>“显示渐变批注者”。

3. 将鼠标指向渐变条时，渐变条将变成渐变滑块，就像渐变面板中的渐变滑块，如图 10.13 所示。可使用该渐变滑块来编辑渐变颜色等，而无需打开渐变面板。

> **注意：**将鼠标指向渐变滑块的不同区域时，鼠标图标可能发生变化。这表明可执行不同的操作。

4. 按住 Shift 键，使用渐变工具单击背景矩形的顶部并拖曳到底部，以修改渐变的方向以及起始颜色和终止颜色的位置，如图 10.14 所示。拖曳时按住 Shift 键可确保拖曳方向为 45° 的整数倍。

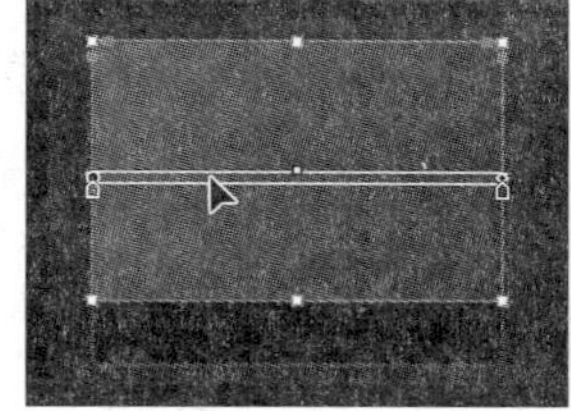

图10.13

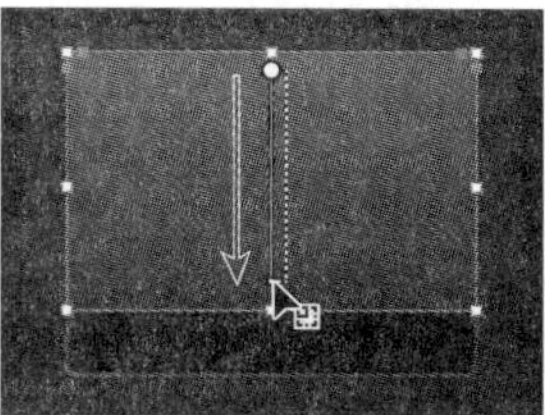

图10.14

请练习修改该矩形中的渐变。例如，在矩形内部拖曳较短的距离以创建颜色变化剧烈的渐变，在矩形外部拖曳较长的距离以创建颜色变化不那么明显的渐变。还可向上拖曳以反转起始和终止颜色以及混合方向。

下面旋转渐变并调整渐变的位置。

5. 在仍选择了渐变工具的情况下，将鼠标指向渐变条底部的白色方块下方，将出现旋转图标（ ）。单击并向右拖曳以旋转矩形中的渐变，如图 10.15 所示。

渐变条和渐变将旋转，但松开鼠标后，渐变条将回到矩形中央。

下面在渐变面板中旋转渐变。

6. 单击工作区右边的渐变面板图标（ ）打开渐变面板。将文本框“角度”中的旋转角度改为 -90，让渐变恢复到垂直的，如图 10.16 所示。按回车键让修改生效。

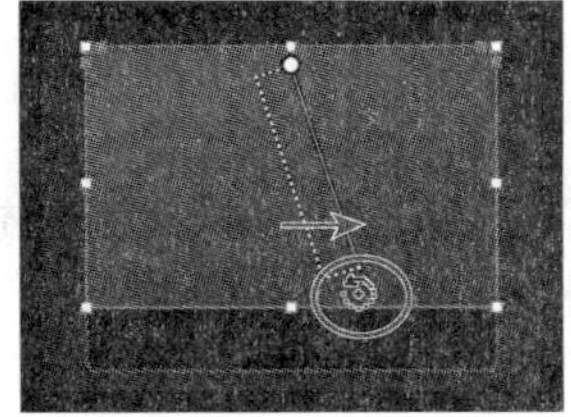

图10.15

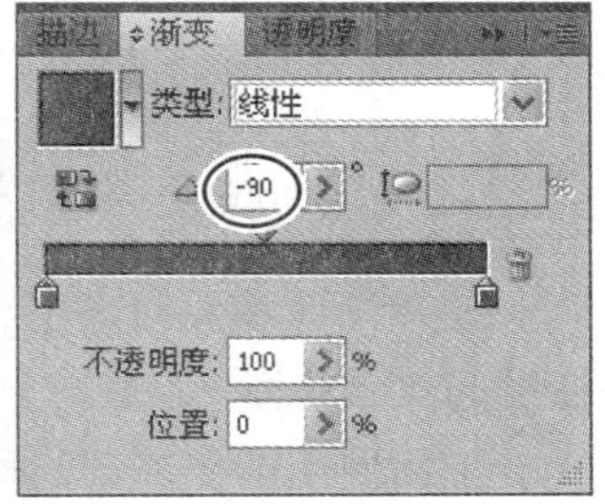

图10.16

> **注意**：在要求精确和一致时，应在渐变面板中输入旋转角度，而不要直接在画板中调整。

7. 在仍选择了背景矩形的情况下，选择菜单“对象”>“锁定”>“所选对象”。
8. 选择菜单“文件”>“存储”。

10.2.3 创建径向渐变

可创建线性或径向渐变，这两种渐变都有起始颜色和终止颜色。在径向渐变中，起始颜色指定了填充中心的颜色，这种填充沿径向向外逐渐变成终止颜色（最右边的色标）。下面创建并编辑一个径向渐变。

1. 单击工作区右边的图层面板图标打开图层面板。单击图层 Coffee Cup 的可视性栏以显示该图层（可能需要在图层面板中向下滚动），如图 10.17 所示。
2. 使用选择工具选择咖啡杯顶部使用棕色填充的椭圆，它表示咖啡杯中的咖啡，如图 10.18 所示。

图10.17

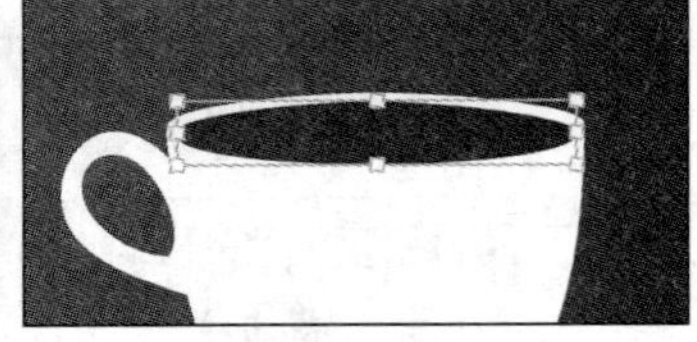
图10.18

3. 选择工具箱中的缩放工具，并单击咖啡杯多次以放大它。
4. 在仍选择了椭圆的情况下，单击工具箱底部的“渐变”按钮（■）以应用前一次应用的渐变，如图 10.19 所示。渐变面板将出现在工作区右边。

这使用了前面创建并存储的线性渐变填充该椭圆。下面将该线性渐变改为径向渐变，并对其进行编辑。

5. 在渐变面板中，从“类型”下拉列表中选择“径向”，将渐变改为径向的，如图 10.20 所示。不要取消选择椭圆。

图10.19

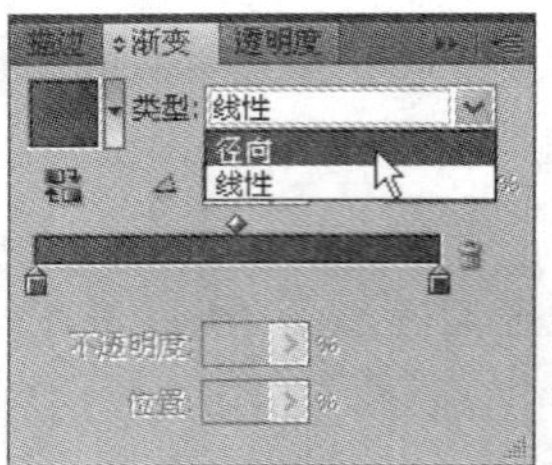

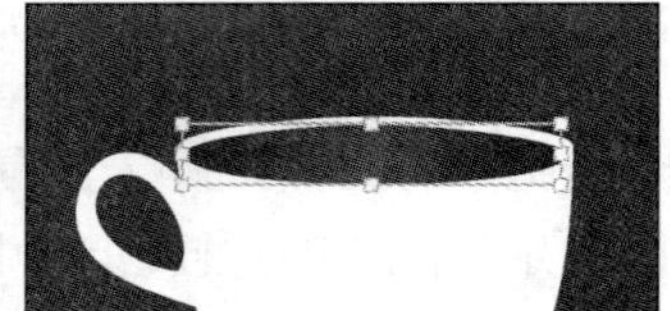
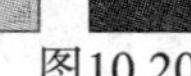
图10.20

10.2.4 修改颜色及调整渐变

使用渐变填充对象后，可使用渐变工具来添加或编辑渐变，包括修改方向和颜色以及移动渐变的起点和终点。

下面使用渐变工具调整每个色标的颜色。

1. 选择缩放工具并单击咖啡杯顶部的椭圆将其放大。
2. 选择渐变工具，将鼠标指向渐变条以显示渐变滑块，它周围有一个虚线圆，表明这是径向渐变。双击右边的色标以编辑其颜色。在出现的面板中，单击“颜色”按钮（![]），如图 10.21 所示。
3. 按住 Shift 键，单击滑块 C 并向右拖曳将颜色变暗，如图 10.22 所示。按 Esc 键关闭面板。

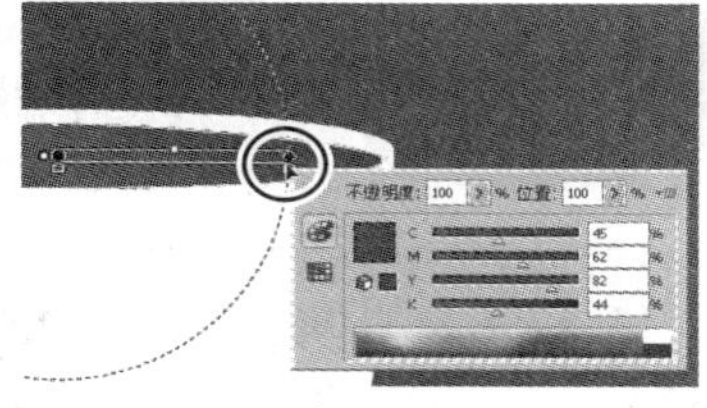

图10.21

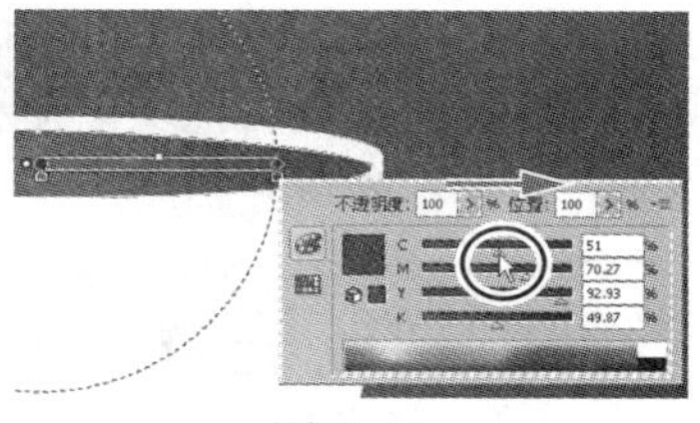

图10.22

4. 在画板中的渐变滑块中，双击左边的色标。在出现的面板中单击“颜色”按钮（![]）并将色调改为 50%，为此可向左拖曳色调滑块，也可在文本框“色调”中输入 50，如图 10.23 所示。按 Esc 键关闭面板。

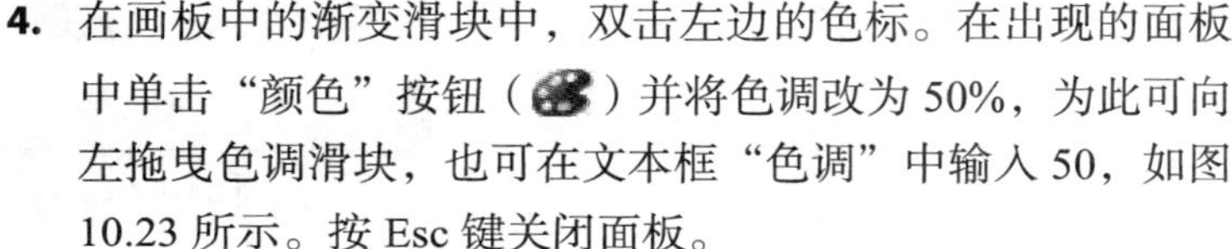

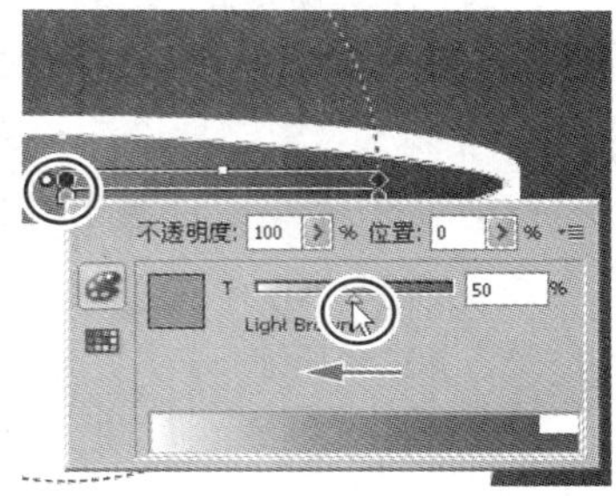

图10.23

下面修改渐变的长宽比、原点和半径。

5. 在渐变面板中，将长宽比改为 20，并按回车设置长宽比，如图 10.24 所示。

> **Ai** **注意：**长宽比的取值范围为 0.5%~32767%。降低长宽比时，椭圆将变得更平，更宽。

该长宽比将径向渐变改为椭圆渐变，让咖啡看起来更逼真。

图10.24

下面使用渐变工具修改长宽比。

6. 使用渐变工具单击虚线路径顶部的黑色圆圈并向上拖曳以修改长宽比，如图 10.25 所示。松开鼠标后，请注意画板上椭圆内的渐变。如果渐变面板没有打开，单击其图标，将发现长宽比大于前面设置的 20%。
7. 向下拖曳虚线路径顶部的黑色圆圈，直到渐变面板中显示的长宽比大约为 14%，如图 10.26 所示。

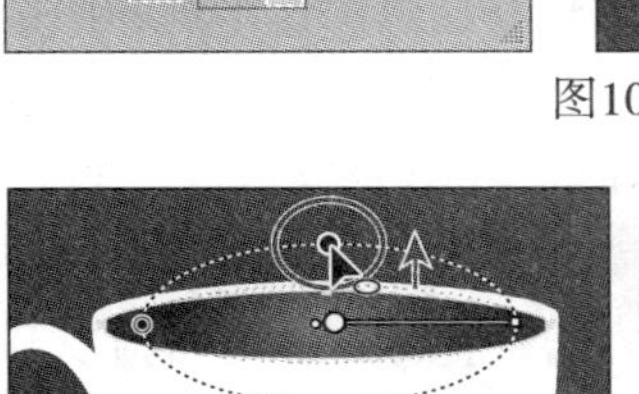

图10.25

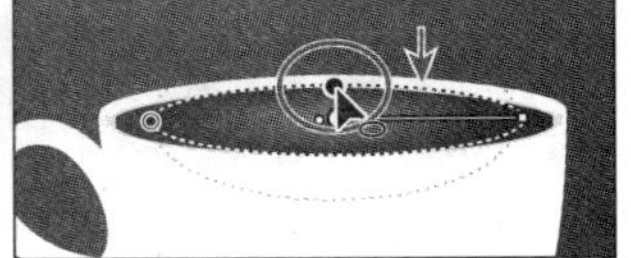

图10.26

下面拖曳渐变条以调整椭圆中渐变的位置。

8. 使用渐变工具单击渐变条并向下拖曳，以移动椭圆中的渐变，如图 10.27 所示。

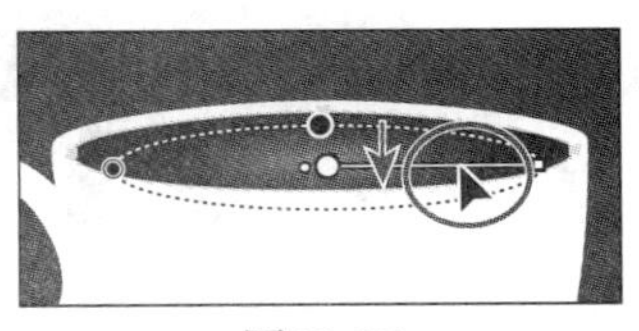

图10.27

9. 选择菜单“编辑”>“还原渐变”将渐变恢复到原来的位置。

10. 选择菜单“文件” > “存储”。

下面修改渐变的半径和原点。

11. 在选择了渐变工具的情况下，将鼠标指向椭圆以显示渐变滑块，单击虚线路径左边的黑色圆圈并向右拖曳以缩小半径，如图 10.28 所示。这缩短了从左边的色标颜色过渡到右边的色标颜色的距离。

> **注意**：要修改半径，还可向左或向右拖曳第二个色标。

尝试左右拖曳虚线路径左边的黑色圆圈，并查看对渐变的影响。尝试完毕后，务必将它拖曳到如图 10.28 所示的位置。下面修改渐变的原点。

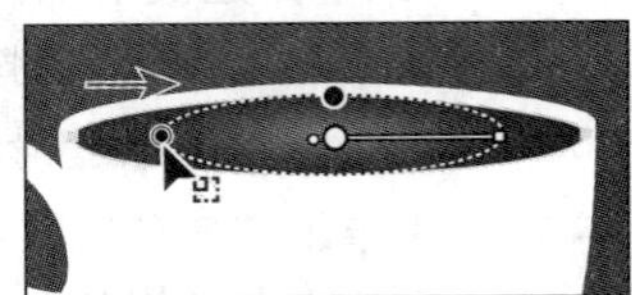

图10.28

12. 使用渐变工具单击并拖曳左边的色标左边的白点，这将调整渐变中心（左边的色标）的位置，并修改渐变的半径，如图 10.29 所示。

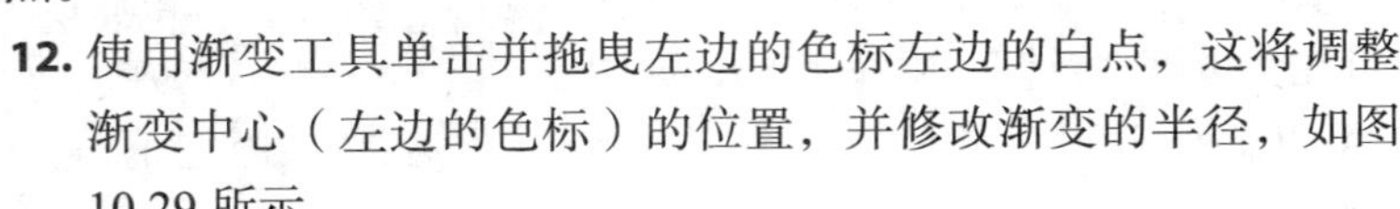

每个渐变都至少有两个色标。通过使用渐变面板或渐变工具编辑色标的颜色以及添加色标，可创建自定义渐变。

下面给表示咖啡的椭圆添加第三个色标，并对其进行编辑。

13. 在选择了渐变工具的情况下，将鼠标指向渐变条的下边缘，鼠标将变成带加号的白色箭头（↖_+），如图 10.30 所示。单击渐变条中央的下方添加一个色标。

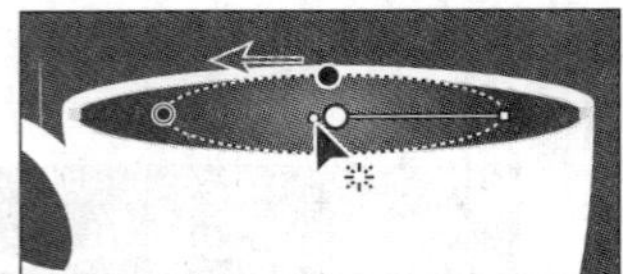

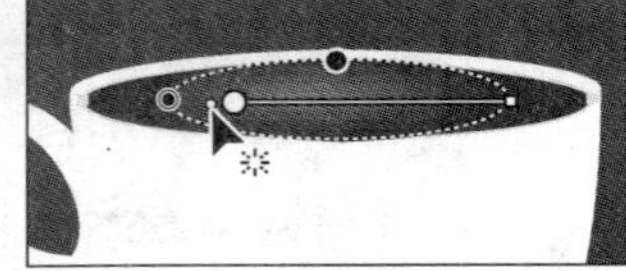

图10.29

图10.30

14. 双击新增的色标以编辑其颜色。在出现的面板中，单击“色板”按钮（▦）并选择色板 Brown，如图 10.31 所示。按 Esc 键关闭面板。

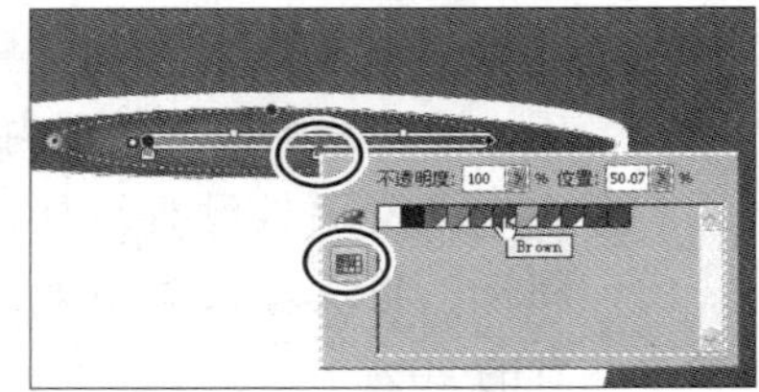

图10.31

现在有 3 个色标。下面通过调整色标的排列顺序来调整颜色。

15. 使用渐变工具单击左边的色标，并向右拖曳到中间色标的左边。

16. 将中间的色标向左拖曳到渐变条的最左端，以交换这两个色标的位置，如图 10.32 所示。

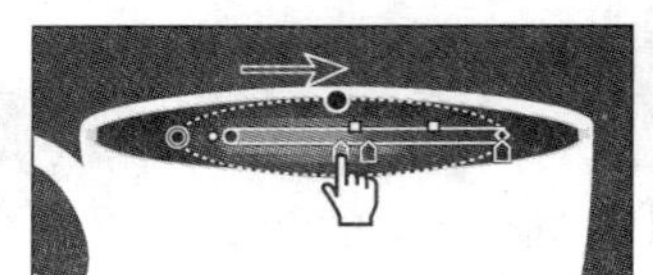

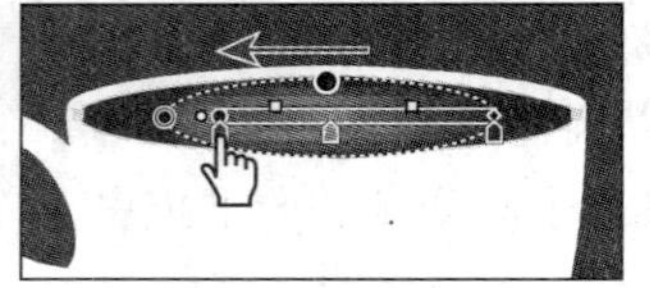

向右拖曳左边的色标，并向左拖曳中间的色标

图10.32

17. 选择菜单“选择”>“取消选择”，再选择菜单“文件”>“存储”。

10.2.5 将渐变应用于多个对象

要将渐变应用于多个对象，可选择这些对象，应用一种渐变色板，再使用渐变工具在这些对象中拖曳。下面使用一种线性渐变来填充已转换为路径轮廓的文字，并编辑该渐变的颜色。

图10.33

1. 选择菜单“视图”>“画板适合窗口大小”。

2. 单击图层面板图标打开该面板。单击图层 Logo 的可视性栏以显示该图层（可能需要在图层面板中向上滚动），如图 10.33 所示。单击图层 Background 的眼睛图标以隐藏该图层。

> **Ai** | **注意：**现在只显示了文字、咖啡豆和椭圆。

3. 使用选择工具通过单击选定文字 Mike' s Coffee。

文字 Mike' s Coffee 已转换为路径轮廓，因此可使用渐变填充它。

图10.34

> **Ai** | **注意：**要将文字转换为路径轮廓，可使用选择工具选择它，再选择菜单“文字”>“创建轮廓”，有关这方面的更详细信息，请参阅第 7 课。

组成 Mike' s Coffee 的形状被编组。通过将字母编组，可同时使用相同渐变填充每个字母，还可同时编辑它们的渐变填充。

4. 单击工作区右边的渐变面板图标，打开渐变面板。单击“渐变”下拉列表按钮（ ）并从列表中选择 Linear Gradient（如图 10.35 所示），这将应用一种黑白渐变。

> **Ai** | **注意：**注意到使用该渐变分别填充了每个字母，可使用渐变工具对此进行调整。

5. 在渐变面板中，双击左边的色标以选择它，以便能够调整渐变的起始颜色。单击“色板”按钮（ ），并选择色板 Light Red。按 Esc 键关闭面板，如图 10.36 所示。

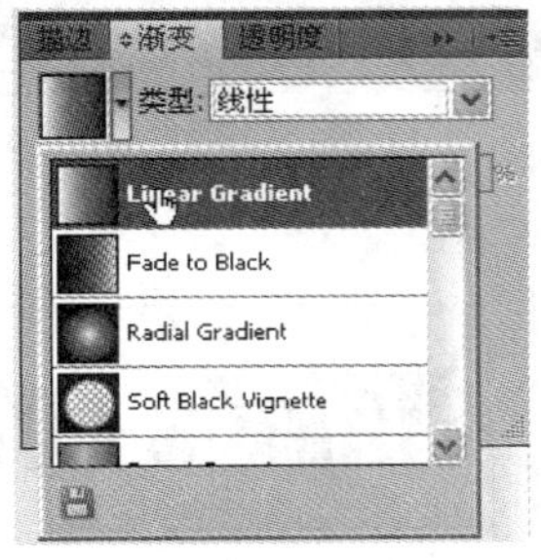

图10.35

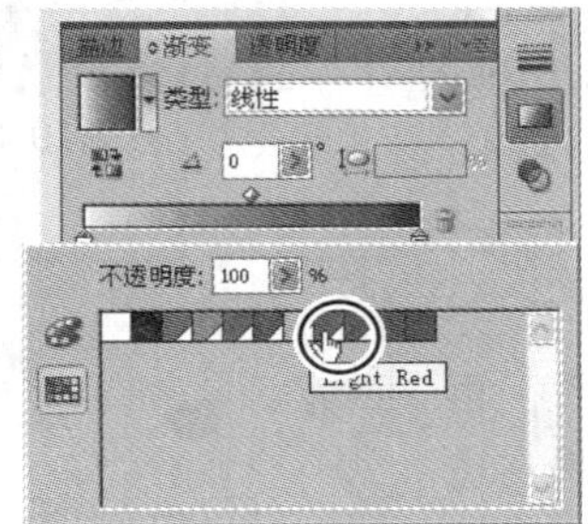

图10.36

下面调整字母的渐变，让渐变跨越所有字母；然后在渐变中添加中间颜色，在多种颜色之间进行混合。

6. 选择工具箱中的渐变工具。按住 Shift 键，单击字母顶部并拖曳到字母底部，将渐变应用于所有字母，如图 10.37 所示。

图10.37

下面添加一个色标，从而在渐变中添加一种颜色。添加色标时，渐变条上方将出现一个菱形，它指出了两种颜色之间的中点。

7. 在渐变面板中，单击渐变滑块的下方，在两个渐变色标之间添加一个色标，如图 10.38 所示。
8. 双击新增的色标以编辑其颜色。在出现的面板中，单击“色板”颜色并选择色板 Dard Red，如图 10.39 所示。按 Esc 键关闭面板。
9. 为调整两种颜色之间的中点，将深红色和黑色色标之间的菱形图标向右拖曳（如图 10.40 所示），这将给渐变更多的红色和更少的黑色。

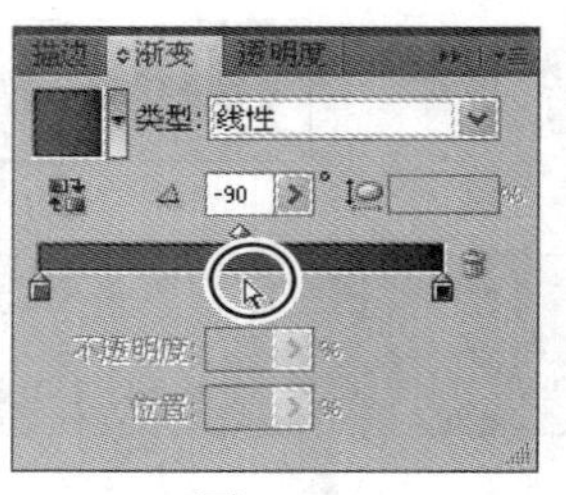
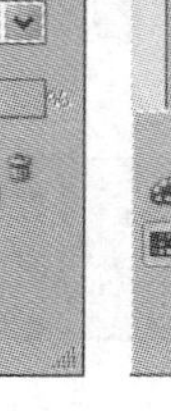

图10.38

图10.39

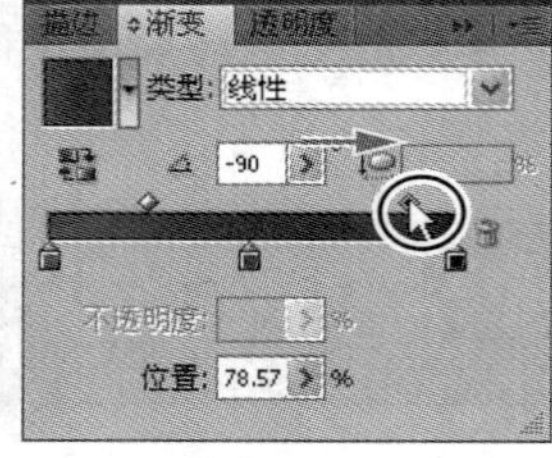

图10.40

> **注意**：可通过将色标向下拖出渐变面板将其删除。

下面反向渐变的颜色。

10. 在仍选择了文字的情况下，单击渐变面板中的“反向渐变”按钮（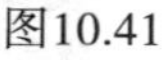），如图 10.41 所示。最左边的色标和最右边的色标将互换位置。要反向渐变的颜色，也可使用渐变工具沿相反的方向绘制。

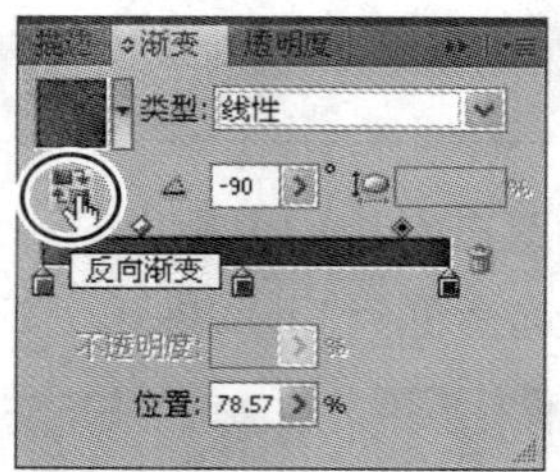

图10.41

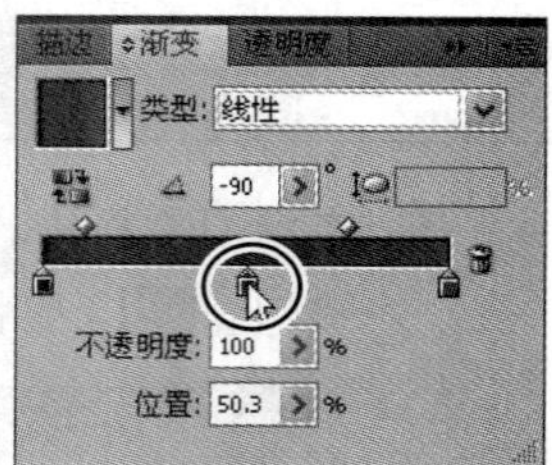

图10.42

指定色标颜色的另一种方法是，使用吸管工具从图稿中采集颜色或将色板拖曳到色标上。

11. 在渐变面板中，单击中间的色标，如图 10.42 所示。
12. 选择工具箱中的吸管工具（![吸管]），再按住 Shift 键并单击咖啡杯上最右边的咖啡豆，如图 10.43 所示。

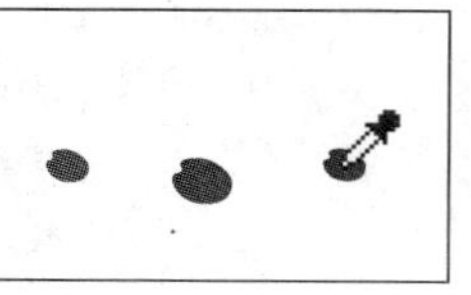

图10.43

通过在使用吸管工具单击时按住 Shift 键，将把采集的颜色应用于渐变中选定的色标，而不是使用该颜色填充选定图稿。尝试采集图稿中其他区域的颜色，尝试完毕后从最右边的咖啡豆中采集紫棕色。

下面存储这个新渐变。

13. 单击“渐变”下拉列表按钮（ ），再单击打开的列表底部的“添加到色板库”按钮（ ）。

14. 单击工作区右边的图层面板图标，打开图层面板，再单击图层 Background 左边的可视性栏。

15. 选择菜单“选择”>“取消选择”，再选择菜单“文件”>“存储”。

10.2.6 设置渐变的不透明度

可指定渐变使用的颜色的不透明度。通过给渐变的不同色标指定不同的不透明度值，可创建渐隐和隐藏 / 显示底层图像的渐变。下面创建咖啡杯的倒影，并通过应用渐变使倒影逐渐变成透明的。

1. 使用选择工具通过单击选择咖啡杯。

2. 选择菜单“对象”>“变换”>“分别变换”。在“分别变换”对话框中，单击底部中央的参考点（ ），选中复选框“对称 X”并将旋转角度改为 180。选中复选框“预览”以查看结果。单击“复制”按钮以创建咖啡杯的倒影，如图 10.44 所示。

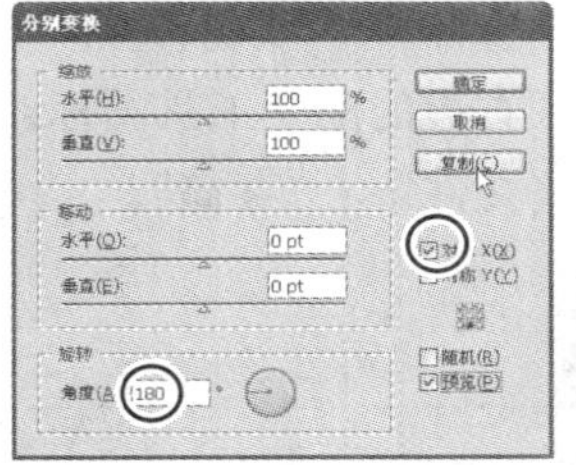

图10.44

3. 在选择复制的咖啡杯的情况下，单击渐变面板图标打开渐变面板。单击“渐变”下拉列表按钮并选择 Linear Gradient，如图 10.45 所示。这将使用一种黑白渐变填充咖啡杯。

> Ai | **注意：**在这个文档中，有两种包含透明的渐变：Fade to Black 和 Soft Black Vignette。可以它们为基础来创建渐隐到透明的渐变。

4. 在“角度”文本框中将值改为 -90。双击右边的色标（黑色色标），在打开的面板中单击“色板”按钮并选择白色色板，如图 10.46 所示。

5. 按 Esc 键或单击渐变面板的空白区域以返回到渐变面板。

图10.45

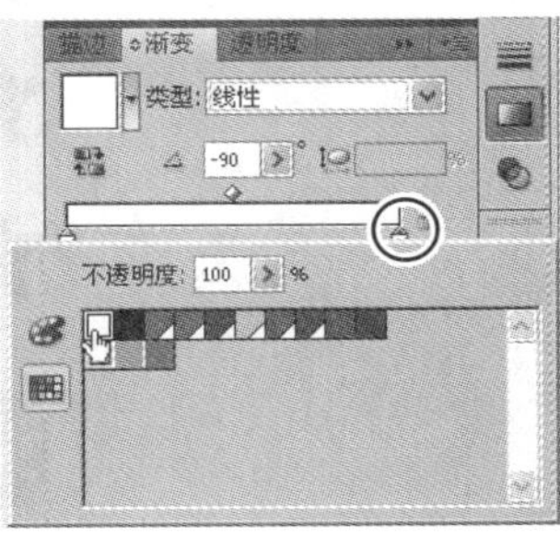

图10.46

> Ai | **注意：**接下来您将看到创建从白色到白色的渐变意图，届时您将把右边色标的不透明度改为 0%，让咖啡杯倒影渐隐为透明的。

6. 单击右边的色标，在文本框“不透明度”中输入 0，也可单击该文本框右边的箭头并将滑块拖曳到最左边。按回车键，如图 10.47 所示。
7. 在渐变面板中，单击左边的色标，并将不透明度设置为 70%。
8. 选择工具箱中的渐变工具。按住 Shift 键，从咖啡杯倒影顶部向下拖曳到背景中深红色矩形的下边缘上方，如图 10.48 所示。

图10.47

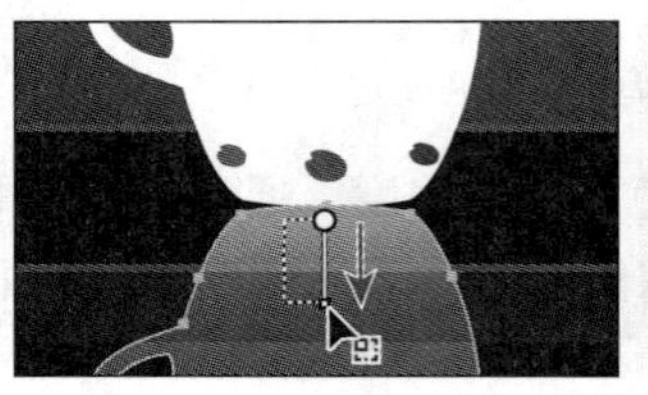

图10.48

通过使用渐变和不透明度可创建出大量有趣的效果。请尝试修改用于填充咖啡杯倒影的渐变色标的不透明度，并使用渐变工具修改渐变的方向和距离。

9. 选择菜单“选择” > “取消选择”。
10. 单击工作区右边的渐变工具图标，将渐变面板折叠起来。
11. 选择菜单“文件” > “存储”。

10.3 混合对象

可通过混合两个不同的对象，在它们之间创建多个形状并均匀地分布它们。用于混合的形状可以相同，也可不同。可混合两条非闭合路径，从而在两个对象之间创建平滑的颜色过渡；还可同时混合颜色和对象，以创建一系列颜色和形状平滑过渡的对象。图 10.49 说明了这些混合。

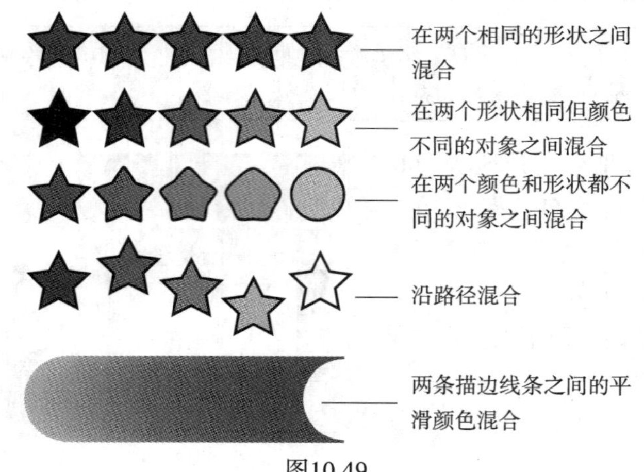

图10.49

创建混合时，被混合的对象将被视为一个对象，称为混合对象。如果移动原始对象之一或编辑原始对象的锚点，混合将相应地改变。还可扩展混合将其分解为不同的对象。

混合工具的混合选项

有三个间距方面的混合选项：平滑颜色、指定的步数、指定的距离。它们的解释如下。

- **平滑颜色**：让 Illustrator 自动计算混合的步数。如果对象使用不同的颜色进行填色或描边，则计算的步数将是实现平滑颜色过渡的最佳步数。如果对象包含相同的颜色，或包含渐变或图案，则步数将根据两个对象定界框边缘之间的最长距离计算得出。
- **指定的步数**：控制在混合开始与混合结束之间的步数。
- **指定的距离**：控制混合步骤之间的距离。指定的距离是指从一个对象边缘到下一个对象相对应边缘之间（如从一个对象的右边缘到下一个对象右边缘）的距离。取向选项决定混合对象的朝向。
- **对齐页面**：使混合垂直于页面的 X 轴。
- **对齐路径**：使混合垂直于路径。

——摘自Illustrator帮助文件

10.3.1 使用指定的步数创建混合

下面使用混合工具通过指定步数在三个颜色不同的形状之间创建一系列混合形状，这些形状将构成咖啡杯上的图案。

1. 双击工具箱中的混合工具（ ），打开“混合选项”对话框。
2. 从“间距”下拉列表中选择“指定的步数”，将步数设置为 2 并单击“确定”按钮，如图 10.50 所示。

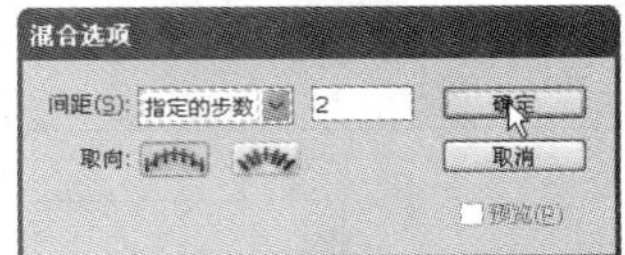

图10.50

提示：要建立混合，也可先选择对象，再选择菜单“对象”>“混合”>“建立”。

3. 使用混合工具指向最左边的咖啡豆，等鼠标旁边有一个 X（ ）后单击；再将鼠标指向中间的红色咖啡豆，等鼠标旁边有一个加号（ ），这表明可添加混合对象后单击。将在两个对象之间建立混合，如图 10.51 所示。
4. 使用带加号的混合工具单击最右边的咖啡豆，将其加入混合并完成混合路径，如图 10.52 所示。

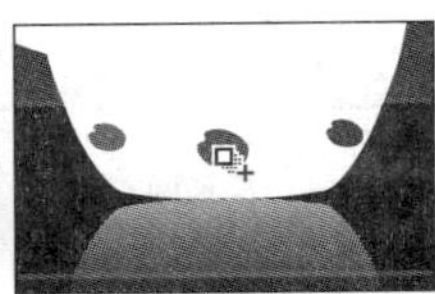
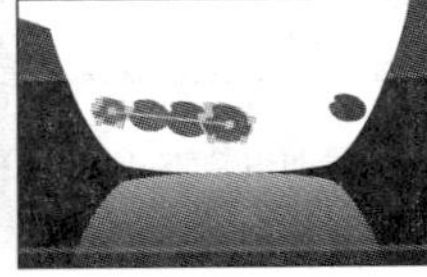

图10.51

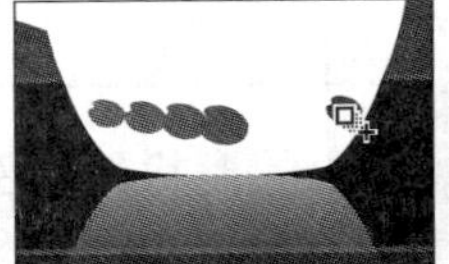
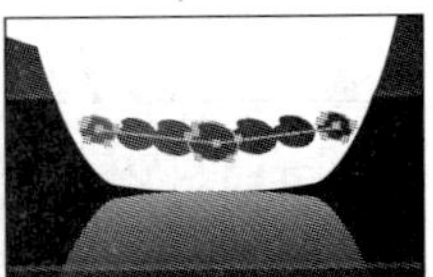

图10.52

> **注意**：要结束当前路径，并在另一条路径上混合其他对象，可先单击工具箱中的混合工具，再单击要混合的对象。

10.3.2 修改混合

下面使用“混合选项”对话框修改混合，还将使用转换锚点工具修改咖啡豆混合路径的形状（称为混合轴）。

1. 在仍选择了混合得到的咖啡豆的情况下，选择菜单“对象”>“混合”>“混合选项”。在“混合选项”对话框中，将指定的步数改为 1，并单击“确定”按钮，如图 10.53 所示。

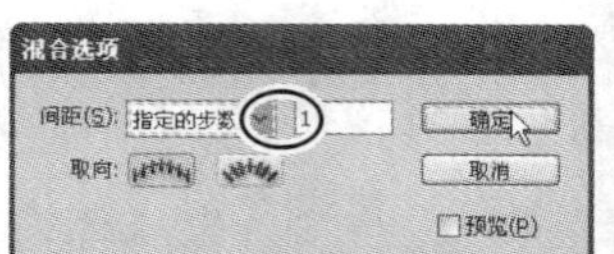

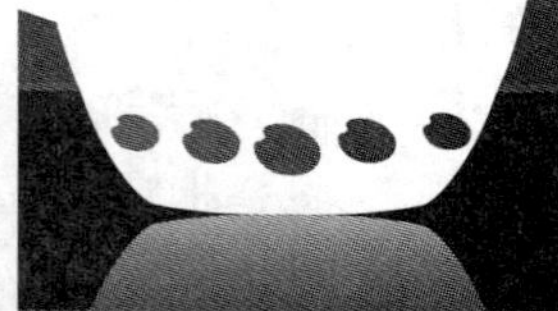

图10.53

> **提示**：要编辑对象的混合选项，也可选择混合结果，然后双击混合工具。

2. 选择菜单“选择”>“取消选择”。
3. 选择工具箱中的直接选择工具，单击中间的红色咖啡豆的中心点以选择该锚点。在控制面板中，单击“将所选锚点转换为平滑”按钮（ ）让曲线变成平滑的。再使用直接选择工具向下拖曳该锚点，如图 10.54 所示。

> **注意**：这里编辑的是混合轴。无论如何编辑混合轴，混合对象都将跟随它移动。

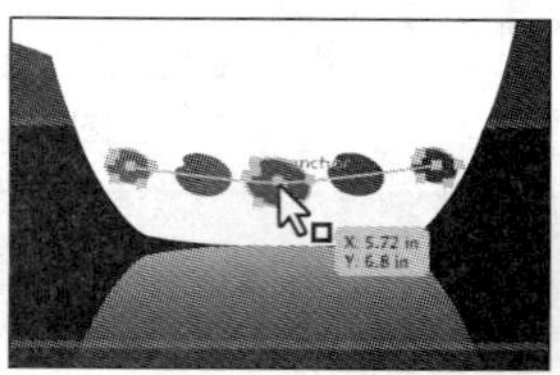

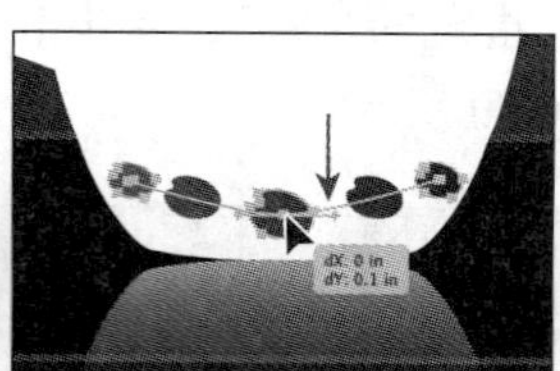

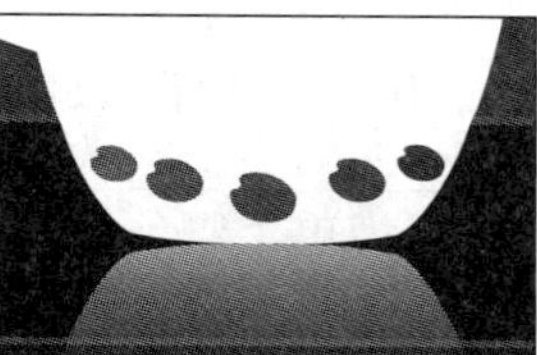

要编辑混合轴，可选择锚点，将其转换为平滑点并拖曳它

图10.54

4. 选择菜单“选择”>“取消选择”。

> **提示**：一种调整混合路径形状的快捷方法是，让其环绕另一个路径或对象。为此，可选择要调整的混合路径和另一个对象或路径，再选择菜单“对象”>“混合”>“替换混合轴”。

可通过修改原始对象的形状、颜色或位置快速修改混合对象。下面修改中间的红色咖啡豆的颜色和位置，并查看对混合的影响。

Ai **提示：** 将最下面的锚点转换为平滑点时，咖啡豆之间的间距将发生变化。为了让间距相等，可将混合轴上最左边和最右边的锚点转换为平滑点，并使用直接选择工具调整其方向线。

5. 选择工具箱中的缩放工具，拖曳出一个环绕这些咖啡豆的选框以放大它们。

6. 使用选择工具单击混合对象以选择它们。

7. 双击中间的红色咖啡豆进入隔离模式。这会暂时将混合对象取消编组，让您能够编辑每个原始咖啡豆（不是混合得到的咖啡豆）以及混合轴。通过单击选择红色咖啡豆，如图 10.55 所示。

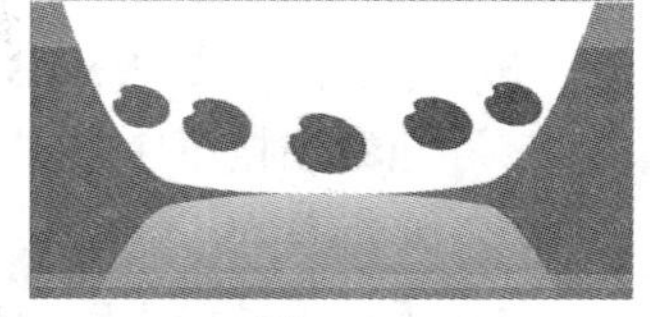

图10.55

8. 选择菜单“视图”>“轮廓”以显示未填充的原始对象，如图 10.56 所示。选择菜单“视图”>“预览”以查看填充后的对象。

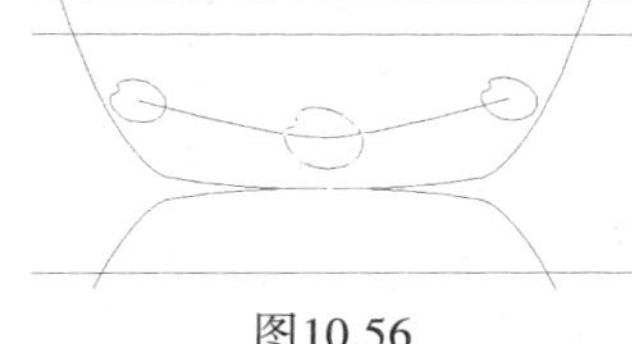

图10.56

9. 在控制面板中，将选定咖啡豆的填色改为色板 Light Green，注意到其他混合对象也发生了变化。

10. 按住 Shift + Alt（Windows）或 Shift + Option（Mac OS），使用选择工具拖曳选定咖啡豆的定界框角上的手柄，以增大该咖啡豆，如图 10.57 所示。

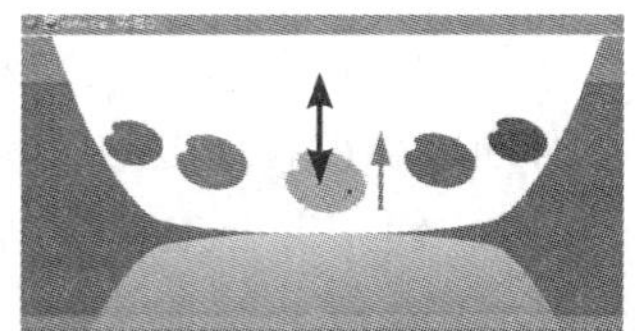

图10.57

尝试通过旋转、使用直接选择工具拖曳锚点等方法修改该咖啡豆的形状。

11. 按 Esc 键退出隔离模式。

12. 使用选择工具通过单击选择混合对象，再选择菜单“对象”>“混合”>“反向混合轴”，这将反转咖啡豆的排序顺序。不要取消选择混合对象。

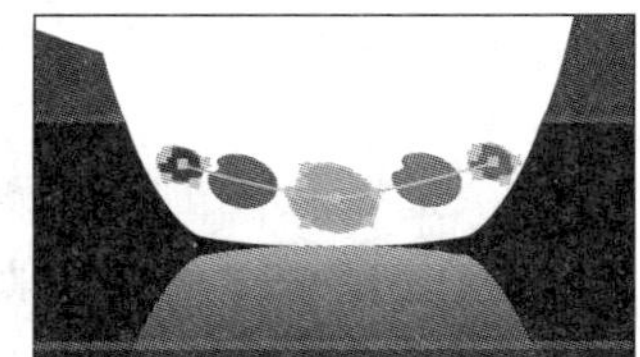

图10.58

混合对象被视为单个对象。如果要编辑所有咖啡豆（包括混合得到的咖啡豆），可扩展混合。扩展混合将混合结果转换为独立对象，这样便无需将混合作为单个对象进行编辑，因为它们将变成一个编组。下面扩展这些咖啡豆。

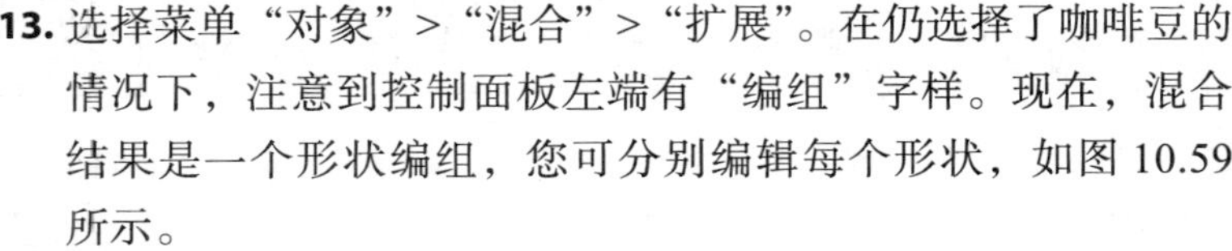

13. 选择菜单“对象”>“混合”>“扩展”。在仍选择了咖啡豆的情况下，注意到控制面板左端有“编组”字样。现在，混合结果是一个形状编组，您可分别编辑每个形状，如图 10.59 所示。

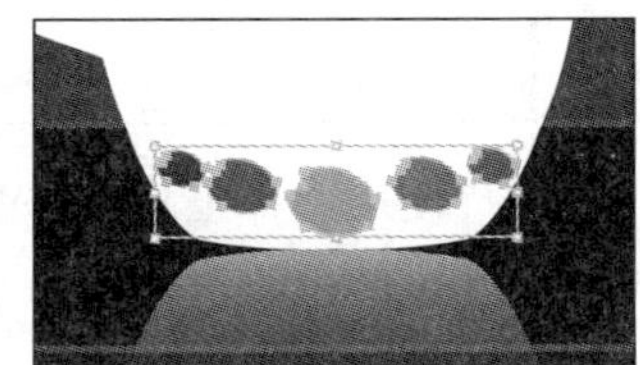

图10.59

14. 选择菜单“选择”>“取消选择”。

15. 选择菜单“文件”>“存储”。

10.3.3 创建平滑颜色混合

混合对象的形状和颜色以创建新对象时，可指定多个混合选项。如果您选择“平滑颜色”，

Illustrator 将混合对象的形状和颜色以创建多个中间对象，从而在原始对象之间创建平滑的混合。

下面在两个咖啡豆形状之间进行平滑颜色混合。

1. 选择菜单“视图”>“画板适合窗口大小”。
2. 打开图层面板，单击图层 Blends 和 Coffees 的可视性栏以显示它们，如图 10.60 所示）。混合颜色让咖啡豆更逼真。
3. 单击图层 Coffee Beans 的眼睛图标隐藏该图层，以便能够更清楚地看到接下来将混合的两个对象。如果图层面板不妨碍您，请不要折叠它。

图10.60

4. 选择工具箱中的缩放工具，拖曳出一个环绕咖啡杯左边的曲线的选框。
5. 双击工具箱中的混合工具（ ）打开“混合选项”对话框。
6. 从下拉列表“间距”中选择“平滑颜色”，如图 10.61 所示。该混合选项将一直有效，直到用户修改它。单击“确定”按钮。

图10.61

> **提示**：要释放或删除对原始对象的混合，可选择混合结果，再选择菜单“对象”>“混合”>“释放”。

下面在咖啡杯左边的两条线条之间创建平滑颜色混合。这两个对象都有描边但没有填色。对于有描边和没有描边的对象，混合方式是不同的。

7. 使用混合工具指向上面的线条，等鼠标旁边有 X（ ）单击该线条。将鼠标指向下面的线条，等鼠标旁边有加号（ ）后单击将其加入混合。这两条线条之间将出现平滑的混合，如图 10.62 所示。

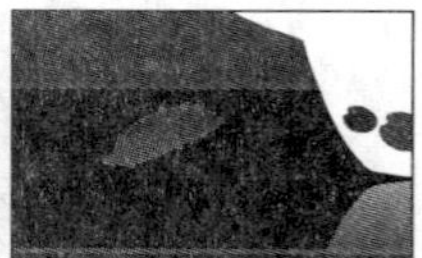
图10.62

8. 选择菜单“选择”>“取消选择”。

用户在对象之间建立平滑颜色混合时，Illustrator 将自动计算在对象之间创建平滑过渡所需的中间步数。在对象之间建立平滑颜色混合后，可对其进行编辑。下面编辑组成混合的路径。

> **提示**：在有些情况下，在路径之间创建平滑颜色混合有些棘手。例如，如果线条相交或曲度过大，将可能得到意外的结果。

9. 使用选择工具双击颜色混合进入隔离模式。通过单击选择一条路径，并在控制面板中将描边颜色改为任何希望的颜色，并注意混合结果。选择菜单“编辑”>“还原应用色板”，恢复到原始描边颜色。
10. 双击混合路径外面退出隔离模式。
11. 打开图层面板，单击图层 Coffee Beans 和 Steam 的可视性栏，在画板中显示这些对象。
12. 为完成咖啡豆的制作，使用选择工具选择混合路径，选择菜单“编辑”>“复制”，再选择菜单“编辑”>“粘贴”，将混合结果的拷贝粘贴到画板中。

13. 将拷贝移到咖啡杯左边的咖啡豆的下半部分。

14. 选择工具箱中的旋转工具，通过单击并拖曳旋转混合结果的拷贝，使其与咖啡豆的下半部分相称，如图 10.63 所示。可能需要切换到选择工具，并将混合结果的拷贝移到合适位置。

复制混合结果

粘贴混合结果的拷贝并将其移到合适的位置

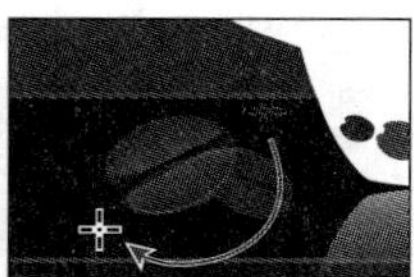
旋转混合结果的拷贝

图10.63

15. 选择菜单“视图”>“画板适合窗口大小”。

16. 选择菜单“选择”>“取消选择”，再选择菜单“文件”>“存储”。

10.4 练 习

有很多创造性地使用渐变和混合的方式。为进一步探索，读者通过混合来创建咖啡热气，然后新建一个文本以便混合复杂的路径。

1. 确保图层 Steam 可见，并使用选择工具选择画板中的咖啡热气。
2. 在应用程序栏中，从工作区切换下拉列表中选择“基本功能”。
3. 打开渐变面板并从“渐变”下拉列表中选择 Fade To Black。
4. 选择工具箱中的渐变工具，并将鼠标指向咖啡热气。单击咖啡热气顶部并向下拖曳到底部以修改渐变的方向。
5. 添加一个色标，使渐变条中包含三个色标。
6. 使用渐变工具依次双击每个色标，并将其颜色改为白色。将最上面的色标的不透明度改为 10%，并将最下面的色标的不透明度改为 5%。

图10.64

尝试修改每个色标的颜色和不透明度。

7. 选择菜单“文件”>“存储”，再选择菜单“文件”>“关闭”。

下面创建更复杂的混合。

1. 选择菜单“文件”>“新建”新建一个文档，再使用直线段工具绘制一条直线。
2. 选择该直线，将其填充设置为“无”，将其描边设置为某种颜色，并将描边粗细增加到 20pt。
3. 如果描边面板不可见，选择菜单“窗口”>“描边”。在仍选择了该直线的情况下，选中复选框“虚线”，在第一个“虚线”文本框中输入 25，并按回车键。
4. 选择菜单“对象”>“路径”>“轮廓化描边”。

注意到描边颜色和填充颜色互换了，现在可以使用渐变填充对象了。

5. 使用一种渐变填充该对象。
6. 复制并粘贴该对象，使用选择工具将拷贝移开。双击工具箱中的混合工具，在“混合选项”对话框中选择“平滑颜色”，再单击“确定”按钮。使用混合工具单击这两个对象以创建混合。练习编辑混合中的各个对象。

复习

复习题

1. 什么是渐变填充？
2. 指出两种使用渐变填充选定对象的方法。
3. 渐变填充和混合之间有何不同？
4. 如何调整渐变中的颜色混合？
5. 指出两种在渐变中添加颜色的方法。
6. 如何调整渐变的方向？
7. 指出两种将对象的形状和颜色进行混合的方法。
8. 混合选项“平滑颜色”与“指定的步数”有何不同？
9. 如何调整混合的形状或颜色？如何调整混合的路径？

复习题答案

1. 渐变填充是两种或多种颜色（或同一种颜色的不同色调）之间的逐渐混合。
2. 选择对象并执行如下操作之一。
   - 单击工具箱中的“渐变”按钮，使用默认的黑白渐变或最后使用的渐变填充对象。
   - 单击色板面板中的一种渐变色板。
   - 在色板面板中单击一个渐变色板，并使用渐变面板创建一种新渐变。
   - 使用吸管工具从图稿的对象中采集渐变，然后将其应用于选定对象。
3. 渐变填充与混合之间的区别在于混合方式：渐变填充混合颜色，而混合指的是混合对象。
4. 拖曳渐变面板中的色标或菱形图标。
5. 在渐变面板中，单击渐变条下方在渐变中添加一个色标，再使用颜色面板混合一种颜色，或按住 Alt 键（Windows）或 Option 键（Mac OS）并单击色板面板中的一个色板。还可选择工具箱中的渐变工具，并将鼠标指向使用渐变填充的对象，然后单击出现的渐变条下方以添加一个色标。
6. 使用渐变工具单击并拖曳以调整渐变的方向。拖曳较长的距离将逐渐改变颜色，而拖曳较短的距离将使颜色急剧变化。还可使用渐变工具旋转渐变以及修改半径、长宽比和起点。

7. 可通过执行如下操作之一来混合对象的形状和颜色。
   - 使用混合工具单击每个对象，这将根据预设的混合选项在对象之间创建一系列混合对象。
   - 选择要用于混合的对象，再选择菜单“对象”>“混合”>“混合选项”以设置中间步数，然后选择菜单“对象”>“混合”>“建立”以创建混合。

   有描边的对象的混合方式不同于没有描边的对象。
8. 用户选择“平滑颜色”混合选项时，Illustrator 将自动计算在选定对象之间创建无缝的平滑混合所需的步数；而通过指定步数，可指定将混合得到多少个独立的对象。还可指定混合得到的对象之间的距离。
9. 可使用直接选择工具选择并调整原始对象的形状，从而修改混合的形状。可通过修改原始对象的颜色来调整混合的中间颜色。可使用转换锚点工具通过拖曳混合轴的锚点或方向手柄来修改混合路径（混合轴）的形状。

第11课 使用画笔

在本课中，读者将学习如何执行如下操作：

- 使用艺术画笔、书法画笔、图案画笔和毛刷画笔；
- 将画笔应用于使用绘图工具创建的路径；
- 使用画笔工具编辑路径以及给路径上色；
- 修改画笔颜色及调整画笔设置；
- 使用 Adobe Illustrator 图稿创建新画笔；
- 使用斑点画笔工具和橡皮擦工具。

学习本课需要大约 1 小时。如果必要，从硬盘中删除前一课的文件夹，并将文件夹 Lesson11 复制到硬盘中。

Adobe Illustrator CS5 提供了各种类型的画笔，让您只需使用画笔工具或绘图工具进行上色或绘画，就可创建各种效果。可使用斑点画笔工具以及选择艺术、书法、图案、毛刷和散点画笔，还可使用图稿创建自定义画笔。

11.1 简 介

在本课中，读者将学习使用斑点画笔工具和橡皮擦工具，还将学习使用画笔面板中的 4 种画笔，包括如何修改画笔选项和创建自定义画笔。在此之前，需要恢复 Adobe Illustrator CS5 的默认首选项，并打开本课第一部分的最终图稿文件以查看将创建的插图。

1. 为确保工具和面板像本课描述的那样，请删除或重命名 Adobe Illustrator CS5 首选项文件，详情请参阅“前言”中的“恢复默认首选项”。
2. 启动 Adobe Illustrator CS5。

> Ai **注意**：如果还没有从配套光盘的文件夹 Lesson11 中将本课的资源文件复制到硬盘，现在就这样做，详情请参阅“前言”中的“复制课程文件”。

3. 选择菜单“文件”>“打开”，打开硬盘中文件夹 Lessons\Lesson11 中的文件 L11end_1.ai 文件，如图 11.1 所示。
4. 如果愿意，可选择菜单“视图”>“缩小”以缩小最终图稿，再调整窗口大小，并让该图稿打开（工作时使用抓手工具将图稿移到要参考的地方）。如果不想让该图像打开，可选择菜单“文件”>“关闭”。

图11.1

为了开始工作，需要打开一个现有的图稿文件。

5. 选择菜单“文件”>“打开”，打开硬盘中文件夹 Lessons\Lesson11 中的文件 L11start_1.ai，如图 11.2 所示。
6. 选择菜单“文件”>“存储为”。在“存储为”对话框中，将文件重命名为 bookcover.ai，并选择文件夹 Lesson11。保留“保存类型”Adobe Illustrator（*.AI）（Windows）或“格式”，Adobe Illustrator（ai）（Mac OS），并单击“保存”按钮。在“Illustrator 选项”对话框中，保留默认设置并单击“确定”按钮。

图11.2

11.2 使用画笔

通过使用画笔，可用图案、图形、纹理或画笔描边装饰路径。用户可修改 Illustrator 提供的画笔，还可创建自定义画笔。

可将画笔描边应用于现有路径，也可使用画笔工具绘制路径并应用画笔描边。用户可修改画笔的颜色、大小和其他属性，还可编辑应用了画笔的路径。

在画笔面板中，有 5 种类型的画笔：书法画笔、艺术画笔、图案画笔、散点画笔和毛刷画笔。图 11.3 说明了画笔类型，而图 11.4 显示了画笔面板。在本课中，您将学习如何使用所有这些类型的画笔，但散点画笔除外。

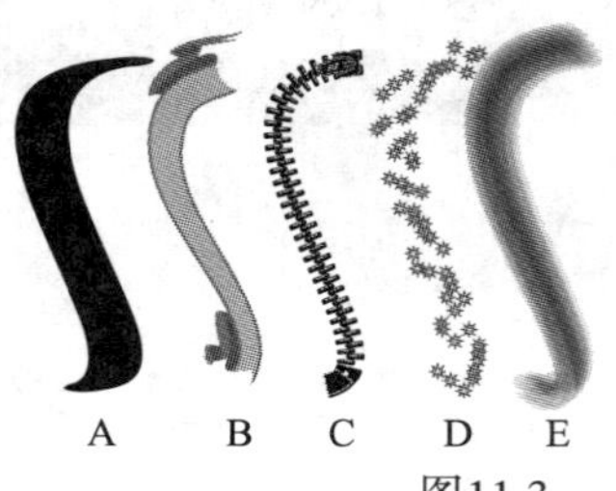

图11.3

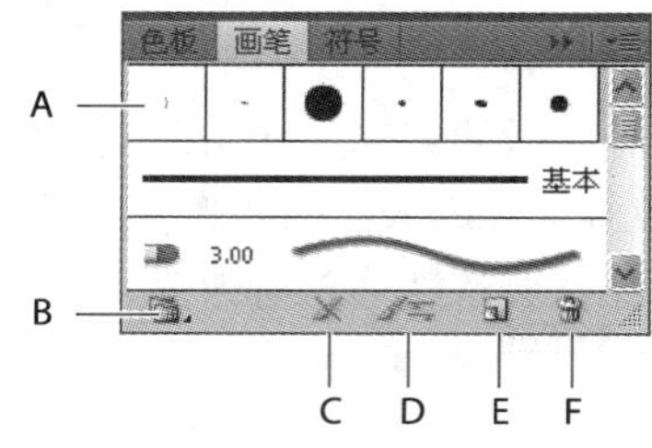

A. 画笔
B. 画笔库菜单
C. 移去画笔描边
D. 所选对象的选项
E. 新建画笔
F. 删除画笔

图11.4

11.3 使用书法画笔

书法画笔模拟使用书法钢笔的笔尖绘制的描边。书法画笔是由椭圆定义的，该椭圆的中心位于路径上。使用这种画笔可创建外观类似于使用平而尖的钢笔手绘的描边，如图 11.5 所示。

书法画笔

图11.5

下面将使用一种书法画笔在火车上创建彩色布条。

1. 选择菜单“视图”>“画板适合窗口大小”。
2. 单击工作区右边的画笔面板图标（），展开画笔面板。
3. 在画笔面板中，从面板菜单中选择“列表视图”。
4. 打开画笔面板菜单，取消选择“显示艺术画笔”、“显示毛刷画笔”和“显示图案画笔”，这样画笔面板将只显示书法画笔。

> **Ai** **注意：**在画笔面板菜单中，如果画笔类型左边有勾号，这种类型的画笔将显示在画笔面板中。

5. 在控制面板中单击描边框并选择色板 light orange（淡橘色）。将描边粗细改为 2pt，并确保填色为“无”。使用书法画笔绘画时，将使用当前描边色。
6. 双击工具箱中的铅笔工具（），在“铅笔工具选项”对话框中，将平滑度设置为 100%，再单击“确定”按钮。
7. 将鼠标指向红色火车形状的左上角，并从左到右绘制两个 U 形，这将表示火车上的彩色布条。
8. 在仍选择了刚绘制的线条的情况下，单击画笔面板中的画笔 5pt.Oval 将其应用于线条，如图 11.6 所示。注意到控制面板中的描边粗细发生了变化。

绘制彩色布条

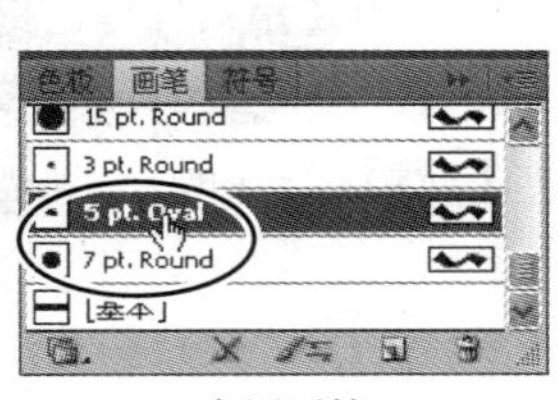

应用画笔

结果

图11.6

11.3.1 编辑画笔

要修改画笔的选项，可在画笔面板中双击该画笔。所做的编辑只在当前文档中有效，而您可决定这些编辑是否影响应用了该画笔的图稿。下面修改画笔 5pt.Oval 的外观。

1. 在画笔面板中双击画笔 5pt. Oval，这将打开“书法画笔选项”对话框。

> Ai | **注意**：所做的编辑只会修改当前文档中的该画笔。

您可修改如下选项：画笔相对于水平线的角度、圆度（从扁平线到圆圈）、直径（0~1296 pt，这将改变画笔笔尖的大小）以及使用画笔绘制的描边的外观。

2. 在文本框“名称”中，输入 30 pt.Oval；将角度设置为 135，圆度设置为 10%，直径设置为 30pt。选择复选框“预览”，注意到图稿中的书法画笔描边发生了变化。单击“确定”按钮，如图 11.7 所示。

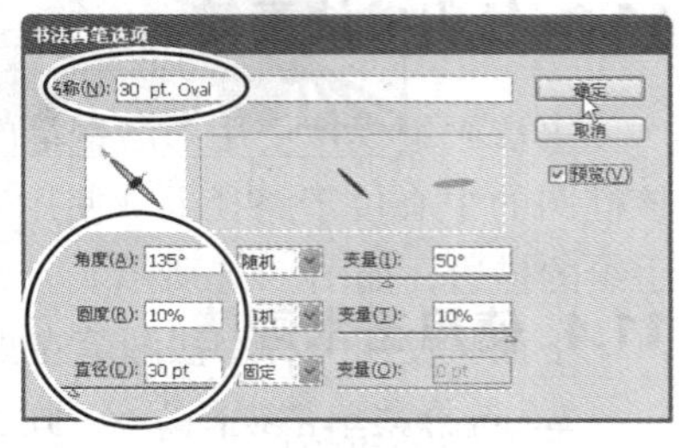

图11.7

> Ai | **提示**：文本框“名称”下方的预览部分显示了您对画笔所做的修改。

3. 在警告对话框中，单击“应用于描边”按钮（如图 11.8 所示），让修改作用于应用了该画笔的图稿。

鉴于您编辑的是画笔面板中的画笔，“应用于描边”让您能够更新应用了该画笔的图稿的描边。

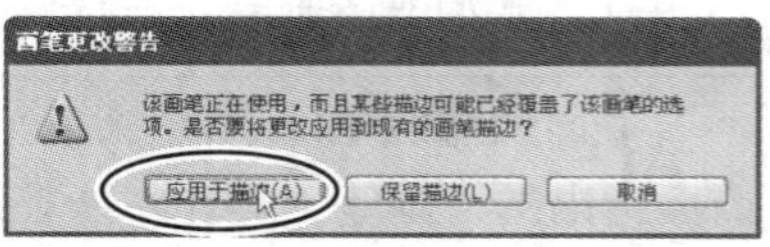

图11.8

4. 选择菜单“选择”>“取消选择”，再选择菜单“文件”>“存储”。

11.3.2 给画笔指定填色

将画笔应用于对象的描边时，还可指定用于填充对象内部的颜色。给画笔指定了填色时，在画笔对象与填色重叠的地方，画笔对象将位于填色上面，如图 11.9 所示。下面给刚创建的彩色布条形状指定填充颜色。

1. 使用选择工具选择您绘制的彩色布条形状。

2. 单击控制面板中的填色框并选择色板 CMYK Cyan。

3. 单击该图稿外面以取消选择，结果如图 11.10 所示。

带填充色的路径，给描边应用了画笔
图11.9

图11.10

11.3.3 删除画笔描边

可轻松地将应用于图稿的画笔描边删除。下面删除火车头顶部路径的画笔描边。

1. 使用选择工具单击火车头顶部的深灰色路径。
2. 单击画笔面板底部的“移去画笔描边”按钮。
3. 在控制面板中，将描边粗细改为 10pt，结果如图 11.11 所示。
4. 选择菜单“文件”>“存储”。

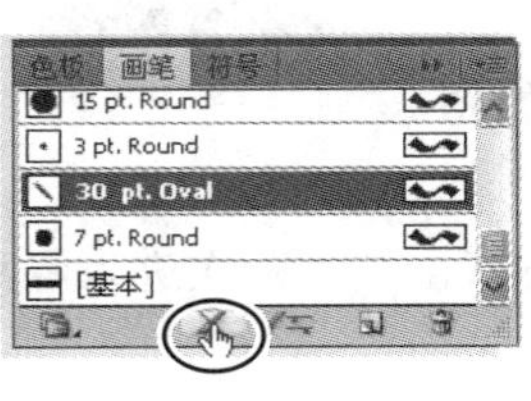

图11.11

11.4 使用艺术画笔

艺术画笔包括箭头画笔、装饰画笔、艺术效果画笔等，它们沿路径均匀地拉伸画笔形状（如炭笔 - 粗糙）或对象形状，如图 11.12 所示。艺术画笔包括模拟各种绘画媒体的画笔，如“炭笔 - 羽化”画笔。

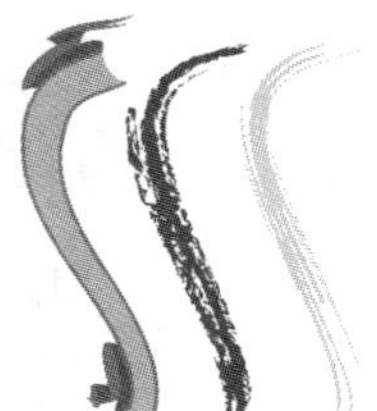

艺术画笔

图11.12

11.4.1 使用画笔工具绘图

下面使用画笔工具将一种艺术画笔应用于小熊，使其看起来毛绒绒的。正如前面指出的，画笔工具让您能够在绘画时应用画笔。

1. 在应用程序栏中，从工作区切换下拉列表中选择“基本功能”。
2. 选择工具箱中的缩放工具，拖曳出一个环绕玩具熊的选框以放大它。
3. 选择工具箱中的选择工具，单击玩具熊以选择它。这将选择玩具熊所属的图层，让您绘制的任何内容都将位于该图层中。选择菜单“选择”>“取消选择”。
4. 在控制面板中，将描边颜色改为 bear brown，将填色改为“无”。
5. 单击工作区右边的画笔面板图标（）。打开画笔面板菜单，并取消选择“显示书法画笔”，然后选择“显示艺术画笔”，让画笔面板显示艺术画笔。

> Ai | **注意：**在画笔面板菜单中，画笔类型左边的勾号表明在画笔面板中列出了相应类型的画笔。

6. 单击画笔面板底部的“画笔库菜单”按钮（），并选择“艺术效果”>“艺术效果_粉笔炭笔铅笔”。
7. 在“艺术效果_粉笔炭笔铅笔”面板中，从面板菜单中选择“列表视图”，再单击列表中的画笔“炭笔 - 粗”将其加入到当前文档的画笔面板中。关闭“艺术效果_粉笔炭笔铅笔”面板。

下面在玩具熊周围绘画，使其边缘看起来毛绒绒的。

8. 选择工具箱中的画笔工具（ ），再单击画笔面板中的画笔“炭笔 - 粗”。在控制面板中，将描边粗细改为 0.5pt。沿玩具熊脸部左边缘绘制一条描边：从肩部开始，到耳朵处结束。如果描边没有准确地沿边缘前行，也不用担心。在头部顶部，从左耳拖曳到右耳。最后，沿玩具熊右边缘绘制一条描边：从右耳下边缘开始，到右肩处结束，如图 11.13 所示。

图11.13

9. 选择工具箱中的选择工具，再双击左耳两次进入隔离模式。通过单击选择左耳的淡棕色部分。

10. 单击画笔面板中的“炭笔 - 粗”以应用该画笔。在控制面板中，将描边粗细改为 0.5pt，并将填色改为 bear brown，结果如图 11.14 所示。

图11.14

11. 按 Esc 键退出隔离模式。对另一只耳朵重复上述步骤。

12. 选择菜单“选择” > “取消选择”，再选择菜单“文件” > “存储”。

11.4.2 使用画笔工具编辑路径

下面使用画笔工具编辑一条选定的路径。

1. 使用选择工具单击您在玩具熊脸部右侧绘制的最后一条路径。

2. 选择工具箱中的画笔工具，将鼠标指向选定路径的底端附近并向右下方拖曳，从而将路径延伸到玩具熊的下颚。拖曳前确保鼠标指向了选定的路径。

将从开始拖曳的地方编辑选定路径。

> **Ai** | **提示：**也可使用隐藏在铅笔工具后面的平滑工具（ ）和路径橡皮擦工具（ ）对使用画笔工具绘制的路径进行编辑。

3. 按住 Ctrl 键（Windows）或 Command 键（Mas OS）切换到选择工具，并使用它选择您使用画笔工具绘制的第一条路径（它位于玩具熊脸部的左侧）。

4. 在仍选择了画笔工具的情况下，将鼠标指向选定路径的底端附近并向右下方拖曳，将该路径延伸到玩具熊的下颚，如图 11.15 所示。

5. 选择菜单“选择” > “取消选择”，再选择菜单“文件” > “存储”。

下面编辑画笔工具选项。

6. 双击工具箱中的画笔工具，打开“画笔工具选项”对话框。选择复选框“保持选定”，再单击“确定”按钮，如图 11.16 所示。

图11.15

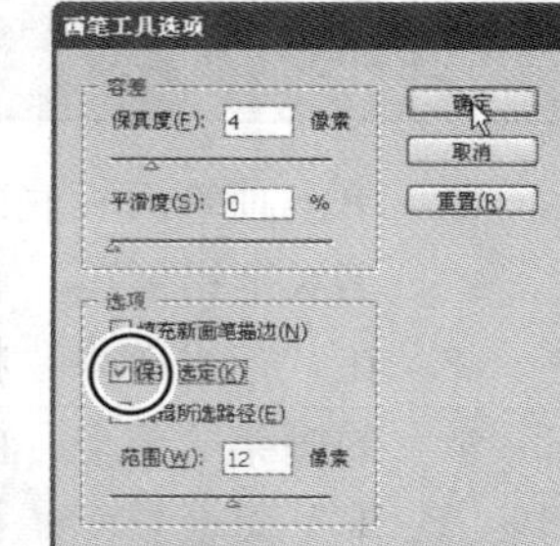

图11.16

在“画笔工具选项”对话框中，可调整画笔工具的工作方式。由于选择了复选框“保持选定”，当您编辑完路径后，它将保持选定。

> Ai | **提示：**在“画笔工具选项”对话框中，增大平滑度将在您绘图时使用更少的锚点，从而让路径更平滑。

7. 在仍选择了画笔工具的情况下，将鼠标指向左肩并向左下方拖曳，沿左臂前行并向下环绕玩具熊的左侧，如图 11.17 所示。

> Ai | **注意：**绘图期间可松开鼠标再继续绘画。由于您在“画笔工具选项”对话框中选择了复选框“保持选定”，因此绘制的路径将保持选定。

8. 在仍选择了画笔工具的情况下，将鼠标指向右肩并向右下方拖曳，沿右臂前行并向下环绕玩具熊的右侧，如图 11.17 所示。
9. 双击工具箱中的画笔工具，打开“画笔工具选项”对话框，取消选择复选框“保持选定”，再单击“确定”按钮。

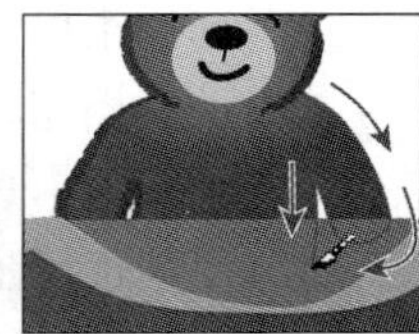

图11.17

现在当编辑完路径后，路径不再保持选定，这让您能够绘制新路径，而不是修改以前的路径。

> Ai | **注意：**在没有选中复选框“保持选定”的情况下，要编辑路径，可使用选择工具选择它，或使用直接选择工具选择路径的一段或锚点，再使用画笔工具重新绘制。

10. 选择菜单“编辑”>“取消选择”，再选择菜单“选择”>“对象”>“画笔描边”，这将选择所有画板中所有应用了画笔描边的对象。
11. 选择工具箱中的选择工具，按住 Shift 键并单击彩色布条以取消选择它。
12. 单击画笔面板中的其他几种画笔以查看效果，如图 11.18 所示。尝试完毕后单击画笔“炭笔 - 粗”重新应用该画笔，在控制面板中确保描边粗细为 0.5pt。

选定的路径

尝试另一种画笔

结果

图11.18

> Ai | **提示：**Illustrator 自带了大量的画笔。要使用它们，可单击画笔面板左下角的“画笔库菜单”按钮（）。

13. 单击图稿外面以取消选择。

14. 选择菜单“文件”>“存储”。

11.4.3 创建艺术画笔

用户可基于设置新建书法、散点、艺术、图案和毛刷画笔。要创建散点、艺术或图案画笔，必须首先创建要使用的图稿。在本节中，将使用课程文件提供的图稿新建一种艺术画笔，再使用该艺术画笔为火车头创建徽标。

> Ai **注意：**有关画笔创建指南，请参阅 Illustrator 帮助中的“创建或修改画笔”。

1. 选择菜单“视图”>“画板适合窗口大小”。

2. 从文档窗口左下角的“画板导航”下拉列表中选择 2，这将让第二个画板适合文档窗口的大小。

3. 使用选择工具通过单击选择五角星编组。

下面将使用选定图稿新建一种艺术画笔。可使用矢量图稿创建艺术画笔，但该图稿不能包含渐变、混合、画笔描边、网格对象、位图图像、图形、置入的文件、蒙版或未转换为轮廓的文本。

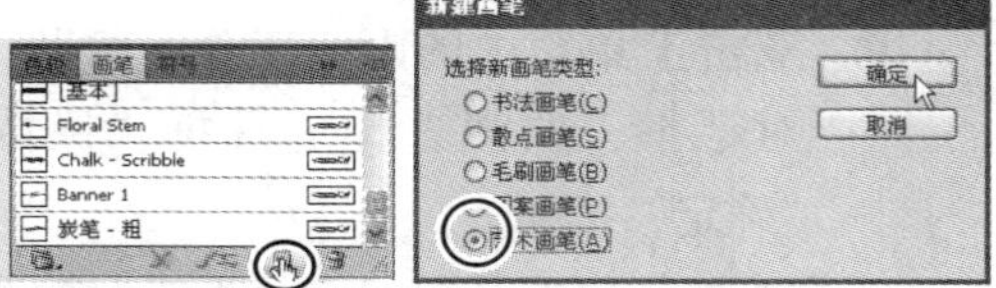

图11.19

4. 单击画笔面板底部的“新建画笔”按钮（），这将使用选定的图稿新建一种画笔。

5. 在“新建画笔”对话框中，选择“艺术画笔”并单击“确定”按钮，如图 11.19 所示。

6. 在“艺术画笔选项”对话框中，将名称改为 train logo 并单击“确定”按钮，如图 11.20 所示。

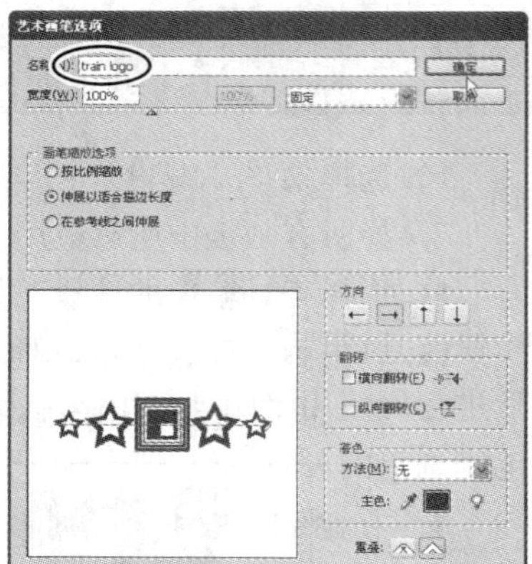

图11.20

7. 从文档窗口左下角的“画板导航”下拉列表中选择 1。

8. 选择工具箱中的选择工具，单击环绕 RR 的圆圈以选择它。

9. 选择工具箱中的缩放工具，拖曳出一个环绕火车头中央的圆圈和 RR 的选框以放大它们。

10. 单击画笔面板中的 train logo 画笔以应用它。

注意到沿该形状拉伸了原始图稿（如图 11.21 所示），这是艺术画笔的默认行为。

图11.21

11.4.4 编辑艺术画笔

下面编辑艺术画笔 train logo。

1. 在仍选择了圆圈的情况下，双击画笔面板中的画笔 train logo，打开“艺术画笔选项”对话框。选择复选框“预览”以便能够查看修改效果。将宽度改为

120%，这将增大画笔相对于原始图稿的尺寸。选择“在参考线之间伸展”，再将起点改为 17pt，终点改为 18pt。选择复选框“横向翻转”，再单击“确定”按钮，如图 11.22 所示。

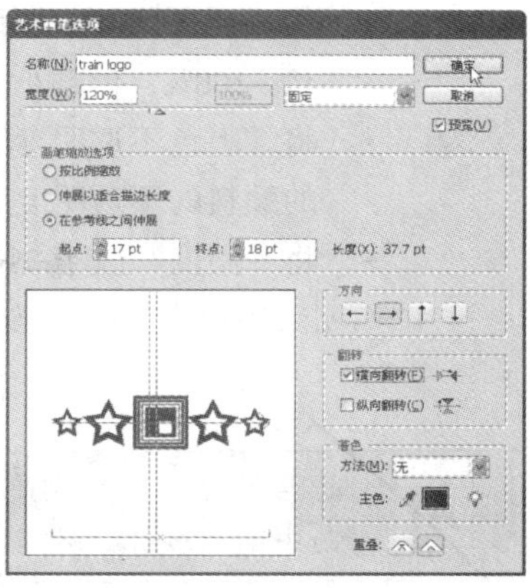

图11.22

> **Ai** **提示：**有关“艺术画笔选项”对话框的更详细信息，请参阅 Illustrator 帮助中的“艺术画笔选项”。

2. 在警告对话框中，单击“应用于描边”按钮让修改作用于应用了该画笔的图稿，结果如图 11.23 所示。

> **Ai** **注意：**如果五角星不在圆圈的底部，可使用工具箱中的旋转工具旋转圆圈，使其与图 11.23 一致。

3. 选择菜单“视图”>“画板适合窗口大小”。
4. 选择菜单“选择”>“取消选择”，再选择菜单“文件”>“存储”。

图11.23

11.5 使用毛刷画笔

毛刷画笔让您能够创建这样的描边，即其外观与带鬃毛的自然画笔相同。下面首先调整画笔的选项以修改其外观，然后使用画笔工具创建火焰效果。

图11.24

11.5.1 修改毛刷画笔选项

正如您在本课前面看到的，要修改画笔的外观，可在“画笔选项”对话框中修改其设置，这可以在将画笔应用于图稿前进行，也可以在将画笔应用于图稿后进行。使用毛刷画笔绘画时，它创建的是矢量路径。通常，最好在绘画前调整毛刷画笔的设置，因为更新画笔描边需要较长的时间。

1. 在画笔面板中，从面板菜单中选择“显示毛刷画笔”，再取消选择“显示艺术画笔”。
2. 双击画笔 Filbert，打开“毛刷画笔选项”对话框。

> **Ai** **提示：**Illustrator 自带了一系列默认的毛刷画笔，要使用它们，可单击画笔面板底部的“画笔库菜单”按钮（ ）并选择“毛刷画笔”>“毛刷画笔库”。

3. 在“毛刷画笔选项”对话框中，保留“形状”设置“平曲线”，按 Tab 键进入下一个文本框。做如下设置。
   - 确保“大小”为 3 mm。画笔大小指的是画笔的直径。
   - 将“毛刷长度”改为 178。计算毛刷长度时，以鬃毛与毛刷手柄相连的地方为起点。
   - 将“毛刷密度”改为 84。毛刷密度指的是毛刷特定区域的鬃毛数。

- 将“毛刷粗细”设置为74。毛刷粗细的取值范围为1%~100%，值越小表示越细。
- 将“上色不透明度”改为90。这个选项让您能够设置使用的颜料的不透明度。
- 将“硬度”改为29。硬度指的是鬃毛的硬度。

4. 单击“确定”按钮，如图11.25所示。

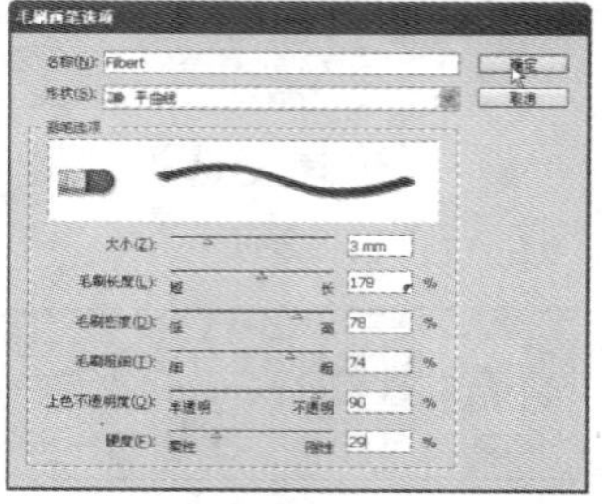

图11.25

> **注意**：有关“毛刷画笔选项”对话框及其设置的更详细信息，请参阅Illustrator帮助中的“使用毛刷画笔”。

11.5.2 使用毛刷画笔绘画

下面使用画笔Filbert绘制火焰。使用毛刷画笔可创建非常自然的描边。为限定绘画范围，您将在一个形状内部绘画，这让绘画位于火焰形状内部。

1. 选择工具箱中的缩放工具，拖曳出一个环绕恐龙旁边的火焰形状的选框以放大它。
2. 选择工具箱中的选择工具，并通过单击选择火焰形状。这将选择该形状所属的图层，使得接下来绘制的内容都位于该图层中。
3. 单击工具箱底部的“内部绘图”按钮（ ）。

> **注意**：有关绘图模式的更详细信息，请参阅第3课。

> **注意**：如果工具箱是以单栏显示的，请在工具箱底部的“绘图模式”按钮上按住鼠标，再从出现的下拉列表中选择绘图模式。

4. 选择菜单“选择”>“取消选择”以取消选择火焰形状。您仍将在该形状内部绘画，该形状的角上的虚线指出了这一点。
5. 选择工具箱中的画笔工具；在控制面板中，从“画笔定义”下拉列表中选择画笔Filbert。
6. 在控制面板中，将填充色改为“无”，将描边颜色改为flame red。
7. 将鼠标指向火焰形状的左上角，并大致沿火焰形状向右下方拖曳，穿过火焰形状右下角的尖角后松开鼠标。

当松开鼠标后，绘制的路径将以火焰形状为蒙版，如图11.26所示。

8. 使用画笔工具和画笔Filbert在火焰形状内部绘制更多描边，以赋予火焰一些纹理，如图11.26所示。

> **提示**：如果要在绘画时编辑路径，可在“画笔工具选项”对话框中选择复选框“保持选定”，也可在绘画前使用选择工具选择路径。不必将整个形状都填满。

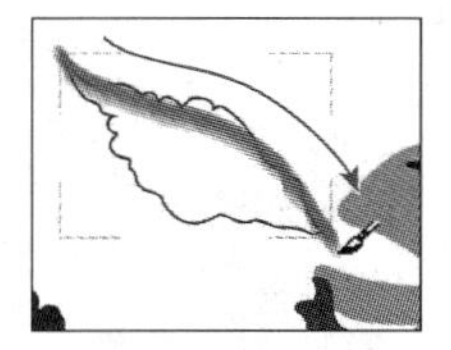
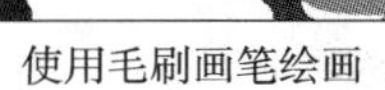
使用毛刷画笔绘画

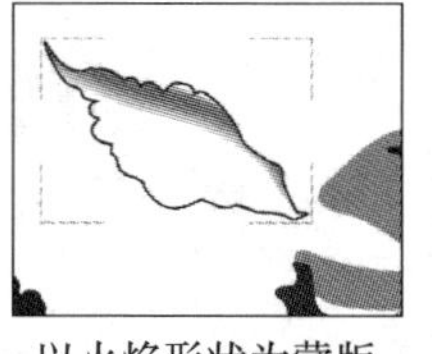
以火焰形状为蒙版

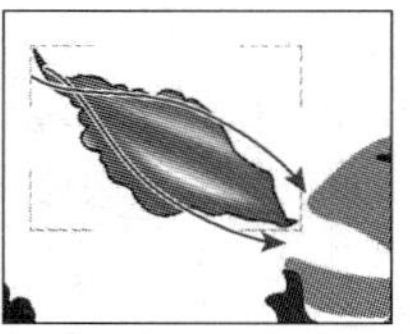
结果

图11.26

> **Ai** **提示**：如果对绘画效果不满意，可选择菜单“编辑”>“还原毛刷描边”。

下面修改该画笔，以便使用另一种颜色绘画，让路径彼此堆砌以形成火焰。

9. 在控制面板中，将描边颜色改为 flame orange。

10. 在画笔面板中双击画笔 Filbert，在“毛刷画笔选项”对话框中，将“上色不透明度”改为 30，并单击“确定”按钮。

11. 在出现的对话框中单击“保留描边”按钮，这将修改画笔设置，但不影响之前绘制的红色火焰。

12. 使用画笔工具在红色火焰上绘制一些路径，并让大部分橘色路径位于恐龙的嘴巴附近。

13. 在控制面板中，将描边颜色改为 flame yellow。

14. 在画笔面板中双击画笔 Filbert，在“毛刷画笔选项”对话框中，将毛刷密度改为 18，硬度改为 60，再单击“确定”按钮。

15. 在出现的对话框中单击“保留描边”按钮。

16. 使用画笔工具在桔色火焰上绘制一些路径，并让大部分黄色路径位于恐龙的嘴巴附近，如图 11.27 所示。

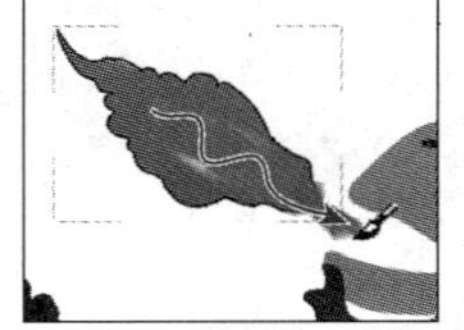
绘制一些橘色路径

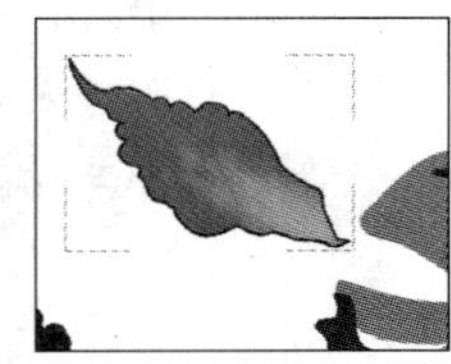
给火焰添加一些黄色

图11.27

17. 选择菜单“视图”>“轮廓”，结果如图 11.28 所示。

18. 选择菜单“选择”>“对象”>“毛刷画笔描边”，这将选择使用毛刷画笔 Filbert 创建的所有路径。

19. 选择菜单“对象”>“编组”，再选择菜单“视图”>“预览”。

20. 单击工具箱底部的“正常绘图”按钮。

21. 选择工具箱中的选择工具，单击火焰形状的边缘以只选择该形状。

22. 单击控制面板中的“编辑剪切路径”按钮（ ），并在控制面板中将描边颜色改为“无”。

23. 选择菜单“选择”>“取消选择”（结果如图 11.29 所示），再选择菜单“文件”>“存储”。

图11.28

图11.29

毛刷画笔和绘图板

当通过绘图板使用毛刷画笔时，Illustrator将对光笔在绘图板上的移动进行跟踪。它将解释在路径任一点的方向和压力。Illustrator提供光笔的x轴位置、y轴位置、压力、倾斜、方位和旋转等输出。

使用绘图板和支持旋转的光笔时，将显示一个模拟实际画笔笔尖的光标批注者。此批注者在使用其他输入设备（如鼠标）时不会出现。使用精确光标时也禁用该批注者。

注意：结合使用6D美术笔和Wacom Intuos 3或更高级的数字绘图板时，可探索毛刷画笔的全部功能。Illustrator可以解释这种设备组合提供的全部6个自由度。然而，其他设备（包括 Wacom Grip钢笔和美术笔）可能无法解释某些属性，如旋转。在生成的画笔描边中，这些无法解释的属性将被视为常数。

使用鼠标时，仅记录x轴和y轴位置。其他输入，如倾斜、方位、旋转和压力保持固定，从而产生均匀一致的描边。

对于毛刷画笔描边，在用户拖动工具时将显示反馈。这些反馈提供了最终描边的大致情况。

注意：毛刷画笔描边由一些重叠、填充的透明路径组成。这些路径就像Illustrator中的其他任何已填色路径一样，会与其他对象（包括其他毛刷画笔路径）的颜色进行混合。但描边上的填色并不会自行混合。也就是说，不同毛刷画笔描边之间会互相混色，但就地来回描绘的单条描边并不会将自身的颜色混合加深。

——摘自Illustrator帮助文件

11.6 使用图案画笔

图案画笔用于绘制由不同部分（拼贴）组成的图案。使用图案画笔在图稿中绘画时，将根据所处的路径位置（边缘、中间或拐角）绘制图案的不同部分。读者创建自己的项目时，有数百种有趣的图案画笔可供选择，从小狗足迹到都市风景。下面打开一个现有画笔库，并使用其中的铁轨图案画笔来创建铁轨。

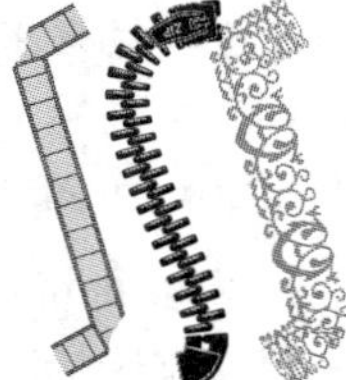
图11.30

1. 选择菜单“视图”>“画笔适合窗口大小”。
2. 在画笔面板菜单中，选择“显示图案画笔”并取消选择“显示毛刷画笔”。
3. 单击画笔面板底部的“画笔库菜单”按钮，并选择“边框”>“边框_新奇”，这将打开一个独立的面板，其中包含各种边框画笔。
4. 滚动到该画笔面板的底部，并单击画笔“铁轨”将其加入到画笔面板中，如图 11.31 所示。关闭“边框_新奇”面板。

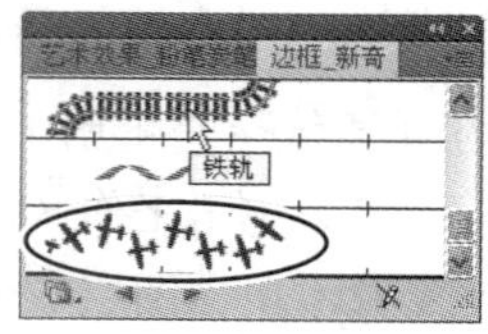

图11.31

下面应用该画笔，然后编辑其属性。

图11.32

5. 单击工作区右边的图层面板图标展开图层面板。
6. 单击图层 Railroad tracks 左边的可视性栏，在画板中显示表示铁轨的路径，如图 11.32 所示。单击图层面板图标将该面板折叠起来。
7. 选择工具箱中的选择工具，通过单击火车下方的路径以选择它。
8. 在控制面板中，从“画笔定义”下拉列表中选择画笔“铁轨”以应用该图案画笔。
9. 在控制面板中，将描边粗细改为 4pt。

注意到铁轨准确地沿路径前行，如图 11.33 所示。正如前面指出的，图案画笔包含对应于路径不同部分的拼贴。

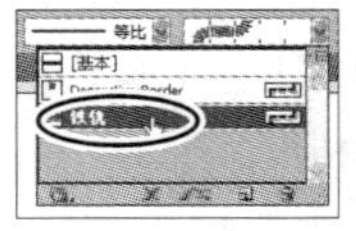

图11.33

下面编辑选定的铁轨对象的画笔属性。

10. 单击工作区右边的画笔面板图标，展开画笔面板。单击画笔面板底部的“所选对象的选项”按钮（），这只编辑在画板中选定的铁轨的画笔选项，如图 11.34 所示。这将打开“描边选项（图案画笔）”对话框。
11. 将缩放改为 120%，为此可向右拖曳相应文本框下方的滑块，也可输入指定的值；然后单击“确定”按钮，如图 11.35 所示。

图11.34

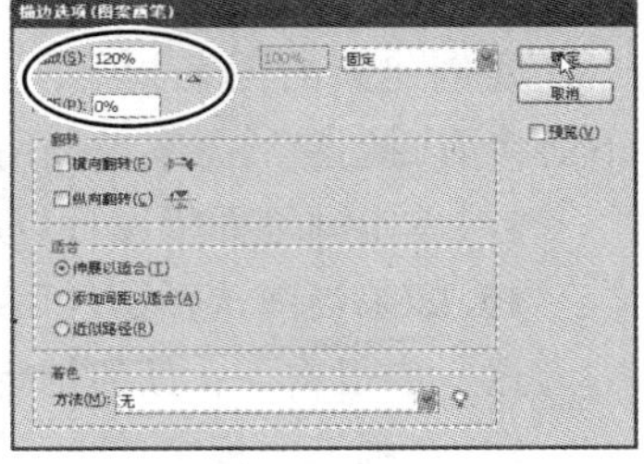

图11.35

> **Ai** 提示：要修改铁轨的大小，也可修改画板中应用了画笔的线条的大小。

编辑选定对象的画笔选项时，您只能看到部分画笔选项。对话框“描边选项（图案画笔）”用于编辑应用了画笔的路径的属性，而不会更新相应的画笔。

12. 选择菜单“选择”>“取消选择”，再选择菜单“文件”>“存储”。

11.6.1 创建图案画笔

有多种创建图案画笔的方式。例如，要创建将应用于直线的简单图案画笔，可选择将用于创建图案画笔的对象，再单击画笔面板底部的“新建画笔”按钮。如果要创建的图案画笔将应用于包含曲线和尖角的对象，必须首先在色板面板中根据将用做图案画笔拼贴的图稿创建色板，然后再新建画笔。例如，要创建将应用于包含尖角的线条的图案画笔，可能需要创建三个色板：一个用于直线；一个用于内角；一个用于外角。下面创建供图案画笔使用的色板。

1. 单击工作区右边的图层面板图标展开图层面板。
2. 单击图层 Frame 左边的可视性栏以显示该图层的内容。

3. 单击色板面板图标展开色板面板，也可选择菜单“窗口”>“色板”。

下面创建一个图案色板。

4. 从文档窗口左下角的“画板导航”下拉列表中选择 2。

5. 使用选择工具将花朵拖曳到色板面板中，新的图案色板将出现在色板面板中，如图 11.36 所示。

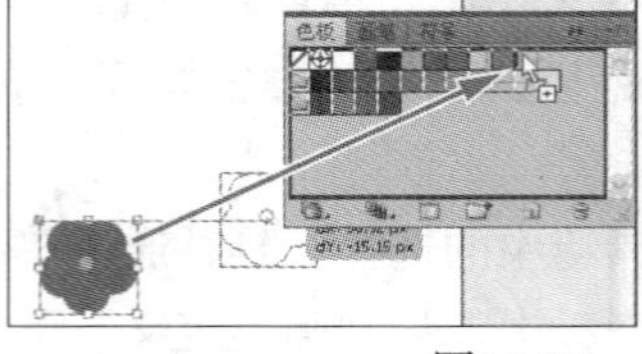
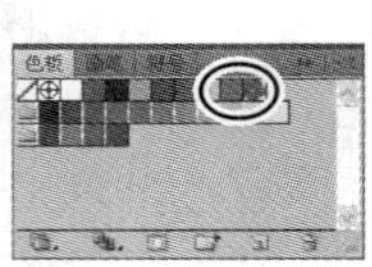

图11.36

6. 选择菜单“选择”>“取消选择”。

7. 在色板面板中，双击刚创建的图案色板。在“色板选项”对话框中，将色板命名为 Corner，再单击“确定”按钮。

8. 重复第 5~7 步，使用花朵左边的桔色圆圈创建一个图案色板，并将其命名为 Side。

Ai **提示：**有关如何创建图案色板的更详细信息，请参阅 Illustrator 帮助中的“关于图案”。

要创建新的图案画笔，需要在“图案画笔选项”对话框中将拼贴指定为色板面板中的色板。下面将前面创建的图案色板用做拼贴，以创建一个新的图案画笔。

9. 单击画笔面板图标以展开画笔面板。

10. 如果当前选择了任何对象，选择菜单“选择”>“取消选择”。

这一步很重要，任何选定内容都将成为画笔的一部分。

11. 在画笔面板中单击“新建画笔”按钮。

12. 在“新建画笔”对话框中，选择“图案画笔”，再单击“确定”按钮，如图 11.37 所示。

注意到您不能选择“艺术画笔”或“散点画笔”，这是因为要新建这些类型的画笔，必须在文档中选择了图稿。

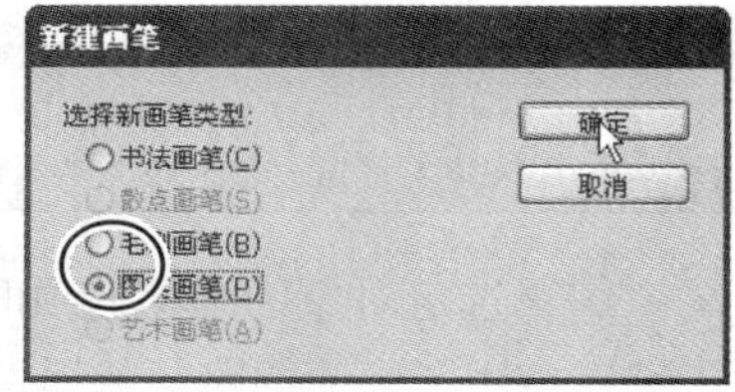

图11.37

下面将指定要用做新图案画笔拼贴的色板。

13. 在“图案画笔选项”对话框中，将画笔命名为 Border。

14. 在文本框“间距”下方的图案色板列表中，确保选择了“边线拼贴”，从图案色板列表中选择色板 Side，该色板将出现在“边线拼贴”框中，如图 11.38 所示。

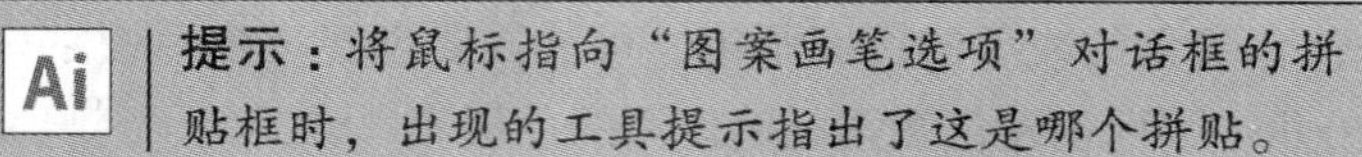
Ai **提示：**将鼠标指向“图案画笔选项”对话框的拼贴框时，出现的工具提示指出了这是哪个拼贴。

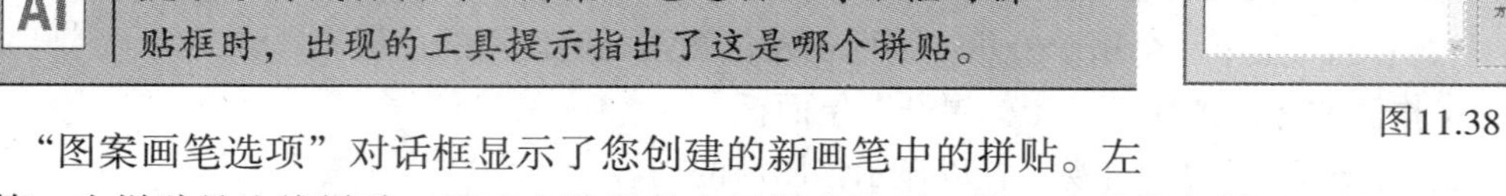

图11.38

“图案画笔选项”对话框显示了您创建的新画笔中的拼贴。左边第一个拼贴是边线拼贴，用于在路径的中间部分绘画；第二个是外角拼贴；第三个是内角拼贴。

图案画笔最多可包含 5 种拼贴：边线拼贴、起点拼贴和终点拼贴以及用于在路径的尖角上绘画的外角拼贴和内角拼贴。有些画笔不包含拐角拼贴，因为这些画笔用于绘制平滑路径。

接下来读者将创建包含拐角拼贴的自定义图案画笔。下面将色板 Corner 用作新图案画笔的外角拼贴和内角拼贴。

15. 在“图案画笔选项”对话框中，选择“外角拼贴”框（左数第二个），再从图案色板列表中选择色板 Corner，该色板将出现在“外角拼贴”框中。

16. 选择“内角拼贴”框（中间那个），再从图案色板列表中选择色板 Corner，该色板将出现在“内角拼贴”框中。单击“确定”按钮，如图 11.39 所示。

图11.39

在本课后面，将把该画笔应用于图稿中的一条路径，因此这里不添加起点拼贴和终点拼贴。在创建需要包含起点拼贴和终点拼贴的图案画笔时，可像添加边线拼贴、角拼贴那样添加它们。

画笔 Border 将出现在画笔面板中。

> **注意**：创建新画笔时，该画笔只出现当前图稿的画笔面板中。

> **提示**：要存储画笔以便在另一个文件中重用它，可创建一个包含这些画笔的画笔库。有关这方面的更详细信息，请参阅 Illustrator 帮助“使用画笔库”。

11.6.2 应用图案画笔

在本节中，读者将把画笔 Border 应用于环绕图稿的矩形框。使用绘图工具将画笔应用于图稿时，首先使用绘图工具绘制路径，然后在画笔面板中选择画笔将其应用于路径。

1. 单击文档窗口左下角的“首项”按钮，将返回到第一个画板并使其适合文档窗口的大小。

2. 使用选择工具单击图稿周围的矩形的白色描边以选择它。

3. 在控制面板中，单击填色框并选择“无”，再单击秒边框并选择“无”。

4. 从画笔面板菜单中选择“缩览图视图”。

在缩览图视图下，图案画笔在画笔面板中显示为几部分，每部分都对应于一个图案拼贴。在缩览图预览中，边线拼贴重复了两次。

5. 在仍选择了矩形的情况下，在画笔面板中单击画笔 Border。

使用画笔 Border 绘制矩形，其中边线使用的是边线拼贴，而角使用的是角拼贴，如图 11.40 所示。

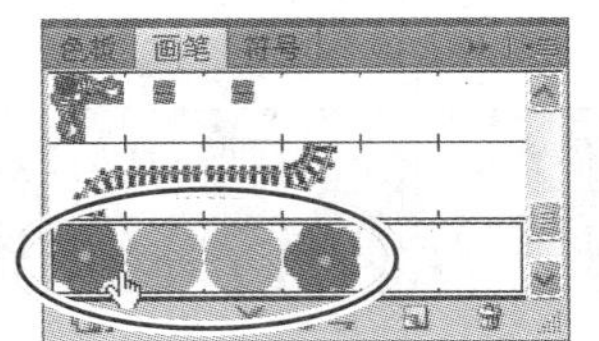

图11.40

下面编辑画笔 Border。

6. 在画笔面板中，双击图案画笔 Border，打开“图案画笔选项”对话框。

7. 在“图案画笔选项”对话框中，将“缩放”改为 70%，将“间距”改为 120%，选择“添加间距以适合”，再单击“确定”按钮，如图 11.41 所示。

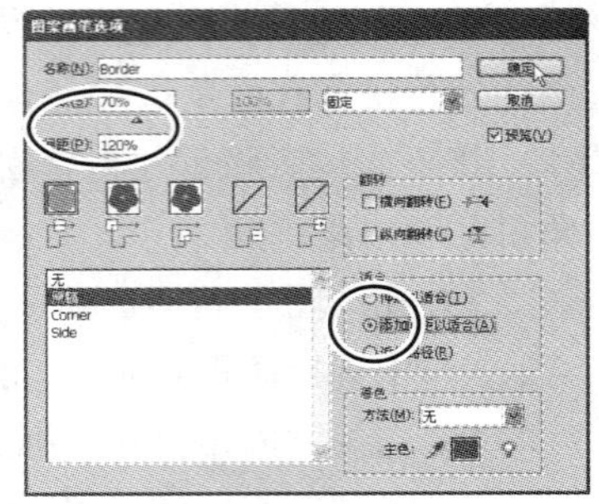

图11.41

8. 在“画笔变更警告”对话框中，单击“应用于描边”按钮以更新画板上的边框。

9. 使用选择工具单击鸭子上方的圆弧以选择它，再在画笔面板中单击画笔 Border 以应用它。

注意到花朵并没有应用于该路径，而使用画笔 Border 的边线拼贴（Side 色板）绘制它。由于该路径没有尖角，因此不会将外角拼贴和内角拼贴应用于该路径。

10. 选择菜单“编辑”>“还原应用图案画笔”，撤销将画笔应用于该弧形。

> **注意：**在本课前面，您通过单击“移去画笔描边”按钮来移去应用于对象的画笔，但这里您选择了菜单“编辑”>“还原应用图案画笔”，这是因为单击“移去画笔描边”按钮将删除该弧形以前的格式，使其只有默认填色和描边。

编辑图案画笔的拼贴

要编辑图案画笔的拼贴，可创建或更新色板，并在“图案画笔选项”对话框中将新色板用做拼贴。

另一种修改图案画笔中拼贴的方法是，按住Alt（Windows）或Opiton（Mac OS），并将新图稿从画板拖放到画笔面板中要修改的拼贴上。

11.7 修改画笔的颜色属性

使用散点画笔、艺术画笔和图案画笔绘画时，使用的颜色取决于当前的描边颜色以及画笔的着色方法。如果没有设置着色方法，将使用画笔的默认颜色。例如，艺术画笔 train logo 使用其默认颜色（而不是当前的描边颜色黑色），因为其着色方法被设置为“无”。

要给艺术画笔、图案画笔和散点画笔着色，可使用“画笔选项”对话框中三个编辑选项：淡色、淡色和暗色、色相转换。有关这些着色方法的更详细信息，请参阅 Illustrator 帮助中的“着色选项”。

> **注意：**如果用白色描边色着色，画笔可能看起来完全是白色的；如果使用黑色描边色着色，画笔可能看起来是全黑的，其结果取决于画笔的原始颜色。

11.7.1 使用着色方法“淡色”修改画笔的颜色

下面使用着色方法“淡色”修改艺术画笔 train logo 的颜色。

1. 在画笔面板中，从面板菜单中选择“显示艺术画笔”并取消选择“显示图案画笔”。
2. 使用选择工具单击鸭子下方的火车头徽标（应用了艺术画笔 train logo 的圆圈）。
3. 按住 Shift 键，打开控制面板中的描边框打开颜色面板。
4. 通过单击色谱条选择一种颜色，这里选择的是橙红色。
5. 在画笔面板中，双击画笔 train logo，打开“艺术画笔选项”对话框。选择复选框“预览”以便能够看到修改带来的影响，再将该对话框移到一边以便工作时能够看到图稿。

要修改画笔的颜色，必须先选择一种着色方法。默认情况下，如果画笔的着色方法被设置为“淡色”、“淡色和暗色”或“色相转换”，将自动把当前描边颜色应用于使用它绘制的描边。

6. 在“艺术画笔选项”对话框的“着色”部分，从下拉列表“方法”中选择“淡色”，如图 11.42 所示。

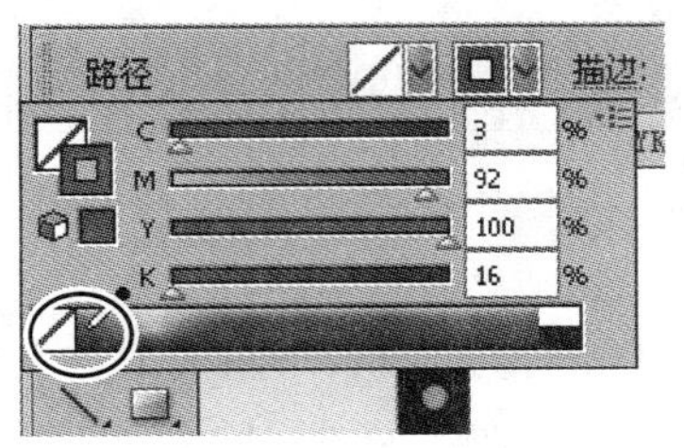

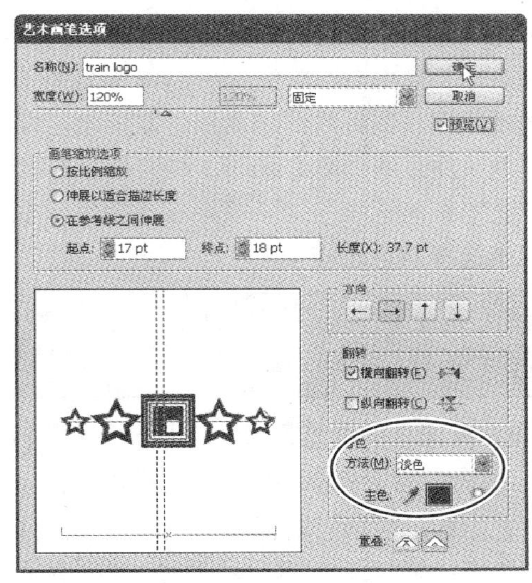

图11.42

给应用了画笔 train logo 的选定路径着色，显示的画笔描边将为当前描边颜色的淡色。原来为黑色的部分将变成当前的描边颜色，不是黑色的部分将变成描边颜色的淡色，而白色部分仍为白色。

> **Ai** **注意**：着色方法“淡色和暗色”将以当前描边颜色的淡色和暗色显示画笔描边：黑色和白色保持不变，而其他颜色将变成当前描边颜色与灰色的混合结果。

7. 如果愿意，从“艺术画笔选项”对话框的“方法”下拉列表中选择“淡色和暗色”并查看结果，然后恢复到“淡色”方法，并单击“确定”按钮。在“画笔更改警告”对话框中，单击“应用于描边”按钮将更改应用于图稿中的描边，结果如图 11.43 所示。

图11.43

也可选择只修改以后的画笔描边，而保留现有描边不变。为画笔选择着色方法后，新的描边颜色将应用于选定的画笔描边以及使用该画笔绘制的新描边。

8. 单击工作区右边的颜色描边图标展开该面板。单击描边框使其位于前面，再在色谱条的不同地方单击，将其他描边色应用于选定图稿。
9. 对 train logo 画笔描边的颜色满意后，在图稿外面单击以取消选择它们。
10. 选择菜单“文件”>“存储”。

11.7.2 使用着色方法“色相转换”修改画笔的颜色

下面给画笔面板中的画笔 Banner 1 指定新颜色。

1. 单击工作区右边的图层面板图标，展开图层面板，单击图层 Text 左边的可视性栏以显示该图层的内容。
2. 选择工具箱中的缩放工具，拖曳出一个环绕图章 Golden Book Award 的选框以放大它。
3. 使用选择工具单击图章中应用了画笔的圆圈以选择它。
4. 单击画笔面板图标展开该面板。双击画笔面板中的画笔 Banner 1，打开“艺术画笔选项”对话框，注意到画笔 Banner 1 的着色方法默认被设置为“无”。
5. 在“艺术画笔选项”对话框中，选择复选框“预览”；在“着色”部分，从下拉列表“方法”中选择“色相转换”。

> Ai | **提示：**要更详细地了解不同着色方法对图稿的影响，可单击“艺术画笔选项”对话框中的灯泡图标（💡）。

对于使用多种颜色的画笔，通常将其着色方法设置为“色相转换”。在这种情况下，如果修改了描边颜色，图稿中的主色都将变成新的描边颜色。

6. 在“艺术画笔选项”对话框的“着色”部分，单击“主色吸管”图标（🖉），再将鼠标指向预览区域（“着色”部分的左边）中的桔色并单击，如图 11.44 所示。

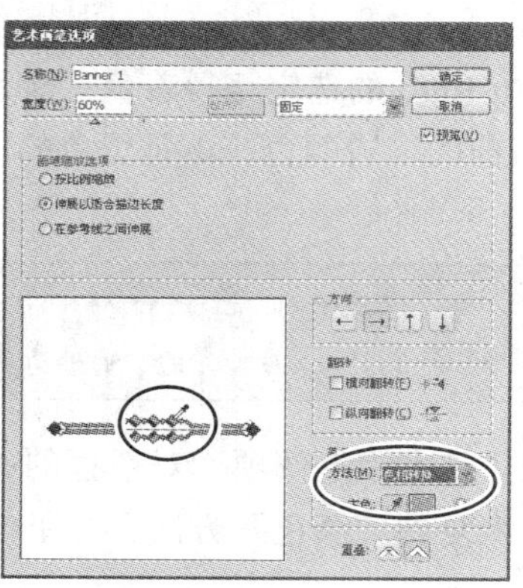

图11.44

当您关闭该对话框并指定图稿的描边颜色时，刚采集的颜色（桔色）将作为主色。应用了画笔的路径的桔色部分将使用当前描边颜色进行着色。

7. 单击“确定”按钮。在“画笔更改警告”对话框中，单击“应用于描边”按钮，将更改应用于图稿中的描边。也可选择只修改以后的画笔描边，而保留现有描边不变。

为画笔选择着色方法后，新的描边颜色将应用于选定的画笔描边以及使用该画笔绘制的新描边。

8. 在控制面板中，将描边颜色改为 flame red 并尝试其他描边颜色，然后将描边颜色设置为 flame yellow，结果如图 11.45 所示。

9. 选择菜单“选择” > “取消选择”，再选择菜单“文件” > “存储”。

图11.45

11.8 使用斑点画笔工具

可以使用斑点画笔工具绘制填充形状以及将其与其他颜色相同的形状连接和合并。使用斑点画笔可以像使用画笔工具那样绘画。不像画笔工具那样用于创建非闭合路径，使用斑点画笔可创建只有填色（没有描边）的闭合路径（如图 11.46 所示），然后可使用橡皮擦工具或斑点画笔工具对其进行编辑。使用斑点画笔工具无法编辑有描边的形状。

使用画笔工具创建的路径　　使用斑点画笔工具创建的形状

图11.46

下面使用斑点画笔工具创建从火车头冒出的烟。

11.8.1 使用斑点画笔工具绘画

斑点画笔工具的默认画笔选项与书法画笔相同。

1. 在应用程序栏中，从工作区切换下拉列表中选择“基本功能”。
2. 选择菜单“视图” > “画板适合窗口大小”。
3. 单击工作区右边的图层面板图标，展开图层面板。单击图层 Text 左边的眼睛图标隐藏该图层的内容，单击图层 Background 和 Smoke 左边的可视性栏，再单击图层 Smoke 以选择它。
4. 在控制面板中，将填色改为白色并将描边颜色改为“无”。

> Ai **注意**：使用斑点画笔工具绘画时，如果绘画前设置了填色和描边，描边颜色将用作使用斑点画笔工具绘制的形状的填色。如果绘画前只设置了填色，它将用于填充创建的形状。

5. 双击工具箱中的斑点画笔工具（ ）。在“斑点画笔工具选项”对话框中，选择复选框“保持选定”，在“默认画笔选项”部分将“大小”改为 30pt，再单击“确定”按钮。
6. 将鼠标指向鸭子上方的黑色烟囱，沿 Z 字形向右上方拖曳以创建烟雾形状，如图 11.47 所示。

图11.47

> **Ai** **注意：**使用斑点画笔工具绘画时，创建的是填充的闭合形状。这些形状可包含任何类型的填充，这包括渐变、纯色、图案等。

7. 选择菜单“选择”>“取消选择”。下面编辑刚创建的烟雾形状，使其更具风格化外观。

11.8.2 使用斑点画笔工具合并路径

除使用斑点画笔工具绘制新形状外，还可使用它来连接和合并相同颜色的形状。下面将刚创建的烟雾形状和它右边的白色椭圆合并，以生成一个更大的烟雾形状。

1. 单击工作区右边的外观面板图标（◉），展开该面板。在外观面板菜单中，取消选择“新建图稿具有基本外观”。取消选择了该选项后，斑点画笔工具将使用选定图稿的属性。
2. 使用选择工具单击刚创建的烟雾形状，再按住 Shift 键并单击右边的白色椭圆。
3. 单击外观面板顶部的字样“路径”，以免将接下来的投影效果应用于填色或描边。
4. 选择菜单“效果”>“风格化”>“投影”。在“投影”对话框中，将不透明度改为 35%，将 X 位移和 Y 位移设置为 3pt，将模糊设置为 2pt，再单击“确定”按钮，如图 11.48 所示。
5. 选择菜单“选择”>“取消选择”。
6. 在仍选择了工具箱中的斑点画笔工具的情况下，确保在外观面板中看到的属性与烟雾形状相同（填色为白色，描边颜色为“无”，且应用了投影效果）。从您创建的烟雾形状内部拖曳到右边的椭圆内部，将这两个形状连接起来。

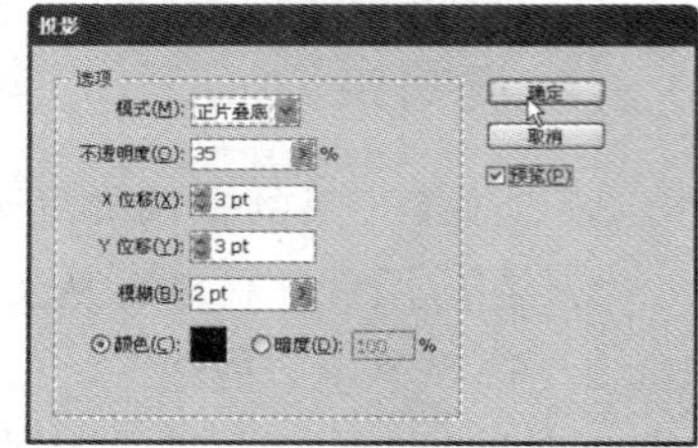

图11.48

> **Ai** **注意：**当绘画和编辑时，投影效果应用于整个形状。

> **Ai** **注意：**要使用斑点画笔工具合并对象，这些对象必须有相同的外观属性且没有描边，还必须位于相同的图层或图层组（如果位于相同的图层组，则所属的图层必须相邻）。

7. 继续使用斑点画笔工具绘画，让烟雾看起来更像云彩。当松开鼠标后，将应用投影，如图 11.49 所示。
8. 使用斑点画笔工具给椭圆部分添加更多形状，使其更像云彩。

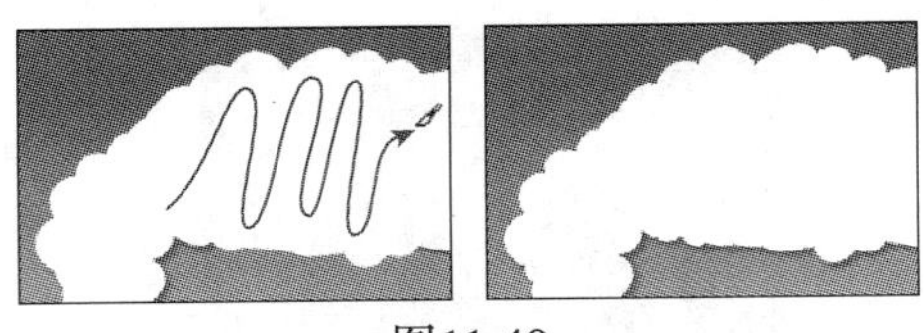

图11.49

9. 选择菜单“选择”>“取消选择”，再选择菜单“文件”>“存储”。

11.8.3 使用橡皮擦工具进行编辑

使用斑点画笔工具绘制和合并形状时，可能对结果不满意并想编辑它。使用橡皮擦工具可调整形状并纠正您不喜欢的修改。

> **提示：**使用斑点画笔工具和橡皮擦工具绘画时，建议拖曳较短的距离后就松开鼠标。可撤销所做的编辑，但如果拖曳较长的距离而不松开鼠标，撤销时将删除整个描边。

1. 使用选择工具单击烟雾形状以选择它。

> **注意：**通过在选择橡皮擦工具前选择形状，可限制橡皮擦的作用范围，使其只擦除选定的形状。

2. 再选择工具箱中的橡皮擦工具（ ）。请慢慢执行接下来的步骤，且别忘了总是可以停下来并撤销前面的操作。
3. 使用橡皮擦工具沿烟雾形状底部拖曳，以删除部分烟雾，如图 11.50 所示。

图11.50

选择斑点画笔或橡皮擦工具后，鼠标图标都包含一个圆圈，它指出了画笔的直径。下面修改画笔大小，以方便编辑烟雾形状。

4. 按右方括号键（]）多次以增大画笔。
5. 尝试在斑点画笔工具和橡皮擦工具之间切换以编辑烟雾。
6. 单击工作区右边的图层面板图标展开图层面板，再单击图层 Text 左边的可视性栏，结果如图 11.51 所示。

图11.51

> **注意：**可能需要使用选择工具调整文本 Ted and Fuego Take a Train 的位置，使其大概位于烟雾形状中央。

7. 选择菜单“文件”>“存储”。让这个文件打开以便在“练习”一节中使用。

斑点画笔工具指南

使用斑点画笔工具时，请牢记如下指导原则。

- 要合并路径，它们必须位于相邻的图层中。
- 斑点画笔工具创建无描边的填充路径。如果让沿斑点画笔工具创建的路径与现有图稿合并，请确保图稿有相同的填充颜色且没有描边。
- 使用斑点画笔工具绘制路径时，新路径将与所遇到的最匹配路径合并。如果新路径在同一个图层组或图层中遇到多个匹配的路径，则所有这些路径都会合并在一起。
- 要给斑点画笔工具指定上色属性（如效果或透明度），请选择画笔，并在开始绘制之前在外观面板中设置各种属性。
- 可以使用斑点画笔工具来合并由其他工具创建的路径。为此，请确保现有图稿没有描边；然后将斑点画笔工具的填充颜色设置成与现有图稿相同，并绘制与所有要合并在一起的路径交叉的新路径。

——摘自Illustrator帮助文件

11.9 练 习

有很多创造性使用画笔的方式，请执行如下步骤，练习使用毛刷画笔。

1. 使用选择工具选择烟雾形状。
2. 单击工具箱底部的“内部绘图”按钮。

> **注意：**如果您无法选择“内部绘图”模式，原因可能是云彩是一个编组。选择菜单“对象”>“取消编组”，再选择菜单“选择”>“取消选择”，然后单击云彩形状以选择它。

3. 选择菜单“选择”>“取消选择”。

4. 单击画笔面板图标，展开该面板，单击“画笔库菜单”按钮并选择“毛刷画笔”>“毛刷画笔库”。

5. 在“毛刷画笔库”面板中，通过单击选择一种毛刷画笔。

6. 在工具箱中选择画笔工具，并在控制面板中将描边颜色设置为一种淡灰色，再尝试在烟雾形状内部添加一些纹理。

尝试调整该毛刷画笔的设置。

7. 选择菜单“文件”>“存储”，再选择菜单“文件”>“关闭”。

> **注意：**可能会出现一个警告框，指出文档包含多条具有透明效果的毛刷画笔描边，就本课而言，单击“确定”按钮即可。

练习将画笔应用于使用绘图工具创建的路径，就像本课前面将图案画笔应用于矩形那样。

1. 选择菜单“文件”>“新建”，创建一个用于练习的文档。

2. 在画笔面板中，单击“画笔库菜单”按钮并选择“装饰”>“装饰_散布”。

3. 使用绘图工具（钢笔工具、铅笔工具或任何基本形状工具）绘制对象。绘制时使用默认填色和描边颜色。

4. 选择其中的一个对象，在“装饰_散布”面板中单击一种画笔，从而将该画笔应用于选定对象的路径。

选择一种散点画笔后，它将自动添加到画笔面板中。

5. 对绘制的每个对象重复第 4 步。

6. 在画笔面板中双击第 4 步使用的散点画笔之一打开“散点画笔选项”对话框，并修改画笔的颜色、大小或其他属性。关闭该对话框后，单击“应用于描边”按钮，将所做的修改应用于图稿中的描边。

复习

复习题

1. 描述 5 种画笔类型：艺术画笔、书法画笔、图案画笔、毛刷画笔和散点画笔。
2. 使用画笔工具将画笔应用于图稿与使用绘图工具将画笔应用于图稿之间有何不同？
3. 如何在使用画笔工具绘图时编辑路径？“保持选定”选项将如何影响画笔工具的行为？
4. 如何修改艺术画笔、图案画笔或散点画笔的着色方法（对于书法画笔和毛刷画笔，不能使用任何着色方法）？
5. 创建哪些类型的画笔之前必须在画板中选择图稿？
6. 斑点画笔工具有何用途？

复习题答案

1. 对 5 种画笔类型的描述如下。
   - 艺术画笔沿路径均匀地拉伸图稿。艺术画笔包括模拟各种绘画媒体的画笔，如用于创建树木的“炭笔 - 羽化”画笔；艺术画笔还包括图像画笔（如箭头画笔）。
   - 书法画笔是由椭圆形状定义的，该形状的中心位于路径上。使用这种画笔可创建外观类似于使用平而尖的书法钢笔手绘的线条。
   - 图案画笔用于绘制由不同部分（拼贴）组成的图案，这些拼贴分布在路径的边线、两端和拐角。使用图案画笔在图稿中绘画时，将根据所处的路径位置绘制图案的不同部分。
   - 毛刷画笔让您能够创建这样的描边，即其外观与带鬃毛的自然画笔相同。
   - 散点画笔沿路径分布对象（如叶子），可调整散点画笔的大小、间距、分布和旋转等设置以修改画笔的外观。
2. 要使用画笔工具来应用画笔，可选择画笔工具，从画笔面板选择一种画笔，再在图稿中绘图，该画笔将直接应用于绘制的路径；要使用绘图工具来应用画笔，可先使用绘图工具在图稿中绘制路径，然后选择该路径并在画笔面板中选择一种画笔，该画笔将应用于选定路径。

3. 要使用画笔工具编辑路径，只需在选定路径拖曳以重新绘制它。使用画笔工具绘图时，“保持选定”选项将保持最后绘制的路径被选中。如果希望在绘图时能够轻松的编辑前一条路径，应保留“保持选定”复选框被选中；如果要使用画笔工具绘制重叠的路径而不修改以前的路径，则应取消选中复选框“保持选定”。在没有选中复选框“保持选定”的情况下，可使用选择工具选择路径，再对其进行编辑。

4. 要修改画笔的着色方法，可在画笔面板中双击该画笔打开“画笔选项”对话框，然后从“着色”部分的下拉列表“方法”中选择另一种方法。如果选择的是“色相转换”，则可使用对话框预览中显示的默认颜色，也可修改主色，方法是单击“主色吸管”图标，再单击图稿中的颜色。单击“确定”按钮接受所做的设置并关闭“画笔选项”对话框。如果要将修改应用于图稿中现有的描边，可在“画笔更改警告”对话框中单击“应用于描边”按钮。

现有画笔描边将使用绘制它们时指定的描边色着色，而新画笔描边将使用当前描边色着色。要在指定不同的着色方法后修改现有描边的颜色，可选择该描边并指定新的描边色。

5. 要使用画笔面板中的“新建画笔”按钮来创建新的艺术画笔或散点画笔，必须先选择图稿。

6. 使用斑点画笔工具可编辑填充的形状，使其与其他相同颜色的形状连接和合并，还可从空白开始创建图稿。

第12课 应用效果

在本课中，读者将学习如下内容：

- 使用路径查找器、扭曲和变换、位移路径、投影等各种效果；
- 使用变形效果创建横幅标识；
- 使用 Photoshop 效果给对象添加纹理；
- 从 2D 图稿创建 3D 对象；
- 将图稿贴到 3D 对象的表面。

学习本课需要大约 1 小时。如果必要，从硬盘中删除前一课的文件夹，并将文件夹 Lesson12 复制到硬盘中。

效果用于修改对象的外观。效果是实时的，这意味着将效果应用于对象后，可随时使用外观面板修改或删除它。通过使用效果，很容易应用投影、将二维图稿转换为三维形状等。

12.1 简 介

在本课中，读者将使用各种效果创建对象。在此之前，需要恢复 Adobe Illustrator 的默认首选项，并打开一个包含最终图稿的文件以查看将创建的插图。

1. 为确保工具和面板像本课描述的那样，请删除或重命名 Adobe Illustrator CS5 首选项文件，详情请参阅“前言”中的“恢复默认首选项”。
2. 启动 Adobe Illustrator CS5。

> Ai | **注意：**如果还没有从配套光盘的文件夹 Lesson12 中将本课的资源文件复制到硬盘，现在就这样做，详情请参阅“前言”中的“复制课程文件”。

3. 选择菜单“文件”>“打开”，打开硬盘中文件夹 Lessons\Lesson12 中的文件 L12end_1.ai，如图 12.1 所示。

图12.1

这是一个完成后的易拉罐插图。

4. 选择菜单“视图”>“缩小”以缩小最终图稿，再调整窗口大小，并让该图稿打开（工作时使用抓手工具将图稿移到要参考的地方）。如果不想让该图像打开，可选择菜单“文件”>“关闭”。

为开始工作，您将打开一个现有的图稿文件。

5. 选择菜单“文件”>“打开”，打开硬盘中文件夹 Lessons\Lesson12 中的文件 L12start_1.ai，如图 12.2 所示。

图12.2

6. 选择菜单“文件”>“存储为”，将文件重命名为 sodacan.ai，并从下拉列表“保存在”中选择文件夹 Lesson12。保留“保存类型”Adobe Illustrator（*.AI）（Windows）或“格式”为 Adobe Illustrator（ai）（Mac OS），并单击“保存”按钮。在“Illustrator 选项”对话框中，保留默认设置并单击“确定”按钮。

12.2 使用实时效果

“效果”菜单中的命令在不修改对象本身的情况下修改其外观。将效果应用于对象时，该效果将成为对象的外观属性。用户可将多种效果应用于同一个对象，还可通过外观面板随时编辑、移动、删除和复制效果。要编辑效果创建的锚点，必须先扩展效果。图 12.3 显示了一个应用了投影效果的对象。

图12.3

在 Illustrator 中有两类效果：矢量效果和栅格效果，它们包含在“效果”菜单中。

- Illustrator（矢量）效果：“效果”菜单的上半部分为矢量效果，在外观面板中，只能将这些效果应用于矢量对象或位图对象的填色 / 描边。有些矢量效果可应用于矢量对象和位图对象，它们是 3D 效果、SVG 滤镜、变形效果、变换效果、投影、羽化、内发光和外发光。

- Photoshop（栅格）效果：“效果”菜单的下半部分为栅格效果，可将其应用于矢量对象和位图对象。

> Ai **注意：**应用栅格效果时，将使用文档的栅格效果设置将原始矢量数据栅格化。栅格效果设置决定了得到的图像的分辨率。有关文档栅格效果设置的更详细信息，请在 Illustrator 帮助中搜索“文档格栅效果设置”。

12.2.1 应用效果

通过“效果”菜单或外观面板可将效果应用于对象或编组。在本节中，读者将首先学习如何将一种效果应用于易拉罐标签，然后通过外观面板应用一种效果。

1. 在应用程序栏中，从工作区切换下拉列表中选择“基本功能”以重置工作区。
2. 选择菜单“视图”>“智能参考线”以禁用智能参考线。
3. 使用选择工具单击画板中的文本形状 Sparking Soda。
4. 在选择了该编组的情况下，选择菜单“效果”>“风格化”>“投影”。
5. 在“投影”对话框中，将 X 位移、Y 位移和模糊都改为 3pt。选择复选框“预览”以查看应用于文本形状的投影，再单击“确定”按钮，如图 12.4 所示。

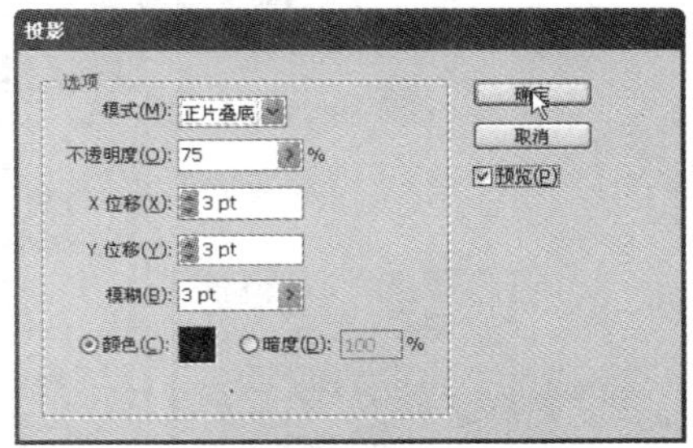

图12.4

6. 使用选择工具单击樱桃以选择该编组。
7. 在选择了樱桃编组的情况下，单击工作区右边的外观面板图标（◉）展开外观面板。

外观面板顶部有字样“编组”，这表明当前选择了一个编组。可将效果应用于对象编组。

8. 单击外观面板底部的“添加新效果”按钮（*fx*），您将看到与“效果”菜单中一样的选项。
9. 从“Illustrator 效果”部分选择“风格化”>“投影”。
10. 在“投影”对话框中，将不透明度改为 40，保留 X 位移、Y 位移和模糊为 3pt。选择复选框“预览”以查看应用于樱桃的投影效果，再单击“确定”按钮，如图 12.5 所示。

在外观面板中，注意到字样“编组”下方出现了字样“投影”。

11. 选择菜单“选择”>“取消选择”，结果如图 12.6 所示。

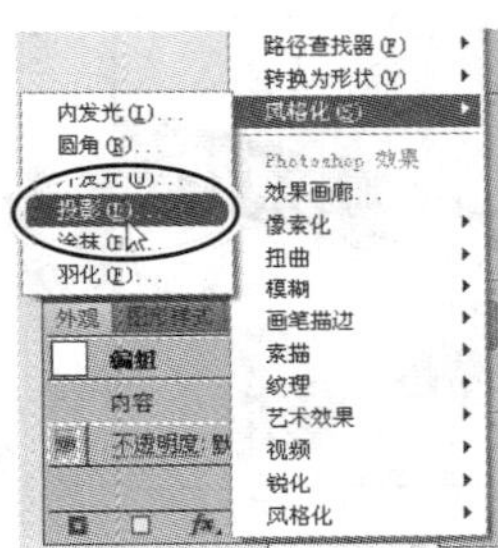

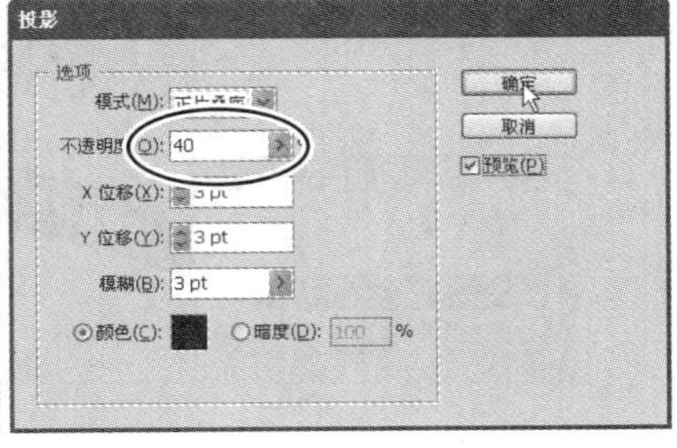

图12.5

图12.6

12. 选择菜单“文件”>“存储”。

下面编辑这两种投影效果。

12.2.2 编辑效果

效果是实时的，因此可在将效果应用于对象后对其进行编辑。可通过外观面板编辑效果，方法是选择应用了效果的对象，再在外观面板中单击效果名或双击属性行，这将打开该效果的对话框。修改效果后，图稿将更新。在本小节中，将编辑应用于樱桃的“投影”效果。

1. 使用选择工具单击编组的樱桃形状，并确保显示了外观面板。如果该面板不可见，选择菜单“窗口”>“外观”或单击其面板图标（ ）。

注意到外观面板中列出了“投影”效果，如图 12.7 所示。

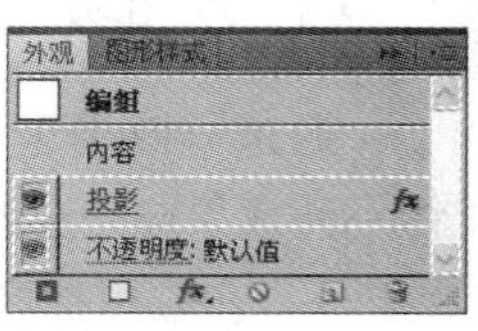

图12.7

2. 单击外观面板中带下划线的字样“投影”。在“投影”效果对话框中，将不透明度改为 60%，并选择复选框“预览”以查看变化。尝试其他设置（这里将模糊改为 5pt）并查看其影响，再单击“确定”按钮，如图 12.8 所示。

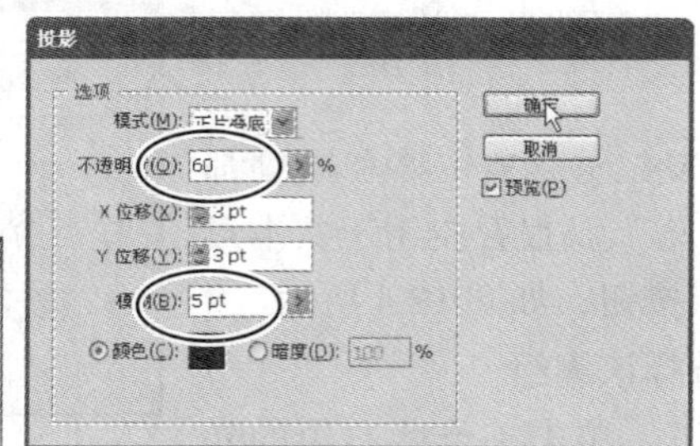

图12.8

下面删除应用于文本形状 Sparkling Soda 的一种效果。

3. 使用选择工具单击文本形状 Sparkling Soda。

4. 在外观面板中，单击带下划线的蓝色字样“投影”的左边或右边，以选择投影效果所在的属性行。选择该属性行后，单击面板底部的“删除所选项目”按钮（ ），如图 12.9 所示。

> **Ai** | **注意：**请小心不要单击带下划线的蓝色字样“投影”，否则将打开“投影”对话框。

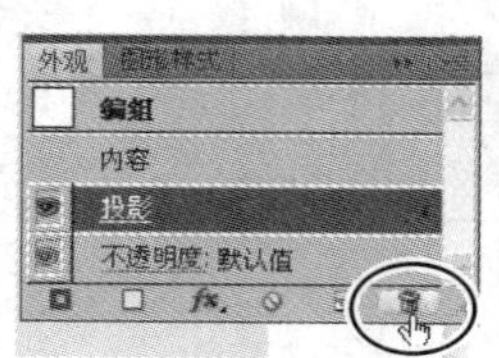

图12.9

5. 使用选择工具单击樱桃编组以选择它。
6. 选择菜单“对象”>“取消编组”。

> **注意：**对樱桃取消编组后，您仍将在外观面板顶部看到字样“编组”，这是因为每个樱桃本身都是一个编组。

注意到应用于樱桃的投影效果消失了。将效果应用于编组时，它将编组作为一个整体并施加影响；将对象取消编组后，将不再应用效果。

7. 选择菜单“编辑”>“还原取消编组”，投影效果又出现了。
8. 选择菜单“选择”>“取消选择”，再选择菜单“文件”>“存储”。

12.2.3 使用效果风格化文本

可使用图稿中的对象创建变形形状，也可将预置的变形形状或网格对象用作封套。下面使用变形效果将标签底部的文本变形。

1. 选择工具箱中的选择工具，再通过单击选择标签底部的文字 NET WT…。
2. 选择菜单“效果”>“变形”>“下弧形”。
3. 在“变形选项”对话框中，将弯曲设置为 35% 以创建弧形效果。选择复选框“预览”以预览修改设置的结果。尝试从“样式”下拉列表中选择其他样式，然后恢复到“下弧形”；尝试调整“扭曲”部分的“水平”和“垂直”滑块，并查看效果。确保“扭曲”部分的设置为零，再单击“确定”按钮，如图 12.10 所示。

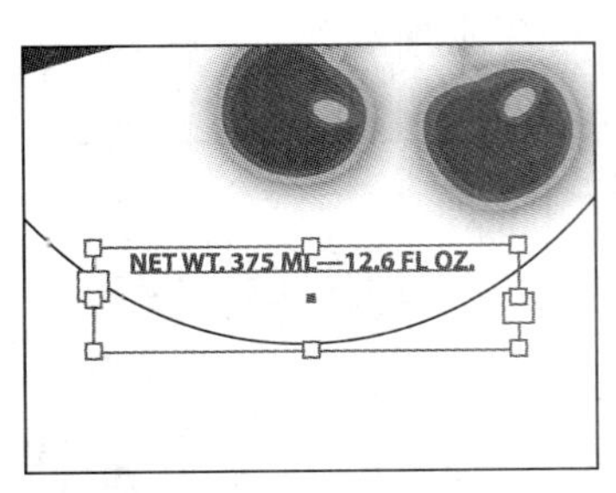

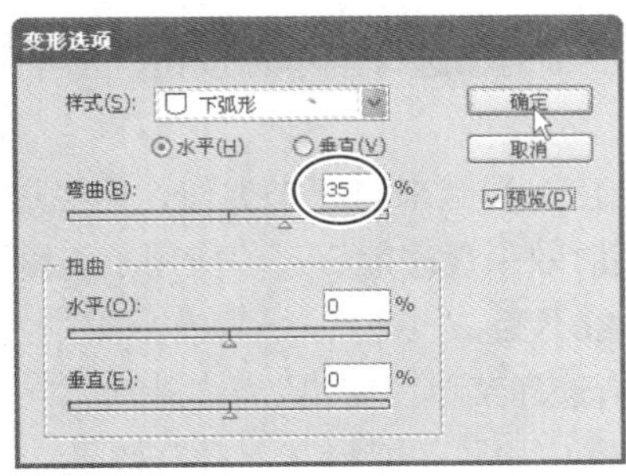

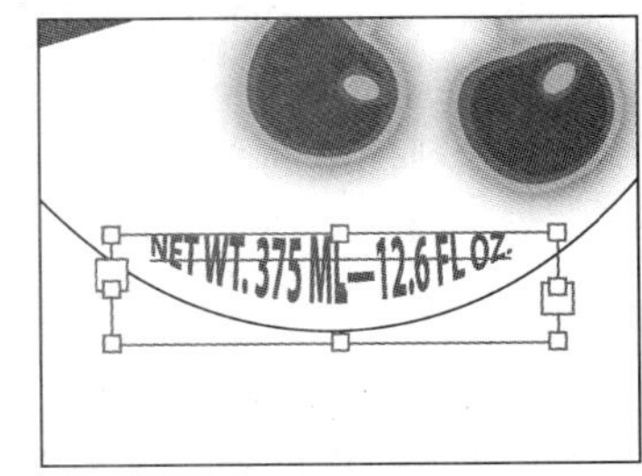

图12.10

4. 在仍选择了变形文本的情况下，在外观面板中单击“变形：下弧形”左边的可视性图标（ ）以隐藏该效果，注意到画板中的文本不再变形，如图 12.11 所示。

> **注意：**有关外观面板的更详细信息，请参阅第 13 课。

5. 选择工具箱中的文字工具（T），选择画板中的文本 375 并将其改为 380。
6. 切换到选择工具，在外观面板中单击“变形：下弧形”左边的可视性栏以显示该效果，注意到文本重新变形了，如图 12.11 所示。

> **注意**：这里之所以切换到选择工具，是因为最初应用效果时，使用了选择工具选择文本对象。

7. 选择菜单“选择”>“取消选择”。

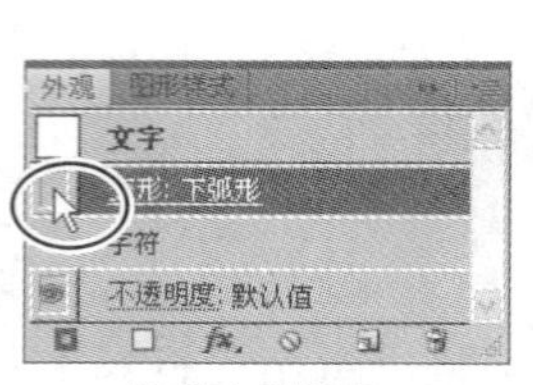

隐藏变形效果

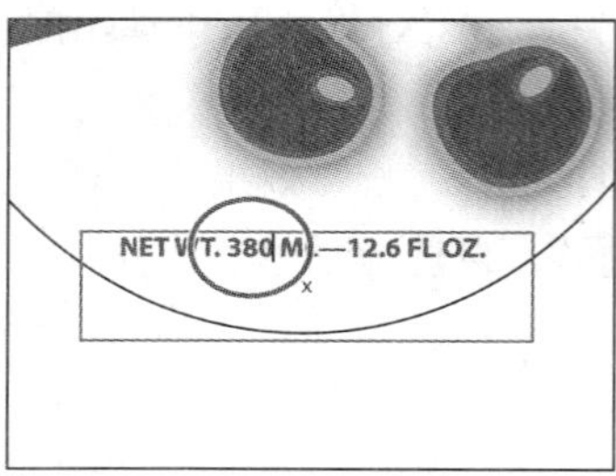

编辑画板中的文本

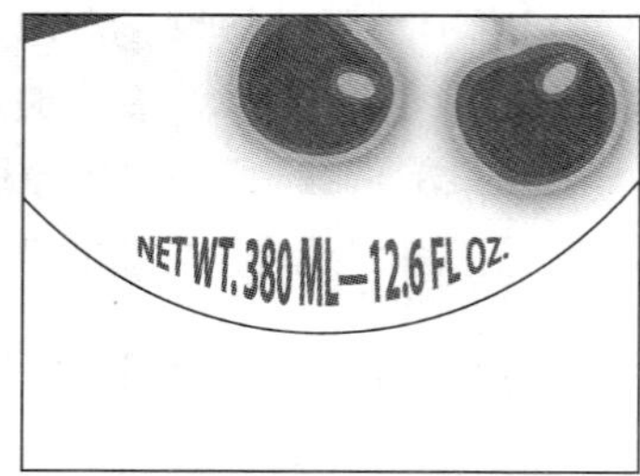

重新显示变形效果

图12.11

> **提示**：编辑画板中的文本前，并非一定要隐藏变形效果，但这样做将使得编辑工作更容易。

下面将效果应用于易拉罐标签顶部的文本形状 CHERRY BLAST。

8. 使用选择工具单击文字形状 CHERRY BLAST 以选择整个编组。
9. 选择菜单“效果”>“变形”>“上升”。
10. 在“变形选项”对话框中，确保选择了单选按钮“水平”，将弯曲改为 20%，再单击“确定”按钮。

注意到选定的文本形状（蓝色）看起来与原来类似，但经过了变形，如图 12.12 所示。这表明实时效果让您能够打印应用了“上升”效果的文本形状，但保持底层对象不变。

图12.12

11. 如果外观面板不可见，请选择菜单“窗口”>“外观”。

从外观面板可知，对文本形状应用了“变形：上升”效果。

下面隐藏指出了当前对象被选定的锚点，让您能够将注意力集中在结果上。

12. 在仍选择了文本形状 CHERRY BLAST 的情况下，选择菜单“视图”>“隐藏边缘”。
13. 在控制面板中，将填色改为 banner，但保留描边颜色和描边粗细分别为黑色和 1pt，结果如图 12.13 所示。
14. 选择菜单“编辑”>“复制”。
15. 在仍选择了文本形状的情况下，选择菜单“对象”>“隐藏”>“所选对象”。

图12.13

16. 选择菜单“编辑”>“贴在前面”。

17. 在选择了拷贝的情况下，在控制面板中将填色改为 scribble，并将描边颜色改为“无”。

下面将“涂抹”效果应用于文本形状。

18. 在选择了文本形状的情况下，选择菜单“效果”>“风格化”>“涂抹”。

19. 在“涂抹选项”对话框中，从“设置”下拉列表中选择“紧密”。选择复选框“预览”以查看效果。将“角度”改为 10，“路径重叠”改为 –3pt，保留其他设置为默认值，再单击“确定”按钮，如图 12.14 所示。

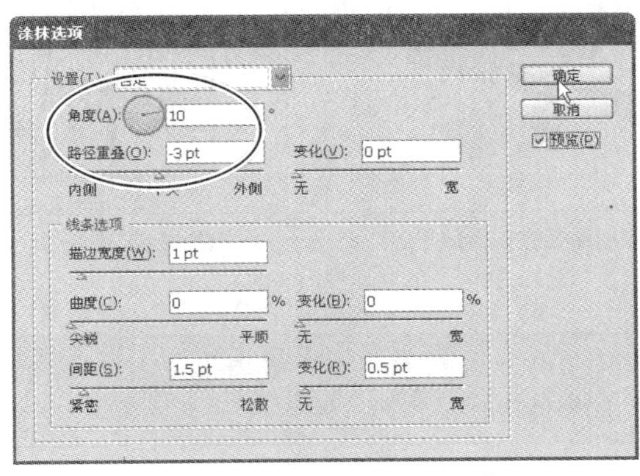

图12.14

20. 选择菜单“对象”>“显示全部”，结果如图 12.15 所示。

21. 选择菜单“选择”>“取消选择”，再选择菜单“文件”>“存储”。

图12.15

12.2.4 使用路径查找器效果编辑形状

路径查找器效果类似于路径查找器面板中的选项，只是它们是作为效果应用的，不会修改底层的内容。

下面将一种路径查找器效果应用于多个形状。

1. 按住 Shift 键并使用选择工具单击，以选择文本形状 Sparkling Soda 后面的红色横幅形状以及背景中的椭圆形状。

2. 选择菜单“对象”>“编组”。

这里之所以将对象编组，是因为路径查找器效果可能只能应用于编组、图层或文字对象。

3. 选择菜单“效果”>“路径查找器”>“交集”，这将创建一个有这两个形状的交集组成的形状。

> Ai | **注意：**如果在您选择菜单“效果”>“路径查找器”>“交集”时出现警告框，是因为您没有将对象编组。

4. 注意到外观面板中出现了“交集”字样，单击它可编辑交集效果。

> Ai | **注意：**要删除刚才对编组应用的交集效果，可单击外观面板中的“交集”效果行，再单击外观面板底部的“删除所选项目”按钮（🗑）。

> **Ai** | **注意：**第 13 课将更详细地介绍外观面板。

5. 在仍选择了编组的情况下，选择菜单“视图”>“轮廓”。

这两个形状还在（如图 12.16 所示），可对其进行编辑，这是因为应用的是实时效果。

将对象编组

应用路径查找器效果

选择菜单“视图”>“轮廓”

图12.16

> **Ai** | **注意：**要生成形状的交集，也可使用路径查找器面板中的选项，但这默认将立即扩展对象。通过“效果”菜单来生成交集时，可独立地编辑原来的形状。

下面复制应用了路径查找器效果的形状编组中的椭圆。

6. 使用选择工具双击椭圆形状的边缘进入隔离模式，这让您能够编辑编组中的形状。
7. 单击椭圆形状的边缘以选择它，再选择菜单“编辑”>“复制”。

> **Ai** | **注意：**这里之所以单击椭圆的边缘，是因为处于隔离模式的形状没有填充，无法通过单击形状内部来选择它。

8. 按 Esc 键退出隔离模式，再选择菜单“选择”>“取消选择”。
9. 选择菜单“编辑”>“贴在前面”，将拷贝粘贴在其他对象上面。
10. 选择菜单“视图”>“预览”，结果如图 12.17 所示。不要取消选择该椭圆。
11. 选择菜单“文件”>“存储”。

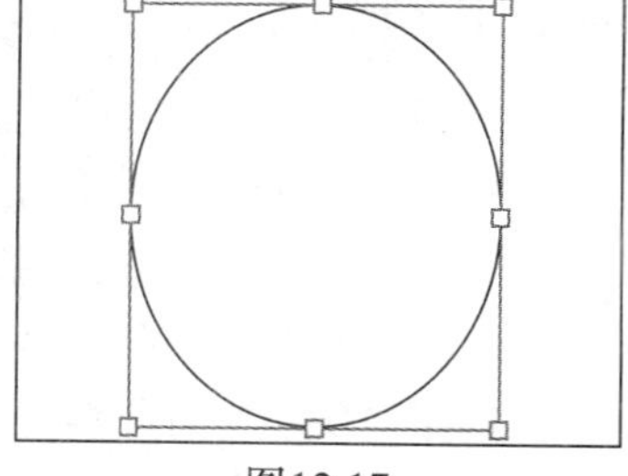
图12.17

12.2.5 位移路径

下面编辑该椭圆——给它添加多条描边，再相对于椭圆形状移动这些描边。这让您能够营造出多个形状堆叠在一起的效果。

1. 在选择了椭圆的情况下，在控制面板中将描边颜色改为 green（绿色），将填色改为绿色渐变 center，将描边粗细改为 5pt。
2. 单击工作区右边的图层面板图标（ ），展开图层面板，再单击图层 Background 左边的可视性栏以显示背景形状，如图 12.18 所示。

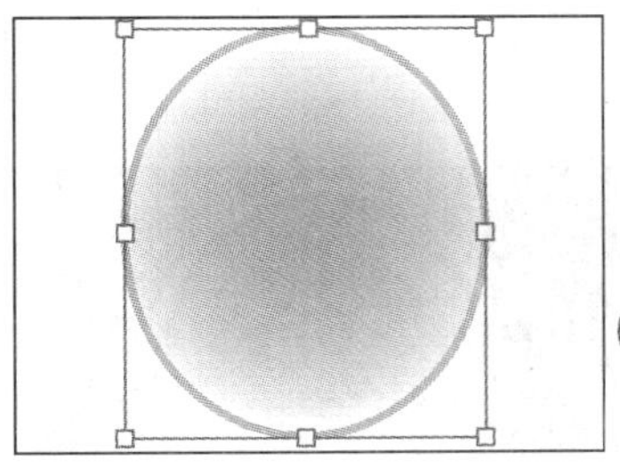

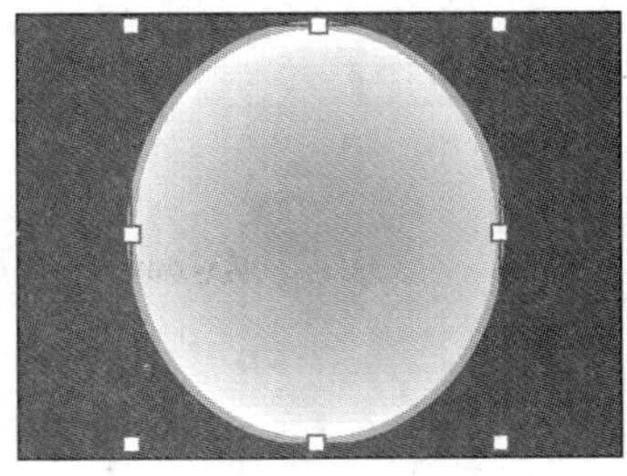

图12.18

下面给形状再添加一个描边并应用效果。

3. 单击外观面板图标（ ）展开该面板。在选择了绿色形状并在外观面板中选择了描边属性行的情况下，单击外观面板底部的“添加新描边”按钮（ ）。外观面板中将出现一条新描边，但绿色形状看起来并没有什么变化。

现在绿色形状有两条描边，它们的颜色和粗细相同且重叠在一起。

4. 在外观面板中，将选定（呈高亮显示的）描边的粗细改为 9pt。
5. 单击外观面板中的描边颜色框，并在色板面板中选择 White（白色）。按回车键关闭色板面板并返回到外观面板，如图 12.19 所示。

可给对象添加多条描边，并对每条描边应用不同的效果，这让您能够创建出独特而有趣的图稿。

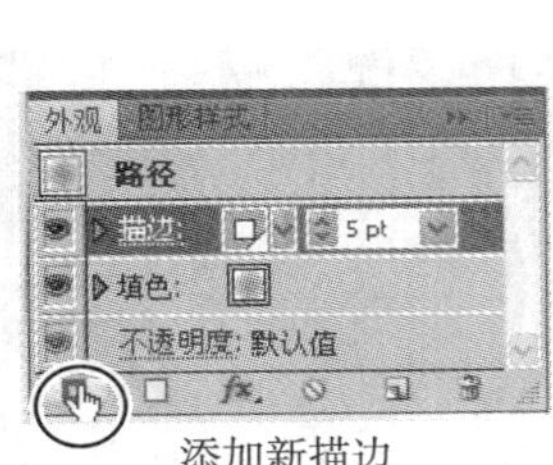

添加新描边

修改描边的颜色和粗细

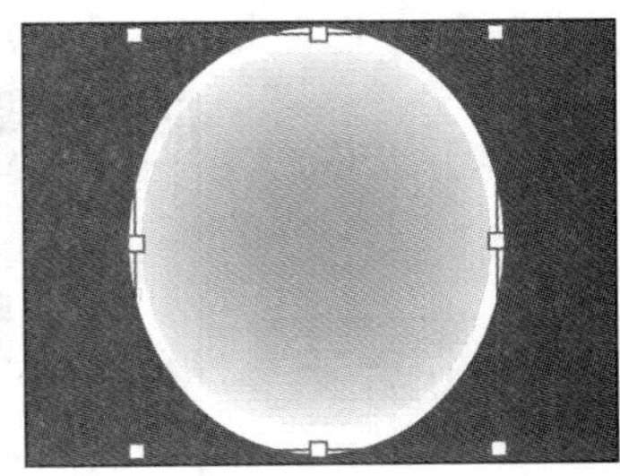

结果

图12.19

> **Ai** | **注意：**第 13 课将更详细地介绍外观面板。

6. 在外观面板中选择了白色描边的情况下，单击外观面板底部的“添加新效果”按钮（ *fx* ）并选择“路径” > “位移路径”。
7. 在“位移路径”对话框中，将位移改为 16pt 并单击“确定”按钮，如图 12.20 所示。
8. 在外观面板中单击第一个“描边”字样左边的箭头以展开它，如图 12.21 所示。注意到“位移路径”归属于描边，这表明这种效果只应用于描边。
9. 单击外观面板顶部的字样“路径”，这样下一步添加的投影将应用于整个形状，而不仅是位移了的描边。

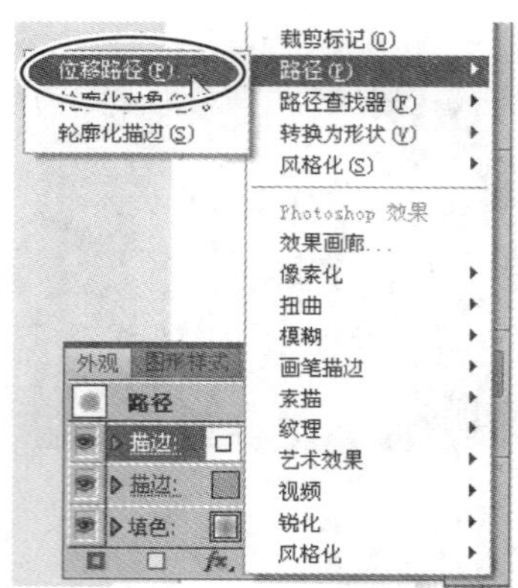

选择“路径”>“位移路径”

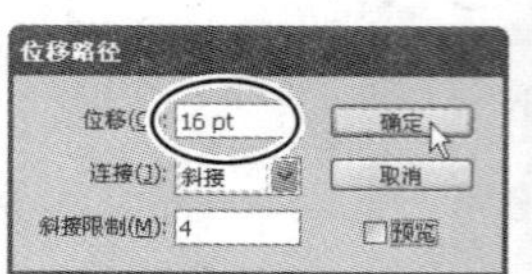

设置位移路径选项

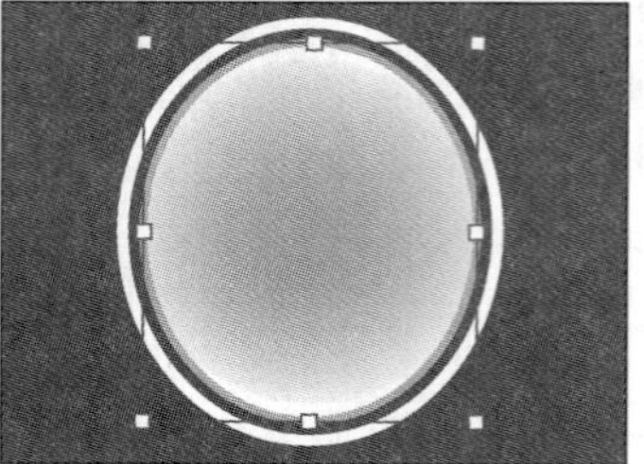

结果

图12.20

> **注意：**可能需要在外观面板中向上滚动或调整面板大小以方便查看。

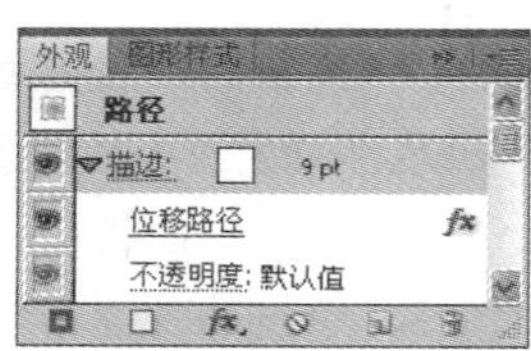

图12.21

10. 单击外观面板底部的“添加新效果”按钮（fx）并选择“风格化”>“投影”。

11. 在“投影”对话框中，将不透明度改为 30%，将 X 位移和 Y 位移都设置为 0pt，将模糊设置为 5pt，再单击“确定”按钮，如图 12.22 所示。

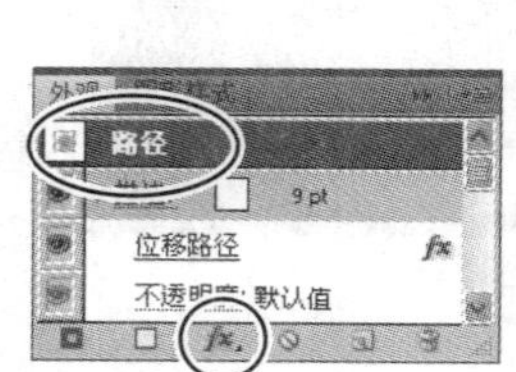

单击字样“路径”

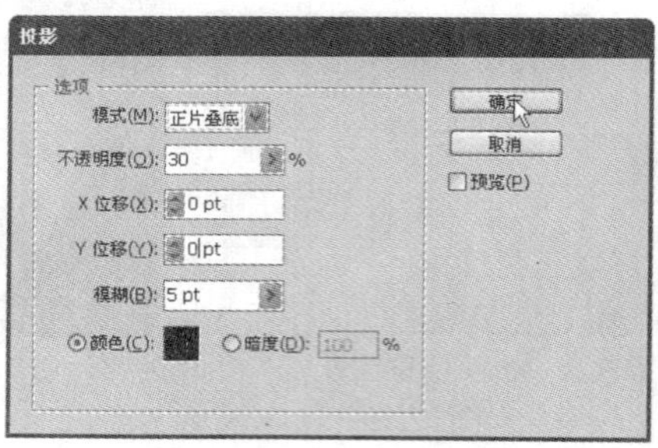

编辑投影选项

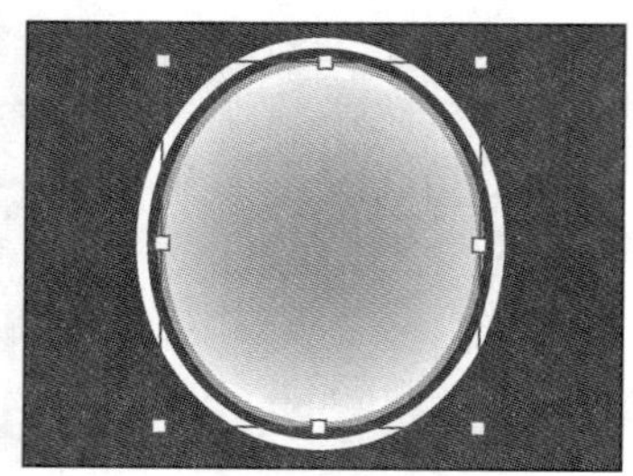

结果

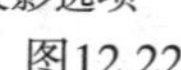

图12.22

> **提示：**注意到“投影”对话框中有一个颜色框，单击它将打开“拾色器”，让您能够编辑投影的颜色：通过单击选择颜色；从色板面板或其他颜色簿中选择颜色。

12. 选择菜单“选择”>“取消选择”，再选择菜单“文件”>“存储”。

12.2.6 应用 Photoshop 效果

正如本课前面指出的，“效果”菜单下半部分为 Photoshop 效果（栅格效果），可将其应用于矢量对象或嵌入的位图对象。栅格效果生成像素而不是矢量数据，这包括 SVG 滤镜、“效果”菜单下半部分的所有效果以及子菜单“效果”>“风格化”中的“投影”、“内发光”、“外发光”和“羽化”。

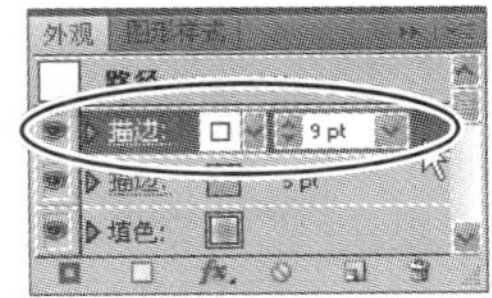

图12.23

下面将一种 Phtoshop 效果应用于标签的背景。

1. 使用选择工具单击应用了白色描边的椭圆以选择它。在外观面板中，单击白色描边属性行以选择它，注意不要单击字样“描边”，如图 12.23 所示。

注意：应用栅格效果后，背景形状将由像素而不是矢量构成。

下面将一种 Photoshop 效果应用于白色描边。

2. 选择菜单“效果”>“纹理”>“纹理化”，打开效果库。在右边的“纹理化”设置部分，将“纹理”设置为“砂岩”，“缩放”设置为 140%，“凸显”设置为 8，并从“光照”下拉列表中选择“下”，如图 12.24 所示。

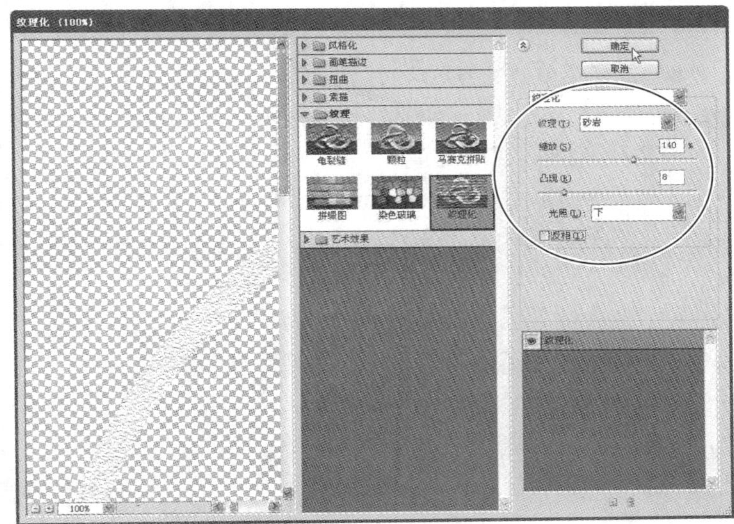

图12.24

在效果库中，可将一种或多种栅格效果应用于对象。栅格效果出现在中间的窗格中，被组织成文件夹，这些文件夹对应于菜单“效果”中的子菜单。如果愿意，可尝试其他效果及其设置。单击“确定”按钮让“纹理化”效果生效。

至此，图稿就处理好了。下面将其缩放并作为符号存储到符号面板中，然后将其应用于您将创建的 3D 易拉罐。

3. 按住 Shift 键，使用选择工具单击背景中的红色矩形，以同时选择两个形状。选择菜单“对象”>“排列”>“置于底层”。

4. 选择菜单“选择”>“现用画板上的全部对象”，再选择菜单“对象”>“编组”。

5. 在选择了该编组的情况下，双击工具箱中的比例缩放工具（）。

6. 在“比例缩放”对话框中，将“比例缩放”改为 60，选择复选框“比例缩放描边和效果”，再单击“确定”按钮，如图 12.25 所示。

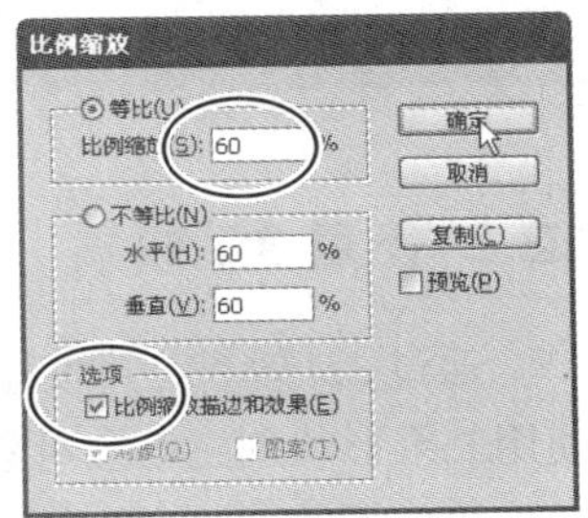

图12.25

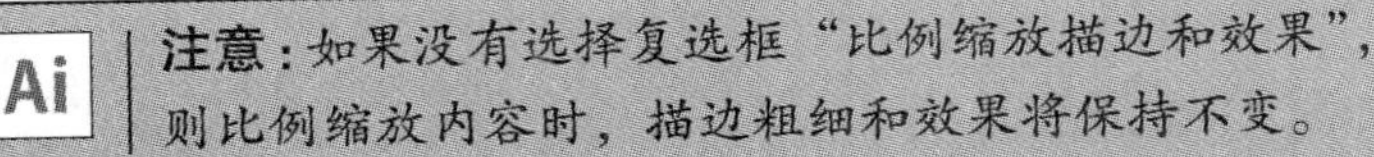
注意：如果没有选择复选框“比例缩放描边和效果”，则比例缩放内容时，描边粗细和效果将保持不变。

7. 单击符号面板图标（ ）或选择菜单“窗口”>“符号”打开符号面板。使用选择工具将选定的内容拖放到符号面板中以创建一个符号。在“符号选项”对话框中，将符号命名为 soda label，将类型设置为“图形”，再单击“确定”按钮，如图 12.26 所示。

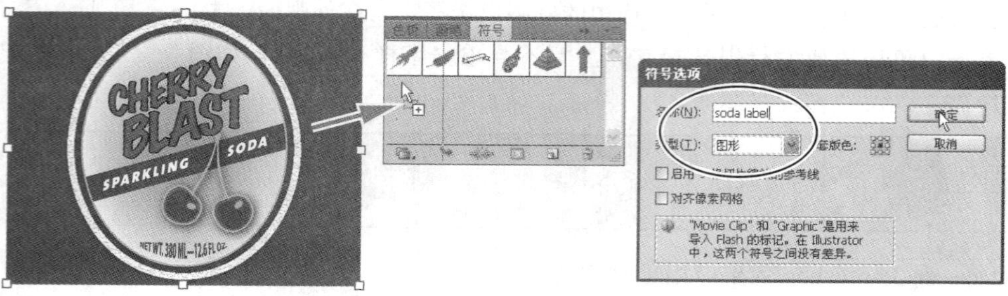

图12.26

> **Ai** 提示：有关符号的更详细信息，请参阅第 14 课。

8. 选择菜单“选择”>“取消选择”，再选择菜单“文件”>“存储”，但不要关闭文件。

文档栅格效果设置

每当您应用栅格效果时，Illustrator都将根据文档的栅格效果设置来确定图像的分辨率。在使用栅格效果前，必须检查文档的栅格效果设置，这很重要。

要设置文档的栅格选项，可在新建文档时进行，也可选择菜单“效果”>“文档栅格效果设置”。在如图12.27所示的“文档栅格效果设置”对话框中，可设置颜色模型、分辨率、背景、消除锯齿、创建剪切蒙版以及添加环绕对象，这些设置将在应用栅格效果或栅格化矢量对象时起作用。有关文档栅格效果设置的更详细信息，请在帮助中搜索“关于栅格效果”。

——摘自Illustrator帮助文件

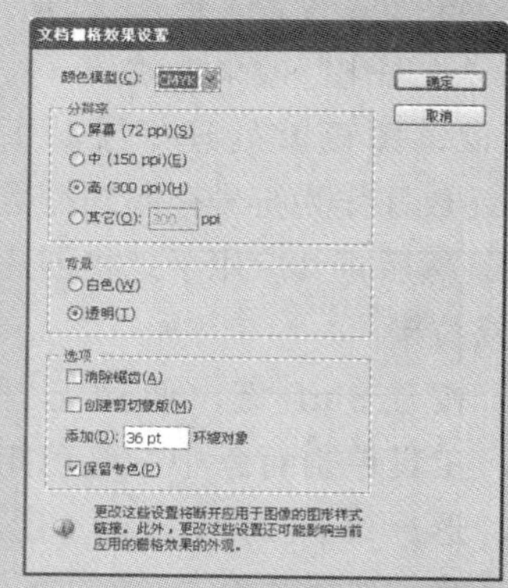

图12.27

12.3 使用 3D 效果

通过 3D 效果，可使用光照、底纹、旋转和其他属性控制 3D 对象的外观。在本节中，读者将使用二维形状创建三维对象。3D 效果是基于 x、y 和 z 轴的，如图 12.28 所示。

可应用的 3D 效果有如下 3 种（如图 12.29 所示）。

- 凸出和斜角：沿 2D 对象的 z 轴延展对象以增加对象的深度。例如，如果凸出一个 2D 椭圆，将得到一个圆柱体。
- 绕转：绕全局 y 轴（绕转轴）绕转一条路径或剖面使其作圆周运动，以创建 3D 对象。
- 旋转：使用 z 轴在 3D 空间中旋转 2D 图稿并修改图稿的透视。

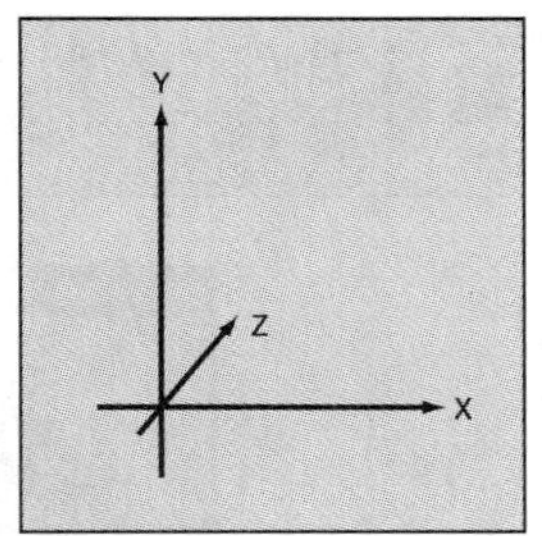

3D 效果是基于 x、y 和 z 轴的

图12.28

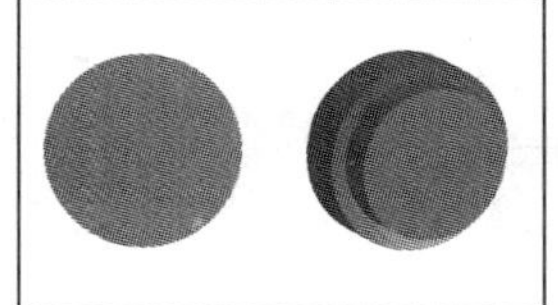
凸出和斜角

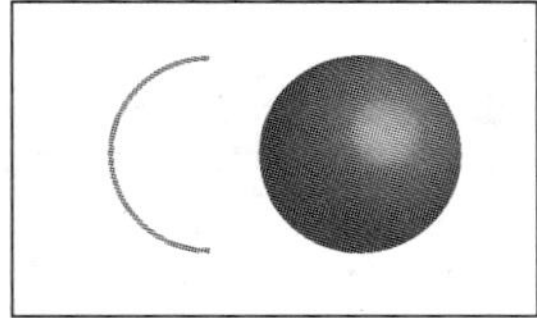
绕转

旋转

图12.29

12.3.1 创建绕转对象

本节探索 3D 效果“绕转”，您将使用“绕转”效果基于第二个画板中的路径创建易拉罐。

1. 选择菜单“窗口”>“工作区”>“基本功能”。
2. 单击画板面板图标（ ），展开画板面板。
3. 双击画板面板中的 Artboard 2 让该画板适合文档窗口大小，如图 12.30 所示；单击画板面板图标将该面板折叠起来。
4. 选择菜单“选择”>“现用画板上的全部对象”。

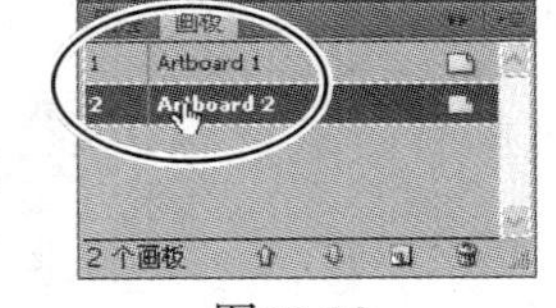

图12.30

这条路径相当于易拉罐形状的一半，当您将绕转效果应用于它时，它将绕右边缘或左边缘绕转，生成一个 360° 的形状。

5. 单击控制面板中的描边框并选择“无”。

> Ai **提示：**绕转对象时，对象的描边颜色将覆盖填色。

6. 单击控制面板中的填色框并选择 White（白色）。
7. 选择菜单“效果”>“3D”>“绕转”。在“3D 绕转选项”对话框中，从“位置”下拉列表中选择“前方”。选择复选框“预览”以查看结果。您可能需要调整“3D 绕转选项”对话框的位置，以便能够看到图稿。

> Ai **注意：**根据被绕转的形状复杂程度以及您使用的计算机的速度，修改“3D 绕转选项”对话框中的设置后，可能需要一段时间才能看到结果。也许取消选择复选框“预览”，完成修改后再选择复选框“预览”会有所帮助。这可避免您在对话框中每修改一项设置后，Illustrator 都必须重绘画板中的图稿。

8. 从“自”下拉列表中选择“右边”，将绕转边设置为右边。结果随选择的绕转边以及是否给原始对象指定了描边和填色而差别很大，如图 12.31 所示。单击“确定”按钮。

提示：“角度”设置指的是绕转多少度，要生成“带缺口”的形状，可将“角度”设置成小于 360。

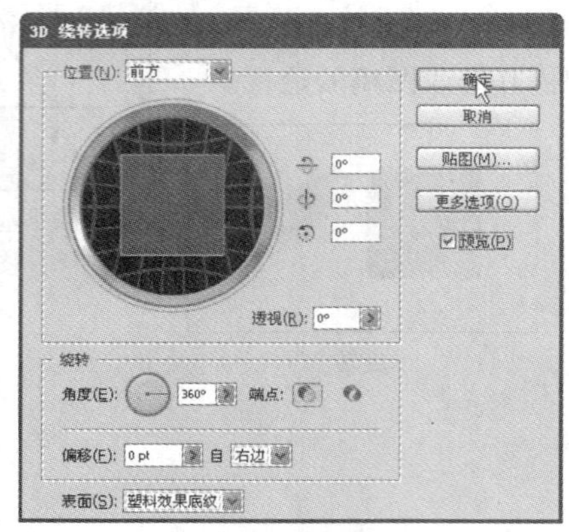

选择绕转边

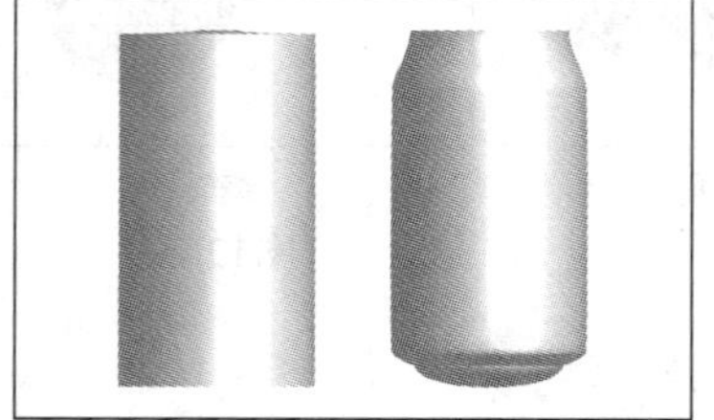

将绕转边设置为“左边”的结果　将绕转边设置为“右边”的结果

图12.31

9. 选择菜单“文件”>“存储”，但不要关闭文件。

3D绕转选项

在“3D绕转选项”对话框中，有必要介绍一下其他几个选项。

- **角度：**设置路径的绕转度数，取值为 0~360。
- **端点：**指定对象是实心（开启端点）还是空心（关闭端点）的。
- **偏移：**增大绕转轴和路径之间的距离，这样可创建环形对象。其取值为 0~1000。

——摘自Illustrator帮助文件

12.3.2 修改 3D 对象的光照

应用绕转效果时，可添加一个或多个光源、调整光源的方向、修改对象的底纹颜色以及调整光源的位置。

在本小节中，您将修改光源的方向和强度。

1. 在仍选择了易拉罐形状的情况下，单击外观面板中的“3D 绕转”。如果外观面板不可见，请选择菜单“窗口”>“外观”。可能需要在外观面板中向下滚动或调整外观面板的大小才能看到“3D 绕转”。

2. 在“3D 绕转选项”对话框中，选择复选框“预览”并单击“更多选项”按钮。

可在 3D 对象上创建自定义光照效果；使用“3D 绕转选项”对话框左下角的预览窗格可调整

光源的位置及修改底纹颜色。

3. 从下拉列表“表面”中选择“扩散底纹”。

4. 在“表面”部分的预览窗格中，向左拖曳表示光源的白色方块，这将修改光照方向。单击“新建光源”按钮（ ）给易拉罐形状添加一个光源，并将其向右下方拖曳，如图 12.32 所示。

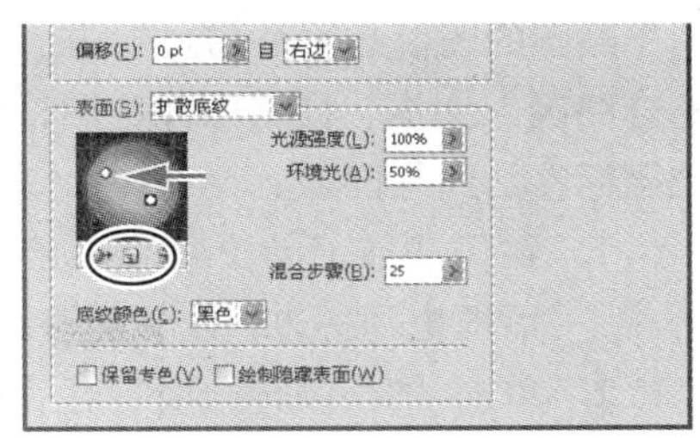

图12.32

尝试调整光源的位置，以不同的方式排列它们；将对话框移到一边，以便能够看到图稿。

5. 从下拉列表“底纹颜色”中选择“自定”，再单击该下拉列表右边的颜色块打开拾色器。在拾色器中选择一种中灰色（C=0、M=0、Y=0、K=50），再单击“确定”按钮关闭拾色器并返回到“3D 绕转选项”对话框。

6. 在“3D 绕转选项”对话框中，将光源强度改为 80%，将环境光改为 10%。

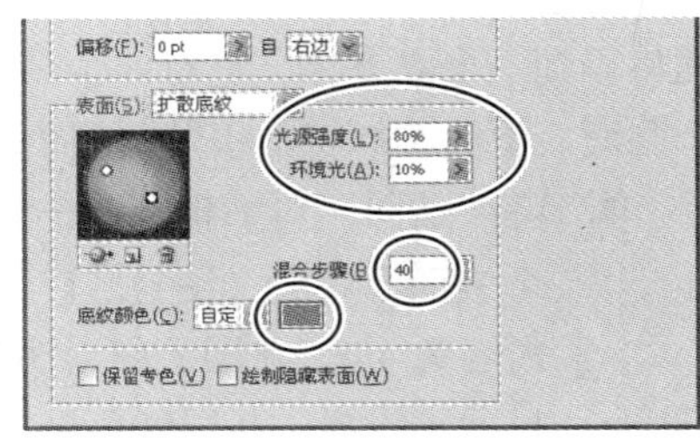

图12.33

环境光决定了 3D 对象表面的亮度。

7. 将混合步骤改为 40，等系统处理完毕后单击“确定”按钮，如图 12.33 所示。

> Ai **注意**：根据计算机的速度，处理您在“3D 绕转选项”对话框中所做的修改可能需要一段时间。

8. 选择菜单“文件”>“存储”。

表面底纹选项

在3D效果“凸出和斜角”及“绕转”的“3D选项”对话框中，“表面”下拉列表让您能够指定底纹。

- **线框**：绘制对象几何形状的轮廓，并使每个表面透明。
- **无底纹**：不给对象添加任何新的表面属性，3D 对象的颜色与原始 2D 对象相同。
- **扩散底纹**：让对象以柔和、扩散的方式反射光。
- **塑料效果底纹**：让对象闪烁、光亮的材质那样反射光。

——摘自Illustrator帮助文件

> Ai **注意**：可用的光照选项取决于您所选择的选项。如果对象只使用 3D 旋转效果，可用的“表面”选项只有“扩散底纹”和“无底纹”。

12.3.3 将符号贴到 3D 对象上

可将 Illustrator 图稿用于贴图，也可导入其他应用程序（如 Photoshop）图像并将其用于贴图。

用于贴图的图稿必须是2D的，并存储在符号面板中。符号可以是任何Illustrator对象，这包括路径、复合路径、文本、栅格图像、网格对象以及对象编组。在本小节中，您将把前面存储为符号的易拉罐标签贴到易拉罐上。

1. 在仍选择了易拉罐的情况下，单击外观面板中的字样“3D绕转”。将“3D绕转选项”对话框拖到一边，以便能够看到易拉罐。另外，确保选择了复选框“预览”。
2. 单击“3D绕转选项”对话框中的“贴图”按钮。

将图像贴到3D对象上时，首先需要指定将图像贴到哪个面。每个3D对象都有多个面，例如，凸出方框将得到一个立方体，它有6个面：正面和背面以及4个侧面。下面选择将图稿贴到哪个表面。

3. 将“贴图”对话框拖到一边，不断单击“下一个表面”按钮（▶），直到“表面”文本框的内容为4/4。在图稿中，注意到Illustrator突出显示了线框，并用红色显示选定表面。
4. 从“符号”下拉列表中选择soda label。如果没有选择复选框“预览”，现在选择它，如图12.34所示。

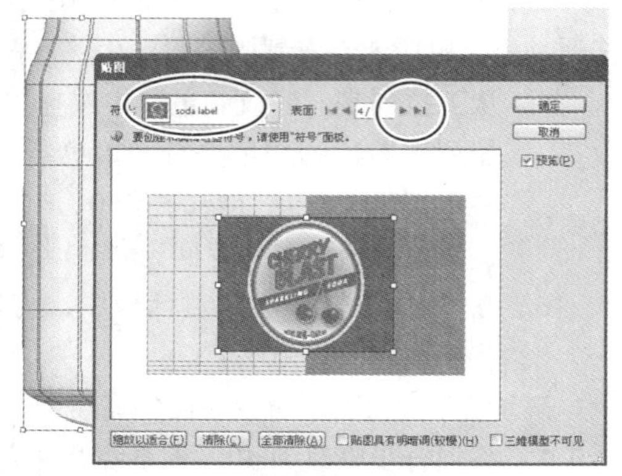

图12.34

注意：如果选择的表面不正确，单击“清除”再选择正确的表面。

5. 为提高接下来几步的速度，取消选择复选框“预览”。
6. 在“贴图”对话框中，将符号拖到淡灰色区域。

淡灰色表示当前表面中可见的区域；深灰色表示当前表面中被遮住的部分。

7. 选择复选框“贴图具有明暗度（较慢）”，选择复选框“预览”以查看将符号贴到易拉罐上的效果。您可能需要调整对话框的位置或大小。然后，单击“确定”按钮关闭“贴图”对话框。

提示：如果对符号的大小或位置不满意，可单击对话框底部的“清除”按钮，以撤销将符号贴到当前表面的操作。

提示：在“贴图”对话框中，可使用符号定界框上的手柄移动、缩放或旋转符号。

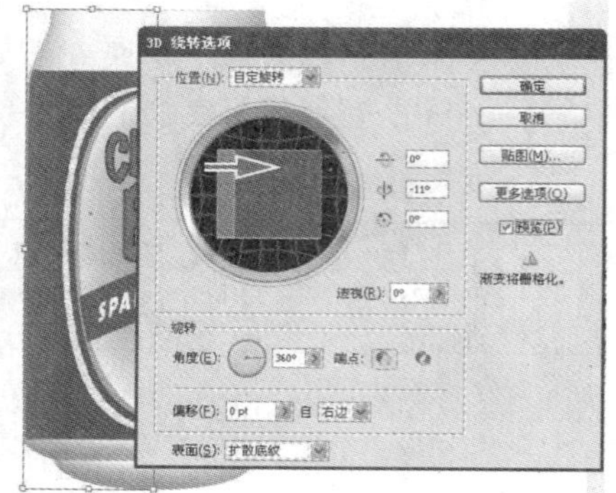

图12.35

8. 在“3D绕转选项”对话框中，单击“更少选项”按钮，再单击蓝色方块的左边缘并向右拖曳，这将绕Y轴旋转对象。如果选择了复选框“预览”，等您松开鼠标时，画板中的对象将更新，如图12.35所示。然后，单击“确定”按钮。

将图稿贴到3D对象上

给3D对象贴图时，请考虑以下注意事项。

- 由于贴图功能使用符号来执行贴图操作，因此您可以编辑一个符号实例，然后自动更新所有贴了该符号的表面。
- 在“贴图”对话框中，您可以使用定界框控件移动、缩放或旋转符号。
- 3D 效果通过编号表示每个贴图表面。如果您编辑 3D 对象或将相同的效果应用于新对象，新对象的表面数可能比原始对象多或少。如果编辑或应用效果后的对象包含的表面数比原始贴图操作定义的表面数少，将忽略额外的图稿。
- 由于符号的位置是相对于对象表面的中心，如果表面的几何形状发生变化，将相对于对象的新中心重新将符号贴图。
- 可以将图稿贴到采用了“凸出与斜角”和“绕转”效果的对象上，但不能将图稿贴到只应用了“旋转”效果的对象上。

——摘自Illustrator帮助文件

将标签贴到易拉罐上后，下面编辑易拉罐的路径和颜色。

9. 使用选择工具选择易拉罐，在控制面板中将填色改为 Black（黑色）。

注意到整个易拉罐的颜色都发生了变化，但贴在表面上的符号除外。如果必要，可编辑最初用来创建易拉罐的路径。如果要旋转 3D 对象，最好在“3D 绕转选项”对话框中进行。

> **Ai** **提示：**如果要编辑原始路径，建议您在外观面板中隐藏“3D 环绕（映射）”效果。等编辑好路径后，再单击“3D 环绕（映射）”效果的可视性栏以显示它。

图12.36

10. 选择菜单“视图”>“显示边缘”以显示边缘。

11. 选择菜单“文件”>“存储”，最终结果如图 12.36 所示。让文件打开以便在“练习”一节中使用，也可选择菜单“文件”>“关闭”将其关闭。

打印资源

为了做出最佳的打印决策，您应了解基本的打印原理，这包括打印机的分辨率以及显示器的分辨率和校准情况将如何影响打印结果。Illustrator的“打印”对话框可帮助您完成打印工作，其中的选项组织方式可指导您完成打印过程。有关如何使用“打印”对话框，请参阅Illustrator帮助中的“打印对话框选项”。

有关如何在Illustrator中进行色彩管理的信息，请参阅Illustrator帮助中的“用色彩管理打印”。

有关打印文档的最佳方式的信息，包括色彩管理、PDF工作流程等，请访问http://www.adobe.com/studio/print/。

有关如何在Creative Suite应用程序中进行打印的信息，请访问http://www.adobe.com/ designcenter/cs4/articles/cs4_printguide.html。

有关如何在Creative Suite应用程序处理和打印透明度效果的信息，请访问http://www.adobe.com/designcenter/creativesuite/articles/cs3ip_transguide.html。

12.4 练 习

下面使用另一种效果对仍处于打开状态的文件 sodacan.ai 做最后的修饰。

1. 从文档窗口左下角的“画板导航”下拉列表中选择 1。
2. 使用选择工具单击画板中的符号实例以选择它，单击控制面板中的“断开链接”以便对这些形状进行编辑。
3. 选择菜单“选择”>“取消选择”。
4. 单击带白色描边的椭圆以选择它。
5. 选择菜单“效果”>“转换为形状”>“圆角矩形”。
6. 在“形状选项”对话框中，选中单选按钮“相对”，再将额外宽度和额外高度改为 0。选中复选框“预览”，再将圆角半径调整为合适的值，然后单击“确定”按钮。
7. 选择菜单“文件”>“存储”，再选择菜单“文件”>“关闭”。

下面尝试给本课的图稿添加其他内容。

1. 选择菜单“文件”>“打开”，打开文件夹 Lesson12 中的文件 L12start_2.ai。
2. 选择工具箱中的选择工具，再选择菜单“选择”>“全部”。
3. 将图稿拖放到符号面板中。
4. 在打开的“符号选项”对话框中，将名称改为 Soap，将类型指定为图形，再单击“确定”按钮。
5. 在仍选择了图稿的情况下，选择菜单“编辑”>“清除”或按 Delete 键。
6. 选择矩形工具并在画板中单击，将宽度和高度分别设置为 325pt 和 220pt，再单击“确定”按钮。
7. 选择菜单“效果”>“3D”>“凸出和斜角”，并尝试各种位置和设置。
8. 单击“贴图”按钮，将刚创建的符号 Soap 贴到盒子的顶面。

Ai **注意**：调整“斜角”设置将极大地增加 3D 对象的复杂度和需要贴图的表面数。

9. 完成后关闭这两个对话框。

创建其他符号并将其贴到盒子的其他面，以进一步修饰图稿。

10. 选择菜单“文件”>“关闭”，但不保存所做的修改。

复习

复习题

1. 指出将效果应用于对象的两种方法。
2. 将效果应用于对象后可在哪里编辑它？
3. 有哪三种 3D 效果？请举例说明要使用这些效果的原因。
4. 如何控制 3D 对象的光照？一个 3D 对象的光照是否会影响其他 3D 对象？
5. 请说明图稿贴到对象上的步骤。

复习题答案

1. 要将效果应用于对象，可选择对象，再从“效果”菜单中选择要应用的效果；也可选择对象，再单击外观面板中的“添加新效果”按钮并选择要应用的效果。
2. 可通过外观面板编辑效果。
3. 可使用的 3D 效果包括“凸出和斜角”、“绕转”和“旋转”。
   - “凸出和斜角”沿 z 轴凸出 2D 对象使其有厚度。例如，凸出圆圈将得到圆柱体。
   - “绕转”将对象绕某个轴旋转。例如，绕转弧线将得到球体。
   - “旋转”：将 2D 图稿绕 z 轴旋转，并修改图稿的透视。
4. 通过在 3D 效果的选项对话框中单击“更多选项”按钮，可修改光源、光照方向和底纹颜色。一个 3D 对象的光照设置不会影响其他 3D 对象。
5. 将图稿贴到对象上的步骤如下。
   a. 选择要用做符号的图稿，按住 Alt（Windows）或 Option（Mac OS）并单击符号面板中的“新建符号”按钮。
   b. 选择要用于创建 3D 对象的对象，再从菜单“效果”>“3D”中选择“凸出和斜角”或“绕转”。
   c. 单击“贴图”按钮。
   d. 通过单击“下一个表面”或“上一个表面”按钮选择表面，从“符号”下拉列表中选择符号，再关闭这两个对话框。